普通高等院校土建类专业“十四五”创新规划教材

建筑材料

主　编　张兰芳　李京军　王萧萧

中国建材工业出版社

图书在版编目（CIP）数据

建筑材料/张兰芳，李京军，王萧萧主编．--北京：中国建材工业出版社，2021.6（2023.8 重印）
普通高等院校土建类专业“十四五”创新规划教材
ISBN 978-7-5160-3186-5

Ⅰ.①建…　Ⅱ.①张…　②李…　③王…　Ⅲ.①建筑材料—高等学校—教材　Ⅳ.①TU5

中国版本图书馆 CIP 数据核字（2021）第 062511 号

内容简介

本书适应大类专业培养人才的要求，结合建材科技和建材工业的发展，及时吸收专业前沿知识，全面系统地反映建筑材料的新成就、新技术和新标准。

本书共 11 章，包括建筑材料的基本性质、建筑石材、无机气硬性胶凝材料、水泥、混凝土、砂浆、沥青材料及沥青混合料、建筑钢材、合成高分子材料、建筑功能材料、建筑材料试验等。教材内容力求新颖、适用和实用，强化学生的专业理论水平及解决工程实际问题的能力。

本书可作为高等院校土木工程、水利水电工程、结构工程、海洋工程、地质工程、市政工程及其他相关专业的专业主干课教材，也可供从事建设工程勘测、设计、施工、科研和管理工作的专业人员学习参考。

建筑材料
Jianzhu Cailiao
主　编　张兰芳　李京军　王萧萧

出版发行：中国建材工业出版社
地　　址：北京市海淀区三里河路 11 号
邮　　编：100831
经　　销：全国各地新华书店
印　　刷：北京印刷集团有限责任公司
开　　本：787mm×1092mm　1/16
印　　张：17.5
字　　数：400 千字
版　　次：2021 年 6 月第 1 版
印　　次：2023 年 8 月第 5 次
定　　价：60.00 元

本社网址：www.jccbs.com，微信公众号：zgjcgycbs

《建筑材料》
编委会

主　编　张兰芳　重庆交通大学

李京军　内蒙古科技大学

王萧萧　内蒙古工业大学

副主编　樊小义　重庆交通大学

田　松　重庆交通大学

岳　瑜　重庆钢结构产业有限公司

李德军　重庆交通大学

王晓东　重庆交通大学

参　编　黄德明　重庆交通大学

赵　毅　重庆交通大学

王　念　重庆交通大学

主　审　黄维蓉　重庆交通大学

梅迎军　重庆交通大学

序 言

建筑材料是土木和建筑工程的物质基础，其种类繁多、使用量巨大。无论是摩天大楼，还是跨海大桥，都是由各种散体建筑材料经过缜密设计和复杂的施工最终构建而成的。一个单体建筑结构使用的材料包括结构材料、装饰材料及防火保温等特殊用途的材料，质量达几百至数千吨甚至数万吨，正确、节约及合理地运用建筑材料直接影响到土木与建筑工程的造价和投资。对建筑材料特性的深入了解和认识，最大限度地发挥其效能，进而达到最大的经济效益，无疑具有非常重要的意义。

建筑材料变革对建材产品、施工机械、施工技术及建筑理论的推动作用明显。在建筑材料的变革中，各种新材料、新技术不断推出，大跨度预应力结构、薄壳结构、悬索结构、空间网架结构等成为现实，新型施工技术与施工机械围绕材料的应用迅速展开，带动了工业材料及施工机械的发展和技术革新，引领了土木与建筑行业的技术进步。

国民经济和社会发展第十四个五年规划将“推动绿色发展，促进人与自然和谐共生”作为主要目标之一，大力发展绿色环保材料符合可持续发展的战略方针。2021年年初，中国建筑材料联合会向全行业发出倡议，建材行业在2025年前全面实现碳达峰。面对行业发展目标，建材行业的研究学者、企事业单位等正积极研究并推进节能减排、技术进步、产业结构调整和能源结构优化，以绿色发展落实碳达峰目标，实现高质量发展，推动“十四五”开好局、起好步。

新时代背景下，科学编制高水平建材类教材，对深化高等学校教材与专业、课程一体化建设与改革，促进科技成果转化，加快培养具有理论和实践相结合的高水平专业人才具有重要的意义。《建筑材料》由中国建材工业出版社与重庆交通大学、内蒙古科技大学、内蒙古工业大学共同组织编写。教材融入土木建筑工程中的新材料、新技术、新标准，体现科学性、先进性与适用性，同时配备优质新媒体资源，力求实现良好的教学效果，以更好助力高等学校本科教学和人才培养。

重庆交通大学材料科学与工程学院副院长：

2021年6月15日

前　言

建筑材料是土木建筑工程的物质基础，在建筑工程中占有极其重要的地位。随着科学技术的快速发展，各种新材料、新工艺、新标准和新规范不断出现与更新，因此，建筑材料课程必须紧跟材料发展的步伐，吐故纳新。

本书适应大类专业培养人才的要求，结合建材科技和建材工业的发展，及时吸收专业前沿知识，全面系统地反映建筑材料的新成就、新技术和新标准。本书共11章，包括建筑材料的基本性质、建筑石材、无机气硬性胶凝材料、水泥、混凝土、砂浆、沥青材料及沥青混合料、建筑钢材、合成高分子材料、建筑功能材料、建筑材料试验等。教材内容力求新颖、适用和实用，强化学生的专业理论水平及解决工程实际问题的能力。

本书由重庆交通大学张兰芳、内蒙古科技大学李京军和内蒙古工业大学王萧萧担任主编，由重庆交通大学樊小义、田松、李德军、王晓东及重庆钢结构产业有限公司岳瑜担任副主编。具体编写分工如下：张兰芳、王晓东负责编写绪论，樊小义、张兰芳负责编写第1章，李德军、岳瑜负责编写第2章，王萧萧负责编写第3章，李京军负责编写第4章，李京军、张兰芳负责编写第5章，黄德明、岳瑜负责编写第6章，王萧萧、赵毅负责编写第7章，樊小义、王念负责编写第8章，田松负责编写第9、10章，李京军、王萧萧、岳瑜负责编写第11章。全书经过反复讨论、修改并仔细校对后统稿，由重庆交通大学黄维蓉教授主审。

本书可作为高等院校土木工程、水利水电工程、结构工程、海洋工程、地质工程、市政工程及其他相关专业的专业主干课教材，也可供从事建设工程勘测、设计、施工、科研和管理工作的专业人员学习参考。

本书在编写过程中所涉及的材料性能、计算公式和试验方法等，均参考大量文献资料并引用最新的国家标准规范，集思广益，参考多本同类教材，同时得到有关单位的大力支持，在此表示衷心的感谢。限于编者的学识水平和经验，书中疏漏、不足之处在所难免，敬请有关专家、学者和广大读者批评指正。

编　者
2021年1月

目 录

绪论——1

1 建筑材料的基本性质——6

1.1 材料的组成与结构 / 6
1.2 材料的物理性质 / 7
1.3 材料的力学性质 / 15
1.4 材料的耐久性 / 18

2 建筑石材——20

2.1 概述 / 20
2.2 天然岩石的组成与分类 / 20
2.3 石材的技术性质 / 22
2.4 石材的加工类型及选用原则 / 26

3 气硬性胶凝材料——29

3.1 概述 / 29
3.2 石灰 / 29
3.3 石膏 / 33
3.4 水玻璃 / 36

4 水泥——39

4.1 概述 / 39
4.2 通用硅酸盐水泥 / 39
4.3 其他品种水泥 / 60

5 混凝土——68

5.1 概述 / 68
5.2 普通混凝土 / 69
5.3 水工混凝土 / 111
5.4 其他品种混凝土 / 121

6 砂浆——129

6.1 概述 / 129

6.2 砌筑砂浆 / 129
6.3 抹面砂浆 / 134
6.4 水工砂浆 / 136
6.5 其他品种砂浆 / 138

7 沥青材料及沥青混合料 141

7.1 沥青材料 / 141
7.2 沥青混合料 / 154

8 建筑钢材 180

8.1 概述 / 180
8.2 钢材的技术性能 / 182
8.3 建筑钢材的技术要求 / 187
8.4 钢材的腐蚀与防护 / 194

9 合成高分子材料 196

9.1 建筑塑料 / 196
9.2 建筑涂料 / 200
9.3 胶粘剂 / 202
9.4 建筑用新型智能与功能高分子材料 / 204

10 建筑功能材料 206

10.1 建筑保温隔热材料 / 206
10.2 建筑防水材料 / 209
10.3 建筑防火材料 / 212
10.4 建筑声学材料 / 215

11 建筑材料试验 218

11.1 水泥试验 / 218
11.2 砂、石材料试验 / 227
11.3 普通混凝土试验 / 233
11.4 建筑砂浆试验 / 240
11.5 沥青试验 / 244
11.6 沥青混合料的拌制与试件成型 / 251
11.7 沥青混合料试样物理力学指标的测定 / 256
11.8 钢筋试验 / 263

参考文献 267

绪　论

1. 建筑材料的定义与分类

建筑材料是指所有在土木建筑工程中所应用的材料。建筑材料种类繁多，性能各不相同，即使是同一类材料，也有多个品种。在进行建筑材料的生产、使用、管理、性能评价及研究的过程中，常按以下方式进行分类。

(1) 按照制造方法分类

按照制造方法，建筑材料可分为天然材料和人工材料。天然材料是指对自然界中的物质只进行简单的形状、尺寸、表面状态等物理加工，而不改变其内部组成和结构，例如天然石材、木材、土、砂等。人工材料是对从自然界中取得的原料进行煅烧、冶炼、提纯、合成或复合等加工而得到的材料，例如钢材、铝合金、砖瓦、玻璃、塑料、石油沥青、木材制品等。

(2) 按照化学组成分类

按照化学组成，建筑材料可分为无机材料、有机材料和复合材料，见表 0.1。

复合材料是指由两种或两种以上材料复合而成的材料，一般具有特殊性能，可以满足一些特定的要求，是当今材料科学发展的趋势。复合材料能够使单一材料性能之间得以互补，发挥复合后材料的综合优势。通过复合手段，材料的各种性能都可以按需设计。

表 0.1　建筑材料按照组成成分分类

分类			实例
无机材料	金属材料	黑色金属	铁、碳素钢、不锈钢、合金钢
		有色金属	铝、铝合金、铜、铜合金
	非金属材料	天然石材	毛石、料石、石板材、碎石、卵石、砂
		烧土制品	烧结砖、瓦、陶器、炻器、瓷器
		玻璃及熔融制品	玻璃、玻璃棉、岩棉、铸石
		胶凝材料	气硬性：石灰、石膏、菱苦土、水玻璃 水硬性：各类水泥
		混凝土类	砂浆、混凝土、硅酸盐制品
有机材料	植物质材料		木材、竹板、植物纤维及其制品
	合成高分子材料		塑料、橡胶、胶粘剂、有机涂料
	沥青材料		石油沥青、沥青制品
复合材料	金属-非金属复合		钢筋混凝土、预应力混凝土、钢纤维混凝土
	非金属-有机复合		沥青混凝土、聚合物混凝土、玻纤增强塑料、水泥刨花板

(3) 按照使用功能分类

按照在建筑物中所起的作用不同，材料可分为建筑结构材料、墙体材料、建筑功能材料和建筑器材，具体见表0.2。

表0.2 建筑材料按照使用功能分类

分类	定义	实例
建筑结构材料	构成基础、柱、梁、框架、屋架、板等承重系统的材料	砖、石材、钢材、钢筋混凝土、木材
墙体材料	构成建筑物内、外承重墙体及内分隔墙体的材料	石材、砖、空心砖、加气混凝土、各种砌块、混凝土墙板、石膏板及复合墙板
建筑功能材料	不承受荷载、具有某种特殊功能的材料	保温隔热材料（绝热材料）：膨胀珍珠岩及其制品、膨胀蛭石及其制品、加气混凝土 吸声材料：毛毡、棉毛织品、泡沫塑料 采光材料：各种玻璃 防水材料：沥青及其制品、树脂基防水材料 防腐材料：煤焦油、涂料 装饰材料：石材、陶瓷、玻璃、涂料、木材
建筑器材	为了满足使用要求，而与建筑物配套的各种设备	电工器材及灯具 水暖及空调器材 环保器材 建筑五金

2. 建筑材料在建筑工程中的地位和作用

建筑业是国民经济的支柱产业，而任何建筑都离不开建筑材料。对工程建设来说，实际上就是对原材料进行分析、检验检测及再加工的过程。因此，只有及时提供数量充足、质量良好、品种齐全的材料，才能保证工程建设的顺利进行。无论是建筑结构形式、施工方法，还是工程造价，建筑材料的作用都不可忽视。

建筑材料的质量直接影响着工程的质量，包括材料的品种、组成、构造、规格及使用方法等都会对工程结构的安全性、耐久性和适用性产生影响。工程建设过程中，从材料的选择、储运、检测到生产使用，任何环节的失误都可能对工程的质量造成危害，甚至造成重大的质量或安全事故。因此，正确选择和合理使用建筑材料，尤为重要。

建筑材料直接关系到建筑工程造价的高低，合理的材料费支出是控制工程成本的关键。如何降低工程成本、增大工程利润，一直是项目管理者关注的问题。在我国实行招标投标制度后，建筑市场的利润空间已经不再虚高。在此形势下，如何有效地控制成本、降低造价，就成为人们必须特别关注的问题。在建筑工程中，与材料有关的费用一般占建筑总造价的60%左右，有的甚至高达75%。因此，在保证材料质量及功能的前提下，降低材料费用，对降低工程造价、提高经济效益将起到重要的作用。

随着我国国民经济的发展和建筑业的蓬勃发展，对建筑功能、工程结构的要求越来越高，从而对建筑材料也提出了更高的要求。建筑材料的发展促使建筑技术更加现代化。例如，大跨度的桥梁、超高层的建筑等需要新型工程结构的同时，也需要更优质、性能更好的钢材和混凝土；高层、高等级的建筑需要大量多功能的轻质复合墙体材料和各种高档次的装饰材料。各类新型建筑技术的发展促进了材料的发展，而新材料的发展同时也促进着结构和施工技术的不断进步，使各类建筑的功能性、适用性、艺术性、坚固性和耐久性都不断得到改善。

3. 建筑材料的研究内容

(1) 建筑材料的基本组成与结构

材料的性质取决于材料的化学成分、矿物组成及其组成结构。化学组成是指构成材料的化学元素及化合物的种类、数量，它既影响着材料的物理力学性质，也影响着其抵抗外界侵蚀作用的化学稳定性。矿物组成是构成矿物的种类和数量，分子组成形式各异的现象，在化学组成确定的条件下，它是决定材料性质的主要因素。组成结构是指从宏观可见直至分子、原子水平各层次的构造状况。材料的化学成分、矿物组成及其组成结构对其技术性能有着显著的影响，充分地了解和认识材料的基本组成结构及其与材料技术性能的关系，是合理地选择材料、正确地使用材料、改善材料性能、研发新材料的基础。

(2) 建筑材料的基本技术性能

材料的技术性能是指在一定条件下材料本身的特性，其基本技术性能包括物理性能、力学性能、耐久性和工艺性等。在各种自然因素的长期影响下，为保证材料的基本技术性能不产生明显衰减，必须全面地掌握这些性能的主要影响因素和变化规律，并通过标准的试验方法正确评价材料性能，合理地选择和使用材料，以保证工程中所用材料的综合性能满足设计、施工和使用要求。

(3) 混合料的组成设计方法

混合料的组成设计包括原材料的选择及原材料用量比率的确定。首先应根据工程要求、使用条件、当地材料供应情况、材料的质量规格和技术要求，选择并确定出组成结构中各组成材料的品种及其技术性能要求，然后根据工程的结构特征与技术要求，确定出各组成材料在混合料中的比率。通过组成设计，从材料的质量和数量两方面来保证混合料具备所要求的技术性能，以满足结构的使用要求。

4. 建筑材料的技术标准

建筑材料的生产、销售、采购、验收和质量检验，均是以产品质量标准为依据的。标准是以科学、技术和实践的总体成果为基础，经有关各方协商产生，由主管单位批准发布施行，作为某行业（某地区或区域）共同遵守的准则和依据。

建筑材料技术标准（规范）是针对原材料、产品，以及工程质量、规格、检验方法、评定方法、应用技术等做出的相关技术规定。建筑材料技术标准包括许多内容，如原材料的质量、等级、性质要求及检验方法、产品质量的检验标准、材料生产及设计规定等。

我国材料的技术标准可分为国家标准、行业标准、地方标准及企业标准四级。

(1) 国家标准

国家标准是由国家统一颁布与执行的标准，在全国范围内通用，分为强制性标准（代号为 GB）和推荐性标准（代号为 GB/T）。对强制性国家标准，任何技术或产品都不得低于其规定的要求。国家标准由标准名称、标准发布机构的组织代号、标准号和颁布时间四部分组成。如《通用硅酸盐水泥》（GB 175—2007）为国家标准，标准名称为通用硅酸盐水泥，标准发布机构的组织代号为 GB（国家标准），标准号为 175，颁布时间为 2007 年。

（2）行业标准

行业标准是由行业制定并在本行业内执行的标准。行业标准不得与国家标准相抵触，国家标准公布实施后，相应的行业标准即行废除。不同的行业标准，其代号也不相同，例如住房城乡建设部行业标准代号为 JG，水利行业标准代号为 SL，电力行业标准代号为 DL，建材行业标准代号为 JC 等。

（3）地方标准

对没有国家标准和行业标准，又需在省、自治区、直辖市范围内实行统一技术要求的，可以制定地方标准。地方标准在本行政区域内适用，不得与国家标准和行业标准相抵触，代号为 DB。

（4）企业标准

企业生产的产品没有国家标准和行业标准的，应当制定企业内部标准。它是企业组织生产、经营活动的依据，代号为 QB。

此外，其他国家和地区的标准代号也均不相同。例如，美国材料与试验协会标准（ASTM）等，属于国际团体和公司标准；德国工业标准（DIN）、欧洲标准（EN）等，属于区域性国家标准；国际标准化组织标准（ISO）等，属于国际性标准化组织的标准。

5. 建筑材料的发展及趋势

材料及材料科学的发展史是人类文明的发展史，自原始社会人类开始定居，建筑材料便有了雏形。在原始社会后期，人类利用自然界中的天然材料进行建造活动，如利用岩石、木材等天然建筑材料修建房屋；进入奴隶社会和封建社会后，随着生产技术的不断发展，人们开始使用铜、铁等金属材料，并使用烧结黏土砖作为墙体材料，标志着建筑材料由天然材料发展到人工材料阶段。进入 18 世纪后，随着工业革命的兴起，原有的建筑材料已不能满足社会的需要，在其他科学技术的推动下，建筑材料进入全新的发展时期，钢铁、水泥和混凝土这些具有优良性能的建筑材料相继问世；同时，材料的生产也从手工业阶段过渡到工业化的生产阶段。这为现代的大规模工程建设奠定了雄厚的物质基础。

当代建筑材料的基本技术性能明显改善，其应用范围发生了很大变化，使用功能也大为拓宽。随着技术的进步，传统的应用方式也发生了明显变化，现代施工技术与设备的应用也使材料在工程中的性能表现比以往更好，为现代土木工程的发展奠定了良好的物质基础。进入 21 世纪以后，各种高分子有机材料、新型金属材料和各类复合材料的出现，使建筑物的功能和外观均发生了根本性变化。材料的综合性能不断增强和完善，并向轻质高强方向发展，兼具多种功能性作用。

传统建筑材料在工程中仍然普遍应用，如天然石材、木材、土等，但其在工程中已不占据主导地位。

新型节能型绿色建筑材料不断涌现，节能建筑材料是发展节能建筑的物质基础，也是建筑节能的有效途径。节约能源，采用低能耗、无环境污染的生产技术，优先开发、生产低能耗的材料及能降低建筑物使用能耗的节能型材料，不仅改善了使用者的工作和生活环境，而且有利于我国建设经济和社会的可持续发展目标的实现。

高耐久性建筑材料不仅可以延长使用寿命，降低维护保养费用，还可以提高建筑物的整体水平。研制质量轻、高性能及地产材料是目前建筑材料发展的趋势。

发展多功能材料，充分利用和发挥各种材料的特性，采用复合技术，制造出具有特殊功能的复合材料。

总之，建筑材料是随着社会生产力的发展而发展的，和工程技术的进步有着不可分割的联系。为适应建筑工业化、现代化、智能化，提高工程质量，降低工程造价，建筑材料正向轻质、高强、耐久、环保、节能、多功能等方向发展。

1 建筑材料的基本性质

本章概要

本章主要介绍材料的基本组成与结构，物理性质、力学性质和耐久性。

1.1 材料的组成与结构

1.1.1 材料的组成

材料的组成是指构成材料的成分，不同的成分使材料具有不同的化学、物理力学性质。通常，材料的组成可分为化学组成、矿物组成和相组成三类。

化学组成：是指组成材料的化学元素及化合物的种类和数量。通常金属材料以化学元素的质量分数表示；无机非金属材料以元素氧化物的质量分数表示；有机高分子材料常以构成高分子材料的一种或几种低分子化合物（单体）来表示。

矿物组成：是指组成材料的矿物种类和数量占比关系。所谓矿物，是指具有一定化学成分和一定结构及物理、力学性质的物质或单质的总称。矿物是构成岩石及各类无机非金属材料的基本单元。例如：花岗岩的矿物组成主要是石英和长石，石灰岩的矿物组成为方解石。

相组成：材料中性质相同、结构相近的均匀部分称为相。同种化学物质，由于加工工艺、温度、压力等条件不同，可形成不同的相。例如，混凝土是由骨料（分散相）分散在水泥浆（基相）中硬化而成的两相复合材料。

1.1.2 材料的结构

材料的结构也是决定材料性能的重要因素，一般从宏观、细观和微观三个层次来分析研究材料。

宏观结构：材料宏观结构是指材料宏观存在的状态，是以肉眼或放大镜即可分辨的粗大组织，通常尺寸在 10^{-3}m 级以上。

细观结构：细观结构也称显微或亚微观结构，是指用光学显微镜和一般扫描透射仪器所能观察到的结构，介于宏观和微观之间，尺度范围一般在 $10^{-3}\sim10^{-9}$m。

微观结构：微观结构是指材料原子、分子层次的结构，能用电子显微镜、X 射线衍射仪等手段分析研究材料该层次的结构状况。材料的微观结构可分为晶体、玻璃体和胶体。

1.2　材料的物理性质

1.2.1　材料的体积组成

大多数建筑材料内部都含有孔隙，孔隙的多少和孔隙的特征对材料的性能均有影响。掌握含孔材料的体积组成是正确理解和掌握材料物理性质的起点。

孔隙特征指孔尺寸大小、孔与外界是否连通等。孔隙与外界相连通的叫开口孔，与外界不相连通的叫闭口孔。含孔材料的体积组成如图 1.1 所示。

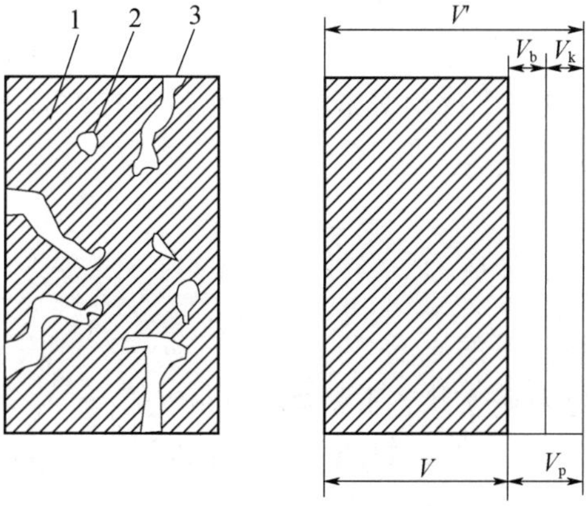

图 1.1　含孔材料的体积组成

1—固体物质；2—闭口孔；3—开口

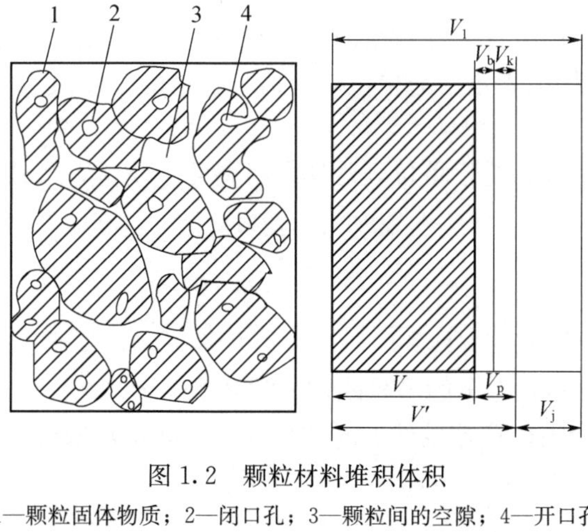

图 1.2　颗粒材料堆积体积

1—颗粒固体物质；2—闭口孔；3—颗粒间的空隙；4—开口孔

(1) 材料绝对密实体积，用 V 表示，是指不包括孔隙的材料实体的体积。

(2) 材料的孔体积，用 V_p 表示，指材料所含孔隙的体积，分为开口孔体积（V_k）和闭口孔体积（V_b）。

(3) 材料的表观体积，用 V_0 表示，指材料的密实体积与材料所含闭口孔体积之和，

即 $V_0=V+V_b$。

（4）材料的毛体积，又称为宏观外形体积，用 V' 表示，指材料的密实体积与全部孔隙体积之和（含开口孔和闭口孔），即

$$V'=V+V_p=V+V_k+V_b$$

（5）散粒状材料的堆积体积。如图 1.2 所示，除材料颗粒占有体积外，颗粒间还存有空隙或间隙，这部分体积，即颗粒间的空隙体积用 V_j 表示。如用 V_1 表示材料的堆积体积，则有

$$V_1=V'+V_j=V+V_p+V_j=V+V_k+V_b+V_j$$

1.2.2 材料的密度、表观密度、毛体积密度与堆积密度

1. 密度

密度也称真实密度、真密度或绝对密度，是指材料在绝对密实状态下，单位体积的质量，按式（1.1）计算。

$$\rho=\frac{m}{V} \tag{1.1}$$

式中 ρ——密度（kg/m^3）；

m——材料在干燥状态下的质量（kg）；

V——干燥材料在绝对密实状态下的体积（m^3）。

材料的密度只取决于材料自身的物质组成及微观结构，与孔隙状况无关。当材料的物质组成与微观结构一定时，材料的密度为常数。建筑材料中除钢材、玻璃等，绝大多数材料内部均含有一定的孔隙，因此，在测定有孔隙的材料密度时，应把材料磨成细粉（粒径小于 0.20mm）以排除其内部孔隙，经干燥至恒量后，用密度瓶（或李氏密度瓶）测定其实际体积，该体积即为材料绝对密实状态下的体积。

工程上还常用比重的概念，比重是旧称，现称为相对密度，是用材料的质量与同体积水（4℃）的质量的比值表示，无单位，其值与材料的密度值相同。

2. 表观密度

表观密度又称视密度，是指单位表观体积材料的干质量，按式（1.2）计算。

$$\rho_0=\frac{m}{V_0} \tag{1.2}$$

式中 ρ_0——表观密度（kg/m^3）；

m——材料的干燥质量（kg）；

V_0——材料在自然状态下的体积或称表观体积（m^3）。

通常，材料在包含闭口孔隙条件下的体积（表观体积）采用排液置换法或水中称量法测量。

3. 毛体积密度

毛体积密度是指单位毛体积材料的干质量，按式（1.3）计算。

$$\rho'=\frac{m}{V'} \tag{1.3}$$

毛体积密度的测定方法可分为体积法、表干法和蜡封法。体积法（量积法）适用于能制备成规则试件的固体材料；表干法适用于除遇水崩解、溶解和干缩湿胀外的材料；

蜡封法适用于不能用量积法（体积法）或直接在水中称量进行试验的材料。

4. 堆积密度

堆积密度是指粉状或颗粒状材料在自然堆积状态下单位体积的质量，可用式（1.4）计算。

$$\rho_1=\frac{m}{V_1} \tag{1.4}$$

式中 ρ_1——堆积密度（kg/m^3）；

m——材料的质量（kg）；

V_1——材料的堆积体积（m^3）。

堆积密度取决于颗粒排列的松紧程度。根据装样方法的不同，堆积密度分为自然堆积密度、振实密度和捣实密度。工程上通常所说的堆积密度一般指自然堆积密度。

1.2.3 材料的孔隙率和空隙率

1. 孔隙率与密实度

孔隙率（P）是指材料的孔隙体积占材料总体积的体积分数，可用式（1.5）计算。

$$\frac{V'-V}{V'}\times100\%=\left(1-\frac{\rho'}{\rho}\right)\times100\% \tag{1.5}$$

密实度（D）与孔隙率的概念相对应，指材料体积内固体物质所充实的程度，按式（1.6）计算。

$$D=\frac{V}{V'}\times100\%=\frac{\rho'}{\rho}\times100\% \tag{1.6}$$

材料孔隙率直接反映材料的密实程度，孔隙率小，则密实度高。材料的很多性质如强度、热工性质、声学性质、吸水性、吸湿性、抗渗性及抗冻性等都与孔隙有关，即不仅与孔隙率大小有关，还与孔隙特征、孔径大小（微孔、小孔及大孔）及孔隙分布等有关。

孔隙率相同的材料，其孔隙特征可以不同。按孔隙特征，材料的孔隙分为开口孔隙（连通孔隙）和闭口孔隙（封闭孔隙），相对应的孔隙率分别称为开口孔隙率（P_k）和闭口孔隙率（P_b），分别按式（1.7）、式（1.8）计算。

$$P_k=\frac{V_k}{V'}\times100\%=\left(1-\frac{\rho'}{\rho_0}\right)\times100\% \tag{1.7}$$

$$P_b=P-P_k \tag{1.8}$$

2. 空隙率和填充率

空隙率（P'）是指散粒材料在堆积状态下，颗粒之间的空隙体积占堆积体积的体积分数，按式（1.9）计算。

$$P'=\frac{V_1-V_0}{V_1}\times100\%=\left(1-\frac{\rho_1}{\rho_0}\right)\times100\% \tag{1.9}$$

空隙率反映了散粒材料的颗粒之间相互填充的密实程度。在配制混凝土时，砂、石的空隙率是作为控制混凝土中骨料级配与计算混凝土含砂率的重要依据。

填充率（D'）是散粒材料在自然堆积状态下，颗粒体积占自然堆积状态下总体积的体积分数，按式（1.10）计算。

$$D'=\frac{V'}{V_1}\times100\%=\frac{\rho_1}{\rho}\times100\% \tag{1.10}$$

1.2.4 材料与水有关的性质

1. 亲水性和憎水性

根据材料与水接触时，能否被水润湿的情况可将其分为亲水性材料和憎水性材料。材料被水浸湿的情况可用润湿边角（θ）来表示，如图 1.3 所示。

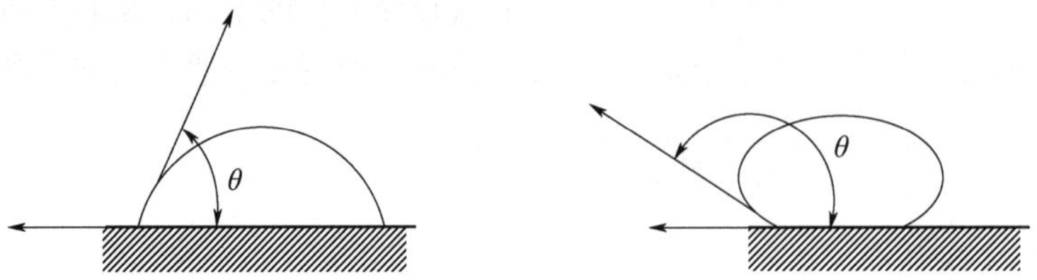

图 1.3　材料的润湿

当材料与水接触时，在材料、水、空气这三相体的交点处，沿水滴表面的切线与水和固体接触面形成的夹角（θ），称为润湿边角。θ 角越小，说明材料的浸润性越好。当 $\theta\leqslant90°$时［图 1.3（a）］，材料易于被水润湿，为亲水性材料，此时材料分子与水分子之间的亲和力大于水分子之间的内聚力；当 $\theta>90°$时［图 1.3（b）］，材料不易被水润湿，为憎水性材料，此时材料分子与水分子之间的亲和力小于水分子之间的内聚力；当 $\theta=0°$时，表明材料完全被水润湿。

在土木工程中，许多建筑材料属于亲水性材料，如砖、混凝土、石材、木材等，这些材料与水接触时，表面易被水润湿，水能通过毛细管作用进入材料内部；对一些憎水性建筑材料，如沥青、塑料、橡胶等，表面不易被水润湿，水难以进入材料内部，因此，憎水性材料常被用作防水材料或用作亲水性材料的覆面层，以提高其防水、防潮性能。

2. 吸水性和吸湿性

（1）吸水性

材料在与水接触时能吸收水分的性质称为吸水性，用吸水率表示。有质量吸水率与体积吸水率两种表示方法。土木工程用材料一般采用质量吸水率。

① 质量吸水率（w_m）指材料在吸水饱和时，所吸水分的质量占材料干燥质量的分数，用式（1.11）计算。

$$w_m=\frac{m_2-m_1}{m_1}\times100\% \tag{1.11}$$

式中　w_m——材料的质量吸水率（%）；

m_2——材料在吸水饱和状态下的质量（g）；

m_1——材料在干燥状态下的质量（g）。

② 体积吸水率（w_v）指材料在吸水饱和时，所吸收的水分体积占干燥材料自然体

积的分数，用式（1.12）表示。

$$w_v=\frac{V_{水}}{V_0}\times100\%=\frac{m_2-m_1}{V_0}\times\frac{1}{\rho_w} \tag{1.12}$$

式中 w_v——材料的体积吸水率（%）；

$V_{水}$——材料吸收水分的体积（cm^3）；

V_0——干燥材料在自然状态下的体积（cm^3）；

ρ_w——水的密度（g/cm^3），在常温下可取1.0。

材料的吸水性与其孔隙率及孔隙特征有关。对细微连通的孔隙，孔隙率越大，则吸水率越大；封闭的孔隙内水分不易进去；而开口大的孔虽然水分易进入，但不易存留，只能润湿孔壁，所以吸水率仍然较小。

水对材料有许多不良影响，能使材料的表观密度增高，导热性增强，强度降低，体积膨胀，易受冰冻破坏，因此，材料吸水率大，对材料性能是不利的。特别是湿胀干缩及冻融循环，对材料的耐久性有严重影响。

（2）吸湿性

材料在潮湿空气中吸收水分的性质称为吸湿性。材料的吸湿性用含水率表示。含水率是指材料内部所含水分的质量占材料干燥质量的分数，用式（1.13）计算。

$$w_h=\frac{m_s-m_1}{m_1}\times100\% \tag{1.13}$$

式中 w_h——材料的含水率（%）；

m_s——材料含水时的质量（g）；

m_1——材料干燥至恒量时的质量（g）。

材料的吸湿性随着空气湿度和环境温度的变化而改变，当空气湿度较高且温度较低时，材料的含水率较大，反之含水率较小。材料中所含水分与周围空气的湿度相平衡时的含水率，称为平衡含水率。当材料吸湿达到饱和状态时的含水率即为吸水率。具有微小开口孔隙的材料，内表面积大，吸湿性强。

材料的吸湿性和吸水性一样均会对材料的性能产生不利影响。材料干湿交替还会引起其形状、尺寸的改变，从而影响使用。

3. 耐水性

材料长期在水作用下不被破坏，强度也不显著降低的性质称为耐水性。材料的耐水性用软化系数表示，见式（1.14）。

$$K_f=\frac{f_1}{f_0} \tag{1.14}$$

式中 K_f——材料的软化系数；

f_1——材料在饱水状态下的抗压强度（MPa）；

f_0——材料在干燥状态下的抗压强度（MPa）。

软化系数越大，材料的耐水性越强，说明材料抵抗水破坏的能力越强。由于材料吸水后，其内部质点间的结合力被削弱，导致材料的强度均有不同程度的降低，因而软化系数介于0～1。

软化系数是选择耐水材料的重要依据。对长期处于水中或潮湿环境中的重要结构物的材料，其软化系数不宜小于 0.85；对受潮较轻或次要结构物的材料，其软化系数不宜小于 0.75。通常把软化系数大于 0.85 的材料称为耐水的材料。

4. 抗渗性

材料抵抗压力水渗透的性质称为抗渗性。抗渗性常用渗透系数表示。渗透系数是指一定厚度的材料，在单位压力水头作用下，在单位时间内透过单位面积的水量，用式（1.15）计算。

$$K=\frac{Qd}{AtH} \tag{1.15}$$

式中 K——材料的渗透系数（cm/h）；

Q——渗透水量（cm^3）；

d——材料的厚度（cm）；

A——渗水面积（cm^2）；

t——渗水时间（h）；

H——静水压力水头（cm）。

渗透系数越小，说明材料的抗渗性越好。

材料（如混凝土、砂浆）的抗渗性也可用抗渗等级表示。抗渗等级是以规定的试件，在标准试验条件下所能承受的最大水压力来确定的，以符号 Pn（水利水电工程用 Wn）表示，其中 n 为该材料在标准试验条件下所能承受的最大水压力的 10 倍数，如 P4、P6、P8、P10、P12 等分别表示材料能承受 0.4MPa、0.6MPa、0.8MPa、1.0MPa 的水压力而不渗水。

材料的抗渗性与其孔隙率及孔隙特征有关。孔隙率越小且多为封闭孔隙，则材料的抗渗性越好。材料内部的缺陷、裂纹等会降低材料的抗渗性。对地下建筑、水工构筑物或有防水要求的构件，因受到压力水的作用而易被破坏，要求材料具有一定的抗渗性。

5. 抗冻性

材料在吸水饱和状态下，经受多次冻融循环作用而不破坏，同时强度也不严重降低的性质称为材料的抗冻性。

材料的抗冻性用抗冻等级表示。抗冻等级是以规定的试件，在规定的试验条件下，测得其强度降低和质量损失不超过规定值，此时所能经受的冻融循环次数，用符号 Fn（Dn）表示，其中 n 为最大冻融循环次数，如 F50、F200 等。抗冻等级越高，材料的抗冻性越好。

材料抗冻等级的选择，是根据结构物的种类、使用要求、气候条件等来决定的。例如用于桥梁和道路的混凝土应为 F50、F100 或 F200，而水工混凝土要求高达 F500。

材料受冻融破坏主要是因其孔隙中的水结冰所致。水结冰时体积增大约 9%，产生冻胀应力，当此应力超过材料的抗拉强度时，将产生局部开裂。若材料的变形能力强、强度高、软化系数大，则其抗冻性高。一般认为软化系数小于 0.80 的材料，其抗冻性较差。

1.2.5 材料与热有关的性质

土木工程中的围护结构材料，除了须满足必要的强度及其他性能要求外，为了降低建筑物的使用能耗，创造适宜的室内环境条件，常要求材料具有保温、隔热等热工性质。常考虑的热工性质有材料的导热性、热容量和温度变形性等。

1. 导热性

材料传导热量的能力称为导热性，可用导热系数表示。导热系数的物理意义是：厚度为1m的材料，当其相对两侧表面温度差为1K时，在1s时间内通过$1m^2$面积的热量，用式（1.16）表示。

$$\lambda=\frac{Q\delta}{At(T_2-T_1)} \tag{1.16}$$

式中 λ——材料的导热系数［W/（m·K）］；

Q——传导的热量（J）；

δ——材料厚度（m）；

A——热传导面积（m^2）；

t——热传导时间（s）；

T_2-T_1——材料两侧温度差（K）。

材料的导热系数越小，表示其导热性越差，绝热性能越好。通常把导热系数小于0.23的材料称为绝热材料。各种材料的导热系数差别很大，大致范围在0.029～3.5W/（m·K），如泡沫塑料为0.03～0.04W/（m·K），而普通混凝土为1.50～1.86W/（m·K）。

导热性与材料的含水率、孔隙率及孔隙特征等有关。密闭空气的导热系数很小（为0.26），所以孔隙率较大的材料，其导热系数较小；但如果孔隙粗大或贯通，由于对流作用，材料的导热系数反而增高。材料受潮或受冻后，其热导率大大提高，这是由于水和冰的导热系数（分别为0.58和2.20）比空气的导热系数大得多。因此，绝热材料应处于干燥状态，以利于发挥材料的绝热效能。

2. 热容量

热容量是指材料受热时吸收热量或冷却时放出热量的能力，用比热容（c）表示，如式（1.17）所示，单位为J/（kg·K）。

$$c=\frac{Q}{m\Delta T} \tag{1.17}$$

式中 Q——材料的热容量（J）；

m——材料的质量（g）；

ΔT——材料受热或冷却前后的温度差（K）。

材料的热容量表明材料的温度升高或降低1K所吸收或放出的热量，反映了材料对温度变化的稳定性。材料的导热系数和热容量是设计建筑物围护结构进行热工计算时的重要参数，设计时应选用导热系数较小而热容量较大的建筑材料，有利于保持建筑物室内温度的稳定。同时，导热系数也是工业窑炉热工计算和确定冷藏绝热层厚度的重要参数。几种典型材料的热工性质指标见表1.1。

表 1.1　几种典型材料的热工性质指标

材料	导热系数 [W/(m·K)]	比热容 [10^2J/(kg·K)]	材料	导热系数 [W/(m·K)]	比热容 [10^2J/(kg·K)]
钢	58	4.6	松木（横纹）	0.17	25
花岗岩	3.28～3.49	8.5	泡沫塑料	0.03～0.04	13～17
普通混凝土	1.50～1.86	8.6	冰	2.20	20.5
普通黏土砖	0.42～0.63	8.4	水	0.55	42
泡沫混凝土	0.12～0.20	11.0	密闭空气	0.26	10

3. 温度变形性

温度变形性是指材料在温度变化时，引起的体积变化的特性，即材料的热胀冷缩性能。这一性能常用线膨胀系数（ΔL）来表示，按式（1.18）计算。

$$\alpha=\frac{\Delta L}{L\Delta t} \tag{1.18}$$

式中　α——材料在常温下的线膨胀系数（K^{-1}）；

ΔL——线膨胀或线收缩量（mm）；

Δt——材料升（降）温前后的温度差（K）；

L——材料原始长度（mm）。

在土木工程中，对材料的温度变形大多关心其某一单向尺寸的变化，因此，线膨胀系数具有实际意义。例如分析混凝土路面、混凝土连续墙及大型建筑物纵向温度变形，以确定温度伸缩缝的位置和宽度。

4. 耐火性和耐燃性

耐火性是指材料在长期高温作用下，保持其结构和工作性能基本稳定而不被损坏的性质。某些工程部位的材料通常要求其具有耐火性，如砌筑炉窑、锅炉炉衬、烟道等所有的材料。根据不同材料的耐火度，可将其划分为：

耐火材料：耐火度不低于1580℃，如各类耐火砖。

难熔材料：耐火度为1350～1580℃，如耐火混凝土。

易熔材料：耐火度低于1350℃，如普通黏土砖。

耐燃性是指材料能经受高温或火的作用而不破坏，强度也不严重降低的性能。根据耐燃性可分为：

不燃烧类：遇火或高温不易起火、不燃烧且不碳化的材料，如石材、混凝土、金属等无机类材料。

难燃烧类：遇火或遇高温不易燃烧、不碳化，只有火源持续存在时才能继续燃烧，火焰熄灭燃烧即停止的材料，如沥青混凝土、经防火处理后的木材、某些合成塑料制品等。

燃烧类：遇火或遇高温容易引燃而着火，火源移去后，仍能继续燃烧的材料，如木材、沥青、油漆、合成高分子胶粘剂等有机类材料。

1.3 材料的力学性质

材料的力学性质是指材料在外力作用下，抵抗破坏的能力与变形性质。

1.3.1 材料的强度与比强度

1. 强度

材料在外力作用下抵抗破坏的能力，称为材料的强度。根据外力作用方式的不同（图 1.4），材料的强度分为抗拉强度、抗压强度、抗剪强度及抗弯强度等。

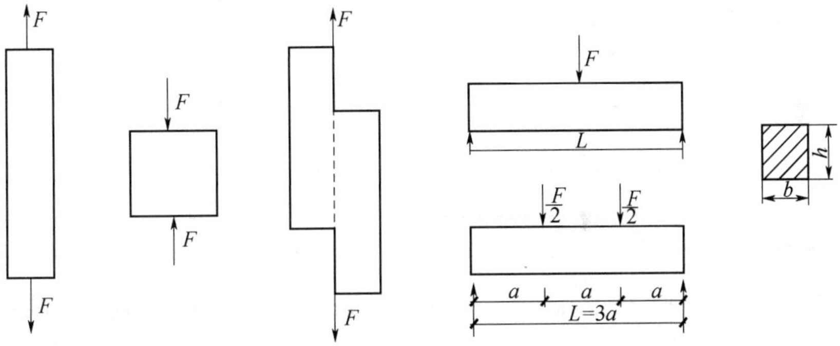

(a) 受拉　(b) 受压　(c) 受剪　(d) 受弯

图 1.4　材料受力情况

材料的抗压强度、抗拉强度、抗剪强度的计算见式（1.19）。

$$f=\frac{F}{A} \tag{1.19}$$

式中 f——材料的抗压（抗拉、抗剪）强度（MPa）；

F——材料能承受的最大荷载（N）；

A——材料的受力面积（mm^2）。

材料的抗弯试验有不同的加载方法，抗弯强度的计算公式也不相同。

试验时，当在简支梁中点作用一集中荷载时，抗弯强度的计算见式（1.20）。

$$f_m=\frac{3FL}{2bh^2} \tag{1.20}$$

式中 f_m——材料的抗压（抗拉、抗剪）强度（MPa）；

F——材料能承受的最大荷载（N）；

L——两支点之间的距离（mm）；

b、h——试件截面的宽度、高度（mm）。

试验时，当将两个相等的集中荷载 $F/2$ 分别作用在试件两支点间的三分点处，则抗弯强度按式（1.21）计算。

$$f_m=\frac{FL}{bh^2} \tag{1.21}$$

材料的强度与其组成及结构有关。材料的孔隙率越大，则强度越低，一般表观密度大的材料，其强度也高；材料的强度还与其含水状态及温度有关，含有水分的材料，其强度较干燥时低；温度升高时，强度将降低，沥青混合料尤为明显；此外，材料的强度与试件形状、尺寸、试验时加荷速度及试件表面性状也都有关。通常采用小试件测得的强度比大试件的高；加荷速度快，强度偏高；试件表面不平或表面涂润滑剂的，所测得强度偏低。

可见，材料的强度是在特定条件下测定的数值。为使试验结果准确且具有可比性，在测定强度时，必须严格按照标准规定的试验方法进行。常用建筑材料的强度见表1.2。

表1.2 常用建筑材料的强度 MPa

材料	抗压强度	抗拉强度	抗剪强度	抗弯强度
花岗岩	120.0～250.0	5.0～8.0	13～19	10.0～14.0
烧结普通砖	7.5～30.0	—	1.8～4.0	1.8～4.0
普通混凝土	7.5～60.0	1.0～4.0	—	2.0～8.0
建筑钢材	235.0～1600.0	235.0～1600.0	4.0～8.0	—

2. 材料的比强度

为了对不同强度的材料进行比较，可采用比强度这个指标。比强度反映材料单位体积质量的强度，其值等于材料强度与其表观密度之比。比强度是衡量材料轻质高强性能的重要指标。优质的结构材料，必须具有较高的比强度。几种主要材料的比强度见表1.3。

表1.3 几种主要材料的比强度

材料	表观密度 ρ_0（kg/m^3）	强度 f（MPa）	比强度 f/ρ_0
低碳钢	7850	420	0.054
普通混凝土	2400	40	0.017
烧结普通砖	1700	10	0.006

1.3.2 材料的变形

材料的变形是指材料在荷载作用下发生形状及体积变化的有关性质，主要有弹性变形、塑性变形、徐变及松弛等。

1. 弹性和塑性

弹性是指材料在外力作用下产生变形，当外力取消后，能够完全恢复原来形状的性质。这种能完全恢复的变形，称为弹性变形。

塑性是指材料在外力作用下产生变形，当外力取消后，仍保持变形后的形状和尺寸，且不产生裂缝的性质。这种不能恢复的变形称为塑性变形（或永久变形）。

事实上，纯的弹性材料是不存在的。有些材料在受力较小时，表现为弹性变形，但当受力超过一定限度后，则表现为塑性变形，如钢材；而有些材料在受力后，弹性和塑性变形同时产生，当外力除去后，弹性变形可以恢复，而塑性变形则不能恢复，例如混凝土材料。

2. 徐变和松弛

固体材料在持久荷载作用下，变形随时间的延长而逐渐增长的现象称为徐变。不同材料产生徐变的原因也不相同，非晶体材料是由于在外力作用下发生了黏性流动因而产生徐变，而晶体材料是由于晶格位错运动及晶体的滑移导致徐变。

徐变的发展与材料所受应力大小有关。当应力未超过某一极限值时，徐变的发展随时间延长而减小，最后材料的变形停止增长。当应力达到或超过某一极限值后，徐变的发展随时间延长而增加，最后导致材料破坏。

材料的徐变还与环境温度和湿度有关。混凝土、岩石等材料，当环境温度越高、湿度越高时，其徐变量越大；木材的湿度越高，徐变量越大；钢铁材料在高温下徐变特别显著。

1.3.3 脆性和韧性

材料在外力作用下，当外力达到一定限度后，发生突然破坏，且破坏时无明显的塑性变形，这种性质称为脆性。具有这种性质的材料称为脆性材料。

脆性材料抗压强度远高于抗拉强度，可高达数倍甚至数十倍，抵抗冲击荷载或振动荷载作用的能力很差。所以脆性材料不能承受振动和冲击荷载，也不宜用作受拉构件，只适于用作承压构件。建筑材料中大部分无机非金属材料均为脆性材料，如天然岩石、陶瓷、玻璃、普通混凝土等。

材料在冲击或振动荷载作用下，能吸收较多的能量，产生一定的变形而不被破坏，这种性质称为韧性。如建筑钢材、木材等属于韧性较好的材料。

在土木工程中，对要求承受冲击荷载和有抗震要求的结构，如吊车梁、桥梁、路面等所用的材料，均应具有较高的韧性。

1.3.4 硬度和磨损及磨耗

1. 硬度

硬度是指材料表面抵抗硬物压入或刻划的能力，耐磨性反映材料的耐磨耗性和加工的难易程度。测定材料硬度常用的方法有刻痕法和压入法两种。

一般材料的硬度越高，则其耐磨性越好、强度也较高，工程中有时也可用硬度来间接推算材料的强度，例如，在测定混凝土结构强度时，可用回弹硬度来推算其强度的近似值。

2. 磨损及磨耗

材料受摩擦作用而减少质量和体积的现象称为磨损。材料同时受摩擦和冲击作用而减少质量和体积的现象称为磨耗。

材料的耐磨性与材料的组成成分、结构、强度、硬度等有关。在建筑工程中，用作踏步、台阶、地面、路面等的材料，应具有较高的耐磨性。水利工程中的输水涵洞闸门等受流水冲刷的部位，对耐磨性要求更高。

一般来说，硬度高、强度高、韧性好且构造均匀密实的材料，耐磨性较好。

1.4 材料的耐久性

材料的耐久性是指材料在使用过程中抵抗各种荷载和环境因素的长期作用，并保持其原有性能而不被破坏、不变质的能力。

耐久性是材料的一项综合性质，诸如抗冻性、抗风化性、抗老化性、耐化学腐蚀性等均属耐久性的范围。此外，材料的强度、抗渗性、耐磨性等技术性能也与材料的耐久性有着密切的关系。

在构筑物使用过程中，材料除内在原因在组成、构造、性能方面发生变化外，还长期受到周围环境及各种自然因素的作用而破坏。这些作用可概括为以下几方面。

物理作用：包括环境温度、湿度的交替变化，即冷热、干湿、冻融等循环作用。材料在经受这些作用后，将发生膨胀、收缩，产生内应力。

化学作用：包括大气和环境水中的酸、碱、盐等溶液或其他有害物质对材料的侵蚀作用，以及日光等对材料的作用，使材料产生本质的变化而破坏。

机械作用：包括荷载的持续作用或交变作用引起材料的疲劳、冲击、磨损等破坏。

生物作用：包括菌类、昆虫等的侵害作用，导致材料发生腐朽、蛀蚀等破坏。

材料的耐久性因其组成和结构不同而异。例如钢材易氧化而锈蚀；无机非金属材料常因氧化、风化、碳化、溶蚀、冻融、热应力、干湿交替作用等而破坏；有机材料多因腐烂、虫蛀、老化而变质等。

对材料耐久性最可靠的判断，是对其在使用条件下进行长期观察和测定，但这需要很长时间。为此，近年来常采用快速检验法，这种方法是模拟实际使用条件，将材料在实验室进行快速试验，根据试验结果对材料的耐久性做出判定。在实验室进行快速试验的项目主要有干湿循环、冻融循环、碳化、加湿与紫外线干燥循环、盐溶液浸渍与干燥循环、化学介质浸渍等。例如水泥混凝土的耐久性用抗渗性、抗冻性、耐化学腐蚀性等指标反映其在长期使用过程中的耐久性。

在工程中改善材料耐久性的主要措施如下：根据使用环境合理选择材料的品种；控制材料的孔隙率与孔隙特征；改善材料的表面状态，增强抵抗环境作用的能力。

耐久性是建筑材料的一项重要的技术性质。在设计和选用建筑材料时，必须考虑材料的耐久性问题。采用耐久性良好的建筑材料，对节约材料、保证建筑物长期正常使用、减少维修费用、延长建筑物使用寿命等，均具有十分重要的意义。

本章小结

建筑材料的组成可分为化学组成、矿物组成和相组成三类。一般从宏观、细观和微观三个层次来分析建筑材料的结构。

材料的孔隙对其物理、力学性能都有重要影响。材料的物理常数包括密度、孔隙率及空隙率、含水率、吸水率等。材料与水有关的性质包括吸水性和吸湿性、耐水性、抗渗性、抗冻性；材料与热有关的性质包括导热性、热容量、温度变形、耐火性和耐燃性。

材料的力学性质包括强度和比强度、变形、脆性和韧性、硬度、磨损及磨耗。

复习思考题

1. 名词解释：（1）密度；（2）密实度；（3）孔隙率；（4）空隙率；（5）吸水率；（6）含水率；（7）平衡含水率；（8）体积吸水率；（9）质量吸水率；（10）强度；（11）弹性；（12）韧性；（13）耐水性；（14）耐久性；（15）抗冻性；（16）塑性；（17）脆性；（18）硬度；（19）疲劳极限。

2. 材料的密度、表观密度、视密度及堆积表现密度有何区别？

3. 材料的吸水性、耐水性、抗渗性及抗冻性的含义是什么？它们之间有何联系？

4. 简述材料孔隙率及孔隙特征对材料吸水性、抗渗性、抗冻性及强度的影响。

5. 简述影响脆性材料抗压强度试验结果的因素。

6. 简述无机非金属材料受冰冻破坏的原因及提高材料抗冻性的途径。

7. 简述材料的结构及构造对其力学性能的影响。

8. 简述材料弹性变形与塑性变形的概念、发生的条件。

9. 量取 10L 气干状态的卵石，称得质量为 14.5kg。又将该卵石烘干后，称取 500g，放入装有 500mL 水的量筒中，静置 24h 后，量筒水面升高到 685mL 处，求该卵石的视密度、硫松堆积表观密度及空隙率。

10. 某材料密度为 $2.60g/cm^3$，干燥表观密度为 $1600kg/cm^3$。现将质量为 954g 的该材料浸入水中，待吸水饱和后取出称得质量为 1086g。试求该材料的孔隙率、质量吸水率、开口孔隙率及闭口孔隙率。

11. 某工地所用碎石，其密度为 $2.65g/cm^3$，疏松堆积表观密度为 $1680kg/cm^3$，视密度为 $2.61g/cm^3$。求该碎石的空隙率及岩石的孔隙率（设该碎石颗粒中的孔隙均为闭口孔隙）。

2 建筑石材

本章概要

本章重点介绍天然岩石的组成与分类，天然石材的物理性质、化学性质、力学性质与工艺性质的含义、评价方法与评价指标；在此基础上介绍石材的加工类型及选用。

2.1 概　　述

建筑石材包括天然石材和人造石材两大类。

天然石材是指由天然岩石中开采，经加工制成的料石、板材及颗粒状等材料。天然石材抗压强度高，耐磨性和耐久性好，加工后表面美观，装饰效果好，且其资源广泛、蕴藏量十分丰富，便于就地取材，因而从古至今都得到了广泛的应用。例如，重质致密的块状石材，可用于砌筑基础、桥涵、护坡、挡土墙等砌体；散粒状石料（例如碎石、砾石和砂等）可用作混凝土粗细骨料；块状的轻质多孔的石材可用作墙体材料，粒状的可用于拌制轻混凝土；经过加工的各种饰面石材可用于室内、外墙面、地面、柱面、踏步和台阶等的各类装饰工程中。同时，天然石材除直接应用于工程中外，还可以作为生产其他建筑材料的原料，如生产石灰、建筑石膏、水泥和无机绝热材料等。然而，天然石材属脆性材料，抗拉强度低，密度高、硬度高，因此，开采、加工和运输都比较困难。

人造石材是以不饱和聚酯树脂为胶粘剂，配以无机物粉料（如天然大理石、方解石、硅砂、玻璃粉等）、适量的阻燃剂及燃料等，经配料混合、瓷铸、振动、压缩、挤压、固化等工艺制成。与天然石材相比，人造石材在防潮、防酸、耐高温及艺术性等方面，有了较大进步，在工程中也得到了广泛的应用。

2.2 天然岩石的组成与分类

2.2.1 天然岩石的组成

天然岩石是由各种不同的地质作用所形成的天然固态矿物的集合体。组成岩石的矿物称为造岩矿物。矿物是含有一定的化学组成和结构特征的自然化合物或元素。造岩矿物有石英、长石、云母、角闪石、方解石、白云石、黄铁矿、石膏、菱镁矿、磁铁矿和赤铁矿三十多种。工程中常用岩石的主要造岩矿物及特性见表 2.1。

表 2.1 工程中常用岩石的主要造岩矿物及其特性

矿物名称	化学成分	性质
石英	SiO_2	无色透明至乳白色。硬度、强度及耐腐蚀性高，但受热（573℃以上）时，因晶型转变会产生裂缝，甚至崩裂。密度为 2.65g/cm³，熔点为 1600℃，硬度为 7
长石类 正长石 斜长石	$K_2O \cdot Al_2O_3 \cdot 6SiO_2$ $m\ (Na_2O \cdot Al_2O_3 \cdot 6SiO_2)$ $+n\ (CaO \cdot Al_2O_3 \cdot 6SiO_2)$	白色，但因含微量铁，故而也有灰、红、青等多种颜色。其硬度、强度、耐久性也较高，但低于石英，是岩浆岩中最多的矿物，约占总量的 2/3。密度为 2.6～2.7g/cm³，硬度为 6
云母类 （白云母、 黑云母）	$(Na, K)_2O \cdot Al_2O_3 \cdot 2SiO_2$ $m\ [(Na, K)_2O \cdot Al_2O_3 \cdot 2SiO_2]$ $+n\ [2\ (Fe, Mg)\ O \cdot 2SiO_2]$	片状，有黑、白两种。硬度低，解理完全，易裂成薄片，呈玻璃光泽。白云母稳定性好，黑云母稳定性差。密度：白云母为 2.6～2.7g/cm³；硬度为 6
角闪石和 辉石类	Fe、Mg、Al、Ca 等的 硅酸盐化合物	在化学成分上两者有同种情况，结晶类型相同。有多种颜色，但均为深色，有暗色矿物之称。耐久性好。密度为：角闪石 2.9～3.6g/cm³；辉石 3～3.6g/cm³。硬度为 5～6
橄榄石	$2\ (Mg, Fe)\ O \cdot SiO_2$	暗绿色。硬度和强度较高，韧性和耐久性好。密度为 3.2～3.5g/cm³，硬度为 7
方解石	$CaCO_3$	白色，但多数颜色淡。硬度、强度、耐久性次于上述矿物。易溶于酸。密度为 2.7g/cm³，硬度为 3
白云石	$CaCO_3 \cdot MgCO_3$	白色，其硬度、强度、耐久性略高于方解石。遇酸后分解
黄铁矿	FeS_2	耐久性差，遇水和氧生成游离硫酸，且体积膨胀，并产生锈迹。是岩石中的有害矿物

注：矿物在外力等作用下沿一定的结晶方向易裂成光滑平面的性质称为解理，裂成的平面称为解理面。

由一种矿物组成的岩石称为单矿岩，如石灰岩和白色大理石等，这种岩石的性质是由矿物和结构决定的；由多种矿物组成的岩石称为多矿岩，如花岗石、长石、石英和云母等，这类岩石的性质由组成矿物的相对含量和结构构造来决定。

大多数岩石由多种矿物所组成。不同种类的岩石，矿物组成、结构和构造均不相同，其物理力学性能也不相同；相同种类的岩石，产地不同时，其矿物组成和构造也不尽相同，物理力学性能会有差异。

2.2.2 天然岩石的分类

岩石的性能除取决于岩石所含矿物成分外，还取决于成岩条件。按岩石的形成条件可将岩石分为岩浆岩、沉积岩、变质岩三大类，它们具有显著不同的矿物结构与构造。

1. 岩浆岩

岩浆岩又称火成岩，是岩浆冷凝而形成的岩石。根据冷却条件不同又分为深成岩、喷出岩及火山岩三类。

（1）深成岩

深成岩是指岩浆在地表深处，受上部覆盖层的压力作用，缓慢冷却而形成的岩石。深成岩的矿物全部结晶且晶粒较粗，构造致密，具有密度高、抗压强度高、吸水性弱、抗冻性好的特点。工程上常用的有花岗岩、正长岩、辉长岩、橄榄岩及闪长岩等。

（2）喷出岩

喷出岩是岩浆喷出地表时，在压力急剧降低和迅速冷却的条件下形成的岩石。由于结晶条件差，多呈隐晶质或玻璃质结构。当喷出岩形成较厚的岩层时，其矿物结构与构造接近深成岩。当形成较薄的岩层时，常呈多孔构造，接近火山岩。工程上常用的喷出岩有玄武岩、安山岩、辉绿岩等。

（3）火山岩

火山岩是火山爆发时，岩浆被喷到空中急速冷却后形成的岩石。火山岩为玻璃体结构且呈多孔构造，如火山灰、火山砂、浮石和凝灰岩等。火山灰、火山砂可作为混合材料，浮石可作为轻混凝土骨料；火山灰、火山砂经覆盖层压力作用胶结而成的岩石，称为火山凝灰岩。火山凝灰岩多孔、质轻、易于加工，可作保温建筑材料，磨细后可作为水泥的混合材料。

2. 沉积岩

沉积岩是由母岩（岩浆岩、变质岩和已形成的沉积岩）在地表经风化剥蚀，经过搬运、沉积和硬结成岩作用而形成的岩石，占地表的66%，是地表的主要岩类。

与岩浆岩相比，沉积岩的成岩过程压力不大，温度不高，大都呈层理构造，而且各层的成分、结构、颜色、厚度都有差异，使沉积岩沿不同方向表现出不同的力学性能；与深成岩相比，沉积岩的密度低，孔隙率和吸水率大，强度较低，耐久性略差。

常见的沉积岩有石灰岩、页岩、砂岩、砾岩、石膏、硅藻土等，散粒状的有黏土、砂、卵石等。

3. 变质岩

变质岩是原生的岩浆岩或沉积岩经过地质上的变质作用而形成的岩石。变质岩在矿物成分与结构构造上既有变质过程中所产生的特征，也会残留部分原岩的某些特点。因此，变质岩的物理力学性能不仅与原岩的性质有关，而且与变质作用条件及变质程度有关。

在变质过程中受到高压和重结晶的作用，由沉积岩得到的变质岩更为紧密。如由石灰岩或白云岩变质而成的大理石岩，由砂岩变质而成的石英岩，它们均较原来的岩石坚固耐久；而深成岩经变质后产生了片状构造，使岩石的性能变差，如由花岗岩变质后的片麻岩，易于分层剥落，耐久性差。

2.3 石材的技术性质

2.3.1 石材的物理性质

1. 表观密度

石材的表观密度与岩石的矿物组成、孔隙率有关。致密的石材如花岗岩、大理石等，其表观密度接近于密度，在2500～3100kg/m^{3}之间，而孔隙率较大的石材，如火山凝灰岩、浮石岩，表观密度较低，在500～1700kg/m^{3}之间。

表观密度是石材品质评价的粗略指标。表观密度高于1800kg/m^{3}重质石材，一般用作基础、桥涵、隧道、墙、地面及装饰用材料等；表观密度低于 1800kg/m^3 的轻质石材，一般多用作墙体材料。一般情况下，同种石材表观密度越高，抗压强度越高，吸水率越小，抗冻性与耐久性越强，导热性能越好。

2. 吸水性

岩石的吸水性与其孔隙率及孔隙特征有关。深成岩及许多变质岩的孔隙率都很小，吸水率也较小，如花岗岩的吸水率小于 0.5%；沉积岩的孔隙率及孔隙特征变化很大，吸水率波动也很大。如致密的石灰岩的吸水率可小于 1%，而多孔的贝壳石灰岩的吸水率可达 15%。一般岩石吸水率低于 1.5%的称为低吸水性岩石；吸水率高于 3.0%的岩石称为高吸水性岩石；吸水率介于 1.5%～3.0%的岩石称为中吸水性岩石。石料吸水后其强度会降低、耐水性及抗冻性变差，导热性增强。

3. 抗冻性

抗冻性是石材抵抗冻融破坏的能力，是衡量石材耐久性的重要指标，用石材在饱水状态下所能经受的冻融循环次数表示。在规定的冻融循环次数内，无贯穿裂缝，质量损失不超过 5%，强度降低不大于 25%，则抗冻性合格。

石材的抗冻性与其吸水性、吸水饱和程度、冻融次数有关，吸水率越低，抗冻性越好，如坚硬致密的花岗岩、石灰岩等，抗冻性好。冻结温度越低或冷却速度越快，则冻结的破坏速度与程度越大。

影响石材抗冻性的实质在于石材的矿物成分、结构、构造及其风化程度。当石材中含有较多的黑云母、黄铁矿、黏土等矿物时，抗冻性较差；风化程度大者，抗冻性低。在不同地区和不同部位使用石材时需要注意对其抗冻性的要求。

4. 耐水性

石材的耐水性用软化系数表示，根据软化系数大小，石材的耐水性分为高、中、低三等，软化系数高于 0.9 的石材称为高耐水性石材，软化系数介于 0.75～0.9 的石材为中耐水性石材，软化系数介于 0.6～0.75 的石材为低耐水性石材。软化系数小于 0.6 的石材不能用于重要建筑物。经常与水接触的建筑物，石料的软化系数一般宜为 0.75～0.90。

5. 耐热性

石材的耐热性与其化学成分及其矿物组成有关。含有石膏的石材，在 100℃以上时开始破坏；含有碳酸镁的石材，温度高于 725℃时会发生破坏；而含有碳酸钙的石材，则在 827℃时开始破坏。由石英与其他矿物组成的结晶石材，如花岗岩等，当温度达到 700℃时，由于石英受热膨胀，强度即行丧失。

6. 导热性

石材的导热性与表观密度和结构有关。重质石材的导热系数可达 2.91～3.49W/（m·K）；轻质石材的导热系数则为 0.23～0.7W/（m·K）。相同成分的石材，玻璃态比结晶态的导热系数小。具有封闭孔隙的石材，其导热系数较小。

7. 抗风化性及风化程度

水、冰和化学等因素造成岩石开裂或剥落的过程，称为岩石的风化。岩石抗风化能力的强弱与其矿物组成、结构和构造状态有关。当岩石中云母和黄铁矿含量较多时，风化速度快；白云石和方解石组成的岩石在酸性气体中易风化。孔隙率对风化也有很大的影响。对石材进行磨光及喷涂等处理，可有效防止岩石的风化。建筑工程要求石料质地均匀，没有显著风化迹象，没有裂缝，不含易风化矿物。

8. 石材的放射性

天然石材中可能含有某些放射性元素，若超过国家规定的标准值则不安全，特别是一些对人体健康有害的气体（如氡气），被人体经呼吸作用吸入后，在呼吸系统对人体产生电离损害。因此，用于室内及人口稠密处的石材，应符合《建筑材料放射性核素限量》（GB 6566—2010）的规定。

2.3.2 石材的化学性质

应用于土木工程和建筑装饰工程石材的化学性质，主要包括以下两个方面：

1. 石材自身的化学稳定性

通常情况下，可以认为石材的化学稳定性较好，但各种石材的耐酸性和耐碱性存在差别。例如大理石的主要成分是碳酸钙，易受化学介质的影响；花岗岩的化学成分为石英、长石等硅酸盐，其化学稳定性较大理石好。

2. 石材的化学性质对骨料-结合料结合效果的影响

土木工程中配制水泥混凝土、沥青混合料的骨料可由石材轧制加工而成。因此，石材的化学组成将影响骨料的化学性质，进而影响骨料和水泥、沥青等结合料的结合效果。在道路工程中，通常按照氧化硅含量，将石料分为碱性（$SiO_2<52\%$）（钙质石料）、中性（$SiO_2=52\%\sim65\%$）和酸性（$SiO_2>65\%$）（硅质石料）。硅质石料如花岗岩、石英岩等在水中带有负电荷，亲水性较强，而钙质石料如石灰岩等在水中带正电荷，亲水性较弱，见表 2.2。

表 2.2 不同岩石二氧化硅的含量与亲水系数

岩石名称	SiO_2含量范围（%）	亲水系数
石英石	80～100	1.06
花岗石	64～80	0.98
石灰石	0～50	0.79

在沥青路面工程中，岩石以骨料形式应用于沥青混合料中，由于骨料对水的亲和力大于对沥青结合料的亲和力，水可能将骨料上的沥青膜剥落，导致沥青混合料强度降低。骨料的亲水系数越大，水对沥青混合料水稳定性的不利影响就越大。因此，利用碱性的石灰岩制备的沥青混合料的性能比酸性的花岗岩、石英岩制备的沥青混合料的性能要好。

在水泥混凝土中，某些含有活性二氧化硅或活性碳酸盐成分的骨料会与水泥中的碱性氧化物发生化学反应，称为“碱-骨料反应”。这类反应会对混凝土结构强度和稳定性产生非常不利的影响。

2.3.3 石材的力学性质

1. 抗压强度

天然石材的强度取决于石料的矿物组成、晶粒粗细及构造的均匀性、孔隙率和岩石风化程度等。石料强度一般变化都较大，具有层理构造的石料，其垂直层理方向的抗压强度较平行层理方向的高。

《砌体结构设计规范》（GB 50003—2011）规定，石材的抗压强度以3块边长为70mm的立方体为一组试件，取在浸水饱和状态下其抗压强度的算术平均值。按抗压强度值分为MU100、MU80、MU60、MU50、MU40、MU30、MU20七个强度等级。

水利工程中，将天然石料按ϕ50mm×100mm圆柱体或50mm×50mm×100mm棱柱体试件，浸水饱和状态的极限抗压强度，划分为100MPa、80MPa、70MPa、60MPa、50MPa、30MPa六个等级。并按其抗压强度分为硬质岩石、中硬岩石及软质岩石3类。水利工程中所用石料的等级一般均应大于30MPa。

2. 冲击韧性

岩石的韧性取决于其矿物组成及结构。天然石材是典型的脆性材料，抗拉强度为抗压强度的1/14～1/50。石英岩、硅质砂岩具有较强的脆性，而含有暗色矿物较多的辉长岩、辉绿岩等具有较强的韧性。通常晶体结构的岩石韧性强于非晶体结构的岩石。

3. 耐磨性

石材的耐磨性是指其抵抗磨损和磨耗的性能。耐磨性用磨耗率表示，该值为试样磨耗损失质量与试样磨耗之前的质量之比。

石料的耐磨性取决于其矿物组成、结构及构造。组成矿物越硬，构造越致密且石材的抗压强度和抗冲击韧性越高，耐磨性越好。

4. 硬度

硬度用莫氏硬度或肖氏硬度表示。石材的硬度取决于该矿物组成的硬度与构造。凡由致密、坚硬的矿物组成的石料，其硬度均较高。结晶质结构的硬度高于玻璃质结构。一般来说，石材的抗压强度和硬度越高，其耐磨性和抗刻划性越好，但表面加工也越难。

2.3.4 石材的工艺性质

建筑石材的工艺性质是指石材开采和加工过程的难易程度及可能性，包括加工性、磨光性、抗钻性等。加工性质对应用于建筑装饰工程的石材而言是非常重要的，直接影响石材的装饰效果。

1. 加工性

加工性是指对岩石劈解、破碎、凿琢等加工工艺的难易程度。凡是强度、硬度、韧性较高的石材，不易加工；脆而粗糙、有颗粒交错结构、含有层状或片状构造及已经风化的岩石，都难以加工成规则石材。

2. 磨光性

磨光性是指岩石能否磨成光滑表面的性质。致密、均匀、细粒的岩石，一般都有良好的磨光性，可以磨成光滑整洁的表面；疏松多孔、有鳞片状构造的岩石，磨光性均不好。

3. 抗钻性

抗钻性是指对岩石钻孔时的难易程度。影响石材抗钻性的因素很多，一般认为与岩石的强度、硬度等性质有关。

由于工程特点及使用条件的不同，对建筑石材的技术要求也有所不同。对应用于基础、桥梁、隧道及砌筑工程的石材，一般规定必须具有较高的抗压强度、抗冻性和耐水性；应用于建筑装饰工程的石材，除了要求具备一定的强度、抗冻性、耐水性之外，对密度、耐磨性等的要求也较高。

2.4 石材的加工类型及选用原则

2.4.1 石材的加工类型

2.4.1.1 砌筑用石材

土木建筑工程在选用天然石材时，应根据建筑物的类型、使用要求和环境条件，再结合当地资源进行综合考虑，使所选用的石材满足适用、经济、环保和美观的要求。

土木建筑工程中常用的天然石材有毛石、料石等。

1. 毛石

毛石是由爆破直接得到的形状不规则的石块，又称片石或块石。按其表面的平整程度，又分为乱毛石和平毛石两种。乱毛石指各个面的形状均不规则的毛石。乱毛石一般在一个方向上尺寸达 300～400mm，质量为 20～30kg，其强度不低于 10MPa，软化系数不应小于 0.75；平毛石是将乱毛石略经加工而成的石块，形状较整齐，但表面粗糙，其中部厚度不应小于 200mm。毛石常用于砌筑基础、勒脚、墙身、堤坝、挡土墙等，其中乱毛石也可用作混凝土的骨料。

2. 料石

料石是指由人工或机械开采，并略加凿琢而成的较规则六面体石块。按料石表面加工的平整程度可分为以下 4 种：

(1) 毛料石。毛料石表面一般不经加工或仅稍加修整，为外形大致方正的石块。其厚度不小于 200mm，长度通常为厚度的 1.5～3 倍，叠砌面凹凸深度不应大于 25mm，抗压强度不得低于 30MPa。

毛料石可用于桥梁墩台的镶面工程、涵洞的拱券与帽石、隧道衬砌的边墙，也可作为高大的或受力较大的桥墩台的填腹材料。

(2) 粗料石。粗料石经过表面加工，外形较方正，截面的宽度、高度不应小于 200mm，而且不小于长度的 1/4，叠砌面凹凸深度不应大于 20mm。

对粗料石的抗压强度的要求视其用途而定，用作桥墩破冰体镶面时，不应低于 60MPa；用作桥墩分水体时，不应低于 40MPa；用于其他砌体镶面时，应不低于砌体内部石料的强度。

(3) 半细料石。半细料石经过表面加工，外形方正，规格尺寸同粗料石，但叠砌面凹凸深度不应大于 15mm。

(4) 细料石。细料石表面经过细加工，外形规则，规格尺寸同粗料石，其叠砌面凹凸深度不应大于 10mm。制作为长方形的称作条石，长、宽、高大致相等的称为方料石，楔形的称为拱石。

料石常用于砌筑墙身、地坪、踏步、拱和纪念碑等；形状复杂的料石制品可用作柱头、柱基、窗台板、栏杆和其他装饰等。

2.4.1.2 板材类石材

石板是指对采石场所得的荒料经人工凿开或锯解而成的板材，厚度为 10～30mm，长度和宽度范围一般为 300～1200mm。石板一般多采用花岗岩或大理石锯解而成。板材按表面加工程度分为以下 3 种：

1. 粗面板材。其表面平整粗糙，具有较规则的加工条纹。品种有机刨板、剁斧板、锤击板、烧毛板等。

2. 细面板材。细面板材为表面平整、光滑的板材。

3. 镜面板材。镜面板材指表面平整，具有镜面光泽的板材，大理石板材一般均为镜面板材。

粗面、细面板材多用于室内外墙、柱面、台阶、地面等部位；镜面板材多用于室内饰面及门面装饰、家具的台面等；大理岩的主要矿物组成是方解石或白云石，在大气中受二氧化碳、硫化物、水汽等作用，易于溶蚀，失去表面光泽而风化、崩裂，故大理石板材主要用于室内装饰。

2.4.1.3 颗粒状石料

1. 碎石

天然岩石经人工和机械破碎而成，粒径大于 4.75mm 的颗粒状石料为碎石。它主要用于混凝土骨料或基础、道路的垫层。

2. 卵石

天然岩石经自然界风化、磨蚀、冲刷等作用而形成的颗粒状石料为卵石。其用途同碎石，也可用于园林和庭园的地面铺砌材料等。

3. 石渣

石渣用天然花岗石或大理石等的碎料加工而成，适用于水磨石、水刷石、干粘石、斩假石和人造大理石的骨料，颜色丰富，装饰效果好。

2.4.2 石材的选用原则

建筑工程选用天然石料时，应根据建筑物的类型、使用要求和环境条件等，综合考虑经济、适用和美观等方面的要求。

1. 经济性

由于天然石材表观密度高，不宜长途运输，应综合考虑地方资源，尽可能做到就地取材，降低成本。天然岩石一般质地坚硬，雕琢加工困难，加工费工耗时，成本高。一些名贵石材的价格昂贵，因此选择石材时应慎重考虑。

2. 适用性

在选用石材时，根据其在建筑物中的用途和部位，选定其主要技术性质能满足要求的石材。如饰面用石材，主要考虑表面平整度、光泽度、色彩与环境的协调、尺寸公差、外观缺陷及加工性等技术要求；承重用石材，主要应考虑强度、耐水性和抗冻性等技术性能；围护结构用石材，主要考虑其导热性；用作地面、台阶等的石材应坚韧耐磨；用在高温、高湿和严寒等特殊环境中的石材，还应分别考虑其耐久性、耐水性、抗冻性及耐化学侵蚀性等。

3. 色彩与质感

装饰用石材应注意石材的质感与色彩，需要与周围环境相协调和融合，以取得最佳的装饰效果。

4. 环保性

在选用室内装饰用石材时，应注意其放射性指标是否合格。

本章小结

建筑石材分为天然石材和人造石材两大类。

岩石的质量主要取决于其造岩矿物及成岩条件。按岩石的形成条件可将岩石分为岩浆岩、沉积岩、变质岩三大类。

石材的技术性质可分为物理性质、化学性质、力学性质与工艺性质。

石材的物理性质主要包括表观密度、吸水性、耐水性、抗冻性、耐热性、导热性、抗风化性等。

石材的化学性质主要包括石材自身的化学稳定性和石材的化学性质对骨料和结合料结合效果的影响两方面。

石材的力学性质主要体现为抗压强度、冲击韧性、耐磨性和硬度。

石材的工艺性质是指石材开采和加工过程的难易程度及可能性，包括加工性、磨光性、抗钻性等。

土木建筑工程中常用的石材有砌筑石材、板材、颗粒状石材等。

石材的选用要考虑其经济性、适用性、色彩与质感及环保性。

复习思考题

1. 按岩石的生成条件，岩石可分为哪几类？举例说明。
2. 石材有哪些主要的技术性质？影响石材抗压强度的主要因素有哪些？
3. 表征天然石材耐水性的指标是什么，如何区分天然石材的耐水性等级？
4. 饰面石材的分类有哪些？

3 气硬性胶凝材料

本章概要

本章重点阐述石灰的化学组成、消化和硬化机理，以及石灰的技术性质和质量标准；介绍石膏的组成、水化、硬化机理和石膏的技术要求和标准；简介水玻璃的组成、硬化机理及其性质和应用。

3.1 概　　述

凡能够通过自身的物理、化学作用，从浆体变成坚硬的固体，并能将散粒或块状材料黏结成整体的材料称为胶凝材料。胶凝材料根据化学组成可分为有机和无机胶凝材料。有机胶凝材料的主要成分是天然或人工合成的有机高分子化合物，如沥青、树脂、橡胶等；无机胶凝材料的主要成分为无机矿物。

无机胶凝材料根据凝结、硬化条件的不同又分为气硬性胶凝材料和水硬性胶凝材料。气硬性胶凝材料是指只能在空气中硬化，且只能在空气中保持或继续发展其强度，如石灰、石膏、水玻璃等；水硬性胶凝材料是指既能在空气中凝结、硬化，又能在水中凝结、硬化，保持并继续发展其强度，如各种水泥。

3.2 石　　灰

3.2.1 石灰的生产原料、方法与分类

3.2.1.1 石灰的生产原料

生产石灰的主要原料是以碳酸钙（$CaCO_3$）为主要成分的天然岩石，常用的有石灰石、白云石、白垩或贝壳等。

某些工业副产品也可作为生产石灰的原材料或直接使用。用碳化钙（CaC_2）制取乙炔时产生的电石渣，主要成分为 $Ca(OH)_2$，可直接使用，但性能不尽理想；又如用氨碱法制碱的残渣，主要成分为碳酸钙，也可以作为生产石灰的原料。

3.2.1.2 石灰的生产方法

石灰石原料经高温煅烧，得到以 CaO 为主要成分的块状生石灰，化学反应见式（3.1）。

$$CaCO_3 \xrightarrow{900\sim1300℃} CaO + CO_2\uparrow \tag{3.1}$$

石灰在烧制过程中，如原料的尺寸过大、煅烧温度过低或煅烧时间不足等，使石灰中含有未烧透的内核，这种石灰称为“欠火石灰”。欠火石灰的主要成分是 $CaCO_3$，由于 $CaCO_3$ 不溶于水，也无胶结能力，在消化为石灰膏或消石灰粉等过程中常作为残渣被废弃，从而降低了有效利用率。如果原料的尺寸过小、煅烧温度过高或时间过长，使石灰表面出现裂缝或玻璃釉状外壳，体积收缩明显，块状密度高，消化缓慢，这种石灰称为“过火石灰”。过火石灰用于建筑工程中，硬化后继续消化进而产生体积膨胀，导致表面局部隆起、剥落及裂缝，从而影响工程质量。

3.2.1.3 石灰的分类

按照成品的加工方法，石灰分为：

建筑生石灰：由石灰石原料煅烧得到。

建筑生石灰粉：由块状生石灰研磨制得。

建筑消石灰粉：以建筑生石灰为原料，用适量的水经消化加工制得。

石灰浆：将生石灰加多量水（一般为石灰体积的 3～4 倍）消化得到的可塑性浆体。

按照化学成分，建筑石灰分为钙质石灰和镁质石灰，根据《建筑生石灰》（JC/T 479—2013）和《建筑消石灰》（JC/T 481—2013）的规定，分类方式及对应代号见表 3.1。

表 3.1 建筑生石灰和建筑消石灰的分类

品种名称	类别	氧化镁含量（%）	名称	代号
建筑生石灰	钙质石灰	≤5	钙质石灰 90	CL90
			钙质石灰 85	CL85
			钙质石灰 75	CL75
	镁质石灰	>5	镁质石灰 85	ML85
			镁质石灰 80	ML80
建筑消石灰	钙质石灰	≤5	钙质石灰 90	HCL90
			钙质石灰 85	HCL85
			钙质石灰 75	HCL75
	镁质石灰	>5	镁质石灰 85	HML85
			镁质石灰 80	HML80

注：表中 90、85、75 代表石灰中（$CaO+MgO$）的质量分数（%）。

3.2.2 石灰的消化与硬化

3.2.2.1 石灰的消化

生石灰（CaO）加水反应生成氢氧化钙［$Ca(OH)_2$］的过程，称为石灰的消化或熟化。反应生成的产物氢氧化钙称为熟石灰或消石灰，其化学反应见式（3.2）。

$$CaO+H_2O \longrightarrow Ca(OH)_2+64.88kJ/mol \tag{3.2}$$

石灰消化过程有两个特点：水化速度快，放热量多；消化石灰体积急剧膨胀，体积增大 1～2.5 倍。其中煅烧良好、氧化钙含量高的石灰消化较快，放热量和体积增大也较多。

在建筑工地上，常用消石灰浆法和消石灰粉法将石灰消化成石灰浆使用。

1. 消石灰浆法

将生石灰在化灰池中消化成石灰浆，通过筛网流入储灰坑。为了降低“过火石灰”的危害，石灰浆在储灰坑中存放2周以上，使过火石灰充分熟化，这个过程称为“陈伏”。“陈伏”期间，石灰浆表面应保持一层水分，与空气隔绝，防止干硬和碳化。

2. 消石灰粉法

将块状生石灰加适量的水消化成石灰粉。工地上常用分层浇水法，每层生石灰块厚约50cm，或者在生石灰块堆中插入有孔的水管，缓慢地向内灌水。

需特别说明的是，对块状生石灰，可将其研磨成粉状，这样水化速度较快，体积膨胀较小，可达到直接使用生石灰的目的。同时，在加工磨细的过程中，石灰中的“过火石灰”被磨成细粉，既可以提高“过火石灰”的利用率，也克服了其对体积安定性的危害。

3.2.2.2 石灰的硬化

石灰的硬化是干燥硬化和碳化硬化同时进行的过程。

1. 干燥硬化（结晶作用）

石灰浆体在干燥过程中，毛细孔隙失水。由于水表面张力的作用，毛细孔隙中的水面呈凹弯月面，从而产生毛细管压力，使 $Ca(OH)_2$ 颗粒相互靠拢，从而获得“附加强度”；同时，干燥过程中因水分的蒸发，$Ca(OH)_2$ 也会从饱和溶液中逐渐结晶析出，产生“结晶强度”。结晶作用主要在内部，其化学反应见式（3.3）。

$$Ca(OH)_2 + nH_2O \xrightarrow{\text{晶化}} Ca(OH)_2 \cdot nH_2O \tag{3.3}$$

2. 碳化硬化

$Ca(OH)_2$ 与空气中的 CO_2 作用，生成不溶于水的 $CaCO_3$ 晶体，析出的水分逐渐蒸发，这个过程称为熟石灰的碳化。石灰浆经碳化后获得的最终强度称为“碳化强度”。生成的碳酸钙具有相当高的强度，其化学反应见式（3.4）。

$$Ca(OH)_2 + CO_2 + nH_2O \longrightarrow CaCO_3 + (n+1)H_2O \tag{3.4}$$

由于水分从内部迁移到表层蒸发或被基体吸收的过程较缓慢，空气中 CO_2 的浓度很低，表层 $Ca(OH)_2$ 被碳化生成致密的 $CaCO_3$，使 CO_2 渗入和水分蒸发更加困难。因此，石灰的硬化过程十分缓慢，通常需要几周时间。

3.2.3 石灰的特性与技术指标

3.2.3.1 石灰的特性

1. 可塑性和保水性好

生石灰消化为石灰浆时生成的 $Ca(OH)_2$ 颗粒极细，比表面积大，表面吸附了一层较厚水膜呈胶体状态，因而保水性好，同时水膜层降低了颗粒之间的摩擦力，具有较好的可塑性。

2. 硬化慢、强度低

从石灰的硬化过程可以看出，石灰硬化时间长。硬化后，石灰是由 $Ca(OH)_2$ 和少量 $CaCO_3$ 晶体组成的，$Ca(OH)_2$ 强度较低；此外，为了使石灰浆体有较大的可塑性，用水量较多，蒸发后易形成孔隙，因此，硬化后的石灰强度较低。硬化后的强度一般小于 1MPa。如 1∶3 配合比的石灰砂浆，其 28d 的抗压强度只有 0.2～0.5MPa。但通过人工碳化，可使强度大幅度提高，如碳化石灰板及其制品，28d 抗压强度可达 10MPa。

3. 硬化时体积收缩显著

石灰在硬化过程中，大量水分蒸发，引起体积收缩变形，易出现干缩裂缝。因此，石灰不宜单独使用，通常掺入一定量的骨料（砂）或纤维材料（纸筋、麻刀）以抵抗收缩开裂。

4. 耐水性差

在硬化的石灰材料中，仍有大量未碳化的 $Ca(OH)_2$，而 $Ca(OH)_2$ 易溶于水，所以石灰的耐水性较差，故石灰不宜用于潮湿环境中。但固化后的石灰制品经人工碳化处理后，耐水性大为提高，可用于潮湿环境。

3.2.3.2 石灰的技术指标

石灰的技术指标包括（CaO+MgO）含量、产浆量、细度、游离水含量、安定性、CO_2 含量及 SO_3 含量等，具体要求见表 3.2。

表 3.2 石灰的技术标准（JC/T 479—2013，JC/T 481—2013）

品种	代号		CaO+MgO（%）	MgO（%）	CO_2（%）	SO_3（%）	产浆量（dm^3/10kg）	细度 0.2mm 筛余量（%）	细度 90μm 筛余量（%）	游离水（%）	安定性
建筑生石灰	钙质	CL90-Q①	≥90	≤5	≤4	≤2	≥26	—	—	—	—
		CL90-QP					—	≤2	≤7		
		CL85-Q	≥85	≤5	≤7		≥26	—	—		
		CL85-QP					—	≤2	≤7		
		CL75-Q	≥75	≤5	≤12		≥26	—	—		
		CL75-QP					—	≤2	≤7		
	镁质	ML85-Q	≥85	>5	≤7		—	—	—		
		ML85-QP						≤2	≤7		
		ML80-Q	≥80	>5	≤7			—	—		
		ML80-QP						≤2	≤7		
建筑消石灰②	钙质	HCL90	≥90	≤5	—		—	≤2	≤7	≤2	合格
		HCL85	≥85								
		HCL75	≥75								
	镁质	HML85	≥85	>5	—						
		HML80	≥80								

① 代号说明：CL—钙质生石灰，ML—镁质生石灰，90—（CaO+MgO）质量分数（%），Q—生石灰块，QP—生石灰粉，HCL—钙质消石灰，HML—镁质消石灰；

② 建筑消石灰表中数值以扣除游离水和化学结合水后试样的干基为基准。

3.2.4 石灰的应用和储存

3.2.4.1 石灰的应用

1. 石灰乳涂料和石灰砂浆

石灰乳是石灰粉或石灰膏加入大量的水调制成的稀浆，常用于室内粉刷；用石灰膏或消石灰单独或与水一起作为胶凝材料，可配制石灰砂浆或混合砂浆，用于砌筑或抹灰工程。

2. 石灰土和三合土

石灰粉和颗粒状黏土按一定比例拌合，可制成石灰土。石灰土中再加入砂石、炉渣等填料拌制成三合土，可广泛用作建筑物的基础、地面的垫层及路面基层。

3. 硅酸盐制品

以石灰（消石灰粉或生石灰粉）与硅质材料（砂、粉煤灰、火山灰、矿渣等）为主要原料，经过配料、拌合、成型和养护（蒸养或蒸压）后可制得砖、砌块等各种硅酸盐制品，常用的有灰砂砖、粉煤灰砖等。

3.2.4.2 石灰的储存

生石灰会吸收空气中的水分和 CO_2，生成无胶结力的碳酸钙粉末，因此储存时应防潮防水；另外，石灰消化时要放出大量的热，体积膨胀，因此，石灰存放时应注意周围不要堆放易燃物，防止消化时放热酿成火灾。

生石灰不宜长期储存，如要存放，可消化成石灰膏，上覆砂土或水与空气隔绝，以免硬化。

3.3 石　　膏

石膏是一种以硫酸钙为主要成分的气硬性胶凝材料。石膏的原料来源丰富、生产工艺简单、生产能耗低，且石膏及其制品具有轻质、绝热、隔声、耐火等一系列优良性能，因而是一种理想的高效节能材料，在建筑工程中得到了广泛应用。

目前，常见的石膏胶凝材料主要有建筑石膏、高强石膏和无水石膏水泥等。

3.3.1 石膏的原料、生产及品种

3.3.1.1 石膏的原料

生产石膏的主要原料是天然二水石膏、天然无水石膏及化工石膏。天然二水石膏（$CaSO_4 \cdot 2H_2O$）又称生石膏或软石膏，主要用于生产建筑石膏和高强石膏；天然无水石膏（$CaSO_4$）又称硬石膏，其结晶紧密、质地较硬，不能用来生产建筑石膏和高强石膏，易用于生产硬石膏水泥及水泥调凝剂等；化工石膏是指含有 $CaSO_4 \cdot 2H_2O$ 或 $CaSO_4 \cdot 2H_2O$ 与 $CaSO_4$混合物的化学工业副产品，如磷石膏是合成洗衣粉厂、磷肥厂等制造磷酸时的废渣，还有排烟脱硫石膏、硼石膏、盐石膏等，这些化工石膏经适当处理后都可代替天然二水石膏。

3.3.1.2 石膏的生产及品种

将天然二水石膏或化工石膏加热煅烧、脱水、磨细即得石膏胶凝材料。由于加热温

度和压力不同，同一原料可生产出不同结构、性质和用途的石膏胶凝材料品种。

1. 建筑石膏

常压下加热到107～170℃时，$CaSO_4 \cdot 2H_2O$脱水变成β型半水石膏（β-$CaSO_4 \cdot 1/2H_2O$）即建筑石膏，又称熟石膏。β型半水石膏结晶度较差、分散度高、晶粒较细，水化速度快、水化热高、需水量大、硬化体强度低。

2. 高强石膏

在蒸压加热条件（0.13MPa，125℃）下，$CaSO_4 \cdot 2H_2O$可以生成α型半水石膏（α-$CaSO_4 \cdot 1/2H_2O$），即高强石膏。α型半水石膏结晶良好、分散度低、晶粒较粗大，与β型半水石膏相比，其需水量小、硬化体强度较高（强度比β型半水石膏高2～7倍）。高强石膏适用于强度要求较高的抹灰工程和石膏制品，也可用来制作模型等。

3. 可溶性硬石膏

加热到170～200℃时，石膏继续脱水生成可溶性硬石膏，与水调和后能很快凝结、硬化；当升温到200～250℃时，石膏中残留很少的水，凝结、硬化非常缓慢，但遇水后仍能生成半水石膏直至二水石膏。

4. 不溶性硬石膏

当加热到高于400℃时，石膏完全失去水分，形成不溶性硬石膏（死烧石膏）。它难溶于水，无凝结、硬化能力，但加入某些激发剂（如各种硫酸盐、石灰、煅烧白云石、粒化矿渣等）混合磨细后，会重新具有水化硬化能力，成为无水石膏水泥（或称硬石膏水泥）。

5. 高温煅烧石膏

当加热到高于800℃时，部分石膏分解出CaO，得到高温煅烧石膏。由于CaO的激发，其凝结、硬化性能得以改善，经水化后获得较高的强度、耐磨性和耐水性。

3.3.2 石膏的水化与硬化过程

将β型半水石膏磨细成粉，即得建筑石膏。建筑石膏遇水时，将重新水化成二水石膏，并逐渐凝结、硬化，其化学反应见式（3.5）。

$$CaSO_4 \cdot \frac{1}{2}H_2O + \frac{3}{2}H_2O \rightarrow CaSO_4 \cdot 2H_2O \tag{3.5}$$

二水石膏在水中的溶解度（20℃时为2.05g/L）比半水石膏的溶解度（20℃时为8.16g/L）低得多，所以二水石膏很快在溶液中饱和并析出，破坏了原来半水石膏溶解的平衡状态，促使新的半水石膏进一步溶解，如此循环，直到半水石膏完全水化为止，此时浆体中的自由水分由于水化和蒸发而不断减少，浆体的稠度不断增高，晶体微粒间的搭接、连生和交错，致使黏结性逐步增强，浆体逐步失去可塑性，这个过程称为凝结过程。此过程不断进行，直至完全失去塑性形成一定的强度，称为硬化过程。

3.3.3 石膏的特性与技术指标

3.3.3.1 石膏的特性

1. 凝结、硬化快

建筑石膏与水拌合后，在常温下一般3～5min即可初凝，30min以内可达终凝，7d

左右可完全硬化。为满足施工操作要求，常需要掺加适量缓凝剂，如动物胶或亚硫酸纸浆废液，也可掺入硼酸或柠檬酸盐等。

2. 硬化时体积略有膨胀，装饰性好

建筑石膏硬化时体积略有膨胀，膨胀值为0.5%～1.0%，可不掺加填料而单独使用，这种微膨胀性使制品表面光滑饱满、不干裂、细腻平整、颜色洁白，制品尺寸准确、轮廓清晰，具有很好的装饰性。

3. 水化硬化体孔隙率大、强度较低

建筑石膏水化的需水量为18.6%，但为了使石膏浆体具有一定的可塑性，需加水到60%～80%，多余的水分逐渐蒸发，产生大量的孔隙，一般孔隙率为50%～60%，因此建筑石膏硬化后，表观密度较低，强度较低，抗压强度一般为3～5MPa。

4. 隔热保温、隔声吸声性能良好

石膏硬化体孔隙均为微小的毛细孔，导热系数较低，一般为0.121～0.205W/（m·K），是良好的绝热材料，表面微孔使其对声音的传导或反射能力也显著下降，从而具有较强的吸声能力。

5. 防火性能良好

建筑石膏制品的主要成分为$CaSO_4 \cdot 2H_2O$，遇火时石膏结晶水吸收热量并蒸发，在制品表面形成蒸汽幕，能有效阻止火势的蔓延，赢得宝贵的疏散和灭火时间。

6. 一定的调温调湿性

建筑石膏制品中有大量微细毛细孔，具有吸湿与还湿功能，水分蒸发和吸收速度维持动态平衡，形成一个合适的室内气候，可以起到调节室内湿度的作用。

7. 加工性能好

建筑石膏制品可钉、可刨、可钻、可贴、可吊，施工与安装灵活方便。

3.3.3.2 石膏的技术指标

建筑石膏为白色，密度为2.60～2.75g/cm^3，堆积密度为800～1000kg/m^3。根据《建筑石膏》（GB/T 9776—2008）的规定，按原材料种类分为天然建筑石膏（N）、脱硫建筑石膏（S）和磷建筑石膏（P）三类。

建筑石膏的主要技术指标有凝结时间、细度和强度，按其2h抗折强度分为3.0、2.0和1.6三个等级，见表3.3。

表3.3 建筑石膏的技术指标

技术指标		质量等级		
		优等品	一等品	二等品
凝结时间（min）	初凝时间≥	3		
	终凝时间≥	30		
0.2mm方孔筛筛余（%）≤		10.0		
强度（MPa）	抗折强度≥	3.0	2.0	1.6
	抗压强度≥	6.0	4.0	3.0

3.3.4 石膏的应用

建筑石膏常用于室内高级抹灰和粉刷；建筑石膏加水调成石膏浆体，还可以掺入部分石灰用于室内粉刷，粉刷后的墙面光滑、细腻，洁白美观；建筑石膏加水、砂拌成石膏砂浆，可用于室内抹灰，具有绝热、阻火、隔声、舒适、美观等特点，且抹灰后的墙面和顶棚还可以直接粉刷涂料及粘贴墙纸。

目前，应用最多的是在建筑石膏中掺入各种填料加工制成各种石膏制品，如纸面石膏板、纤维石膏板、石膏装饰板、石膏砌块及石膏吊顶等，用于建筑物的内隔墙、墙面和篷顶的装饰装修等；由于石膏凝结、硬化快和体积稳定的特点，常用于制作建筑雕塑；此外，建筑石膏也可用于生产水泥和各种硅酸盐建筑制品。

3.4 水玻璃

水玻璃俗称“泡花碱”，是一种可溶于水的碱金属硅酸盐，其化学通式为 $R_2O \cdot nSiO_2$，其中 n 为 R_2O 与 SiO_2 的物质的量的比值，称为水玻璃的模数。根据碱金属氧化物的不同，水玻璃分为硅酸钠水玻璃（$Na_2O \cdot nSiO_2$，简称钠水玻璃）和硅酸钾水玻璃（$K_2O \cdot nSiO_2$，简称钾水玻璃）等。建筑上常用模数为 2.6～2.8 的硅酸钠水玻璃水溶液。

3.4.1 水玻璃的组成

硅酸钠水玻璃的主要原料是石英砂、纯碱或含碳酸钠的原料。将原料磨细，按比例配合，在玻璃炉内加热至 1300～1400℃，熔融而生成硅酸钠，冷却后即为固态水玻璃。其反应见式（3.6）。

$$Na_2CO_3 + nSiO_2 \xrightarrow{1300\sim1400℃} Na_2O \cdot nSiO_2 + CO_2 \uparrow \tag{3.6}$$

将固态水玻璃在 0.3～0.8MPa 的压蒸锅内加热溶解成无色、淡黄色或青灰色透明或半透明的胶状玻璃溶液，即为液态水玻璃。

3.4.2 水玻璃的硬化

水玻璃在空气中吸收 CO_2 生成无定形的二氧化硅凝胶（又称硅酸凝胶），并逐渐干燥而硬化。其反应见式（3.7）。

$$Na_2O \cdot nSiO_2 + CO_2 + mH_2O \rightarrow Na_2CO_3 + nSiO_2 \cdot mH_2O \tag{3.7}$$

上述反应过程进行得很慢，为了加速硬化，可将水玻璃加热或加入适量氟硅酸钠（水玻璃质量的 12%～15%）促凝剂，促使硅酸钠凝胶加速析出。使用量如果过少，不但硬化速度缓慢，强度低，而且会使未反应的水玻璃溶于水，耐水性差；使用量过多时，会使凝结过快，给施工带来困难。氟硅酸钠具有一定的毒性，操作时应注意安全。

3.4.3 水玻璃的特性与应用

3.4.3.1 水玻璃的特性

水玻璃通常为青灰色或黄灰色黏稠液体，密度为 1.38～1.45kg/m³。水玻璃硬化时析出的 $Na_2O \cdot nSiO_2$ 凝胶有堵塞毛细孔隙而防止渗透的作用，硬化后具有较高的黏结力；水玻璃不燃烧，在高温下 $Na_2O \cdot nSiO_2$ 凝胶形成 SiO_2 空间网状骨架，强度有所提高，且具有较好的耐热性能；由于硬化后的水玻璃的主要成分是 SiO_2，在强酸下具有较高的稳定性，可以抵抗大部分无机酸和有机酸，因此具有较高的耐酸性能。

3.4.3.2 水玻璃的应用

1. 涂刷材料表面

水玻璃涂刷材料表面可提高材料抗风化能力。以水玻璃浸渍或涂刷砖、水泥混凝土、石材等多孔材料，可提高材料的密实度、强度、抗渗性、抗冻性及耐水性等。这是因为水玻璃与空气中的 CO_2 反应生成硅酸凝胶，同时也与材料中的 $Ca(OH)_2$ 反应生成硅酸钙凝胶，两者堵塞孔隙，使材料致密。

但是，水玻璃不能涂刷或浸渍石膏制品，因为硅酸钠会与硫酸钙反应生成硫酸钠，体积显著膨胀，导致制品开裂。

2. 配制耐热砂浆和耐热混凝土

用水玻璃加促硬剂，与黏土熟料、铬铁矿等磨细填料或粗细骨料配制成的耐热砂浆和耐热混凝土，用于高炉基础、热工设备基础及围护结构等耐热工程。

3. 配制耐酸砂浆和混凝土

以水玻璃为胶结料，加入氟硅酸钠促硬剂和耐酸粉料、耐酸粗细骨料配制成耐酸砂浆和耐酸混凝土，用于化学、冶金、金属等防腐蚀工程。

4. 配制快凝防水剂

在水玻璃中加入 2～5 种矾，可配制各种快凝防水剂，这种防水剂凝结迅速（一般不超过 1min），用于水泥浆、砂浆或混凝土中，可进行堵塞漏洞、缝隙等局部抢修。因为凝结过于迅速，不宜用于调配防水砂浆。

5. 加固土壤和地基

将模数为 2.5～3 的液体水玻璃和氯化钙溶液通过金属管轮流向地层压入，两种溶液发生化学反应，析出硅酸胶体，将土壤颗粒包裹并填实其空隙。硅酸胶体为一种吸水膨胀的冻状凝胶，因吸收地下水而经常处于膨胀状态，阻止水分的渗透和使土壤固结。利用这种方法加固的砂土，抗压强度可达 3～6MPa。

此外，水玻璃可用于配制内、外墙涂料，还可用来涂刷钢筋混凝土中的钢筋，起到一定的阻锈作用。

本章小结

建筑工程中的气硬性胶凝材料有石灰、石膏和水玻璃等。

生产石灰的主要原料是以碳酸钙（$CaCO_3$）为主要成分的天然岩石。石灰按成品加工方法，分为生石灰、生石灰粉、消石灰粉、石灰浆；按其化学成分，分为钙质石灰和镁质石灰。石灰的可塑性和保水性好、硬化后强度低、硬化时体积收缩大、耐水性差。

石膏是一种以硫酸钙为主要成分的气硬性胶凝材料。由于石膏及其制品具有轻质、绝热、隔声、耐火等一系列优良性能，而且其具有原料来源丰富、生产工艺简单、生产能耗低等特点，因而是一种理想的高效节能材料。

水玻璃俗称“泡花碱”，建筑上常使用模数为 2.6～2.8 的硅酸钠水玻璃（$Na_2O \cdot nSiO_2$）水溶液。水玻璃具有耐酸性好、耐热性好、黏结力大等优点。

复习思考题

1. 石灰按照加工方法可以分为哪几种？主要化学成分是什么？
2. 石灰的特性和用途分别是什么？
3. 什么是欠火石灰、过火石灰？生石灰熟化时为什么必须进行“陈伏”？
4. 简述石膏的特性及用途。
5. 简述水玻璃的特性及用途。

4 水　　泥

本章概要

本章重点介绍通用硅酸盐水泥的生产过程、水泥熟料的矿物组成及水化性能、水泥凝结与硬化机理、技术性质、使用和储运要求，在此基础上简要介绍其他品种水泥。

4.1 概　　述

1824年英国建筑工人J. Aspdin通过煅烧石灰石与黏土的混合料得出一种胶凝材料，它凝结、硬化后的颜色、外观和波特兰半岛采来的波特兰石相似，由此将这种胶凝材料命名为“波特兰水泥”。自波特兰水泥问世以来，水泥和水泥基材料已成为当今世界最大宗的人造材料，被广泛用于工业与民用建筑、道路、桥涵、水利、海港和国防等工程。水泥是一种典型的水硬性胶凝材料，不仅能在空气中而且能更好地在水中硬化，保持并发展其强度，常作为混凝土、砂浆等工程材料的主要组成材料。

水泥的种类繁多，按其主要矿物成分可分为硅酸盐、铝酸盐、硫铝酸盐、氟铝酸盐、铁铝酸盐、少熟料或无熟料等系列水泥，其中以硅酸盐系水泥的应用最广。水泥根据用途和特性可分为通用水泥、专用水泥和特种水泥。通用水泥是指用于一般土木工程中的水泥；专用水泥是指有专门用途的水泥，如砌筑水泥、道路水泥、中低热水泥等；特种水泥是指具有某种突出性能的水泥，如膨胀水泥、快硬水泥、抗硫酸盐水泥。

4.2 通用硅酸盐水泥

4.2.1 通用硅酸盐水泥的定义和分类

通用硅酸盐水泥是由硅酸盐水泥熟料和适量的石膏及规定的混合材料制成的水硬性胶凝材料。按混合材料的品种和掺量分为硅酸盐水泥、普通硅酸盐水泥、矿渣硅酸盐水泥、火山灰质硅酸盐水泥、粉煤灰硅酸盐水泥和复合硅酸盐水泥六大品种。

（1）硅酸盐水泥：由硅酸盐水泥熟料、适量石膏及0～5%石灰石或粒化高炉矿渣，磨细制成的水硬性胶凝材料，分为不掺加混合材料的Ⅰ型硅酸盐水泥（代号为P·Ⅰ）和掺加不超过水泥质量5%的石灰石或粒化高炉矿渣混合材料的Ⅱ型硅酸盐水泥（代号为P·Ⅱ）。

（2）普通硅酸盐水泥：由硅酸盐水泥熟料、适量石膏及＞5%且≤20%的活性混合材料磨细制成的水硬性胶凝材料，简称普通水泥，代号为P·O。活性混合材料的最大掺量不得超过20％，其中允许用不超过水泥质量5％的窑灰或不超过水泥质量8％的非活性混合材料来代替。

（3）矿渣硅酸盐水泥：由硅酸盐水泥熟料、适量石膏及＞20％且≤70％的粒化高炉矿渣，磨细制成的水硬性胶凝材料，简称矿渣水泥，代号为P·S。依据矿渣掺量分为A型和B型，A型矿渣掺量＞20％且≤50％，代号为P·S·A；B型矿渣掺量＞50％且≤70％，代号为P·S·B。允许用不超过水泥质量8％的符合规定的活性混合材料、非活性混合材料或窑灰中的任一种代替部分矿渣，代替后水泥中粒化高炉矿渣不得少于20％。

（4）火山灰质硅酸盐水泥：由硅酸盐水泥熟料、适量石膏及＞20％且≤40％的火山灰质活性混合材料磨细制成的水硬性胶凝材料，简称火山灰水泥，代号为P·P。

（5）粉煤灰硅酸盐水泥：由硅酸盐水泥熟料、适量石膏及＞20％且≤40％的粉煤灰磨细制成的水硬性胶凝材料，简称粉煤灰水泥，代号为P·F。

（6）复合硅酸盐水泥：由硅酸盐水泥熟料、适量石膏及＞20％且≤50％的两种（含）以上活性混合材料或非活性混合材料，磨细制成的水硬性胶凝材料，简称复合水泥，代号为P·C。另外，水泥中允许用不超过水泥质量8％的窑灰代替部分混合材料。掺加矿渣时混合材料掺量不得与矿渣硅酸盐水泥重复。

通用硅酸盐水泥的组分及代号见表4.1。

表4.1　通用硅酸盐水泥的组分及代号

品种	代号	组分（质量分数，％）				
		熟料＋石膏	粒化高炉矿渣	火山灰质混合材料	粉煤灰	石灰石
硅酸盐水泥	P·Ⅰ	100	—	—	—	—
	P·Ⅱ	≥95	≤5	—	—	—
		≥95	—	—	—	≤5
普通硅酸盐水泥	P·O	≥80且＜95	＞5且≤20			
矿渣硅酸盐水泥	P·S·A	≥50且＜80	＞20且≤50	—	—	—
	P·S·B	≥30且＜50	＞50且≤70	—	—	—
火山灰质硅酸盐水泥	P·P	≥60且＜80	—	＞20且≤40	—	—
粉煤灰硅酸盐水泥	P·F	≥60且＜80	—		＞20且≤40	—
复合硅酸盐水泥	P·C	≥50且＜80	＞20且≤50			

4.2.2　通用硅酸盐水泥的生产

生产通用硅酸盐水泥的原料包括石灰质原料、黏土质原料和校正原料。石灰质原料主要提供CaO，主要有石灰石、白垩等；黏土质原料主要提供SiO_2、Al_2O_3和少量Fe_2O_3，主要有黄土、黏土、页岩、泥岩等。当石灰质原料和黏土质原料配合后所得的生料成分不符合配料组成要求时，则应根据所缺少的组分掺入相应的校正原料。校正原料主要包括铁质校正原料（如铁矿粉、黄铁矿渣等）和硅质校正原料（如砂岩、河砂、粉砂岩等）。此外，为改善煅烧条件，实际生产过程中还需加入一些辅助材料，如矿化剂、助熔剂、助磨剂等。

通用硅酸盐水泥的生产过程包括生料制备、熟料煅烧、水泥粉磨三个主要阶段。整个水泥生产过程可概括为“两磨一烧”（图 4.1），即首先按一定比例配制原料，在磨机中共同磨细成生料；其次将生料高温煅烧得到熟料；最后将熟料和适量的石膏及混合材料在磨机中共同磨细，如图 4.1 所示。

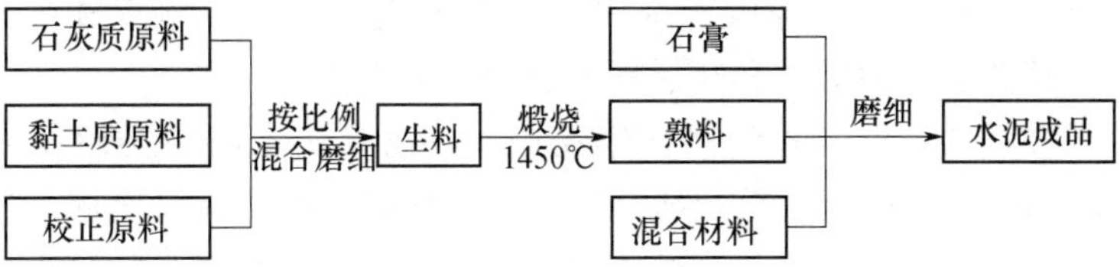

图 4.1　通用硅酸盐水泥生产工艺流程

4.2.3　通用硅酸盐水泥的组成材料

1. 硅酸盐水泥熟料

硅酸盐水泥熟料是由主要含 CaO、SiO_2、Al_2O_3、Fe_2O_3 的原料，按适当比例混合磨细烧至部分熔融所得，其主要矿物成分为硅酸钙，含量不低于 66%，氧化钙和氧化硅质量比不小于 2.0。硅酸盐水泥熟料中主要含有四种矿物，其名称及含量范围见表 4.2。

表 4.2　硅酸盐水泥熟料的矿物组成

矿物名称	化学式	简写式	含量（%）		附注	作用
硅酸三钙	$3CaO \cdot SiO_2$	C_3S	37～60	75	硅酸盐矿物	提供强度
硅酸二钙	$2CaO \cdot SiO_2$	C_2S	15～37			
铝酸三钙	$3CaO \cdot Al_2O_3$	C_3A	7～15	22	熔剂矿物	助熔
铁铝酸四钙	$4CaO \cdot Al_2O_3 \cdot Fe_2O_3$	C_4AF	10～18			

注：标准水泥化学符号：CaO（=C），SiO_2（=S），Al_2O_3（=A），Fe_2O_3（=F）及后面即将出现的 H_2O（=H)等。

除以上四种主要熟料矿物外，水泥熟料中还含有少量有害成分，如游离氧化钙（f-CaO）、游离氧化镁（f-MgO）、三氧化硫（SO_3）及碱性氧化物等。

2. 石膏

（1）天然石膏。水泥熟料中的天然石膏应符合《天然石膏》（GB/T 5483—2008）中规定的 G 类或 M 类二级（含）以上的石膏或混合石膏，石膏的品位应符合表 4.3 的规定。

表 4.3　天然石膏产品的品位（GB/T 5483—2008）

级别	品位（质量分数,%）		
	石膏（G）	硬石膏（A）	混合石膏（M）
特级	≥95	—	≥95
一级	≥85		
二级	≥75		
三级	≥65		
四级	≥55		

（2）工业副产石膏。它指以硫酸钙为主要成分的工业副产物，使用时应经试验证明对水泥性能无害。

3. 混合材料

在生产水泥过程中，为改善水泥性能、调节水泥强度等级、增加水泥品种、提高产量、节约水泥熟料、降低成本等掺入水泥中的人工或天然的矿物质材料，称为混合材料。混合材料按其性能分为活性和非活性混合材料两大类。

（1）活性混合材料：混合材料磨成细粉与水拌合后，本身不会硬化或硬化极为缓慢，但在 $Ca(OH)_2$ 或石膏等“激发剂”作用下，其潜在活性得以发挥，生成具有水硬性水化物的混合材料，主要有粒化高炉矿渣、火山灰质混合材料和粉煤灰。

① 粒化高炉矿渣

粒化高炉矿渣是炼铁高炉的熔融矿渣，在高温熔融状态下冲入水池，经急速冷却而形成的质地疏松、多孔的颗粒状材料，粒径为0.5～5mm，又称为水淬高炉矿渣。

粒化高炉矿渣的主要化学成分为 CaO（38%～46%）、SiO_2（26%～42%）和 Al_2O_3（7%～20%），三者总量大约占90%以上，是决定矿渣活性的主要组分。另外，还有少量的 MgO、Fe_2O_3、TiO_2 和 MnO 及其他杂质。在矿渣中，如果 CaO、Al_2O_3 含量高，则矿渣活性高。SiO_2 的含量一般都偏多，因得不到足够的 CaO 与其反应，故 SiO_2 的含量越高，矿渣活性越低。

高炉矿渣的化学成分中，碱性氧化物之和与酸性氧化物之和的比值，称为高炉矿渣的碱度，用 M_0 表示，按式（4.1）计算。

$$M_0 = w(CaO+MgO)/w(SiO_2+Al_2O_3) \tag{4.1}$$

式（4.1）中，$M_0>1$ 为碱性矿渣，$M_0=1$ 为中性矿渣，$M_0<1$ 为酸性矿渣。酸性矿渣的胶凝性差，而碱性矿渣的胶凝性好，M_0 越大，其活性越好。

国家标准《用于水泥中的粒化高炉矿渣》（GB/T 203—2008）中，采用质量系数（K）来评定粒化高炉矿渣的活性，按式（4.2）计算。K 越大，矿渣的活性越高。

$$K=\frac{w_{CaO}+w_{MgO}+w_{Al_2O_3}}{w_{SiO_2}+w_{MnO}+w_{TiO_2}} \tag{4.2}$$

式（4.2）中各氧化物表示其质量分数。

根据《用于水泥、砂浆和混凝土中的粒化高炉矿渣粉》（GB/T 18046—2017），矿渣粉的技术指标应符合表4.4的规定。

表4.4　矿渣粉的技术要求（GB/T 18046—2017）

项目		级别		
		S105	S95	S75
密度（g/cm^3）		≥2.8		
比表面积（m^2/kg）		≥500	≥400	≥300
活性指数（%）	7d	≥95	≥70	≥55
	28d	≥105	≥95	≥75
流动度比（%）		≥95		
初凝时间比（%）		≤200		

续表

项目	级别		
	S105	S95	S75
含水量（质量分数）（%）	≤1.0		
三氧化硫（质量分数）（%）	≤4.0		
氯离子（质量分数）（%）	≤0.06		
烧失量（质量分数）（%）	≤1.0		
不溶物（质量分数）（%）	≤3.0		
玻璃体含量（质量分数）（%）	≥85		
放射性	$I_{Ra}\leqslant 1.0$ 且 $I_r\leqslant 1.0$		

② 火山灰质混合材料

具有火山灰性的天然或人工的矿物质材料，本身磨细加水拌合并不硬化，但与石灰及水拌合后，既能在空气中硬化，又能在水中继续硬化的材料，称为火山灰质混合材料。

火山灰质混合材料按其成因分为天然混合材料和人工混合材料两大类。天然混合材料有火山灰、沸石岩、凝灰岩、硅藻土、浮石等；人工混合材料有硅粉、硅质渣、煤矸石、烧黏土、烧页岩等。按其化学成分与结构可分为以活性 SiO_2 为主的含水硅酸质混合材料（如硅藻土、硅藻石、蛋白石和硅质渣等）、以活性 SiO_2 和 Al_2O_3 为主的铝硅玻璃质混合材料（如火山灰、凝灰岩、浮石和某些工业废渣等）和以活性 Al_2O_3 为主的烧黏土质混合材料（如烧黏土、煤渣、煅烧的煤矸石等）。

火山灰质混合材料结构上的特点是疏松多孔，内表面积大，易吸水，但由于品种多，其活性差别也较大。

③ 粉煤灰

粉煤灰是从燃煤电厂的烟道气体中收集的粉尘，又称飞灰，属火山灰质质混合材料的一种。其主要成分为 SiO_2（40%～65%）和 Al_2O_3（15%～40%），含有少量 CaO。粉煤灰为呈玻璃体的实心或空心的球状颗粒，表面结构致密，其活性与无定形 SiO_2、Al_2O_3 含量及玻璃体的含量有关，同时颗粒形状及大小对其活性也有较大的影响，细小球形玻璃体含量越高，活性也越高。

粉煤灰按照煤种可分为高钙粉煤灰（C 类）和低钙粉煤灰（F 类）。由褐煤或次烟煤燃烧收集的粉煤灰，其 CaO 含量较高，一般高于 10%，呈褐黄色，称为高钙粉煤灰，它具有一定的水硬性；由烟煤和无烟煤燃烧收集的粉煤灰，其 CaO 含量很低，一般低于 10%，呈灰色或深灰色，称为低钙粉煤灰，一般具有火山灰活性。掺加到水泥中的粉煤灰，其技术要求应符合表 4.5 的规定。

表 4.5　用于水泥和混凝土中的粉煤灰技术要求（GB/T 1596—2017）

项目		技术要求		
		Ⅰ级	Ⅱ级	Ⅲ级
细度（45μm 方孔筛筛余）（%）	F 类粉煤灰	≤12.0	≤30.0	≤45.0
	C 类粉煤灰			

续表

项目		技术要求		
		Ⅰ级	Ⅱ级	Ⅲ级
需水量比（%）	F类粉煤灰	≤95	≤105	≤115
	C类粉煤灰			
烧失量（Loss）（%）	F类粉煤灰	≤5.0	≤8.0	≤10.0
	C类粉煤灰			
含水量（%）	F类粉煤灰	≤1.0		
	C类粉煤灰			
三氧化硫（SO_3）质量分数（%）	F类粉煤灰	≤3.0		
	C类粉煤灰			
游离氧化钙（f-CaO）质量分数不大于（%）	F类粉煤灰	≤1.0		
	C类粉煤灰	≤4.0		
二氧化硅（SiO_2）、三氧化二铝（Al_2O_3）和三氧化二铁（Fe_2O_3）总质量分数（%）	F类粉煤灰	≥70.0		
	C类粉煤灰	≥50.0		
密度（g/cm^3）	F类粉煤灰	≤2.6		
	C类粉煤灰			
安定性（雷氏法）（mm）	C类粉煤灰	≤5.0		
强度活性指数（%）	F类粉煤灰	≥70.0		
	C类粉煤灰			

（2）非活性混合材料：不具有活性或活性很低的人工或天然矿物质材料为非活性混合材料。在水泥水化中不参与化学反应或化学反应甚微，掺入硅酸盐水泥中仅起调整水泥强度等级、提高产量、降低成本、减少水化热等作用，因此是一种填充性混合材料，主要有石灰石、石英砂及慢冷矿渣等。另外，凡不符合技术要求的活性混合材料及其他各种固体工业废渣等，在对水泥无害的情况下，均可作为非活性混合材料使用。

4.2.4 通用硅酸盐水泥的水化、凝结和硬化

4.2.4.1 通用硅酸盐水泥的水化

1. 硅酸盐水泥的水化

水泥与水发生的化学反应称为水泥的水化，放出的热量称为水化热。水泥熟料中各矿物的水化反应如下：

（1）硅酸三钙

常温下，C_3S的水化反应可用式（4.3）表示。

$$3CaO \cdot SiO_2 + nH_2O \rightarrow xCaO \cdot SiO_2 \cdot yH_2O + (3-x)\ Ca(OH)_2 \quad (4.3)$$

C_3S水化较快，水化放热量多，水化产物是水化硅酸钙（$xCaO \cdot SiO_2 \cdot yH_2O$，可简写为C—S—H）和$Ca(OH)_2$。水化硅酸钙几乎不溶于水，生成后立即以胶体颗粒析出并凝聚成凝胶。水化硅酸钙是大小与胶体物质相当（1～100nm）、结晶较差的纤维状或网状粒子，其组成并不固定，随一系列因素变化而变化，所以统称为C—S—H凝胶。

$Ca(OH)_2$微溶于水，在溶液中的浓度很快达到饱和，呈六方片状晶体析出。

（2）硅酸二钙

C_2S的水化过程与C_3S极为相似，水化产物与C_3S的相同，只是数量上有所不同。差别是C_2S水化速率特别慢，水化放热量少，早期生成的C—S—H凝胶较少，早期强度低。C_3S的水化反应如式（4.4）所示。

$$2CaO \cdot SiO_2 + mH_2O \rightarrow xCaO \cdot SiO_2 \cdot yH_2O + (2-x)Ca(OH)_2 \quad (4.4)$$

注：$m=2-x+y$。

（3）铝酸三钙

C_3A水化过程的特征是反应极快，水化放热量多，水化产物的组成与结构受水化条件影响大。在常温纯水条件下，C_3A单独与水反应生成水化铝酸三钙（$3CaO \cdot Al_2O_3 \cdot 6H_2O$，可简写为$C_3AH_6$）立方晶体，反应如式（4.5）所示。

$$3CaO \cdot Al_2O_3 + 6H_2O \rightarrow 3CaO \cdot Al_2O_3 \cdot 6H_2O \quad (4.5)$$

事实上，在硅酸盐水泥浆体中，熟料中的C_3A是在$Ca(OH)_2$和石膏存在的环境中水化的，C_3A在$Ca(OH)_2$饱和溶液中的水化反应可表述为式（4.6）。

$$3CaO \cdot Al_2O_3 + Ca(OH)_2 + 12H_2O \rightarrow 4CaO \cdot Al_2O_3 \cdot 13H_2O \quad (4.6)$$

生成的水化铝酸四钙（$4CaO \cdot Al_2O_3 \cdot 13H_2O$，简写为$C_4AH_{13}$）在室温下能稳定存在于水泥浆体的碱性介质中，其数量增长很快，足以阻碍粒子的相对移动，这是水泥浆体产生瞬时凝结的主要原因之一。因此，在水泥粉磨时，需加入适量的石膏以调节其凝结时间。

在有石膏和$Ca(OH)_2$同时存在时，C_3A水化生成的水化铝酸四钙还会立即与石膏反应，生成三硫型水化硫铝酸钙（$3CaO \cdot Al_2O_3 \cdot 3CaSO_4 \cdot 32H_2O$，称为钙矾石，以AFt表示），其反应见式（4.7）。钙矾石是难溶于水的针状晶体，沉积在水泥颗粒表面，形成覆盖水泥的保护膜，阻碍水分子及离子的渗透与溶解，延缓水泥颗粒特别是C_3A的水化速度，以后随着水泥水化的进行，水泥浆仍会发生正常的凝结，从而实现了石膏的缓凝。

$$4CaO \cdot Al_2O_3 \cdot 13H_2O + 3(CaSO_4 \cdot 2H_2O) + 14H_2O \rightarrow$$
$$3CaO \cdot Al_2O_3 \cdot 3CaSO_4 \cdot 32H_2O + Ca(OH)_2 \quad (4.7)$$

当石膏在C_3A完全水化前耗尽时，则部分AFt将继续与C_4AH_{13}发生反应，生成难溶于水的六方板状单硫型水化硫铝酸钙（$3CaO \cdot Al_2O_3 \cdot CaSO_4 \cdot 12H_2O$，以AFm表示），反应见式（4.8）。

$$3CaO \cdot Al_2O_3 \cdot 3CaSO_4 \cdot 32H_2O + 2(4CaO \cdot Al_2O_3 \cdot 13H_2O) \rightarrow$$
$$3(3CaO \cdot Al_2O_3 \cdot CaSO_4 \cdot 12H_2O) + 2Ca(OH)_2 + 20H_2O \quad (4.8)$$

（4）铁铝酸四钙

C_4AF水化过程及水化生成物与C_3A非常相似，只是水化反应速度稍慢，水化热较少。C_4AF单独与水反应时，生成水化铝酸三钙晶体和水化铁酸一钙（$CaO \cdot Fe_2O_3 \cdot H_2O$，可简写为CFH）凝胶，见式（4.9）。

$$4CaO \cdot Al_2O_3 \cdot Fe_2O_3 + 7H_2O \rightarrow 3CaO \cdot Al_2O_3 \cdot 6H_2O + CaO \cdot Fe_2O_3 \cdot H_2O \quad (4.9)$$

在有$Ca(OH)_2$存在时，C_4AF按式（4.10）水化形成水化铁铝酸四钙［$4CaO \cdot (Al_2O_3, Fe_2O_3) \cdot 13H_2O$，简写为$C_4(A, F)H_{13}$］。

$$2CaO \cdot Al_2O_3 \cdot Fe_2O_3 + 2Ca(OH)_2 + 11H_2O \rightarrow 4CaO \cdot (Al_2O_3 \cdot Fe_2O_3) \cdot 13H_2O \quad (4.10)$$

在有 $Ca(OH)_2$ 和石膏同时存在条件下，其水化反应可用式（4.11）表示。

$$CaO \cdot Al_2O_3 \cdot Fe_2O_3 + 2Ca(OH)_2 + 3(CaSO_4 \cdot 2H_2O) + 25H_2O \rightarrow 3CaO \cdot (Al_2O_3 \cdot Fe_2O_3) \cdot 3CaSO_4 \cdot 32H_2O \quad (4.11)$$

可见，C_4AF 的水化产物与 C_3A 相比，其主要差别是部分 Al_2O_3 被 Fe_2O_3 所代替，其他规律大体相当。

综上所述，如果忽略一些次要的和少量的组分，则硅酸盐水泥与水作用后，生成的主要水化产物有水化硅酸钙凝胶（C—S—H）、水化铁酸一钙凝胶、$Ca(OH)_2$ 晶体、水化铝酸钙晶体和水化硫铝酸钙晶体（AFt 或 AFm）。在充分水化的水泥石中，C—S—H 凝胶约占 70%，$Ca(OH)_2$ 约占 20%，AFt 和 AFm 约占 7%，未水化熟料颗粒和其他微量组分约占 3%。

2. 硅酸盐水泥熟料矿物的水化特性

水泥的技术性能主要取决于水泥熟料中的几种主要矿物的水化作用，水泥熟料矿物水化特性的比较见表 4.6 和图 4.2。

表 4.6　硅酸盐水泥熟料矿物水化特性

水化特性		熟料矿物			
		C_3S	C_2S	C_3A	C_4AF
水化速率		快	慢	最快	快，仅次于 C_3A
水化放热量		多	少	最多	中
强度①	早期	高	低	低	低
	后期	高	较高	低	低
耐化学腐蚀性		差	好	最差	中
化学减缩		中	小	最大	大
干燥收缩		大	中	最大	小

①也有资料认为 C_4AF 的早、后期强度均较高，仅次于 C_3S。

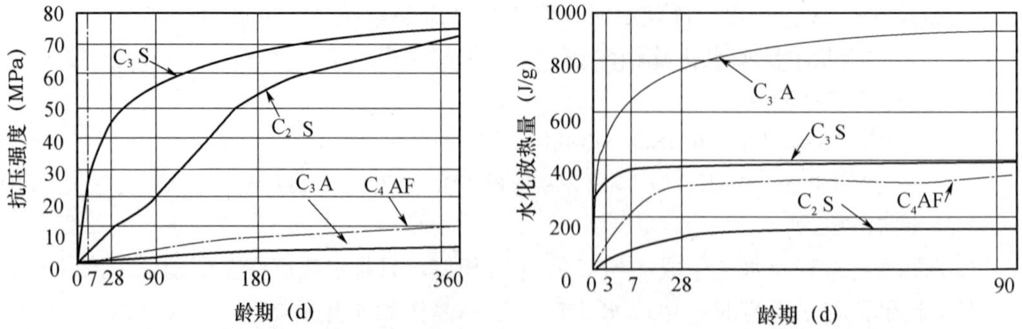

(a) 水泥熟料矿物在不同龄期的抗压强度　　(b) 水泥熟料矿物在不同龄期的水化放热

图 4.2　熟料矿物的水化和凝结、硬化特性

各矿物成分特性不同，其在水泥中的作用也不同，通过改变水泥中各矿物组成的比

率，能够改变水泥性质，制得不同品种水泥。例如，通过增加熟料中 C_3A 和 C_3S 的相对含量，可制得快硬水泥；降低 C_3A 和 C_3S 含量，提高 C_2S 含量，可制得水化热较低的水泥，如中热水泥。

3. 掺混合材料硅酸盐水泥的水化

粒化高炉矿渣、火山灰质材料和粉煤灰均属于活性混合材料，它们与水拌合后，不能直接水化及凝结、硬化（仅粒化高炉矿渣有微弱的水化反应），但在饱和 $Ca(OH)_2$ 溶液中，常温下即可发生如式（4.12）、式（4.13）所示的水化反应。

$$xCa(OH)_2+SiO_2+mH_2O \rightarrow xCaO \cdot SiO_2 \cdot (m+x)H_2O \quad (4.12)$$

$$yCa(OH)_2+Al_2O_3+nH_2O \rightarrow yCaO \cdot Al_2O_3 \cdot (n+y)H_2O \quad (4.13)$$

所生成的水化产物——水化硅酸钙和水化铝酸钙属水硬性水化物。式中，x、y 值与混合材料的种类、$Ca(OH)_2$ 和活性 SiO_2、Al_2O_3 的比率、环境温度及作用时间等有关，x、y 值一般为 1 或稍大于 1，即生成的水化物碱度较硅酸盐水泥水化物低，为低碱性的水化物。

当液相中有石膏存在时，水化铝酸钙还会与石膏进一步反应生成水化硫铝酸钙。可见，$Ca(OH)_2$ 和石膏起着激发水泥水化和促进凝结、硬化的作用，故称为活性混合材料的激发剂。激发剂分为碱性激发剂和硫酸盐激发剂两类。一般用作碱性激发剂的是石灰和能在水化时析出 $Ca(OH)_2$ 的硅酸盐水泥熟料；硫酸盐激发剂有二水石膏或半水石膏，并包括各种化学石膏。硫酸盐的激发作用必须在碱性激发剂的条件下才能充分发挥。

掺活性混合材料的硅酸盐水泥的水化，首先是熟料水化生成 $Ca(OH)_2$，然后与混合材料中的活性 SiO_2 和 Al_2O_3 发生水化反应，生成水硬性的胶凝产物，因此，一般称之为“二次水化反应”。从反应过程分析可知，掺活性混合材料的硅酸盐水泥水化速度较慢，早期强度较低，加之水泥中熟料含量相对减少，因而水化热也较低。

4.2.4.2 通用硅酸盐水泥的凝结、硬化

1. 硅酸盐水泥的凝结、硬化过程

随着水泥水化反应的进行，水泥浆体逐渐变稠失去可塑性，但尚不具有一定强度的过程称为“凝结”。此后，随着水化反应的进一步进行，凝结的水泥浆开始产生一定强度并逐渐发展成坚硬的石状体——水泥石，这一过程称为“硬化”。

一般按水泥的水化反应速率和水泥浆体结构特征，将凝结、硬化过程分为初始反应期、潜伏期（又称诱导期）、凝结期和硬化期四个阶段，各阶段持续时间及物理化学变化特征见表 4.7。

表 4.7 水泥凝结、硬化主要阶段的特征

凝结、硬化阶段	一般的放热反应速度 [J/(g·h)]	一般的持续时间	主要的物理化学变化
初始反应期	168	5～10min	初始溶解和水化
潜伏期	4.2	1～2h	凝胶体膜层围绕水泥颗粒成长
凝结期	在 6h 内逐渐增加到 21	6h	膜层破裂，水泥颗粒进一步水化
硬化期	在 24h 内逐渐降低到 4.2	6h 至若干年	凝胶体填充毛细孔

（1）初始反应期

水泥与水接触后立即发生水化反应，在初始的5～10min内，放热速率剧增，可达阶段的最大值，然后又降至很低，这个阶段称为初始反应期。在此阶段，C_3S水化生成的Ca（OH）$_2$立即溶于水中，使溶液pH值迅速增大至13。当溶液达到过饱和后，Ca（OH）$_2$开始结晶析出。同时暴露在颗粒表面的C_3A也溶于水，并与溶于水的石膏反应，生成钙矾石结晶析出，附着在水泥颗粒表面。在这个阶段中，约有1%的水泥发生水化。

（2）潜伏期

在初始反应期后，有1～2h的时间，由于水泥颗粒表面覆盖水化硅酸钙凝胶和钙矾石晶体形成的膜层，阻碍了水泥颗粒与水的接触使水化反应速度很慢，这一阶段水化热少，水化产物增加不多，水泥浆仍基本保持塑性。

（3）凝结期

在潜伏期后，由于渗透压的作用，水泥颗粒表面的膜层破裂，使暴露出来的矿物继续水化，结束了潜伏期。水泥水化产物体积约为水泥体积的2.2倍，水化产物不断增加并填充水泥颗粒之间的空间，水的消耗与水化产物的填充使水泥浆体逐渐失去塑性而凝结。此阶段结束约有15%的水泥水化。

（4）硬化期

在凝结期后进入硬化期，水泥水化反应继续进行，使结构更加密实，但放热速率逐渐下降，水化反应越来越困难，一般认为以后的水化反应是以固相反应的形式进行的。硬化期是一个相当长的时间过程，在适当的温、湿度条件下，可持续若干年。

水泥凝结、硬化过程的各个阶段不是彼此截然分开而是交错进行的，具体过程如图4.3所示。

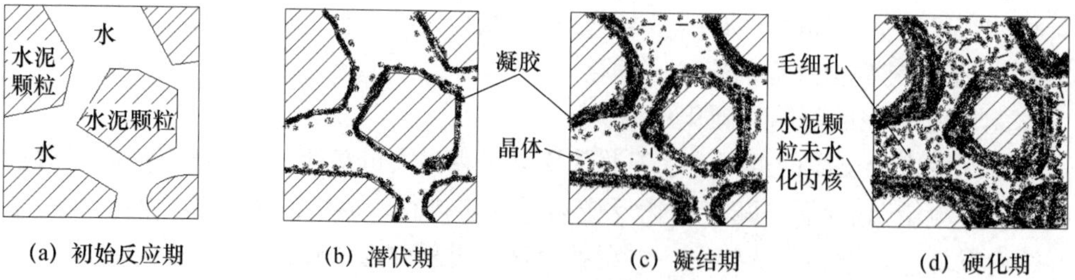

图4.3　水泥凝结、硬化过程

从以上的水化、凝结和硬化过程可知，水泥浆体硬化后形成的坚硬水泥石，是由凝胶体、晶体、未水化完的水泥颗粒及固体颗粒之间的毛细孔所组成的非匀质的结构体。

2. 影响通用硅酸盐水泥凝结、硬化的主要因素

（1）水泥熟料的矿物组成

水泥中熟料矿物的相对含量不同时，其凝结、硬化特点也不同。水泥熟料矿物的水化速度为$C_3A>C_3S>C_4AF>C_2S$，因此，C_3A和C_3S含量越高，凝结、硬化速度越快；掺加混合材料后，熟料数量减少，凝结、硬化速度下降。

（2）石膏掺量

石膏主要用于调节水泥的凝结时间，称为水泥的缓凝剂，是水泥中不可缺少的组

分，但掺量必须适量。石膏掺量太少，缓凝效果不显著，而如果石膏掺量太多，则会促使水泥凝结，同时还会在后期引起水泥石的膨胀，导致开裂破坏。合理的石膏掺量以SO_3的含量和石膏的品质来决定。国家标准规定，硅酸盐水泥中SO_3的含量不得超过水泥质量的3.5%。

(3) 水泥细度

水泥磨得越细，平均粒径越小，比表面积越大，水化时与水的接触面越大，水化速度越快，凝结、硬化越快。但水泥颗粒过细，易与空气中的水分及CO_2反应，使水泥不宜久存，还会增加需水量，使硬化后的水泥石孔隙增多，强度下降；另外，过细的水泥硬化时产生的收缩过大，同时水泥越细，生产能耗越大，成本也越高。

(4) 养护条件（温度、湿度）

足够的温度和湿度有利于水泥的水化、凝结、硬化和早期强度的发展。

在干燥环境或过高温度的条件下，水泥浆中的水分蒸发过快，使水泥不能充分水化，同时硬化也减慢甚至停止，影响水泥的凝结、硬化和强度发展。当温度低于5℃时，水化速度大为降低；当温度低于0℃时，水泥的水化、凝结、硬化基本停止，也不会产生强度，甚至会因水结冰而导致水泥石结构破坏。在实际工程中，常采用蒸汽或蒸压养护来加快水泥制品的凝结、硬化。

(5) 龄期

龄期是指水泥在正常养护条件下所经历的时间。水泥的水化、硬化是一个较长时期不断进行的过程，随着时间的延续，水泥的水化程度提高，一般在28d内强度发展较快，28d后增长缓慢。

(6) 拌合用水量

在胶凝材料用量不变的情况下，增加拌合用水量，需要水化物固相填充的孔隙越多，凝结、硬化所需时间越长，强度越低。

(7) 外加剂

水泥中加入促凝剂（$CaCl_2$、Na_2SO_4等）能促进水泥水化、凝结和硬化，提高早期强度；相反，掺加缓凝剂（木钙、糖类等）会延缓水泥的水化、凝结和硬化，影响其早期强度的发展。

4.2.5 通用硅酸盐水泥的技术要求

1. 化学指标

水泥的化学指标包括不溶物、烧失量、三氧化硫、氧化镁和氯离子等的含量。

(1) 不溶物：是指经盐酸处理后的残渣，再以氢氧化钠溶液处理，经盐酸中和过滤后所得的残渣经高温灼烧所剩的物质。不溶物是水泥中非活性组分的反映，主要由生料、混合材料和石膏中的杂质产生，会影响水泥的黏结质量。

(2) 烧失量：是指水泥经高温灼烧后质量的损失，主要由水泥中未煅烧掉的组分所产生。当水泥煅烧不理想或者受潮后，会导致烧失量增高。烧失量过高会影响水泥的性能，因此，烧失量是检验水泥质量的一项指标。

(3) 三氧化硫：主要是生产水泥过程中掺入石膏，或者煅烧水泥熟料时加入石膏矿化剂带入的。如果石膏掺量超出一定限度，在水泥硬化后，它会继续水化并膨胀，导致结构破坏。因此，过多的三氧化硫是引起水泥体积安定性不良的原因之一。

（4）氧化镁：煅烧水泥熟料过程中产生的游离氧化镁，其水化速度很慢，水化产物为氢氧化镁。氢氧化镁可膨胀，能导致水泥石结构产生裂缝甚至破坏。因此，氧化镁也是引起水泥体积安定性不良的原因之一。

（5）氯离子：会破坏水泥混凝土结构中钢筋的保护膜，加速钢筋锈蚀，造成结构损坏。

通用硅酸盐水泥化学指标应符合表 4.8 的规定。

表 4.8　通用硅酸盐水泥的化学指标

<table>
<tr><th colspan="2" rowspan="2">品种</th><th colspan="5">化学指标（质量分数,%）</th></tr>
<tr><th>不溶物</th><th>烧失量</th><th>三氧化硫</th><th>氧化镁</th><th>氯离子</th></tr>
<tr><td rowspan="2">硅酸盐水泥</td><td>P·Ⅰ</td><td>≤0.75</td><td>≤3.0</td><td rowspan="3">≤3.5</td><td rowspan="3">≤5.0①</td><td rowspan="8">≤0.06③</td></tr>
<tr><td>P·Ⅱ</td><td>≤1.50</td><td>≤3.5</td></tr>
<tr><td>普通硅酸盐水泥</td><td>P·O</td><td>—</td><td>≤5.0</td></tr>
<tr><td rowspan="2">矿渣硅酸盐水泥</td><td>P·S·A</td><td>—</td><td>—</td><td rowspan="2">≤4.0</td><td>≤6.0②</td></tr>
<tr><td>P·S·B</td><td>—</td><td>—</td><td>—</td></tr>
<tr><td>火山灰质硅酸盐水泥</td><td>P·P</td><td>—</td><td>—</td><td rowspan="3">≤3.5</td><td rowspan="3">≤6.0②</td></tr>
<tr><td>粉煤灰硅酸盐水泥</td><td>P·F</td><td>—</td><td>—</td></tr>
<tr><td>复合硅酸盐水泥</td><td>P·C</td><td>—</td><td>—</td></tr>
</table>

① 如果水泥压蒸试验合格，则水泥中氧化镁的含量（质量分数）允许放宽至 6.0%；
② 如果水泥中氧化镁的含量（质量分数）大于 6.0%，需进行水泥压蒸安定性试验并合格；
③ 当要求氯离子含量更低时，该指标由买卖双方协商确定。

2. 碱含量（选择性指标）

水泥中的碱含量以 $Na_2O+0.658K_2O$ 计算值表示。若使用活性骨料，碱含量过高将可能引起碱-骨料反应，导致混凝土开裂破坏。这种反应和水泥的碱含量、骨料的活性物质含量及混凝土的使用环境有关。为防止碱-骨料反应，即使在使用相同活性骨料的情况下，不同的混凝土配合比、使用环境对水泥的碱含量要求也不一样。如用户要求提供低碱水泥，水泥中的碱含量应不高于 0.60%或由供需双方商定。

3. 物理指标

水泥的物理指标包括密度、细度、标准稠度用水量、凝结时间、体积安定性、水化热和强度。

（1）密度

水泥的密度、堆积密度是进行混凝土及砂浆配合比设计和水泥储运时必须用到的重要物理指标。

水泥的密度主要与其熟料矿物组成、细度有关，硅酸盐水泥的密度一般为 3.1～3.2g/cm³，普通硅酸盐水泥、复合硅酸盐水泥略低，矿渣硅酸盐水泥为 2.8～3.0g/cm³，火山灰质硅酸盐水泥、粉煤灰硅酸盐水泥为 2.7～2.9g/cm³。水泥堆积密度除与矿物组成和细度有关外，主要取决于水泥的堆积紧密程度，松散状态下的堆积密度一般为 900～1200kg/m³，紧密状态时可达 1600kg/m³。

(2) 细度（选择性指标）

细度是指水泥颗粒的粗细程度，直接影响水泥水化反应速度、活性和强度。水泥颗粒越细，与水接触面积越大，水化越充分，水化速度越快。若水泥颗粒过粗，不利于水泥活性的发挥。通常，水泥颗粒的粒径在 7～200μm 范围内，粒径小于 40μm 时，活性较高，大于 100μm 的颗粒近乎惰性。

硅酸盐水泥和普通硅酸盐水泥的细度用比表面积（单位质量的水泥所具有的表面积总和）表示，采用透气式比表面积仪检测，要求不小于 $300m^2/kg$；其他品种硅酸盐水泥的细度以筛余量表示，常采用筛析法测定，要求 80μm 方孔筛筛余量不大于 10%或 45μm 方孔筛筛余量不大于 30%。

(3) 标准稠度用水量

在测定水泥的凝结时间和安定性时，为使其测定结果具有可比性，须采用标准稠度的水泥净浆进行测定。所谓标准稠度用水量，是指水泥净浆达到规定稠度时所需的拌合用水量，以占水泥质量的百分率表示。硅酸盐水泥的标准稠度用水量一般为 24%～30%。

(4) 凝结时间

水泥的凝结时间分为初凝时间和终凝时间。初凝时间是指从水泥加水拌合起至水泥浆开始失去塑性所经历的时间；终凝时间是指从加水起至水泥浆完全失去可塑性，并开始产生强度所经历的时间。

水泥的凝结时间对工程施工具有重要意义。为保证在施工时有充足的时间完成搅拌、运输、成型等各种工艺，水泥的初凝时间不宜太短；施工完毕后，希望水泥能尽快硬化，产生强度，所以终凝时间不宜太长，以利于下一道工序及早进行。硅酸盐水泥的初凝时间不少于 45min，终凝时间不大于 390min。普通硅酸盐水泥、矿渣硅酸盐水泥、粉煤灰硅酸盐水泥、火山灰质硅酸盐水泥、复合硅酸盐水泥的初凝时间不少于 45min，终凝时间不多于 600min。

水泥凝结时间是以标准稠度的水泥净浆，在规定温度和湿度条件下，用凝结时间测定仪测定的。

(5) 体积安定性

水泥浆体在凝结、硬化过程中体积变化的均匀性称为水泥的体积安定性。如水泥硬化后产生不均匀的体积变化，会使水泥混凝土构件产生膨胀性裂缝，降低建筑物质量，甚至引起严重事故，此即体积安定性不良，因此体积安定性不良的水泥在实际中应严禁使用。

引起水泥安定性不良的因素主要有以下三种：熟料中所含的游离氧化钙（f-CaO）过多、游离氧化镁（f-MgO）过多或掺入的石膏过多。熟料中所含的 f-CaO 或 f-MgO 都是过烧的，结构致密，消化很慢，在水泥硬化后才进行消化，这是一个体积膨胀的化学反应，会引起不均匀的体积变化，使水泥石开裂。当石膏掺量过多时，石膏除了适量的那一部分发挥缓凝作用，在水泥水化初期与水化铝酸钙反应形成钙矾石以外，剩余的一部分在水泥硬化后，会继续与固态的水化铝酸钙反应生成钙矾石，体积比反应物膨胀 1.5 倍，从而引起水泥石局部膨胀乃至开裂。

国家标准规定，由熟料中 f-CaO 引起的安定性不良可用沸煮法检验。沸煮法分为雷氏夹法及试饼法。雷氏夹法是测定标准稠度的水泥净浆在雷氏夹中沸煮后的膨胀值；试饼法是观察标准稠度的水泥净浆试饼沸煮后的外形变化。由于 f-MgO 在压蒸下才加速消化，而石膏的危害则需长期在常温水中才能发现，两者均不便于快速检验。因此，为避免因过量 f-MgO 或石膏引起的体积安定性不良，国家标准规定：在硅酸盐水泥中，f-MgO含量不得超过 5.0%，如果水泥经压蒸安定性试验合格，则 f-MgO 的含量允许放宽到 6.0%；SO_3的含量不得超过 3.5%。

（6）水化热

水泥水化热的多少和放热速率取决于水泥熟料的矿物组成、水泥的细度、水泥中混合材料的品种和数量、外加剂的品种、数量及养护条件等。大部分的水化热是在凝结、硬化的初期放出的，如硅酸盐水泥，1～3d 龄期内水化放热量为总热量的 50%，7d 龄期为 75%。

硅酸盐水泥是通用水泥中水化放热量最多、放热速率最快的一种。水泥的水化放热多，对冬期施工的混凝土工程较为有利，可以在一定程度上防止冻害，并提高其早期强度；但混凝土是传热的不良导体，在大体积混凝土构件中，释放的水化热会导致混凝土内部温度升高，内外温差可达几十摄氏度，内部受热膨胀，表面冷却收缩，而早期水泥石或混凝土的强度还很低，因此，内外温差引起的温度应力极易使混凝土表面产生裂缝，严重影响混凝土的强度及其他性能。

（7）强度

水泥强度是表征水泥质量的重要指标，也是划分水泥强度等级的依据。《水泥胶砂强度检验方法（ISO 法）》（GB/T 17671—1999）规定，采用水泥胶砂法测定水泥强度，即采用水泥、标准砂和水以 1∶3∶0.5 的比例拌合，在温度为（20±2)℃、相对湿度不低于 50%的成型实验室，按规定方法制成 40mm×40mm×160mm 的胶砂试件，带模在温度为（20±1)℃、相对湿度不低于 90%的养护箱或雾室中养护 24h 后，脱模置于温度为（20±1)℃的水中养护，分别测定其 3d 和 28d 抗压、抗折强度。硅酸盐水泥按 3d 和 28d 龄期的抗压和抗折强度分为 42.5、42.5R、52.5、52.5R、62.5、62.5R 共 6 个等级，其中 R 代表早强型水泥。各强度等级的通用硅酸盐水泥在不同龄期的强度应符合表 4.9 的规定。

表 4.9　通用硅酸盐水泥的强度等级要求（GB 175—2007)

品种	强度等级	抗压强度（MPa）		抗折强度（MPa）	
		3d	28d	3d	28d
硅酸盐水泥	42.5	≥17.0	≥42.5	≥3.5	≥6.5
	42.5R	≥22.0		≥4.0	
	52.5	≥23.0	≥52.5	≥4.0	≥7.0
	52.5R	≥27.0		≥5.0	
	62.5	≥28.0	≥62.5	≥5.0	≥8.0
	62.5R	≥32.0		≥5.5	
普通硅酸盐水泥	42.5	≥17.0	≥42.5	≥3.5	≥6.5
	42.5R	≥22.0		≥4.0	
	52.5	≥23.0	≥52.5	≥4.0	≥7.0
	52.5R	≥27.0		≥5.0	

续表

品种	强度等级	抗压强度（MPa）		抗折强度（MPa）	
		3d	28d	3d	28d
矿渣硅酸盐水泥 火山灰质硅酸盐水泥 粉煤灰硅酸盐水泥	32.5	≥10.0	≥32.5	≥2.5	≥5.5
	32.5R	≥15.0		≥3.5	
	42.5	≥15.0	≥42.5	≥3.5	≥6.5
	42.5R	≥19.0		≥4.0	
	52.5	≥21.0	≥52.5	≥4.0	≥7.0
	52.5R	≥23.0		≥4.5	
复合硅酸盐水泥	42.5	≥15.0	≥42.5	≥3.5	≥6.5
	42.5R	≥19.0		≥4.0	
	52.5	≥21.0	≥52.5	≥4.0	≥7.0
	52.5R	≥23.0		≥4.5	

4.2.6 通用硅酸盐水泥的特性与应用

1. 硅酸盐水泥

(1) 凝结、硬化快，早期和后期强度均高

硅酸盐水泥熟料中的 C_3S 和 C_3A 含量高，凝结、硬化快，早期和后期强度高，因此硅酸盐水泥适用于现浇混凝土工程、预制混凝土工程、冬期施工混凝土工程、预应力混凝土工程、高强混凝土工程和有早强要求的混凝土工程等。

(2) 抗冻性好

硅酸盐水泥采用合理的配合比和充分养护后，可得到密实度较高、具有足够强度的水泥石，因此抗冻性好，适用于冬季及严寒地区遭受反复冻融循环的混凝土工程。

(3) 水化放热多

硅酸盐水泥中含有大量的 C_3S 和 C_3A，水化时放热速度快、放热量多，因此，适用于冬期施工的混凝土工程，但不适用于大体积混凝土工程。

(4) 耐腐蚀性差

由于熟料中的 C_3S 和 C_3A 含量高，水化产物中易受腐蚀的 $Ca(OH)_2$ 与水化铝酸钙较多，耐软水及化学腐蚀性差，因此，硅酸盐水泥不宜用于受流动软水和压力水作用的工程，也不宜用于受海水及其他侵蚀性介质接触的工程。

(5) 耐热性差

水泥石中的一些水化产物在高温下会脱水或分解，使水泥石的强度下降以致破坏。当温度为 100～250℃时，由于额外的水化作用及脱水后凝胶与部分 $Ca(OH)_2$ 的结晶对水泥石的密实作用，水泥石的强度并不降低；当温度在 250～300℃时会脱水，强度开始降低；当温度达到 700～1000℃时，水化产物分解，水泥石的结构大多完全破坏。因此，硅酸盐水泥不适用于有耐热、高温要求的混凝土工程。

(6) 抗碳化能力强

硅酸盐水泥石中含有较多的 $Ca(OH)_2$，碱度高，再加上硅酸盐水泥混凝土密实度

高，碳化生成的碳酸钙又能填充混凝土表面的孔隙，使混凝土表面更密实，有效地阻止了进一步碳化。因此，它适用于空气中 CO_2 浓度较高的环境，如铸造车间。

（7）干缩小

硅酸盐水泥硬化过程中形成大量的水化硅酸钙凝胶体，使水泥石密实，游离水分少，不易产生干缩裂纹，故适用于干燥环境的混凝土工程。

（8）耐磨性好

硅酸盐水泥强度高、耐磨性好，可用于路面与机场跑道等对耐磨性要求高的工程。

2. 普通硅酸盐水泥

普通硅酸盐水泥与硅酸盐水泥的差别，仅在于其中含有少量混合材料，而绝大部分仍是硅酸盐水泥熟料，故其基本性能与硅酸盐水泥相同，但由于掺加少量混合材料，某些性能与硅酸盐水泥相比，又稍有差异。与同强度等级的硅酸盐水泥相比，普通硅酸盐水泥早期硬化速度稍慢，3d 的抗压强度稍低，抗冻、耐磨等性能也较硅酸盐水泥稍差。

3. 矿渣硅酸盐水泥、火山灰质硅酸盐水泥、粉煤灰硅酸盐水泥

（1）三种水泥的共性

① 凝结、硬化慢，早期强度低，后期强度增长幅度大。三种水泥中由于掺加了大量的混合材料，相对减少了水泥熟料矿物的含量，而“二次水化反应”在熟料水化之后才开始进行，因此这三种水泥凝结、硬化速度慢，3d 和 7d 强度低。但后期由于“二次水化反应”不断进行及熟料的继续水化，水化产物不断增多，故 28d 强度可赶上甚至超过同强度等级的硅酸盐水泥或普通硅酸盐水泥。通常，活性混合材料掺入量越多，早期强度越低，后期强度增长率越大。可见，上述三种水泥不适用于对早期强度要求较高的混凝土工程，如冬期施工现浇混凝土工程等。

② 耐腐蚀性好。三种水泥水化后的水泥石中，易遭受腐蚀的成分相应减少，其原因如下：一是三种水泥中熟料相对减少，水化生成的 $Ca(OH)_2$ 和水化铝酸钙含量也相应减少；二是“二次水化反应”消耗了易受腐蚀的 $Ca(OH)_2$，致使水泥石中 $Ca(OH)_2$ 的含量进一步减少。因此，这三种水泥提高了抗软水、海水、硫酸盐及镁盐腐蚀能力，适用于要求耐淡水腐蚀和耐硫酸盐侵蚀的水工或海港工程。

当火山灰质硅酸盐水泥采用的火山灰质混合材料为烧黏土质和黏土质凝灰岩时，由于这类混合材料中活性 Al_2O_3 含量高，使水化产物中水化铝酸钙含量增高，其含量甚至高于硅酸盐水泥。因此，这类火山灰质硅酸盐水泥不耐硫酸盐腐蚀。

③ 对温度敏感，适合高温养护。三种水泥的水化反应对温度敏感，提高养护温度、湿度，有利于加速活性混合材料和熟料水化，可大大提高早期强度，且不影响常温下后期强度的发展。因此，三种水泥适合用于蒸汽养护的预制构件。

④ 水化放热量少。三种水泥中熟料含量低，水化和硬化过程较慢，水化放热量少，宜用于大体积工程。

⑤ 抗冻性较差。三种水泥中掺入了较多的混合材料，强度等级有所降低；矿渣和粉煤灰易泌水形成连通或粗大孔隙；火山灰一般需水量较大，水蒸发后会增加内部孔隙含量，对混凝土抗冻不利。因此，这三种水泥不适合用于受反复冻融作用的工程。

⑥ 抗碳化性较差。三种水泥硬化后水泥石中 $Ca(OH)_2$ 数量少，低碱度使碳化作用进行较快且碳化深度也较大，对防止钢筋锈蚀不利，且碳化会造成其他水化产物的分解，使硬化的水泥石表面产生“起粉”现象。所以，这三种水泥不宜用于 CO_2 浓度较高的环境。

(2) 三种水泥各自的特性

① 矿渣硅酸盐水泥：矿渣本身耐热性好（可耐 400℃高温），且矿渣硅酸盐水泥水化后 $Ca(OH)_2$ 含量低，故可用于配制耐热混凝土，适用于高温车间、高炉基础及热气体通道等耐热工程。

矿渣硅酸盐水泥中的矿渣颗粒难以磨细，其颗粒平均粒径大于硅酸盐水泥的粒径，且磨细后具有尖锐棱角。此外，矿渣玻璃体亲水性差，导致矿渣硅酸盐水泥保水性差，泌水性较强，容易在水泥浆内形成毛细通道或粗大孔隙，在空气中硬化易产生较大干缩，因此应加强保湿养护。故矿渣硅酸盐水泥不适用于有抗渗、抗冻要求及干湿交替作用的混凝土工程。

② 火山灰质硅酸盐水泥：火山灰质混合材料颗粒较细，疏松多孔，使其具有良好的保水性。当处于潮湿环境或水中养护时，火山灰质混合材料吸收 $Ca(OH)_2$ 而产生膨胀胶化作用，且形成较多的水化硅酸钙凝胶，使水泥石结构致密，因而其抗渗性较好。当处于干燥空气中时，火山灰质硅酸盐水泥生成凝胶的反应会停止，已产生的凝胶也会脱水，产生干缩裂缝，同时空气中的 CO_2 作用于表面的水化硅酸钙凝胶，易使水化硅酸钙凝胶分解为碳酸钙和二氧化硅的粉末混合物，即发生“起粉”现象。综上所述，火山灰质硅酸盐水泥适用于地下工程、水中或长期潮湿环境的工程及有一般抗渗要求的工程，但不适宜用在干燥环境（或干热地区）中的地上结构物及有耐磨性要求的混凝土工程。

③ 粉煤灰硅酸盐水泥：粉煤灰硅酸盐水泥的标准稠度需水量少（与矿渣硅酸盐水泥和火山灰质硅酸盐水泥相比），干缩较小，抗裂性好，但其在施工阶段制品表面易出现大量早期泌水而产生塑性收缩裂缝（又称失水裂纹），因而粉煤灰硅酸盐水泥抗渗性差；致密的粉煤灰球形颗粒水化较慢，活性主要在后期发挥，因此粉煤灰硅酸盐水泥的早期强度、水化热比矿渣硅酸盐水泥和火山灰质硅酸盐水泥还要低，特别适用于大体积混凝土工程，不宜用于有抗渗要求的混凝土工程，且不适用于干燥环境中的混凝土及有耐磨性要求的混凝土工程。

4. 复合硅酸盐水泥

复合硅酸盐水泥的特性取决于其所掺的两种或两种以上混合材料的种类、掺量及相对比例。通过复掺混合料，可以弥补掺单一混合材料水泥性能的不足，例如单掺矿渣，水泥浆容易泌水；单掺火山灰，水泥浆黏度较高，两者复掺，则水泥浆工作性好，容易施工。复合硅酸盐水泥的使用，应根据所掺混合材料种类，参照其他掺合材料的硅酸盐水泥的适用范围和工程实践经验选用。

为方便学习与选用，将硅酸盐水泥、普通硅酸盐水泥、矿渣硅酸盐水泥、火山灰质硅酸盐水泥、粉煤灰硅酸盐水泥和复合硅酸盐水泥的主要特性及适用范围列于表 4.10、表 4.11，以便参考。

表 4.10 通用硅酸盐水泥的组成、性质与适用范围

项目	硅酸盐水泥 （P·Ⅰ，P·Ⅱ）	普通硅酸盐水泥 （P·O）	矿渣硅 酸盐水泥 （P·S·A， P·S·B）	火山灰质 硅酸盐水泥 （P·P）	粉煤灰 硅酸盐水泥 （P·F）	复合硅 酸盐水泥 （P·C）
特性	（1）快凝、早强、高强 （2）抗冻性好 （3）水化热高 （4）耐腐蚀性差 （5）耐热性差 （6）抗碳化性好 （7）干缩小 （8）耐磨性好	（1）早期强度较高 （2）抗冻性较好 （3）水化热较大 （4）耐腐蚀性差 （5）耐热性差	（1）早期强度低，后期强度增长快 （2）强度发展对养护温湿度敏感 （3）水化热较低 （4）耐腐蚀性较好 （5）耐热性差	（1）抗渗性较好，但干缩大 （2）耐磨性差 （3）耐热性不及矿渣硅酸盐水泥 （4）其他同矿渣硅酸盐水泥	（1）流动性较好 （2）干缩较小，抗裂性较好 （3）其他同矿渣硅酸盐水泥	(1) 耐腐蚀性好 (2) 水化热小 (3) 抗冻性较差 (4) 干缩较大 (5) 抗碳化性较差

表 4.11 通用硅酸盐水泥的选用

混凝土工程特点及其所处环境特点		优先选用	可以选用	不宜选用
普通混凝土	在一般气候环境中的混凝土	普通硅酸盐水泥	矿渣硅酸盐水泥 火山灰质硅酸盐水泥 粉煤灰硅酸盐水泥 复合硅酸盐水泥	
	在干燥环境中的混凝土	普通硅酸盐水泥	矿渣硅酸盐水泥	火山灰质硅酸盐水泥 粉煤灰硅酸盐水泥
	在高温、湿度环境中或长时间处于水中的混凝土	矿渣硅酸盐水泥 火山灰质硅酸盐水泥 粉煤灰硅酸盐水泥 复合硅酸盐水泥	普通硅酸盐水泥	
	厚大体积混凝土	矿渣硅酸盐水泥 火山灰质硅酸盐水泥 粉煤灰硅酸盐水泥 复合硅酸盐水泥	普通硅酸盐水泥	硅酸盐水泥
有特殊要求的混凝土	要求快硬、高强（>C40）的混凝土	硅酸盐水泥	普通硅酸盐水泥	矿渣硅酸盐水泥 火山灰质硅酸盐水泥 粉煤灰硅酸盐水泥 复合硅酸盐水泥
	严寒地区的露天混凝土，寒冷地区的处在水位升降范围内的混凝土	普通硅酸盐水泥	矿渣硅酸盐水泥（强度等级≥42.5）	火山灰质硅酸盐水泥 粉煤灰硅酸盐水泥
	严寒地区处于水位升降范围内的混凝土	普通硅酸盐水泥（强度等级≥42.5）		火山灰质硅酸盐水泥 矿渣硅酸盐水泥 粉煤灰硅酸盐水泥 复合硅酸盐水泥

续表

混凝土工程特点及其所处环境特点		优先选用	可以选用	不宜选用
有特殊要求的混凝土	有抗渗要求的混凝土	普通硅酸盐水泥 火山灰质硅酸盐水泥		矿渣硅酸盐水泥 粉煤灰硅酸盐水泥
	有耐磨要求的混凝土	硅酸盐水泥 普通硅酸盐水泥	矿渣硅酸盐水泥（强度等级≥42.5）	火山灰质硅酸盐水泥 粉煤灰硅酸盐水泥
	受侵蚀介质作用的混凝土	火山灰质硅酸盐水泥 矿渣硅酸盐水泥 粉煤灰硅酸盐水泥 复合硅酸盐水泥		硅酸盐水泥 普通硅酸盐水泥

4.2.7　水泥石的腐蚀与防止

1. 水泥石的腐蚀

在一般使用条件下，水泥石具有较好的耐久性，但在外界侵蚀性介质的作用下，会逐渐受到侵蚀，引起强度降低，甚至结构受到破坏，这种现象称为水泥石的腐蚀。常见的腐蚀类型有如下几种。

（1）软水侵蚀（溶出性侵蚀）

不含或仅含少量钙、镁可溶性盐的水称为软水。雨水、冰川水、雪水、工厂冷凝水、蒸馏水及含碳酸氢盐很少的河水、江水、湖泊水等都属于软水。水泥石中的水化产物都必须在一定的碱性条件下才能稳定存在。当水泥石处在软水中时，由于 $Ca(OH)_2$ 在各种水化产物中的溶解度最高（25℃约为 1.2g/L），首先溶解并溶出水泥石，留下孔隙，使水更容易渗入。此外，$Ca(OH)_2$ 浓度降低，会导致其他水化产物依次分解，如高碱性的水化硅酸钙、水化铝酸钙等分解成为低碱性的水化产物，并最终变成硅酸凝胶、氢氧化铝等无胶凝能力的物质。在静水及无压力水的情况下，由于周围的软水易为溶出的 $Ca(OH)_2$ 所饱和，使溶出作用停止，所以对水泥石的影响不大；但在流水及压力水的作用下，水化产物的溶出将持续进行，水泥石结构的破坏将由表及里不断进行。

在硬水中，水泥石腐蚀较小，这是由于水泥石中的 $Ca(OH)_2$ 与碳酸氢盐发生反应，生成几乎不溶于水的碳酸钙积聚在水泥石的孔隙内，阻止外界水分的侵入和 $Ca(OH)_2$ 的溶出。

硅酸盐水泥水化形成的水泥石中 $Ca(OH)_2$ 含量高达 20%，所以溶出性侵蚀尤为严重。而掺混合材料的水泥，由于硬化后水泥石中 $Ca(OH)_2$ 含量较低，耐软水侵蚀性有一定的改善。

（2）酸类腐蚀（溶解性腐蚀）

① 碳酸腐蚀

雨水及地下水中常溶有较多游离的 CO_2，形成碳酸。碳酸水先与水泥石中的 $Ca(OH)_2$ 反应，中和后使水泥石碳化，形成碳酸钙，如式（4.14）所示。

$$Ca(OH)_2+CO_2+H_2O \rightarrow CaCO_3+2H_2O \quad (4.14)$$

形成的碳酸钙再与含碳酸的水反应生成可溶性的碳酸氢钙，如式（4.15）所示。

$$CaCO_3+CO_2+H_2O \rightleftharpoons Ca(HCO_3)_2 \quad (4.15)$$

反应式（4.15）为可逆反应，当水中溶有较多的CO_2时，则反应向右进行，使水泥石中微溶于水的Ca（OH）$_2$转变为易溶于水的Ca（HCO_3）$_2$而流失，导致水泥石的孔隙率增大，碱度降低，部分水化产物分解，腐蚀作用进一步加剧。

② 一般酸腐蚀

地下水、工业污水中常含有机酸和无机酸，例如盐酸和硫酸，能与水泥石中的Ca（OH）$_2$反应，生成的钙盐或易溶于水或具有膨胀性，导致水泥石破坏。

盐酸与水泥石中Ca（OH）$_2$的反应，如式（4.16）所示。

$$Ca(OH)_2+2HCl \rightarrow CaCl_2+2H_2O \quad (4.16)$$

反应生成的氯化钙易溶于水。

硫酸与水泥石中Ca（OH）$_2$的反应，如式（4.17）所示。

$$Ca(OH)_2+H_2SO_4 \rightarrow CaSO_4 \cdot 2H_2O \quad (4.17)$$

生成的二水石膏（$CaSO_4 \cdot 2H_2O$）或者在水泥石孔隙中结晶产生膨胀，或者再与水泥石中的水化铝酸钙作用，生成钙矾石晶体，产生更大的膨胀性破坏。

（3）盐类腐蚀

① 硫酸盐腐蚀

在一些海水、湖水、地下水、沼泽水及一些工业污水中常含有钾、钠、氨等的硫酸盐，能与水泥石中的Ca（OH）$_2$发生反应，生成硫酸钙。硫酸钙与水泥石中的固态水化铝酸钙反应，生成针状晶体钙矾石（常称其为“水泥杆菌”），体积急剧膨胀（约1.5倍），使水泥石结构破坏，反应如式（4.18）所示。

$$3CaO \cdot Al_2O_3 \cdot 6H_2O+3(CaSO_4 \cdot 2H_2O)+20H_2O \rightarrow 3CaO \cdot Al_2O_3 \cdot 3CaSO_4 \cdot 32H_2O \quad (4.18)$$

当水中硫酸盐浓度较高时，生成的硫酸钙也会在水泥石孔隙中直接结晶成二水石膏，产生膨胀压力，使水泥石破坏。反应如式（4.19）所示。

$$Ca(OH)_2+H_2SO_4 \rightarrow CaSO_4 \cdot 2H_2O \quad (4.19)$$

② 镁盐腐蚀

在海水、地下水及其他矿物水中常含有大量的镁盐，主要是硫酸镁和氯化镁，它们会与水泥石中的Ca（OH）$_2$发生如式（4.20）、式（4.21）所示的反应。

$$MgSO_4+Ca(OH)_2+2H_2O \rightarrow CaSO_4 \cdot 2H_2O+Mg(OH)_2 \quad (4.20)$$

$$MgCl_2+Ca(OH)_2 \rightarrow CaCl_2+Mg(OH)_2 \quad (4.21)$$

生成的氢氧化镁松软而无胶结能力，氯化钙易溶于水，二水石膏则产生上述的硫酸盐腐蚀。因此，硫酸镁对水泥石起镁盐和硫酸盐的双重腐蚀作用。

（4）强碱的腐蚀

硅酸盐水泥水化产物呈碱性，碱类溶液如果浓度不高，一般是无害的。但铝酸盐含量较高的硅酸盐水泥遇到强碱（如NaOH）会发生如式（4.22）所示的反应。

$$3CaO \cdot Al_2O_3 \cdot 6H_2O+6NaOH \rightarrow 3Ca(OH)_2+3Na_2O \cdot Al_2O_3+6H_2O \quad (4.22)$$

生成的铝酸钠易溶于水。当水泥石被氢氧化钠浸透后又在空气中干燥，则溶于水的铝酸钠会与空气中的二氧化碳反应生成碳酸钠。由于水分失去，碳酸钠在水泥石毛细管中结晶膨胀，造成水泥石疏松、开裂，发生破坏。

除以上几种腐蚀类型外，还有一些其他物质如糖类、氨盐、动物脂肪、含环烷酸的石油产品等对水泥石也有腐蚀作用。

从以上腐蚀种类可知，水泥石的腐蚀是一个非常复杂的物理化学作用过程，在其遭受腐蚀环境作用时，往往是几种作用同时存在、互相影响。水泥石发生腐蚀的根本原因如下：水泥石中有易被腐蚀的成分及能与某些酸类和盐类起化学反应的组分，即 $Ca(OH)_2$ 和水化铝酸钙；水泥石结构本身不密实，存在很多毛细孔通道，使腐蚀性介质易于进入内部，加速腐蚀的进程。另外，促使腐蚀发展的因素还有较高的温度、压力，较快的流速，适宜的湿度及干湿交替等作用。

2. 防止水泥石腐蚀的措施

为防止水泥石受腐蚀，在实际工程中可采取以下措施：

(1) 根据工程的环境特点，合理选择水泥品种，或适当掺加混合材料，减少可腐蚀物质的浓度，防止或延缓水泥的腐蚀。例如，处于软水环境的工程，常选用掺混合材料的矿渣硅酸盐水泥、火山灰质硅酸盐水泥或粉煤灰硅酸盐水泥；此外，为抵抗硫酸盐的腐蚀，可采用 C_3A 含量低于5%的水泥。

(2) 提高水泥石的密实度，降低孔隙率。通过合理设计混凝土的配合比，减少拌合用水量，降低水胶比，掺加外加剂，改善施工方式等措施减少水泥石结构的孔隙率，减少侵蚀性介质进入水泥石内部，达到防腐蚀的效果。

(3) 在水泥石结构的表面设置保护层，隔绝腐蚀介质与水泥石的联系。当水泥石处于较强的腐蚀性介质中时，可根据腐蚀性介质的不同，在混凝土材料表面覆盖不透水的保护层，如塑料、涂料、沥青、玻璃、陶瓷、贴面等。

4.2.8 水泥的验收、包装与标志、运输与储存

1. 水泥的验收

水泥的出厂检验项目为化学指标、凝结时间、安定性和强度。检验结果符合规定的为合格品，不符合其中任何一项技术要求的为不合格品。经确认水泥各项技术指标及包装质量符合要求时，方可出厂。

2. 水泥的包装与标志

水泥可以散装或袋装。袋装水泥每袋净含量为50kg，应不少于标志质量的99%，随机抽取20袋，总质量（含包装袋）应不少于1000kg。其他包装形式由供需双方协商确定。

水泥包装袋上应清楚标明执行标准、水泥品种、代号、强度等级、生产者名称、生产许可证标志（QS）及编号、出厂编号、包装日期、净含量。包装袋两侧应根据水泥的品种采用不同的颜色印刷水泥名称和强度等级，硅酸盐水泥和普通硅酸盐水泥采用红色，矿渣硅酸盐水泥采用绿色，火山灰质硅酸盐水泥、粉煤灰硅酸盐水泥和复合硅酸盐水泥采用黑色或蓝色。

散装发运时应提交与袋装标志相同内容的卡片。

3. 水泥的运输与储存

水泥在运输与储存时，不得受潮和混入杂物，不同品种和强度等级的水泥在储运中避免混杂。

4.3 其他品种水泥

4.3.1 水工硅酸盐水泥

水工硅酸盐水泥是指专门用于配制水工结构混凝土所用的水泥品种，其种类主要包括低热硅酸盐水泥、中热硅酸盐水泥，用于要求水化热较低的混凝土大坝和大体积混凝土工程。

1. 定义

中热硅酸盐水泥：以适当成分的硅酸盐水泥熟料，加入适量石膏，磨细制成的具有中等水化热的水硬性胶凝材料，简称中热水泥，代号为 P·MH。熟料中 C_3S 的含量应不超过 55%，C_3A 的含量应不超过 6%，游离氧化钙（f-CaO）的含量应不超过 1.0%。

低热硅酸盐水泥：以适当成分的硅酸盐水泥熟料，加入适量石膏，磨细制成的具有低水化热的水硬性胶凝材料，简称低热水泥，代号为 P·LH。熟料中 C_2S 的含量不低于 40%，C_3A 的含量不超过 6%，游离氧化钙（f-CaO）的含量应不超过 1.0%。

2. 技术要求

低热硅酸盐水泥、中热硅酸盐水泥的技术要求应符合国家标准《中热硅酸盐水泥、低热硅酸盐水泥》(GB/T 200—2017) 的规定。

(1) 化学成分。水泥中氧化镁（MgO）的含量不高于 5.0%，如经压蒸安定性试验合格，则允许放宽到 6.0%；三氧化硫（SO_3）的含量不高于 3.5%；烧失量（LOI）不高于 3.0%；不溶物（IR）含量不高于 0.75%。

(2) 碱含量（选择性指标）。若使用活性骨料，用户要求提供低碱水泥时，碱含量应不高于 0.60%或由买卖双方协商确定。

(3) 硅酸三钙、硅酸二钙和铝酸三钙（选择性指标）。用户提出要求时，水泥中硅酸三钙（C_3S）、硅酸二钙（C_2S）和铝酸三钙（C_3A）的含量应符合表 4.12 的规定或由买卖双方协商确定。

表 4.12 水泥中硅酸三钙、硅酸二钙和铝酸三钙的含量（GB/T 200—2017）

品种	C_3S（%）	C_2S（%）	C_3A（%）
中热水泥	≤55.0	—	≤6.0
低热水泥	—	≥40.0	≤6.0

(4) 物理性能。比表面积不小于 $250m^2/kg$；初凝时间不早于 60min，终凝时间应不迟于 720min；沸煮法检验应合格；3d、7d 和 28d 的强度应符合表 4.13 的规定，且低热水泥 90d 抗压强度不低于 62.5MPa；3d、7d 和 28d 的水化热应符合表 4.14 的规定。

表 4.13　中热水泥、低热水泥的强度要求（GB/T 200—2017）

水泥品种	强度等级	抗压强度（MPa）			抗折强度（MPa）		
		3d	7d	28d	3d	7d	28d
中热水泥	42.5	≥12.0	≥22.0	≥42.5	≥3.0	≥4.5	≥6.5
低热水泥	32.5		≥10.0	≥32.5	—	≥3.0	≥5.5
	42.5	—	≥13.0	≥42.5	—	≥3.5	≥6.5

表 4.14　中热水泥、低热水泥的水化热要求（GB/T 200—2017）

水泥品种	强度等级	水化热（kJ/kg）		
		3d	7d	28d
中热水泥	42.5	≤251	≤293	—
低热水泥	32.5	≤197	≤230	≤290
	42.5	≤230	≤260	≤310

4.3.2　道路硅酸盐水泥

1. 定义

道路硅酸盐水泥是由道路硅酸盐水泥熟料，0%～10%活性混合材料和适量石膏磨细制成的水硬性胶凝材料，简称道路水泥。

道路硅酸盐水泥应具备耐磨性好、收缩小、抗冻性好、抗冲击性好，有高的抗折强度和良好的耐久性的特性。因此，道路硅酸盐水泥适用于公路路面、城市及工矿企业道路路面、机场路面及码头、货场、广场等水泥混凝土面板工程，也可用于地面砖等面板制品的生产及对耐磨性、抗干缩性要求较高的工程。上述特性及适用范围主要依靠改变水泥熟料的矿物组成、粉磨细度、石膏加入量及外加剂来达到。道路水泥熟料中，C_3A的含量不应高于5.0%，C_4AF的含量不应低于15.0%，游离氧化钙（f-CaO）的含量不应高于1.0%。

2. 技术要求

道路硅酸盐水泥的技术要求应符合国家标准《道路硅酸盐水泥》（GB/T 13693—2017）的规定。

（1）化学成分。水泥中氧化镁含量不得超过5.0%，如果水泥压蒸试验合格，则水泥中氧化镁的含量允许放宽至6.0%；三氧化硫（SO_3）含量不得超过3.5%；烧失量不得高于3.0%；氯离子含量不得高于0.06%。

（2）碱含量（选择性指标）。水泥中碱含量按$Na_2O+0.658K_2O$计算值表示。若使用活性骨料，用户要求提供低碱水泥时，水泥中的碱含量不应高于0.60%或由买卖双方协商确定。

（3）物理性能。初凝时间不得早于90min，终凝时间不得迟于720min；体积安定性用雷氏夹检验必须合格；28d干缩率不得大于0.10%；28d磨损量不得大于3.00kg/m²；强度等级为7.5和8.5级，各龄期强度应符合表4.15中的规定。

表 4.15 水泥的等级与各龄期强度（GB/T 13693—2017）

强度等级	抗压强度（MPa）		抗折强度（MPa）	
	3d	28d	3d	28d
7.5	≥21.0	≥42.5	≥4.0	≥7.5
8.5	≥26.0	≥52.5	≥5.0	≥8.5

（4）比表面积（选择性指标）。比表面积应为 300～450m²/kg。

4.3.3 快硬高铁硫铝酸盐水泥

1. 定义

快硬高铁硫铝酸盐水泥是由高铁硫铝酸盐水泥熟料和少量石灰石、适量石膏共同磨细制成的，具有早期强度高的水硬性胶凝材料，代号为 R·FAC，其中熟料＋石膏的含量高于 85%，石灰石含量不高于 15%。

快硬高铁硫铝酸盐水泥主要用来配制早强、抗冻、抗渗和抗硫酸盐侵蚀等用途的混凝土，可用于紧急抢修、堵漏、低温施工及一般工程。

2. 技术要求

快硬高铁硫铝酸盐水泥应符合行业标准《快硬高铁硫铝酸盐水泥》（JC/T 933—2019）的规定。

细度采用比表面积或 45μm 方孔筛筛余表示，比表面积不小于 350m²/kg 或 45μm 方孔筛筛余不大于 25.0%；初凝时间不早于 25min，终凝时间不迟于 180min，用户要求时可以变动；按 3d 的抗压强度分为 42.5、52.5、62.5 和 72.5 四个强度等级，各级快硬高铁硫铝酸盐水泥强度指标应符合表 4.16 的规定。

表 4.16 快硬高铁硫铝酸盐水泥强度指标（JC/T 933—2019）

强度等级	抗压强度			抗折强度		
	1d	3d	28d	1d	3d	28d
42.5	≥33.0	≥42.5	≥45.0	≥6.0	≥6.5	≥7.0
52.5	≥42.0	≥52.5	≥55.0	≥6.5	≥7.0	≥7.5
62.5	≥50.0	≥62.5	≥65.0	≥7.0	≥7.5	≥8.0
72.5	≥56.0	≥72.5	≥75.0	≥7.5	≥8.0	≥8.5

4.3.4 白色与彩色硅酸盐水泥

1. 定义

白色硅酸盐水泥是指由白色硅酸盐水泥熟料、适量石膏和 0%～30%混合材料（石灰岩、白云质石灰岩和石英砂等天然矿物）磨细制成的水硬性胶凝材料，简称白水泥，代号为 P·W。其中，白色硅酸盐水泥熟料是指以适当成分的生料烧至部分熔融，所得以硅酸钙为主要成分、少量氧化铁的熟料，熟料中氧化镁的含量不宜超过 5.0%。白色硅酸盐水泥按强度分为 32.5 级、42.5 级和 52.5 级；按白度分为 1 级和 2 级，代号分别为 P·W-1 和 P·W-2。

由硅酸盐水泥熟料及适量石膏（或白色硅酸盐水泥）、混合材料及着色剂磨细或混合制成的带有色彩的水硬性胶凝材料称为彩色硅酸盐水泥，又称为彩色水泥。彩色水泥的生产方法有直接法和间接法。直接法是在白水泥生料中加入少量金属氧化物，直接烧成彩色熟料后，加适量石膏磨细而成。间接法是用白色硅酸盐水泥熟料、适量石膏和颜料共同磨细而成。颜料有有机和无机两类。有机颜料如孔雀蓝、天津绿等，颜料着色性强、色彩鲜艳；无机颜料有氧化铁、二氧化锰、氧化铬、钴蓝、群青蓝、炭黑等，颜料耐久性好。对颜料的性能要求为着色性强、不溶于水、耐碱和抗大气稳定性好、不破坏水泥的组成和性能。彩色水泥主要用于建筑物内外表面的装饰，如地面、墙、台阶，顶棚、柱子等，也可制作各种色彩的水泥石、人造大理石及水磨石等制品。彩色硅酸盐水泥强度分为 27.5、32.5 和 42.5 三个等级。

2. 技术要求

(1) 白色硅酸盐水泥

白色硅酸盐水泥技术指标应符合国家标准《白色硅酸盐水泥》(GB/T 2015—2017) 的规定。

① 化学成分。水泥中三氧化硫（SO_3）的含量不高于 3.5%；水泥中水溶性六价铬含量不高于 10mg/kg。

② 氯离子（选择性指标）。氯离子含量不高于 0.06%。

③ 碱含量（选择性指标）。水泥中的碱含量按 $Na_2O+0.658K_2O$ 计算值表示。若使用活性骨料，用户要求提供低碱水泥时，水泥中的碱含量不宜高于 0.60%，或由买卖双方协商确定。

④ 物理性能。45μm 方孔筛筛余不大于 30.0%；沸煮法安定性必须合格；初凝时间不早于 45min，终凝时间不迟于 600min；1 级白度（P·W-1）不低于 89，2 级白度（P·W-2）不低于 87；水泥放射性内照射指数 I_{Ra} 不大于 1.0，放射性外照射指数 I_r 不大于 1.0；不同龄期强度应符合表 4.17 的规定。

表 4.17　白色硅酸盐水泥的不同龄期强度要求 (GB/T 2015—2017)

强度等级	抗压强度（MPa）		抗折强度（MPa）	
	3d	28d	3d	28d
32.5	≥12.0	≥32.5	≥3.0	≥6.0
42.5	≥17.0	≥42.5	≥3.5	≥6.5
52.5	≥22.0	≥52.5	≥4.0	≥7.0

(2) 彩色硅酸盐水泥

彩色硅酸盐水泥技术指标应符合行业标准《彩色硅酸盐水泥》(JC/T 870—2012) 的规定。

① 化学成分。水泥的三氧化硫（SO_3）的含量不得超过 4.0%。

② 物理性能。80μm 方孔筛筛余不得超过 6.0%；初凝时间不得早于 60min，终凝时间不得迟于 600min；体积安定性用沸煮法检验必须合格；各强度等级水泥的各龄期

强度应符合表 4.18 的规定。

表 4.18　各强度等级彩色水泥的各龄期强度等级（JC/T 870—2012）

强度等级	抗压强度（MPa）		抗折强度（MPa）	
	3d	28d	3d	28d
27.5	≥7.5	≥27.5	≥2.0	≥5.0
32.5	≥10.0	≥32.5	≥2.5	≥5.5
42.5	≥15.0	≥42.5	≥3.5	≥6.5

4.3.5　铝酸盐水泥

1. 定义

铝酸盐水泥是以钙质原料和铝质原料为原料，经煅烧制得的以铝酸钙为主要成分的熟料，再磨细制成的水硬性胶凝材料，代号为 CA。铝酸盐水泥常呈黄色或褐色，也有呈灰色的，其主要矿物组成为铝酸一钙（$CaO \cdot Al_2O_3$，简写为 CA，约占 70%）、二铝酸一钙（$CaO \cdot 2Al_2O_3$，简写为 CA_2）、其他的铝酸盐，以及少量的 C_2S 等。

2. 技术要求

《铝酸盐水泥》（GB/T 201—2015）规定：铝酸盐水泥的密度和堆积密度与普通硅酸盐水泥相近。其细度为比表面积不小于 $300m^2/kg$ 或 $45\mu m$ 筛筛余不大于 20%，有争议时以比表面积为准。铝酸盐水泥按 Al_2O_3 含量分为 CA50（$50\% \leqslant Al_2O_3 < 60\%$）、CA60（$60\% \leqslant Al_2O_3 < 68\%$）、CA70（$68\% \leqslant Al_2O_3 < 77\%$）、CA80（$77\% \leqslant Al_2O_3$）四个类型，各类型铝酸盐水泥各龄期强度应不低于表 4.19 的规定。

表 4.19　铝酸盐水泥的技术要求（GB/T 201—2015）

水泥类型		抗压强度（MPa）				抗折强度（MPa）			
		6h	1d	3d	28d	6h	1d	3d	28d
CA50	CA50-Ⅰ	20	40	50	—	3	5.5	6.5	—
	CA50-Ⅱ		50	60	—		6.5	7.5	—
	CA50-Ⅲ		60	70	—		7.5	8.5	—
	CA50-Ⅳ		70	80	—		8.5	9.5	—
CA60	CA60-Ⅰ	—	65	85	—	—	7.0	10.0	—
	CA60-Ⅱ	—	20	45	85	—	2.5	5.0	10.0
CA70		—	30	40	—	—	5.0	6.0	—
CA80		—	25	30	—	—	4.0	5.0	—

3. 特性及应用

（1）凝结、硬化速度快。1d 强度可达最高强度的 80%以上，主要用于工期紧急的工程，如国防、道路和特殊抢修工程等。

（2）水化热大，且放热量集中。1d 内放出的水化热为总量的 70%～80%，使混凝土内部温度上升较高，即使在－10℃下施工，铝酸盐水泥也能很快凝结、硬化，可用于冬期施工的工程。

(3) 耐腐蚀性好，密实不透水。铝酸盐水泥在普通硬化条件下，由于水泥石中不含 C_3A 和 $Ca(OH)_2$，且密实度较高，因此具有很强的抗硫酸盐腐蚀作用，但其耐碱性极差，不得用于接触碱性溶液的工程。

(4) 铝酸盐水泥具有较高的耐热性。如采用耐火粗细骨料（如铬铁矿等）可制成使用温度达 1300～1400℃的耐热混凝土。

在使用时应注意，铝酸盐水泥的长期强度及其他性能有降低的趋势，长期强度降低 40%～50%，因此铝酸盐水泥不宜用于长期承重的结构及处在高温高湿环境的工程中，它只适用于紧急军事工程（筑路、桥）、抢修工程（堵漏等）、临时性工程，以及配制耐热混凝土等。

另外，铝酸盐水泥与硅酸盐水泥或石灰相混不但产生闪凝，而且由于生成高碱性的水化铝酸钙，使混凝土开裂，甚至破坏。因此施工时除不得与石灰或硅酸盐水泥混合外，也不得与未硬化的硅酸盐水泥接触使用。

4.3.6 膨胀水泥及自应力水泥

在水化和硬化过程中产生体积膨胀的水泥属膨胀类水泥。一般硅酸盐水泥在空气中硬化时，体积会发生收缩。收缩会使水泥石结构产生微裂缝，降低水泥石结构的密实性，影响结构的抗渗、抗冻、抗腐蚀等性能。膨胀水泥在硬化过程中体积不仅不会发生收缩，还略有膨胀，可以解决由于收缩带来的不利后果。

根据膨胀值和用途的不同，膨胀性水泥可分为膨胀水泥和自应力水泥两大类。膨胀水泥的膨胀率较低，限制膨胀时所产生的压应力能大致抵消干缩所产生的拉应力，因此又称为无收缩水泥或补偿收缩水泥；而自应力水泥具有较高的膨胀率，除抵消干缩值外，还有一定的剩余膨胀值，能抵消因外界因素引发的拉应力（如配制钢筋混凝土），从而能有效改善混凝土抗拉强度低的缺陷。由于这种压应力是依靠水泥自身的水化而产生的，所以称为“自应力”。

制造膨胀水泥主要有以下三种方法：

(1) 在水泥中掺入一定量在特定温度下煅烧制得的生石灰（CaO），水化时产生体积膨胀。

(2) 在水泥中掺入一定量在特定温度下煅烧制得的菱苦土（MgO），水化时产生体积膨胀。

(3) 在水泥浆体水化硬化过程中的某一适当时机形成钙矾石，产生体积膨胀。

膨胀水泥主要用于制造防水砂浆和防水混凝土、加固结构、浇筑机器底座或固结地脚螺栓，并可用于接缝及修补工程；自应力水泥主要用于浇筑构件节点、抗渗和补偿收缩的混凝土工程、制造自应力钢筋（或钢丝网）混凝土压力管等。

本章小结

通用硅酸盐水泥属水硬性胶凝材料，主要包括硅酸盐水泥、普通硅酸盐水泥、矿渣硅酸盐水泥、粉煤灰硅酸盐水泥、火山灰质硅酸盐水泥和复合硅酸盐水泥六个品种。

通用硅酸盐水泥生产原料主要包括石灰质原料、黏土质原料和校正原料，生产过程可概括为“两磨一烧”。熟料的主要矿物组成为硅酸二钙、硅酸三钙、铝酸三钙和铁铝酸四钙，水化产物主要有水化硅酸钙凝胶（C—S—H）、水化铁酸一钙凝胶、$Ca(OH)_2$ 晶体、水化铝酸钙晶体和水化硫铝酸钙晶体（AFt 或 AFm）等。

通用硅酸盐水泥的凝结、硬化按水化反应速率和水泥浆体结构特征分为初始反应期、潜伏期、凝结期和硬化期四个阶段。

通用硅酸盐水泥的技术性质主要包含化学组成、密度、细度、凝结时间、体积安定性、水化热和强度等，其中强度是评定水泥强度等级的依据。

工程中应依据水泥的特性、混凝土工程特点及所处环境特点等合理选择水泥品种。

水泥品种繁多，除常用的通用硅酸盐水泥外，还包括水工硅酸盐水泥、道路硅酸盐水泥、快硬高铁硫铝酸盐水泥、白色与彩色硅酸盐水泥、铝酸盐水泥和膨胀水泥以及自应力水泥等其他品种水泥。

复习思考题

1. 硅酸盐水泥生产的主要原材料及生产工艺分别是什么？

2. 硅酸盐水泥熟料的主要矿物组成是什么？它们单独与水作用时的特性如何？

3. 现有甲、乙两厂生产的硅酸盐水泥熟料，其矿物成分见下表，试估计和比较这两厂所生产的硅酸盐水泥的性能有何差异。

甲、乙两厂所生产的硅酸盐水泥熟料矿物成分含量

生产厂	熟料矿物成分（质量分数，%）			
	C_3S	C_2S	C_3A	C_4AF
甲	56	17	12	15
乙	42	35	7	16

4. 某大体积混凝土工程，浇筑两周后拆模，发现挡墙有多道贯穿型的纵向裂缝。该工程使用某水泥厂生产 42.5Ⅱ型硅酸盐水泥，其熟料矿物组成见下表，试分析产生贯穿型纵向裂缝的原因。

水泥熟料矿物组成

矿物名称	C_3S	C_2S	C_3A	C_4AF
质量分数（%）	61	14	14	11

5. 硅酸盐水泥的主要水化产物是什么？硬化水泥石的结构如何？

6. 制造硅酸盐水泥时为什么必须掺入适量的石膏？石膏掺得太少或过多时，将出现什么情况？

7. 硅酸盐水泥的主要技术性质有哪些？

8. 目前水泥细度越来越细，对混凝土性能的影响是什么？

9. 什么是水泥的凝结时间？国家标准为什么要规定水泥的凝结时间？

10. 硅酸盐水泥产生体积安定性不良的原因是什么？如何检验水泥的安定性？

11. 某水泥厂生产的普通水泥氧化钙含量较高，加水拌合后初凝时间仅 40min，本属于废品。但放置 1 个月后，凝结时间又恢复正常，而强度下降，请分析原因。

12. 试述水泥细度对水泥性质的影响。怎样检验水泥的细度？

13. 硅酸盐水泥强度发展的规律怎样？影响其凝结、硬化的主要因素有哪些？如何影响？

14. 某工程用一批硅酸盐水泥，强度检验结果见下表，试评定该批水泥的强度等级。

强度检验结果

抗折破坏荷载（kN）		抗压破坏荷载（kN）	
3d	28d	3d	28d
2.41	3.62	56.5	102.5
		57.0	99.6
2.32	3.70	58.7	103.0
		60.3	95.8
2.16	4.48	58.8	98.9
		50.1	103.1

15. 水泥石的腐蚀有哪些类型？产生腐蚀的主要原因是什么？如何防止水泥石的腐蚀？

16. 什么是水泥的活性混合材料和非活性混合材料？它们加入硅酸盐水泥中各起什么作用？硅酸盐水泥常掺入哪几种活性混合材料？

17. 与硅酸盐水泥相比较，矿渣硅酸盐水泥、火山灰质硅酸盐水泥、粉煤灰硅酸盐水泥在性能上有何不同？试分析这四种水泥的适用和禁用范围。

18. 下列混凝土工程中，适宜选择哪些水泥品种？

（1）干燥混凝土工程；

（2）高层建筑基础底板（具有大体积混凝土特点和抗渗要求）；

（3）热工窑炉的基础；

（4）紧急抢修工程；

（5）高强度预应力混凝土梁；

（6）经常受硫酸盐侵蚀的工程；

（7）修补建筑物裂缝。

19. 道路硅酸盐水泥的主要性能与硅酸盐水泥有何不同？

20. 膨胀水泥的膨胀过程与水泥体积安定性不良所形成的体积膨胀有何不同？

21. 白色硅酸盐水泥对原料和工艺有哪些要求？

22. 低热硅酸盐水泥、中热硅酸盐水泥有哪些特点？

23. 铝酸盐水泥的特性如何？在使用中应注意哪些问题？

5 混凝土

本章概要

本章主要介绍普通混凝土的定义、分类、组成材料、技术性能、质量控制及配合比设计。在此基础上介绍水工混凝土的定义、原材料组成、技术性能及配合比设计，并简要介绍其他品种混凝土。

5.1 概　　述

从广义上讲，现代混凝土是指由胶凝材料、粗细骨料、水等材料按适当的比例配合，拌合制成的混合物，经过一定时间后硬化而成的坚硬固体。

5.1.1 混凝土的分类

混凝土的种类很多，可按不同方法进行分类。

1. 按表观密度分类

混凝土按表观密度分为：干表观密度高于 2800kg/m^3 的重混凝土，常以重晶石或铁矿石作为粗细骨料；干表观密度介于 2000～2800kg/m^3 的普通混凝土，常指以普通砂、石为骨料配制而成的水泥混凝土；干表观密度低于 1950kg/m^3 的轻混凝土，包括轻骨料混凝土、多孔混凝土、普通大孔和轻骨料大孔混凝土。

2. 按胶凝材料品种分类

混凝土按胶凝材料的品种分为水泥混凝土、沥青混凝土、聚合物混凝土、石膏混凝土、水玻璃混凝土等。

3. 按使用功能分类

混凝土按使用功能分为结构混凝土、保温混凝土、耐酸混凝土、耐碱混凝土、耐热混凝土、防水混凝土、防火混凝土、防腐混凝土等。

4. 按施工工艺分类

混凝土按施工工艺分为碾压混凝土、普通浇筑混凝土、泵送混凝土、喷射混凝土、离心成型混凝土等。

5. 按配筋情况分类

混凝土按配筋情况分为素混凝土、钢筋混凝土、纤维混凝土、预应力混凝土等。

6. 按强度分类

混凝土按强度分为超高强混凝土（≥C100）、高强混凝土（C60～C100）、中强混凝土（C30～C60）、低强混凝土（＜C30）。

5.1.2 混凝土的特点

1. 混凝土材料的主要优点

（1）原材料来源丰富，价格低廉。砂石料占混凝土体积的70％以上，属地方性材料，可就地取材。

（2）可塑性好。利用模板可将混凝土材料浇筑成任意形状、尺寸的构件或整体结构，既可现场浇筑成型，也可预制。

（3）性能可调整范围大。通过改变混凝土的组成材料、比例和施工工艺可在相当大的范围内调整混凝土的强度、保温耐热性、耐久性及工艺性能等。

（4）抗压强度高。混凝土的抗压强度一般介于7.5～60MPa。当掺入高效减水剂和掺合料时，可达100MPa以上。

（5）耐久性好。原材料选择正确、配合比合理、施工养护良好的混凝土具有优异的抗渗性、抗冻性和耐腐蚀性能，且对钢筋有保护作用，可保持混凝土结构长期使用性能稳定。

2. 混凝土材料的主要缺点

（1）密度高。$1m^3$混凝土质量约为2400kg，故结构物所受重力引起的荷载较大，相应的地基处理费用也会增加。

（2）抗拉强度低、抗裂性差。混凝土的抗拉强度为抗压强度的1/10～1/20、抗裂性差，属脆性材料，延展性差。

（3）收缩变形大。水泥水化、凝结、硬化引起的自收缩和干燥收缩达500×10^{-6}m/m以上，易产生收缩裂缝。

5.2 普通混凝土

普通混凝土由水泥、砂、石子、水组成，另外还常掺入适量的掺合料和外加剂。硬化混凝土是水泥石（约占25％）和骨料（约占70％以上）组成的复合材料。其中，水泥石为连续的基相，骨料为增强相，界面为过渡相。砂、石骨料对混凝土起骨架和填充作用；水泥和水组成水泥浆，一部分用以填充砂、石间的骨料空隙，另一部分包裹在骨料表面。在混凝土凝结、硬化前，浆体赋予混凝土拌合物一定的流动性和黏聚性；凝结、硬化以后，能够把砂、石骨料胶结成整体，使混凝土产生一定强度。混凝土的组织结构如图5.1所示。

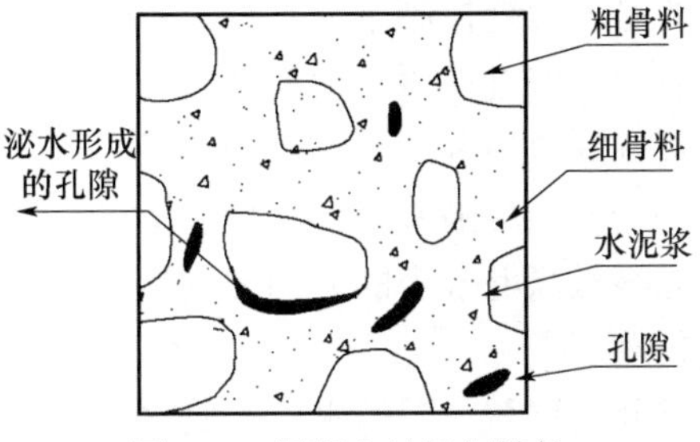

图5.1 混凝土的组织结构

5.2.1 普通混凝土的组成材料

5.2.1.1 胶凝材料

1. 水泥

混凝土用水泥的选择主要考虑水泥品种及水泥强度等级两个方面。

(1) 水泥品种的选择

水泥品种的选择应根据工程结构特点、工程所处环境及施工条件，并依据水泥的特点合理地进行。例如，对大体积混凝土工程，为了避免由于水泥水化热过多导致混凝土产生开裂，通常选用矿渣硅酸盐水泥、火山灰质硅酸盐水泥、粉煤灰硅酸盐水泥等；但也可使用硅酸盐水泥、普通硅酸盐水泥，这时应掺入掺合料和必要的外加剂。

(2) 水泥强度等级的选择

水泥的强度等级应与混凝土的设计强度等级相匹配。原则上，配制高强度等级的混凝土，宜选用高强度等级水泥。若水泥强度等级过低，为满足强度要求必然增加水泥用量，会导致混凝土收缩增大，对耐久性不利，且不够经济；若水泥强度等级过高，较少的水泥用量就可以满足混凝土强度的要求，但往往不能满足和易性、耐久性的要求，必须掺入一定数量的矿物掺合料。

2. 矿物掺合料

矿物掺合料是指在混凝土拌合物中，为了节约水泥，改善混凝土性能加入的具有一定细度的天然或者人造的矿物粉体材料，也称为矿物外加剂，是混凝土的第六组分。常用的品种有粉煤灰、粒化高炉矿渣粉、硅灰、钢渣粉、磷渣粉、复合矿物掺合料等。

虽然大部分矿物掺合料与水泥混合材料是相同的材料，但它们分别是在混凝土生产阶段、水泥生产阶段加入的，加入阶段不同，对其技术指标的要求有时也不同，如粉煤灰，相关标准对其用于混凝土掺合料和水泥混合材料时的技术要求是不同的。

矿物掺合料在混凝土中具有多重作用，主要包括如下几方面：

(1) 节约成本，变废为宝

代替部分水泥，能够有效降低混凝土的生产成本，经济效益显著；许多工业废弃物和尾矿可以加工成为矿物掺合料，也是变废为宝、节能减排的一条重要渠道。

(2) 改善新拌混凝土的和易性

粉煤灰等掺入混凝土中可改善新拌混凝土的流动性，硅灰等可改善新拌混凝土的黏聚性和保水性。

(3) 降低混凝土水化温升

掺合料的加入，减少了混凝土中水泥的用量，可“稀释”水泥早期水化热，降低水化温升，对大体积混凝土的温度裂缝控制十分有利。

(4) 提高混凝土早期强度或增进混凝土后期强度

硅灰、偏高岭土等能够有效提高混凝土的早期强度，而其他品种矿物掺合料对混凝土早期强度不利，且混凝土早期强度随着掺合料掺量的增加而降低。矿物掺合料中含有的活性成分的二次水化，能够提高混凝土的后期强度。

(5) 提高混凝土的耐久性

矿物掺合料中的活性成分能够与水泥的水化产物如 $Ca(OH)_2$ 发生火山灰反应，从而降低混凝土中Ca（OH）$_2$含量；火山灰反应产生的大量水化产物能够优化混凝土孔结构，降低混凝土总的孔隙率，使混凝土结构更加致密，提高混凝土的抗冻性、抗渗性、抗硫酸盐侵蚀等耐久性能。试验证明，矿物掺合料掺量较多时，可有效抑制碱-骨料反应。内掺30%的低钙粉煤灰能有效地抑制碱-硅反应的有害膨胀；利用矿渣抑制碱-骨料反应，其掺量宜超过40%。

（6）不同矿物掺合料复合使用的"超叠效应"

不同矿物掺合料在混凝土中的作用有各自的特点。例如，可复掺粉煤灰和硅灰，用硅灰提高混凝土的早期强度，用优质粉煤灰降低混凝土需水量和自干燥收缩，再加之颗粒的填充作用，使混凝土更密实。

5.2.1.2 骨料

1. 细骨料

混凝土用骨料，按其粒径大小不同分为细骨料和粗骨料。粒径小于4.75mm的骨料称为细骨料，亦即砂。砂按产源分为天然砂和人工砂两类。天然砂可分为：①河砂、湖砂：颗粒圆滑，比较洁净。②山砂：与河砂相比有棱角，表面粗糙，但含泥量和有机杂质较多。③淡化海砂：虽然有河砂的优点，但常混有贝壳碎片和含较多盐分。人工砂是经除土处理的机制砂、混合砂的统称。砂按技术要求分为Ⅰ类、Ⅱ类和Ⅲ类。Ⅰ类宜用于强度等级高于C60的混凝土；Ⅱ类宜用于强度等级为C30～C60的混凝土；Ⅲ类则宜用于强度等级低于C30的混凝土。

混凝土用砂的质量和技术要求主要有以下几方面：

（1）砂的含泥量、石粉含量和泥块含量

含泥量是指天然砂中粒径小于75μm的颗粒的含量。

泥块含量是指砂中原粒径大于1.18mm，经水浸洗、手捏后小于600μm的颗粒的含量。

石粉含量是指机制砂中粒径小于75μm，且其矿物组成和化学成分与被加工母岩相同的颗粒的含量。

泥和石粉颗粒极细，会黏附于骨料表面，影响水泥石与骨料之间的胶结能力，降低强度并增加混凝土用水量，从而增大混凝土收缩。泥块会在混凝土中形成薄弱部分，对混凝土的质量影响更大。据此，对砂中泥、泥块和石粉含量必须严格限制。

（2）有害杂质

砂中常含有云母、轻物质（ρ_0<2000kg/m^3）、有机物、硫化物及硫酸盐、氯化物、贝壳等有害物质。这些杂质如云母表面光滑，为层状、片状物质，与水泥浆黏结力差，易风化；有机质、硫化物及硫酸盐对水泥石有腐蚀作用，影响混凝土的耐久性；氯化物会腐蚀钢筋。因此，对砂中有害杂质的含量必须加以限制，其限量应符合表5.1的规定。

表5.1 砂中有害物质的含量（JGJ 52—2006）

项目	指标		
	≥C60	C55～C30	≤C25
天然砂含泥量（按质量计）（%）	≤2.0	≤3.0	≤5.0
泥块含量（按质量计）（%）	≤0.5	≤1.0	≤2.0

续表

项目			指标		
			≥C60	C55～C30	≤C25
机制砂石粉含量（按质量计）（%）	亚甲蓝试验	MB<1.4（合格）	≤5.0	≤7.0	≤10.0
		MB>1.4（不合格）	≤2.0	≤3.0	≤5.0
云母含量（按质量计）（%）			≤2.0		
轻物质含量（按质量计）（%）			≤1.0		
有机物含量（比色法）			合格		
硫化物及硫酸盐（折算成 SO_3 按质量计）（%）			≤1.0		
氯离子含量（以干砂的质量分数计）（%）			钢筋混凝土，≤0.06； 预应力混凝土，≤0.02		

注：① 对有抗冻、抗渗或其他特殊要求的混凝土，砂中的含泥量不应高于 3.0%，泥块含量不应高于 1.0%；
② 亚甲蓝 MB 值用于判定人工砂中粒径小于 75μm 的颗粒主要是泥土还是与被加工母岩化学成分相同的石粉，MB 值越大含泥量就越高。

（3）颗粒形状及表面特征

河砂与海砂颗粒近似球状，表面较光滑，配制的混凝土拌合物流动性较好，但与水泥浆体的黏结性较差；山砂和机制砂表面较粗糙、多棱角，配制的混凝土拌合物的流动性相对较差，但与水泥浆体的黏结性能较好。水胶比相同时，山砂或机制砂配制的混凝土强度略高；而要求流动性相同时，因山砂或机制砂配制混凝土的用水量略多，故与河砂或海砂配制的混凝土强度相近。

（4）坚固性

砂的坚固性是指砂在自然风化和其他外界物理化学因素作用下抵抗破裂的能力。对某些重要工程或特殊环境下工作的混凝土用砂，如在严寒及寒冷地区室外使用并经常处于潮湿或干湿交替状态下的混凝土，有抗疲劳、耐磨、抗冲击要求的混凝土，有腐蚀介质作用或经常处于水位变化区的地下结构混凝土等，应做坚固性检验。坚固性采用硫酸钠溶液浸泡→烘干→浸泡循环试验法检验。测定 5 个循环后的质量损失率。砂的质量损失应符合表 5.2 要求。机制砂除了要满足表 5.2 的规定外，压碎指标还应符合表 5.3 的规定。

表 5.2　坚固性指标（GB/T 14684—2011）

项目	指标		
	Ⅰ类	Ⅱ类	Ⅲ类
质量损失（%）	≤8		≤10

表 5.3　压碎指标（GB/T 14684—2011）

项目	指标		
	Ⅰ类	Ⅱ类	Ⅲ类
单级最大压碎指标（%）	≤20	≤25	≤30

（5）粗细程度及颗粒级配

砂的粗细程度是指不同粒径的砂粒混合后的平均粗细程度。通常用细度模数 M_x 表示，其值并不等于平均粒径，但能较准确反映砂的粗细程度。M_x越大，表示砂越粗，单位质量总表面积（或比表面积）越小。M_x越小，则砂比表面积越大，导致砂粒间的内摩擦力越大，同时包裹砂表面所需水泥浆也越多。一般用粗砂配制混凝土比用细砂所用水泥量要省。但砂子过粗，砂颗粒间难以相互嵌固，使混凝土内部结构难以形成稳定的相互嵌固堆聚结构，拌出的混凝土黏聚性较差，易产生离析、泌水现象。因此，混凝土用砂不宜过细，也不宜过粗，宜用中砂。

砂的颗粒级配是指不同粒径砂相互搭配的情况，反映砂空隙率的大小。良好的级配是指粗颗粒砂间的空隙恰好由中等粒径的颗粒填充，中等颗粒间的空隙恰好由细颗粒填充，如此逐级填充（图 5.2），能使骨料堆积所形成的空隙率和总表面积均较小，从而使所需浆体用量较少，且能提高混凝土的密实度和强度。

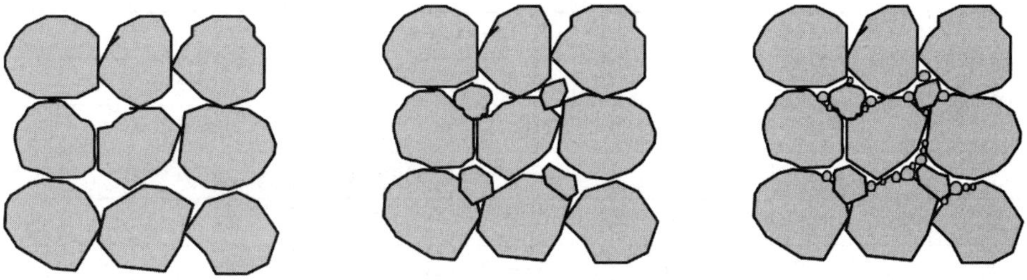

图 5.2　砂颗粒级配

砂的细度模数并不能反映砂的级配优劣，细度模数相同的砂，其级配不一定相同，而且还可能存在较大差异。因此，混凝土用砂应同时考虑细度模数和颗粒级配。砂的粗细程度和颗粒级配用筛分析方法测定，用细度模数表示砂的粗细，用级配区表示砂的级配。根据《建设用砂》（GB/T 14684—2011），砂的筛分析是用一套孔径为 4.75mm、2.36mm、1.18mm、0.600mm、0.300mm、0.150mm 的方孔标准筛，将 500g 干砂由粗到细依次过筛，称量各筛上的筛余量 m_i，计算各筛上的分计筛余率 a_i（某号筛上的筛余质量占试样总质量的百分率），再计算累计筛余率 A_i（等于或大于某号筛上筛余质量之和占总质量的百分率），其计算关系见表 5.4。

表 5.4　累计筛余与分计筛余计算关系

筛孔尺寸（mm）	筛余量（g）	分计筛余（%）	累计筛余（%）
4.75	m_1	$a_1=m_1/m$	$A_1=a_1$
2.36	m_2	$a_2=m_2/m$	$A_2=A_1+a_2$
1.18	m_3	$a_3=m_3/m$	$A_3=A_2+a_3$
0.600	m_4	$a_4=m_4/m$	$A_4=A_3+a_4$
0.300	m_5	$a_5=m_5/m$	$A_5=A_4+a_5$
0.150	m_6	$a_6=m_6/m$	$A_6=A_5+a_6$
底盘	$m_{底}$	$m=m_1+m_2+m_3+m_4+m_5+m_6+m_{底}$	

细度模数按式（5.1）计算，精确至 0.01。

$$M_x=\frac{(A_2+A_3+A_4+A_5+A_6)\ -5A_1}{100-A_1} \tag{5.1}$$

根据细度模数，可将砂分为粗砂（3.1≤M_x≤3.7）、中砂（2.3≤M_x≤3.0）和细砂

（1.6≤M_x≤2.2）三类。

根据0.600mm筛孔对应的累计筛余百分率A_4，分成Ⅰ区、Ⅱ区和Ⅲ区三个级配区，见表5.5。级配良好的砂筛分结果应在其中某一个级配区内，即级配良好的粗砂应落在Ⅰ区；级配良好的中砂应落在Ⅱ区；细砂则在Ⅲ区。配制混凝土优先选用Ⅱ区砂；Ⅰ区砂适于配制富混凝土和低流动性的混凝土，为保证拌合物的保水性，需适当提高砂率，并保持足够的水泥用量；使用Ⅲ区砂时，宜适当降低砂率。如果砂的级配不合适，可采用人工掺配的方法改善，即将粗、细砂按适当比例掺和使用。实际使用的砂颗粒级配可能不完全符合要求，除4.75mm和0.600mm对应的筛档外，可以略有超出，其余各档累计筛余率超界5%以上时，说明砂级配很差，视作级配不合格。

表5.5　砂的颗粒级配区范围

筛孔尺寸（mm）	累计筛余（%）					
	天然砂			机制砂		
	Ⅰ区	Ⅱ区	Ⅲ区	Ⅰ区	Ⅱ区	Ⅲ区
4.75	10～0	10～0	10～0	10～0	10～0	10～0
2.36	35～5	25～0	15～0	35～5	25～0	15～0
1.18	65～35	50～10	25～0	65～35	50～10	25～0
0.600	85～71	70～41	40～16	85～71	70～41	40～16
0.300	95～80	92～70	85～55	95～80	92～70	85～55
0.150	100～90	100～90	100～90	97～85	94～80	94～75

以累计筛余百分率为纵坐标，筛孔尺寸为横坐标，根据表5.5的级配区可绘制Ⅰ、Ⅱ和Ⅲ级配区的筛分曲线，如图5.3所示。超过Ⅲ区往左上偏时，表示砂过细，拌制混凝土时需要的水泥浆量多，易使混凝土强度降低，收缩增大；超过Ⅰ区往右下偏时，表示砂过粗，配制的混凝土，其拌合物的和易性不易控制，而且内摩擦大，不易振捣成型。

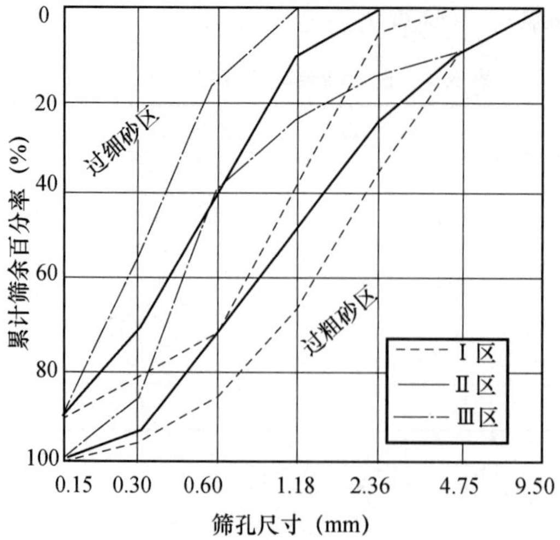

图5.3　砂的级配区曲线

（6）砂的含水状态

砂的含水状态包括干燥状态、气干状态、饱和面干状态和湿润状态 4 种，见图 5.4。

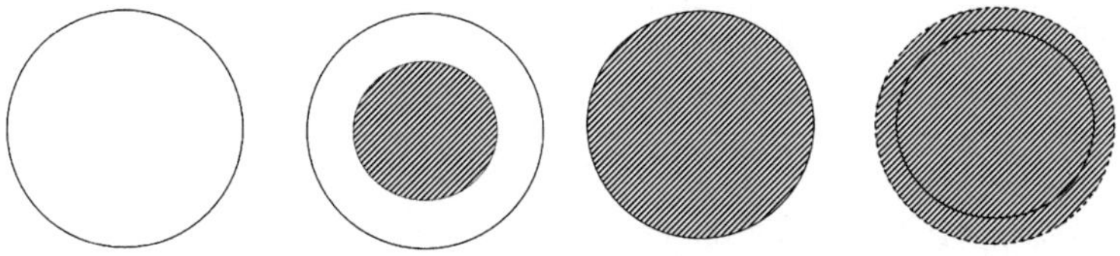

图 5.4　砂含水状态

① 干燥状态：砂粒含水率等于或接近于零，通常在（105±5）℃下烘干得到，如图 5.4（a）所示。

② 气干状态：砂粒表面干燥，内部孔隙中部分含水。气干状态指与室内或室外（天晴）大气平衡的含水状态，其含水量与空气的相对湿度及温度有关，如图 5.4（b）所示。

③ 饱和面干状态：砂粒内部孔隙含水达到饱和而表面干燥，如图 5.4（c）所示。

④ 湿润状态：砂粒内部孔隙含水饱和，且表面附着部分自由水。施工现场特别是雨后常出现此类状态，如图 5.4（d）所示。

（7）碱-骨料反应

对长期处于潮湿环境中的重要混凝土结构用砂，应进行骨料的碱活性检验。经碱-骨料反应试验后，试件应无开裂、酥裂、胶体外溢等现象，在规定的试验龄期膨胀率应小于 0.10%。碱活性检验判断为有潜在危害时，应控制混凝土中的碱含量不超过 $3kg/m^3$，或采用能抑制碱-骨料反应的有效措施。

（8）表观密度、堆积密度及空隙率

《建设用砂》（GB/T 14684—2011）规定，砂的表观密度不低于 $2500kg/m^3$，松散堆积密度不低于 $1400kg/m^3$，空隙率不大于 44%。

2. 粗骨料

颗粒粒径大于 4.75mm 的骨料称为粗骨料，包括碎石和卵石。碎石由天然岩石、卵石或矿山废石经机械破碎、筛分制成；卵石多为自然形成的河卵石经筛分而得。根据碎石和卵石的技术要求分为Ⅰ类、Ⅱ类和Ⅲ类。Ⅰ类宜用于强度等级高于 C60 的混凝土；Ⅱ类用于强度等级为 C30～C60 的混凝土；Ⅲ类宜用于强度等级低于 C30 的混凝土。

粗骨料的主要技术指标如下：

（1）有害杂质

粗骨料中有害杂质及其对混凝土的危害与细骨料类同。根据《建设用卵石、碎石》（GB/T 14685—2011），其限量应符合表 5.6 的规定。

表 5.6 碎石或卵石技术要求（GB/T 14685—2011）

项目	指标		
	Ⅰ类	Ⅱ类	Ⅲ类
有机物	合格	合格	合格
硫化物及硫酸盐（按 SO_3 质量计，%）	≤0.5	≤1.0	≤1.0
含泥量（按质量计，%）	≤0.5	≤1.0	≤1.5
泥块含量（按质量计，%）	0	≤0.2	≤0.5
针、片状颗粒含量（按质量计，%）	≤5	≤10	≤15
坚固性质量损失（%）	≤5	≤8	≤12
碎石压碎指标（%）	≤10	≤20	≤30
卵石压碎指标（%）	≤12	≤14	≤16
空隙率（%）	≤43	≤45	≤47
吸水率（%）	≤1.0	≤2.0	≤2.0

（2）颗粒形态及表面特征

粗骨料的颗粒形状和表面特征对骨料颗粒间的内摩擦力、骨料颗粒与结合料间的黏结性及吸附性等有显著的影响。粗骨料的颗粒形状以近似立方体或球状体为佳，但在岩石破碎加工过程中往往产生一定量的针、片状，增大骨料空隙率，并降低混凝土的强度，特别是抗折强度。针状颗粒是指颗粒长度大于该颗粒所属粒级的平均粒径 2.4 倍者；片状颗粒是指颗粒厚度小于平均粒径 0.4 者。卵石、碎石的针、片状颗粒含量应符合表 5.6 的规定。

骨料的表面特征主要指骨料表面的粗糙程度。碎石表面比卵石粗糙，且多棱角，拌制的混凝土拌合物流动性相对较差，但与水泥的黏结性好，所配制的混凝土强度相对较高。若保持流动性相同，使用卵石比使用碎石可适当减少用水量，因而卵石混凝土强度也不一定低。

（3）粗骨料最大粒径

粗骨料公称粒径的上限称为最大粒径。粗骨料粒径越大，其比表面积就越小，所需水泥浆或砂浆数量相应较少，有利于节约水泥、降低成本，并改善混凝土性能。在条件许可的情况下，尽量选用粒径较大的骨料。但在实际工程应用中，骨料最大粒径受到多种条件制约，通常应符合以下要求：①最大粒径不得大于构件最小截面尺寸的 1/4，同时不得大于钢筋最小净距的 3/4；②对混凝土实心板体，最大粒径不宜超过板厚的 1/3，且不得超过 40mm；③对泵送混凝土，最大粒径应与泵送高度、输送管内径相适应。当泵送高度在 50m 以下时，最大粒径与输送管径之比，碎石不宜大于 1∶3，卵石不宜大于 1∶2.5。

（4）粗骨料的颗粒级配

粗骨料的级配原理和要求与细骨料基本相同。颗粒级配有连续级配与间断级配之分。连续级配是骨料粒级呈连续性，即颗粒由小到大，每一粒级都占有适当的比率，是工程上最常用的级配。用连续级配的骨料配制的混凝土和易性较好，不易发生离析现象。间断级配也称为单粒级配，是人为地剔除骨料中某些粒级颗粒，从而使骨料级配不连续，大骨料之间的空隙由粒径为其几分之一的小颗粒填充，以降低粗骨料的空隙率。由间断级配制成的混凝土，可以节约水泥。但由于其颗粒粒径相差较大，混凝土混合物易产生离析现象，导致施工困难。粗骨料的颗粒级配应符合表 5.7 的要求。

表 5.7　碎石或卵石的颗粒级配范围

级配情况	公称粒级（mm）	累计筛余百分率（按质量计）（%）											
		方孔筛筛孔边长尺寸（mm）											
		2.36	4.75	9.50	16.0	19.0	26.50	31.5	37.5	53.0	63.0	75.0	90
连续粒级	5～10	95～100	80～100	0～15	0	—	—	—	—	—	—	—	—
	5～16	95～100	85～100	30～60	0～10	0	—	—	—	—	—	—	—
	5～20	95～100	90～100	40～80	—	0～10	0	—	—	—	—	—	—
	5～25	95～100	90～100	—	30～70	—	0～5	0	—	—	—	—	—
	5～31.5	95～100	90～100	70～90	—	15～45	—	0～5	0	—	—	—	—
	5～40	—	95～100	70～90	—	30～65	—	—	0～5	0	—	—	—
单粒级	10～20	—	95～100	85～100	—	0～15	0	—	—	—	—	—	—
	16～31.5	—	95～100	—	85～100	—	—	0～10	0	—	—	—	—
	20～40	—	—	95～100	—	80～100	—	—	0～10	0	—	—	—
	31.5～63	—	—	—	95～100	—	—	75～100	45～75	—	0～10	0	—
	40～80	—	—	—	—	95～100	—	—	70～100	—	30～60	0～10	0

（5）强度与坚固性

粗骨料在混凝土中起骨架作用，必须具有足够的强度与坚固性。碎石和卵石的强度可用岩石的抗压强度或压碎指标两种方法表示。

岩石抗压强度是将母岩制成直径和高度均为 50mm 的圆柱体，或边长为 50mm 的立方体，在水饱和状态下测定其极限抗压强度值。一般要求其抗压强度高于配制混凝土强度的 1.5 倍，且不低于 45MPa（饱水）。

压碎指标是将石子装入一定规格的金属圆桶内，在试验机上施加荷载到 200kN，卸荷后称取试样质量（m_0），再用孔径为 2.36mm 的筛子筛除被压碎的细粒，称取试样的筛余量（m_1），压碎指标值按式（5.2）计算。压碎指标值越小，表示骨料的强度越高。

$$\delta_a=\frac{m_0-m_1}{m_0}\times 100\% \tag{5.2}$$

式中　δ_a——压碎指标值（%）；

m_0——试样质量（g）；

m_1——压碎试验后试样的筛余量（g）。

粗骨料的坚固性指标与砂相似，各类别骨料的质量损失应符合表 5.6 的要求。

（6）表观密度、连续级配松散堆积空隙率和吸水率

《建设卵石、碎石》（GB/T 14685—2011）规定，碎石、卵石表观密度应不低于 2600kg/m^3，连续级配松散堆积空隙率和吸水率应符合表 5.6 的规定。

5.2.1.3　拌合用水

拌合用水应不影响混凝土的凝结、硬化和强度发展，不加快钢筋腐蚀和无损于混凝土的耐久性。根据《混凝土用水标准》（JGJ 63—2006）的规定，凡符合国家标准的生活饮用水、清洁天然水等均可用于拌制和养护混凝土。污水、pH 值小于 4 的酸性水、

含硫酸盐（按 SO_2 计）超过1%的水均不能使用。当对水质有疑问时，可将该水与洁净水分别配制混凝土，做强度对比试验，如用该水配制的混凝土强度不低于用洁净水配制的混凝土，则此水可以用。一般情况下不得用海水拌制混凝土，因海水中含有的硫酸盐、镁盐和氯化物会侵蚀水泥石和钢筋。海水、地下水、经适当处理的工业废水也可用于拌制混凝土，但应按规定对有机质、Cl^-、SO_4^{2-} 等进行相关检验，合格后方可使用。

5.2.1.4 混凝土外加剂

混凝土外加剂是指在混凝土搅拌之前或拌制过程中加入的，用以改善新拌混凝土或硬化混凝土性能的一类材料，掺量一般不超过水泥质量或胶凝材料质量的5%（特殊情况除外）。

1. 外加剂的分类

混凝土外加剂按其主要功能分为：①改善混凝土拌合物流变性能的外加剂，包括各种减水剂、引气剂和泵送剂等；②调节混凝土凝结时间、硬化性能的外加剂，包括缓凝剂、速凝剂和早强剂等；③改善混凝土耐久性的外加剂，包括引气剂、防水剂和阻锈剂等；④改善混凝土其他性能的外加剂，包括防冻剂、膨胀剂和着色剂等。

2. 常用外加剂品种

(1) 减水剂

减水剂是指在混凝土坍落度相同的条件下，能减少拌合用水量，或者在混凝土配合比不变的情况下，能增加混凝土流动性的外加剂。减水剂按其减水的程度分为普通减水剂、高效减水剂和高性能减水剂。

减水剂的作用效果：

① 配合比不变时，显著提高流动性。在用水量及水灰比不变时，混凝土坍落度可增大100～200mm，且不影响混凝土的强度。

② 流动性和水泥用量不变时，可减少用水量（10%～15%），降低水灰比，可降低孔隙率，改善孔隙结构，提高强度（15%～20%）和耐久性。

③ 保持流动性和强度（水灰比不变时），可以在减少拌合用水量的同时，相应减少水泥用量，节约水泥。

④ 改善混凝土的其他物理力学性能。

减水剂实际上为一种表面活性剂，其分子由亲水基团和憎水基团两部分组成（图5.5）。其憎水基团定向吸附于水泥颗粒表面，亲水基团指向水溶液，使水泥颗粒表面带有相同电荷。

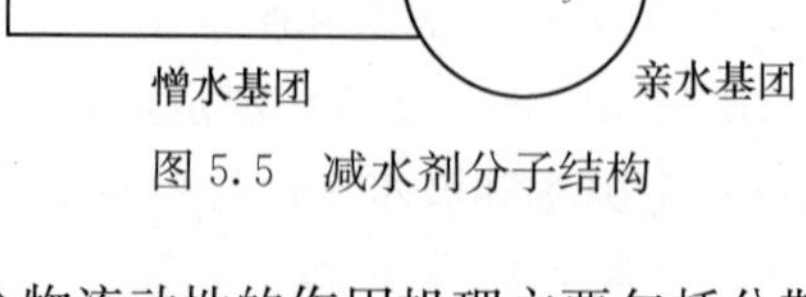

图5.5 减水剂分子结构

减水剂提高混凝土拌合物流动性的作用机理主要包括分散作用和润滑作用。

① 分散作用。水泥加水拌合后，由于颗粒分子引力和表面张力的作用，浆体往往呈絮凝结构，使10%～30%的拌合水被包裹在水泥颗粒中，不能产生流动和润滑作用，

影响了混凝土拌合物的流动性，如图 5.6（a）所示。当掺入减水剂后，由于减水剂分子能定向吸附在水泥颗粒表面，使之表面带有同种电荷（通常为负电荷），形成静电排斥作用，促使水泥颗粒相互分散，絮凝结构破坏，释放出被包裹的水，从而有效增加混凝土拌合物的流动性，如图 5.6（b）所示。

② 润滑作用。减水剂中的亲水基极性很强，因此，水泥颗粒表面的减水剂吸附膜能与水分子形成一层稳定的溶剂化水膜，如图 5.6（c）所示。此水膜具有良好的润滑作用，能有效降低水泥颗粒间的滑动阻力，从而使混凝土流动性提高。

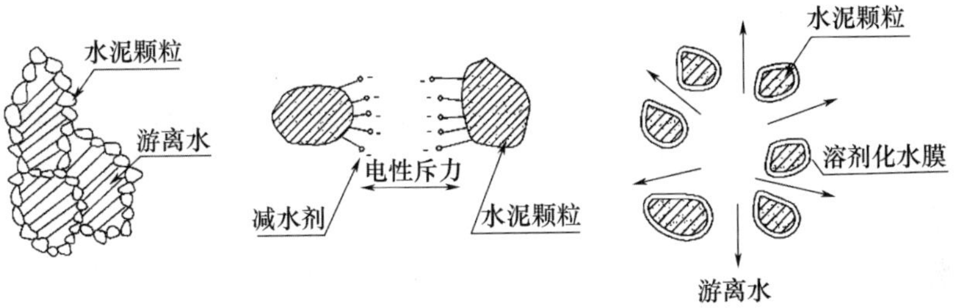

(a) 絮凝结构　(b) 静电斥力　(c) 水膜润滑

图 5.6　减水剂作用机理

对减水率较高的聚羧酸减水剂，其分子骨架由主链和较多的支链组成，主链上含有较多的活性基团。依靠这些活性基团，主链可以“锚固”在粉体颗粒上。侧链具有亲水性，可以伸展在液相中，从而在颗粒表面形成庞大的立体吸附结构，还能够产生空间位阻效应。

混凝土工程中常用的减水剂品种有木质素系减水剂、萘磺酸盐系减水剂、树脂系减水剂、糖蜜类减水剂、复合减水剂、聚羧酸系高性能减水剂等。

（2）引气剂

引气剂是指在混凝土搅拌过程中引入大量均匀分布、稳定而封闭的微小气泡，起到改善混凝土和易性、提高混凝土抗冻性和耐久性的外加剂。其产生的小气泡不同于混凝土中夹裹的空气，空气产生的孔隙较大，呈不规则形状，并且多是由于混凝土基体不密实或采用扁平骨料产生的。

引气剂对混凝土的质量的影响包括以下几方面：

① 可改善混凝土拌合物的和易性，减少单位用水量。通常每增加含气量 1%，能减少单位用水量 3%。

② 提高混凝土的抗渗性、抗腐蚀性和耐久性。

③ 含气量每提高 1%，抗压强度下降 4%～5%，抗折强度下降 2%～3%。

④ 引入空气会使混凝土干缩增大，但若同时减少用水量，对干缩的影响不会太大。

⑤ 使混凝土对钢筋的黏结强度有所降低。一般含气量为 4%时，对垂直方向的钢筋黏结强度降低 10%～15%，对水平方向的钢筋黏结强度稍有下降。

引气剂属于表面活性剂，其界面活性作用基本上与减水剂相似，区别在于减水剂的界面活性作用主要在液-固界面上，而引气剂的界面活性主要发生在气-液界面上，可降低界面能，使新拌混凝土中微小气泡稳定存在并保留。

常用引气剂品种有松香树脂、烷基苯磺酸盐、脂及醇磺酸盐等。掺量一般为

0.005%～0.01%。严防超量掺用，否则将严重降低混凝土强度。当采用高频振捣时，引气剂掺量可适当提高。

（3）早强剂

早强剂是指能加速混凝土早期强度发展的外加剂。其主要作用机理是加快水泥水化速度，加速水化产物的早期结晶和沉淀。其主要功能是缩短混凝土施工养护期，加快施工进度，提高模板的周转率。其主要适用于有早强要求的混凝土工程及低温、负温施工混凝土、有防冻要求的混凝土、预制构件、蒸气养护等。早强剂主要品种有氯盐、硫酸盐和有机胺三大类，但更多使用的是其复合早强剂。

（4）缓凝剂

缓凝剂是一种能延迟水泥水化反应，从而延长混凝土的凝结时间，使新拌混凝土较长时间保持塑性，减少混凝土坍落度损失的外加剂。最常用的缓凝剂为木钙和糖蜜。

（5）速凝剂

速凝剂是指能使混凝土迅速硬化的外加剂，主要用于喷射混凝土和紧急抢修工程、军事工程、防洪堵水工程，如矿井、道路隧道、地下工程岩壁衬砌、边坡和基坑支护等。它大致分为两类：一类是以铝酸盐和碳酸盐为主，再复合一些其他无机盐组成；另一类则是以水玻璃为主要成分再与其他无机盐复合组成。一般初凝时间少于5min，终凝时间少于10min，1h内即产生足够的强度，3d强度可达基准混凝土的3倍以上，但后期强度一般低于基准混凝土。

（6）防冻剂

防冻剂指能使混凝土中水的冰点下降，保证混凝土在负温下凝结、硬化并产生足够强度的外加剂。绝大部分防冻剂由防冻组分、早强组分、减水组分或引气组分复合而成，主要适用于冬季负温条件下施工的混凝土工程。防冻组分本身并不一定能提高硬化混凝土抗冻性。常用防冻剂有氯盐类防冻剂、氯盐类阻锈防冻剂、无氯低碱/无碱类防冻剂等。

（7）膨胀剂

膨胀剂是能使混凝土产生一定体积膨胀的外加剂（一般为生成体积增大的产物）。常用膨胀剂品种有硫铝酸钙、氧化钙、氧化镁、铁屑膨胀剂和复合膨胀剂等。也可采用加气类膨胀剂，如铝粉膨胀剂。

膨胀剂应用过程中应注意严格按照规定掺量掺加。掺量过低则膨胀率小，起不到补偿收缩作用；掺量过高则会破坏混凝土结构。掺膨胀剂混凝土应加强养护，尤其是早期养护，以保证充分发挥膨胀剂的补偿收缩作用，浇水养护时间不得少于14d。如果不能保证充分潮湿养护，有可能产生比不掺膨胀剂更大的收缩，导致混凝土开裂。

（8）减缩剂

减缩剂是减小混凝土自收缩的一种外掺物质。减缩剂的主要作用机理是降低混凝土孔隙水的表面张力，从而减小毛细孔失水时产生的收缩应力。同时，减缩剂增强了水分子在凝胶体中的吸附作用，进一步减小混凝土的最终收缩值。在一定的毛细孔半径时，水的表面张力下降，将直接降低由毛细孔失水时产生的收缩应力。此外，由水和减缩剂组成的溶液黏度增高，使接触角θ增大，即$\cos\theta$减小，从而进一步降低混凝土的收缩应力。

（9）阻锈剂

阻锈剂是指能抑制或减轻混凝土中钢筋或其他预埋金属锈蚀的外加剂。钢筋或金属预埋件的锈蚀与其表面保护膜的情况有关。混凝土碱度高，埋入的金属表面形成钝化膜，可有效地抑制钢筋锈蚀。若混凝土中存在氯化物，会破坏钝化膜，加速钢筋锈蚀。加入适宜的阻锈剂可防止锈蚀的发生或减缓锈蚀的速度。常用的种类有阳离子型阻锈剂、离子型阻锈剂、复合型阻锈剂。

5.2.2 普通混凝土的技术性质

5.2.2.1 新拌混凝土的性能

新拌混凝土是指由混凝土的组成材料拌合而成，尚未凝结、硬化的混凝土，也称为混凝土拌合物。混凝土拌合物的技术性质主要包括和易性、凝结时间、泌水率及压力泌水率、含气量、表观密度等。下面主要介绍和易性与凝结时间。

1. 和易性

新拌混凝土的和易性也称工作性，是指拌合物易于搅拌、运输、浇捣成型，并能获得质量均匀、成型密实的混凝土的一项综合技术性能。和易性包括流动性、黏聚性和保水性三个方面。

流动性是指混凝土拌合物在自身所受重力或施工机械振捣的作用下，能产生流动并均匀密实地填充模板的性能。流动性反映拌合物的稀稠程度，关系着施工振捣的难易和浇筑的质量。拌合物太稠，混凝土难以振捣密实，易造成内部孔隙增多；拌合物过稀，易分层离析，影响硬化后混凝土的均匀性。

黏聚性是指混凝土拌合物在施工过程中其组成材料之间有一定的黏聚力，在运输和浇筑过程中不致产生分层和离析的现象，从而使混凝土能保持整体均匀的性能。黏聚性不好，砂浆与石子容易分离，振捣后会出现蜂窝、孔洞等现象，严重影响混凝土工程质量。

保水性是指混凝土拌合物在施工过程中具有一定的保水能力，在施工过程中不致产生严重的泌水现象。在施工过程中，保水性差的新拌混凝土中的一部分水易从内部析出至表面，在水渗流之处留下许多毛细管孔道，成为硬化混凝土内部的透水通道。另外，在水分上升的同时，一部分水还会滞留在石子及钢筋的下缘形成水隙，从而减弱石子或钢筋与水泥浆之间的黏结力。此外，水分及泡沫等轻物质浮在表面，易导致混凝土表面干缩开裂，还会使混凝土上下浇筑层之间形成薄弱的夹层。这些都将影响混凝土的密实度及均匀性，并降低混凝土的强度和耐久性。

和易性良好的混凝土既具有能满足施工要求的流动性，又应有良好的黏聚性和保水性；良好的和易性既是顺利施工的要求，也是获得质量均匀密实的混凝土的基本保证。在不采取相应措施的一般情况下，若混凝土拌合物的流动性越强，则其黏聚性与保水性越差，反之亦然。一般黏聚性好，保水性也好。不能简单地将流动性强的混凝土称为和易性好，或者流动性弱说成和易性差。

（1）和易性的测试与评定

混凝土拌合物和易性是一个复杂的综合技术指标，到目前为止还没有一个综合的定量指标来衡量和易性，通常通过测定流动性，再辅以直观观察或经验综合评定。流动性试验检测方法主要有坍落度法和维勃稠度法。

① 坍落度法：将搅拌均匀的混凝土拌合物分三层装入坍落度筒中［图 5.7（a）］，

每层捣插 25 次，待装满刮平后，垂直提起坍落度筒，量测筒高与坍落后混凝土试体最高点之间的高度差，差值即为该混凝土拌合物的坍落度值。坍落度越大，则拌合物的流动性越好。

进行坍落度试验的同时，应观察混凝土拌合物的黏聚性、保水性等情况，以全面评价混凝土拌合物的和易性。当坍落度筒提起后，混凝土拌合物在重力作用下成整体比较均匀地下沉，或用捣棒轻轻敲打侧面时混凝土拌合物渐渐下沉而不是散开，则表示黏聚性好［图 5.7（b）］；如果锥体拌合物倒塌［图 5.7（c）］，或在捣棒轻击下散落，石子与浆体明显离析而裸露出来［图 5.7（d）］，表示黏聚性差。保水性通常以水或水泥浆从拌合物中析出的程度来评判［图 5.7（b）］。如观察到坍落后的拌合物有明显泌水，或者有较多水泥稀浆从底部析出，甚至引起骨料面层外露，则说明保水性差；反之，上述现象越轻微，则说明保水性越好。

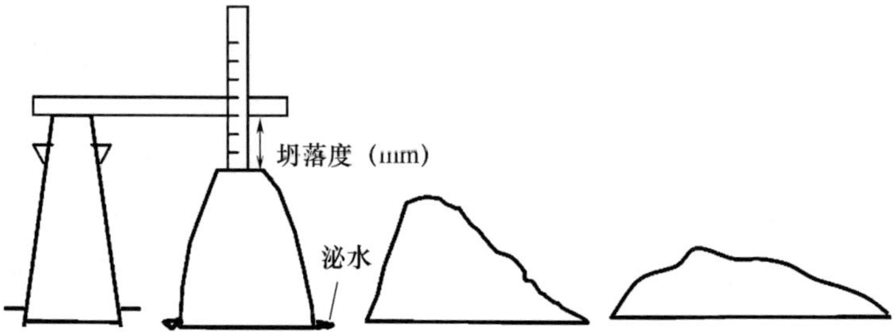

(a) 坍落度筒 (b) 坍落度测试 (c) 黏聚性欠佳 (d) 黏聚性不良

图 5.7 混凝土拌合物和易性测定

根据坍落度的不同，可将混凝土拌合物分为干硬性混凝土（坍落度<10mm）、塑性混凝土（坍落度为 10～90mm）、流动性混凝土（坍落度为 100～150mm）、大流动性混凝土（坍落度≥160mm）。

该方法适用于粗骨料最大粒径不大于 40mm、坍落度不小于 10mm 的混凝土拌合物稠度的测定。当坍落度大于 220mm 时，用单一的坍落度值往往并不足以区别不同的流动特性，通常辅以坍落扩展度表征。坍落扩展度是指坍落度试验时，混凝土流动扩展后的平均直径，用“mm”表示。

一般在满足施工要求的前提下，尽可能采用较小的坍落度，以节约水泥、降低混凝土成本。实际施工时混凝土拌合物的坍落度要根据构件截面尺寸、钢筋疏密程度和捣实方法等综合确定，可参照表 5.8 选用。

表 5.8 混凝土浇筑时坍落度的适宜范围

结构特点	坍落度（mm）
基础或地面等的垫层、无配筋的大体积结构（挡土墙、基础等）或配筋稀疏的结构	10～30
板、梁和大型及中型截面的柱子等	30～50
配筋密列的结构（薄壁、斗仓、筒仓、细柱等）	50～70
配筋特密结构	70～90

② 维勃稠度法：坍落度小于 10mm 的干硬性混凝土，坍落度值无法准确反映流动

性，通常采用维勃稠度法测定，所用的设备为维勃稠度仪，如图 5.8 所示。维勃稠度法是指在坍落度筒提起后，施加一个振动外力，测试混凝土在外力作用下完全填满面板所需的时间（单位：s）。时间越短，流动性越好。该方法适用于粗骨料最大粒径不超过 40mm、坍落度小于 10mm、维勃稠度为 5～30s 的混凝土拌合物的稠度测定。

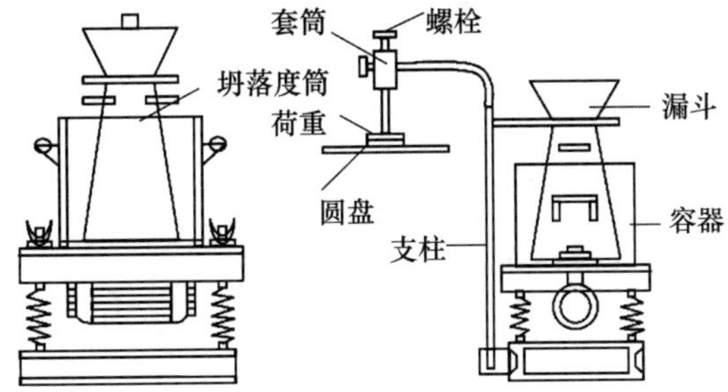

图 5.8 维勃稠度仪

混凝土拌合物坍落度等级、维勃稠度等级划分见表 5.9。

表 5.9 混凝土拌合物坍落度等级、维勃稠度等级划分（GB 50164—2011）

坍落度等级		维勃稠度等级	
等级	坍落度（mm）	等级	维勃稠度（s）
S1	10～40	V0	≥31
S2	50～90	V1	30～21
S3	100～150	V2	20～11
S4	160～210	V3	10～6
S5	≥220	V4	5～3

（2）影响混凝土和易性的主要因素

① 浆体的稠度（水灰比或水胶比）

浆体的稠度是由水灰比（或水胶比）决定的，一般应根据混凝土强度和耐久性要求合理地选用。在胶凝材料用量不变的情况下，水灰比（或水胶比）越小，浆体就越稠，混凝土拌合物的流动性便越小。当水灰比（或水胶比）过小时，浆体干稠，混凝土拌合物的流动性过低，会使施工困难，不能保证混凝土的密实性。增加水灰比（或水胶比）会使流动性加大。如果水灰比（或水胶比）过大，又会造成混凝土拌合物的黏聚性和保水性不良，而产生流浆、离析现象，严重影响混凝土的强度。

② 浆体量（用水量）

在水灰比（或水胶比）不变的情况下，单位体积拌合物内，如果水泥浆越多，则拌合物的流动性越大。但若水泥（胶凝材料）浆体过多，将会出现流浆现象，使拌合物的黏聚性及保水性变差，同时对混凝土的强度与耐久性也会产生不利的影响。水泥（胶凝材料）浆体过少，致使其不能填满骨料空隙或不能很好地包裹骨料表面时，就会产生崩塌现象，黏聚性变差。因此，混凝土拌合物中水泥（胶凝材料）浆体用量不能太少，但也不能太多，应以满足拌合物和易性要求为宜。

大量的试验研究证明，在原材料品质一定的条件下，单位用水量一旦选定，单位水泥（胶凝材料）用量增减 50～100kg/m^3，混凝土的流动性基本保持不变，这一规律称为固定用水量定则。这一定则给普通混凝土的配合比设计带来很大方便，即可通过固定用水量保证混凝土坍落度的同时，在一定范围内调整胶凝材料用量，即调整水胶比，来满足强度和耐久性要求，也就是可以配制出坍落度相近而强度不同的混凝土。在进行混凝土配合比设计时，单位用水量可根据施工要求的坍落度和粗骨料的种类、规格，依据《普通混凝土配合比设计规程》（JGJ 55—2011）选用。

③ 砂率

砂率是指混凝土中砂子质量占砂石总质量的分数，按式（5.3）计算。

$$\beta_s=\frac{S}{S+G}\times 100\% \tag{5.3}$$

式中 β_s——砂率（%）；

S——砂子用量（kg）；

G——石子用量（kg）。

砂率的变动会使骨料的空隙率和骨料的总表面积有显著改变，因而对混凝土拌合物的和易性产生显著影响。砂率对混凝土拌合物流动性的影响：一方面砂形成的砂浆可减小粗骨料之间的摩擦力，在拌合物中起润滑作用，所以在一定的砂率范围内随砂率的增大，润滑作用越来越显著，流动性可以提高；另一方面在砂率增大的同时，骨料的总表面积随之增大，包裹骨料的水泥浆层变薄，拌合物流动性降低。砂率不宜过小，否则还会使拌合物黏聚性和保水性变差，产生离析、流浆等现象。因此，在配制混凝土时，砂率不能过大，也不能太小。

合理砂率是指砂子在填满石子间的空隙后尚有一定的富余量，能在石子间形成一定厚度的砂浆层，以减小粗骨料间的摩擦阻力，使混凝土流动性达到最大值（坍落度最大），且能保持黏聚性及保水性良好时的砂率值，如图 5.9（a）所示。或指混凝土拌合物获得所要求的流动性及良好的黏聚性及保水性，而水泥（胶凝材料）用量为最少时的砂率值，如图 5.9（b）所示。合理砂率是混凝土的技术性与经济性的统一结合。

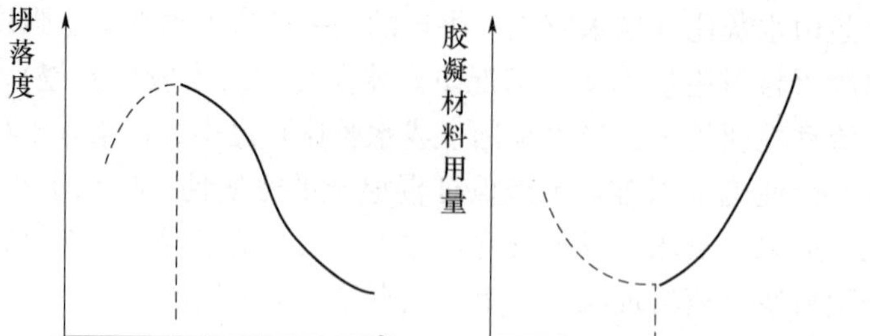

(a) 砂率与坍落度的关系 (b) 砂率与胶凝材料用量的关系

图 5.9 砂率与坍落度和胶凝材料用量的关系

影响合理砂率大小的因素主要有：粗骨料最大粒径较大、级配较好时，由于粗骨料的空隙率较小，可采用较小的砂率；砂的细度模数较小时，由于砂中细颗粒较多，混凝土拌合物黏聚性易于保证，可采用较小的砂率；水灰比（水胶比）较小时，混凝土浆体较稠，混凝土拌合物的黏聚性和保水性易于保证，可采用较小的砂率；当掺入引气剂、减水剂等外加剂或掺加粉煤灰等掺合料时，可适当减小砂率；当施工要求混凝土拌合物流动性较大时，为保证黏聚性和保水性，宜采用较大的砂率。一般情况下，在保证混凝土拌合物不离析，能很好地浇筑、捣实的条件下，应尽量选用较小的砂率，以减少水泥（胶凝材料）用量。

④ 水泥与外加剂

水泥品种不同，达到相同流动性的需水量往往不同，对水的吸附作用往往也有差别，进而影响混凝土的和易性。水泥越细，吸附水量越多，流动性越差，但黏聚性和保水性越好。

改善混凝土和易性的外加剂主要有减水剂和引气剂，它们能使混凝土在不增加用水量的条件下增加流动性，并具有良好的黏聚性和保水性。

⑤ 掺合料

掺合料的品种对流动性的影响非常显著。如Ⅰ级粉煤灰可增大流动性，并使保水性得以改善，Ⅱ级粉煤灰则有可能降低流动性；硅灰则严重降低混凝土流动性，但黏聚性和保水性得以改善；超细磨的矿粉通常也降低流动性，但当较粗时则对流动性影响较小；偏高岭土、沸石粉通常也降低流动性，而对黏聚性和保水性有改善作用，其影响程度随掺量的增加而增大。

⑥ 骨料性质

一般卵石拌制的混凝土拌合物比碎石拌制的流动性好；河砂拌制的混凝土拌合物比山砂拌制的流动性好。骨料级配好的混凝土拌合物的流动性也好。对级配符合要求的砂石料来说，粗骨料粒径越大，砂子的细度模数越大，则流动性越大，但黏聚性和保水性有所下降。

⑦ 时间、气候条件

拌合物拌制后，有一部分水供水泥水化，一部分水被骨料吸收，一部分水蒸发以至凝聚结构逐渐形成，混凝土拌合物的流动性随着时间的延长而逐渐降低。

环境气温越高、湿度越低、风速越大，水分蒸发越快；温度高还将加速水泥的水化反应，因而将加速拌合物的流动性减小。

（3）混凝土和易性的调整和改善措施

① 保持水胶比不变，适当增加水泥（胶凝材料）浆用量，可增大拌合物的流动性。当混凝土流动性小于设计要求时，为了保证混凝土的强度和耐久性，不能单独加水，必须保持水灰比（水胶比）不变，增加水泥（胶凝材料）用量。

② 在砂率不变的条件下，适当增加砂石的用量，可减小拌合物的流动性。当坍落度大于设计要求时，可在保持砂率不变的前提下，增加砂石用量（实际上相当于减少浆体用量）。若坍落度大且黏聚性不良，可适当提高砂率，即只增加砂的用量。

③ 改善骨料级配。既可增加混凝土流动性，也能改善黏聚性和保水性。但骨料占混凝土用量的75%左右，实际操作难度往往较大。

④ 掺外加剂（减水剂或引气剂）和矿物掺合料，是改善混凝土和易性的最有效措施。

⑤ 选用合理砂率。当黏聚性不足时可适当增大砂率。

2. 凝结时间

由于水灰比、凝结硬化条件、外加剂的使用等方面的差异，混凝土的凝结时间与配制该混凝土所用水泥的凝结时间并不一致。

新拌混凝土的逐渐变硬或刚性的增高，被称为凝结。混凝土的凝结时间分初凝和终凝。初凝指混凝土加水至失去可塑性所经历的时间，表示施工操作的时间极限；终凝指混凝土从加水到产生强度所经历的时间。测定混凝土拌合物的凝结时间采用贯入阻力仪，具体测定凝结时间时，先用4.75mm筛从拌合物中筛取砂浆，按规定方法装入待定容器，然后每隔一定时间测定砂浆贯入规定深度时的贯入阻力，绘制贯入阻力与时间关系曲线图，以贯入阻力为3.5MPa和28.0MPa画两条平行于时间坐标的直线，直线与曲线交点的时间即分别为混凝土的初凝时间和终凝时间。

5.2.2.2 硬化混凝土的强度

1. 混凝土的强度

强度是硬化混凝土最重要的性质，足够的强度是混凝土结构能承受各种荷载作用的前提；同时，混凝土的耐久性等其他性能也与强度有密切关系；混凝土的强度也是配合比设计、施工控制和质量检验评定的主要技术指标。混凝土的强度主要有抗压强度、抗折强度、抗拉强度和抗剪强度等。

（1）立方体抗压强度和强度等级

我国《混凝土物理力学性能试验方法标准》（GB/T 50081—2019）规定，将混凝土拌合物按标准方法制作成标准尺寸为150mm×150mm×150mm的立方体试件，在温度为（20±2)℃、相对湿度高于95%的空气［或不流动的Ca（OH)$_2$饱和溶液中］的标准养护条件下养护至龄期为28d时，测得的单位面积上所能承受的抗压极限荷载，称为混凝土立方体抗压强度，以f_{cu}表示。根据粗骨料最大粒径和实际试验条件，可采用尺寸为100mm×100mm×100mm或200mm×200mm×200mm的立方体试件，但测定结果应分别乘以0.95和1.05的换算系数。

根据《混凝土结构设计规范》［GB 50010—2010（2015年版)］，混凝土的强度等级应按立方体抗压强度标准值$f_{cu,k}$确定。混凝土立方体抗压强度标准值指按标准方法制作、养护的边长为150mm的立方体试件，在28d龄期用标准方法测得的具有95%保证率的抗压强度。强度等级以“C”和混凝土立方体抗压强度标准值表示。《混凝土结构设计规范》［GB 50010—2010（2015年版)］将普通混凝土划分为C15、C20、C25、C30、C35、C40、C45、C50、C55、C60、C65、C70、C75、C80共14个强度等级。《混凝土质量控制标准》（GB 50164—2011）将混凝土划分为C10、C15、C20、C25、C30、C35、C40、C45、C50、C55、C60、C65、C70、C75、C80、C85、C90、C95、C100共19个强度等级。如C30表示立方体抗压强度标准值为30.0MPa，亦即混凝土立方体抗压强度高于等于30.0MPa的概率要求95%以上。

混凝土强度等级的划分主要是为了方便设计、施工验收等。强度等级的选择主要根据建筑物的重要性、结构部位和荷载情况确定。一般可按下列原则初步选择：

① 普通建筑物的垫层、基础、地坪及受力不大的结构或非永久性建筑选用C10～C20。

② 普通建筑物的梁、板、柱、楼梯、屋架等钢筋混凝土结构选用C25～C30。

③ 高层建筑、大跨度结构、预应力混凝土及特种结构宜选用C30以上混凝土。

(2) 轴心抗压强度

轴心抗压强度也称为棱柱体抗压强度，以 f_{cp}表示。由于实际结构物（如梁、柱）多为棱柱体或圆柱体，因而采用棱柱体试件强度更能反映客观实际。它是采用 150mm×150mm×300mm 的棱柱体试件，经标准养护到 28d 测试而得的单位面积所能承受的极限抗压荷载，其测试和计算方法与立方体抗压强度类似。同一材料的轴心抗压强度低于立方体强度，其比值大约为 $f_{cp}=(0.7\sim0.8)f_{cu}$。这是因为抗压强度试验时，试件在上下两块钢压板的摩擦约束下，侧向变形受到限制，即“环箍效应”，其影响高度大约为试件边长的 0.866 倍。由于立方体试件整体受到环箍效应的限制，测得的强度相对较高。而棱柱体试件的中间区域未受到“环箍效应”的影响，属纯压区，测得的强度相对较低。当钢压板与试件之间涂上润滑剂后，摩擦阻力减小，环箍效应减弱，立方体抗压强度与棱柱体抗压强度趋于相同。具有 95%强度保证率的轴心抗压强度称为轴心抗压强度标准值，该值是混凝土结构计算强度的取值依据。

边长为 100mm×100mm×300mm 和 200mm×200mm×400mm 的棱柱体试件是非标准试件。混凝土强度等级小于 C60 时，用非标准试件测得的强度值均应乘以尺寸换算系数，对 200mm×200mm×400mm 试件为 1.05；对 100mm×100mm×300mm 试件为 0.95。当混凝土强度等级不低于 C60 时，宜采用标准试件；使用非标准试件时，尺寸换算系数应由试验确定。

(3) 抗折强度

抗折强度亦称抗弯拉强度。交通道路路面或机场跑道用混凝土，以抗折强度为主要强度指标，以抗压强度为参考强度指标。抗折强度试件以标准方法制备，以边长为 150mm×150mm×550mm（或 600mm）的棱柱体试件作为标准试件。在标准养护条件下养护至 28d 龄期，采用三分点加荷方式（图 5.10）测定其极限破坏荷载，并按式（5.4）计算抗折强度。

$$f_f=\frac{Fl}{bh^2} \tag{5.4}$$

式中 f_f——混凝土抗折强度（MPa）；

F——试件破坏荷载（N）；

l——支座间跨度（mm）；

h——试件截面高度（mm）；

b——试件截面宽度（mm）。

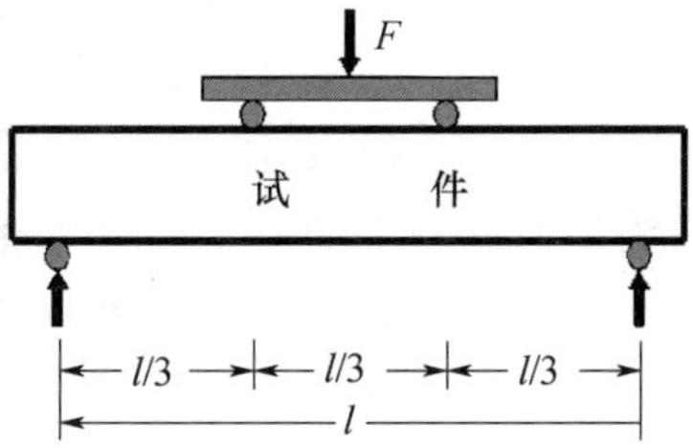

图 5.10 混凝土抗折强度试验

边长为 100mm×100mm×400mm 的棱柱体试件是非标准试件，所取得的抗折强度值应乘以尺寸换算系数 0.85。当混凝土强度等级高于等于 C60 时，宜采用标准试件；当使用非标准试件时，尺寸换算系数应由试验确定。

（4）抗拉强度

混凝土的抗拉强度很低，只有抗压强度的 1/10～1/20。在结构设计中，抗拉强度是确定混凝土抗裂度的重要指标。

用轴向拉伸试验测定混凝土的抗拉强度时，由于荷载不易对准试件轴线而产生偏拉，且夹具附近由于应力集中常发生局部破坏，试验测试非常困难，测试结果的波动性大。因此，国内外普遍采用劈裂法间接测定混凝土的抗拉强度，如图 5.11 所示。

劈拉试验标准试件尺寸为边长 150mm 的立方体试件，在上下两相对面的中心线上施加均布线荷载，使试件内竖向平面上产生均布拉应力，此拉应力可通过弹性理论计算得出。抗拉强度计算如式（5.5）所示。

$$f_{ts}=\frac{2F}{\pi A}=0.637\frac{F}{A} \tag{5.5}$$

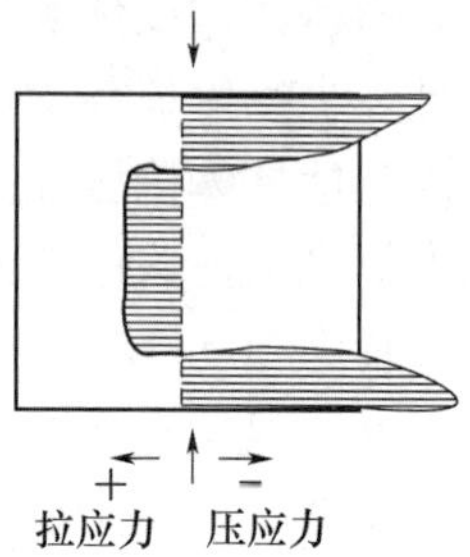

图 5.11　劈裂抗拉试验装置

式中　f_{ts}——混凝土劈拉强度（劈裂抗拉强度）（MPa）；

F——破坏荷载（N）；

A——试件劈裂面面积（mm^2）。

试验研究表明，轴拉强度低于劈拉强度，两者的比值为 0.8～0.9。在无试验资料时，劈拉强度也可通过立方体抗压强度由式（5.6）估算。

$$f_{ts}=0.35f_{cu}^{\frac{3}{4}} \tag{5.6}$$

2. 影响混凝土强度的主要因素

影响混凝土强度的因素很多。从内因来说主要有胶凝材料强度、水胶比和骨料质量等；从外因来说，则主要有施工条件、养护温度、湿度、龄期、试验条件和外加剂等。

（1）胶凝材料强度和水胶比。混凝土的强度主要来自胶凝材料强度及与骨料之间的黏结强度。胶凝材料强度越高，则自身强度及与骨料的黏结强度就越高，混凝土强度也越高。试验证明，混凝土与胶凝材料强度成正比关系。

水泥完全水化的理论需水量约为水泥质量的 23%，但实际拌制混凝土时，为获得必要的流动性，实际加水量为水泥的 40%～70%。混凝土硬化后，多余水分蒸发后，在混凝土内部留下孔隙，且水灰比越大，留下的孔隙越大，有效承压面积越小，混凝土强度也就越低。同时，多余水分在混凝土内的迁移过程中遇到粗骨料时，由于受到粗骨料的阻碍，水分往往在其底部积聚，形成水泡，极大地削弱砂浆与骨料的黏结强度，使混凝土强度下降。因此，在水泥强度和其他条件相同的情况下，水胶比越小，混凝土强度越高；水灰比越大，混凝土强度越低。但水胶比太小，混凝土过于干稠，不能保证振捣均匀密实，强度反而降低。为提高混凝土的强度和耐久性，满足施工工作性能要求及某些特殊性能要求，混凝土中常掺入一定数量的矿物掺合料，这些矿物掺合料具有活性成分，能有条件地发生水化反应，与水泥合称为混凝土的胶凝材料，此时的水灰比相应改为水胶比。水胶比是指混凝土中用水量与胶凝材料用量的质量比。

根据工程经验，常用的混凝土强度公式如式（5.7），又称为鲍罗米公式。

$$f_{cu}=\alpha_a f_b\left(\frac{B}{W}-\alpha_b\right) \tag{5.7}$$

式中 f_{cu}——混凝土28d抗压强度（MPa）；

$\frac{B}{W}$——胶水比，即胶凝材料质量与水质量之比。其倒数是水胶比；

f_b——胶凝材料28d胶砂抗压强度（MPa）；

α_a、α_b——与骨料品种有关的经验系数。

式（5.7）一般只适用于流动性和低流动性混凝土，不适用于干硬性混凝土，它为混凝土配合比设计和质量控制带来极大便利。例如，当选定水泥强度等级（或胶凝材料强度）、水胶比和骨料种类时，可以推算混凝土28d强度值，也可根据设计要求的混凝土强度值，在原材料选定后，估算应采用的水胶比值。

（2）骨料的品质。骨料的颗粒形状、表面粗糙度、自身强度和级配对强度的影响较为显著，碎石配制的混凝土强度较高。级配良好的骨料使水泥浆数量相对减少，也会提高其强度。

（3）施工条件。施工条件主要指搅拌合振捣成型。一般情况下，采用机械振捣比人工振捣均匀密实，强度也略高（图5.12）。搅拌时间越长，混凝土强度越高。此外，高频振捣、多频振捣和二次振捣工艺等，均有利于提高强度。

投料方式对强度也有一定影响，采用分次投料搅拌工艺，如先投放粗骨料、胶凝材料和适量水搅拌一定时间，再加入砂和其余水，能比一次全部投料搅拌强度提高10%左右。

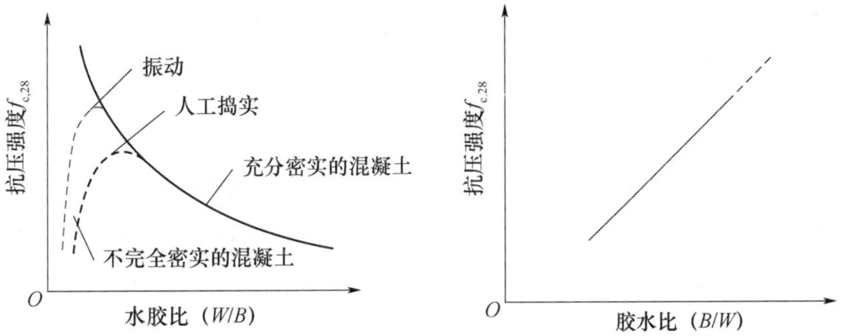

图5.12 机械振动和手工捣实对混凝土强度的影响

（4）养护条件。混凝土养护条件主要指所处的环境温度和湿度。在保证足够湿度的情况下，温度越高，水泥凝结、硬化速度越快，早期强度越高。但是，当养护温度超过40℃时，虽然能提高混凝土的早期强度，但28d以后强度通常比20℃标准养护的低。低温时水泥混凝土硬化比较缓慢，当温度低至0℃以下时，硬化不但停止，且具有冰冻破坏的危险。混凝土浇筑完毕后，必须加强养护，保持适当的温度和湿度，以保证混凝土不断地凝结、硬化。图5.13为不同养护温度对混凝土强度的影响曲线。

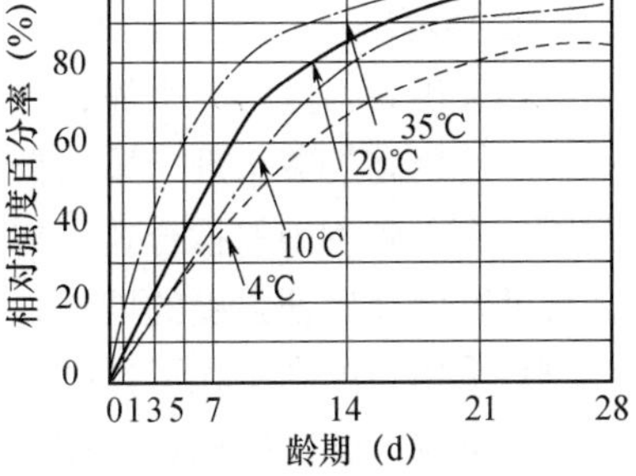

图5.13 不同养护温度对混凝土强度的影响曲线

常用养护方法：

① 自然养护：养护温度随气温变化，而养护湿度必须充分，可通过覆盖浇水、覆盖包裹塑料薄

膜、喷涂养生液等方法来保湿。

② 蒸汽养护：蒸汽养护的温度不超过100℃，最佳温度为65～80℃，由饱和蒸汽提供充分的湿度。

③ 蒸压养护：蒸压养护需使用蒸压釜，温度一般为160～210℃，与温度相适应的蒸汽压力为0.6～2.0MPa，蒸压养护可使混凝土构件的生产周期大为缩短。

④ 标准养护：将混凝土试件置于温度为（20±2)℃、相对湿度＞95％的条件下养护28d。

(5）龄期。龄期是指混凝土在正常养护条件下所经历的时间。随养护龄期的延长，水泥水化程度提高，凝胶体增多，自由水和孔隙率减少，密实度提高，混凝土强度也随之提高。最初的7～14d内，强度增长较快，而后增幅减小，28d以后，强度增长更趋缓慢；但如果养护条件得当，则在几年甚至数十年内仍将有所增长。

普通硅酸盐水泥配制的混凝土，在标准养护条件下，强度与龄期的对数成正比关系，如式（5.8）所示。据此可由某一龄期的强度推定其他龄期的强度。

$$f_{cu,28}=\frac{\lg 28}{\lg n}\cdot f_{cu,n} \tag{5.8}$$

式中　$f_{cu,28}$、$f_{cu,n}$——28d和第n天时的混凝土抗压强度（MPa）；

n——龄期，以天计数，$n\geqslant 3$。

当采用早强型普通硅酸盐水泥时，由3～7d强度推算28d强度会偏高；同样，对掺入矿物掺合料的混凝土，推算强度可能会偏低。

(6）外加剂。在混凝土中掺入减水剂，可在保证相同流动性的前提下，减少用水量，降低水胶比，从而提高混凝土的强度；掺入早强剂，则可有效加快水泥水化速度，提高混凝土早期强度，但对28d强度不一定有利，后期强度还有可能下降。

(7）试验条件对测试结果的影响。试验条件是指试件的尺寸、形状、表面状态和加荷速度等。

① 试件形状和尺寸：同一配合比的混凝土小尺寸试件较大尺寸试件测得的强度值较高；由于“环箍效应”的影响，棱柱体试件抗压强度低于立方体试件的抗压强度。

② 表面状态：若试件的承压面平整且与试件轴线垂直，则受力均匀，强度较高。

③ 含水程度：混凝土含水率较高时，强度较低。

④ 加荷速度：加荷速度较快时，材料变形的增长速度落后于荷载增加速度，则破坏时的强度值较高。

3. 提高混凝土强度的措施

(1）采用高强度等级水泥；

(2）使用高效减水剂，采用低水胶比；

(3）掺入矿物细粉掺合料、掺硅灰，可以提高混凝土强度，尤其是早期强度；掺加粉煤灰可以保证后期强度的增长；

(4）采用强度高、粒形良好和级配合理的骨料；

(5）机械搅拌合振捣，可使混凝土拌合物很好地充满模板，内部孔隙大大减少，从而使混凝土的密实度和强度大大提高；

(6）采用湿热处理（蒸汽或蒸压养护）。

5.2.2.3 混凝土的变形性能

混凝土在凝结、硬化过程和凝结、硬化以后，均会产生一定量的体积变形。混凝土的变形可分为非荷载作用下的变形和荷载作用下的变形。前者主要包括化学收缩、自收缩、干缩湿胀、温度变形等；后者主要包括短期荷载作用下的弹塑性变形和长期荷载作用下的徐变。

1. 化学收缩

由于水泥和部分胶凝材料水化产物的体积小于反应前水泥、胶凝材料和水的总体积，从而使混凝土出现体积收缩。这种由水泥和胶凝材料水化和凝结、硬化而产生的自身体积减缩，称为化学收缩。化学收缩是不恢复的，其收缩值随混凝土龄期的增加而增大，大致与时间的对数成正比，亦即早期收缩大，后期收缩小。化学收缩是微细原生裂缝产生的原因之一。胶凝材料用量越大，化学收缩值越大。

2. 干缩湿胀

因混凝土内部水分蒸发引起的体积变形，称为干燥收缩。混凝土在干燥过程中，首先发生气孔水和毛细水的蒸发。气孔水的蒸发并不引起混凝土的收缩。毛细孔水的蒸发，使毛细孔中形成负压，随着空气湿度的降低，负压逐渐增大，产生收缩力，导致混凝土收缩。同时，水泥凝胶体颗粒的吸附水也发生部分蒸发，由于分子引力的作用，粒子间距离变小，使凝胶体产生紧缩。干缩变形对混凝土危害较大，干缩能使混凝土表面产生较大的拉应力而导致开裂，从而使混凝土的抗渗、抗冻、抗侵蚀等耐久性能降低。在混凝土凝结、硬化初期，如空气过于干燥或风速大、蒸发快，可导致混凝土塑性收缩裂缝。塑性收缩是由沉降、泌水引起，在混凝土仍处于塑性状态发生的，由于是在新拌混凝土状态时表面水分蒸发而引起的变形，一般发生在拌合后 3～12h，在终凝前比较明显。产生塑性收缩或开裂的原因是暴露面积较大的混凝土工程中，当混凝土泌水速度低于蒸发速度时，造成毛细孔负压，新拌混凝土表面会迅速干燥产生塑性收缩。在混凝土凝结、硬化以后，当收缩值过大、收缩应力超过混凝土极限抗拉强度时，可导致混凝土干缩裂缝。因此，混凝土的干燥收缩在设计时和实际工程中必须十分重视。

混凝土吸湿或吸水引起的膨胀，称为湿胀。混凝土的湿胀变形量很小，对混凝土的性能基本上无影响。对已干燥的混凝土，即使长期泡在水中，仍有部分干缩变形不能完全恢复，残余收缩为总收缩的 30%～50%。这是因为干燥过程中混凝土的结构和强度均发生了变化。但若混凝土一直在水中硬化，体积不变，甚至略有膨胀，这是由于凝胶体吸水产生的溶胀作用，与化学收缩并不矛盾。

3. 自收缩

在高性能混凝土中，水胶比低，外界水分不易补充，伴随着水化，内部湿度降低，产生的收缩称为自收缩。自收缩和干缩产生的机理在实质上可以认为是一致的，所不同的只是自收缩是因水泥水化导致混凝土内部缺水，外部水分未能及时补充而产生，干缩则是混凝土内部水分向外部挥发而产生。随着水胶比降低，干缩减少，自收缩增大。此外，胶凝材料的用量增加和硅灰、磨细矿粉的使用都将增加混凝土的自收缩值。普通混凝土、高性能混凝土、超高性能混凝土的自收缩范围依次为 20～100μm、200～300μm、500～1500μm。

4. 碳化收缩

混凝土中水泥水化物与大气中的CO_2发生化学反应称为碳化，伴随碳化产生的体积收缩称为碳化收缩。碳化收缩对混凝土开裂影响不大，其主要危害是对钢筋抗锈蚀不利，而钢筋锈蚀会导致混凝土保护层脱落。

5. 温度变形

混凝土也具有热胀冷缩的性质，这种热胀冷缩的变形称为温度变形。混凝土温度膨胀系数大约为10×10^{-6}m/m·℃，即温度每升高或降低1℃，长1m的混凝土将产生0.01mm的膨胀或收缩变形。对大体积及超长结构混凝土极为不利，极易产生温度裂缝。如纵长100m的混凝土，温度升高或降低30℃则产生30mm的膨胀或收缩，在完全约束条件下，混凝土内部将产生7.5MPa左右拉应力，足以导致混凝土开裂。故纵长结构或大面积混凝土均要采取设置伸缩缝、配制温度钢筋或掺入膨胀剂等技术措施，防止混凝土开裂。

6. 荷载作用下的变形

(1) 短期荷载作用下的变形。混凝土是一种非均质材料，属于弹塑性体。在外力作用下，既产生弹性变形，又产生塑性变形。塑性变形是混凝土内部微裂纹产生、增多、扩展与汇合等的结果。在短期荷载作用下，混凝土试件应力-应变的关系并非成比例的直线而是一条曲线［图5.14 (a)］，且随着应力的增加，混凝土的塑性变形增大，曲线斜率减小。

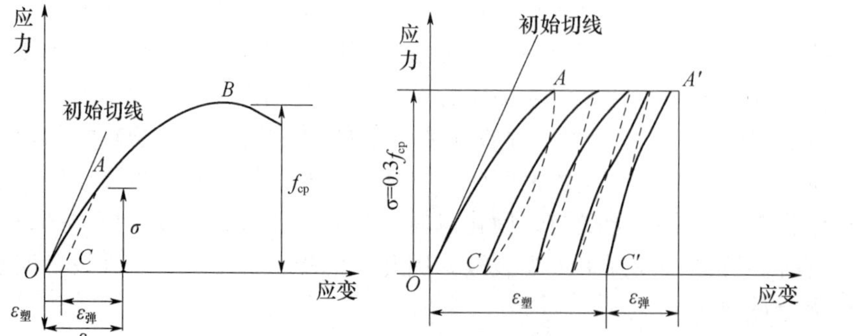

(a) 混凝土压应力作用下的应力-应变关系　(b) 混凝土在低应力重复荷载下的应力-应变关系

图5.14　混凝土在荷载作用下的应力-应变关系

(2) 混凝土的静力弹性模量。弹性模量为应力与应变之比值。《混凝土物理力学性能试验方法标准》(GB/T 50081—2019) 规定，混凝土的弹性模量是以棱柱体试件 (150mm×150mm×300mm) 轴心抗压强度的1/3作为控制值，在此应力水平下重复加载-卸载至少2次以上，以基本消除塑性变形后测得的应力-应变之比值表示，是一个条件弹性模量，在数值上近似等于初始切线的斜率［图5.14 (b)］，计算如式 (5.9) 所示。

$$E_s=\frac{\sigma}{\varepsilon} \tag{5.9}$$

式中　E_s——混凝土静力抗压弹性模量 (MPa)；

σ——混凝土的应力取1/3的棱柱轴心抗压强度 (MPa)；

ε——混凝土应力为σ时的弹性应变（m/m），无量纲。

影响弹性模量的因素主要有：混凝土强度越高，弹性模量越大；骨料含量越高，骨料自身的弹性模量越大，则混凝土弹性模量越大；混凝土水胶比越小，混凝土越密实，弹性模量越大；混凝土养护龄期越长，弹性模量也越大；早期养护温度较低时，弹性模量较大，亦即蒸汽养护混凝土的弹性模量较小；掺入引气剂将使混凝土弹性模量下降。C10～C60混凝土的弹性模量为（1.75～3.60）$\times 10^4$MPa。

（3）长期荷载作用下的变形——徐变。混凝土在一定的应力水平（如50%～70%的极限强度）下，保持荷载不变，随着时间的延续而增加的变形称为徐变。混凝土徐变是由于水泥石凝胶体在长期荷载作用下的黏性流动，并向毛细孔中移动，同时吸附在凝胶粒子上的吸附水因荷载应力而向毛细孔迁移渗透的结果。加荷初期的徐变增长快，以后逐渐稳定，如图5.15所示。卸荷后，一部分变形瞬时恢复，但小于加荷瞬时变形；卸荷一段时间内变形继续恢复，称为徐变恢复。最后残存的不能恢复的变形，称为残余变形。

混凝土的徐变对钢筋混凝土构件来说，能消除钢筋混凝土内的应力集中，使应力较均匀地重新分布；对大体积混凝土，能消除一部分由于温度变形所产生的破坏应力；但在预应力钢筋混凝土结构中，混凝土的徐变，将使钢筋的预加应力受到损失。

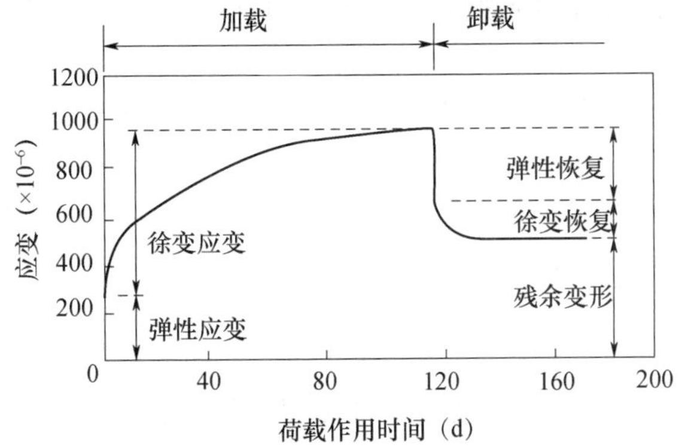

图5.15 混凝土的应变与荷载作用的时间关系

影响混凝土徐变变形的因素主要有水胶比、胶凝材料用量、骨料种类、应力等。水胶比一定时，胶凝材料用量越大，徐变越大；所用骨料弹性模量越大，徐变越小；所受应力越大，徐变越大。

5.2.2.4 混凝土的耐久性

混凝土的耐久性是指在外部和内部不利因素的长期作用下，保持其原有设计性能和使用功能的性质。耐久性是混凝土结构经久耐用的重要指标。外部因素指的是酸、碱、盐的腐蚀作用、冰冻破坏作用、水压渗透作用、碳化作用、干湿循环引起的风化作用、荷载应力作用和振动冲击作用等。内部因素主要指的是碱-骨料反应和自身体积变化。根据混凝土所处的环境条件不同，混凝土耐久性应考虑的因素也不同。通常用混凝土的抗渗性、抗冻性、抗碳化性、抗腐蚀性和碱-骨料反应综合评价混凝土的耐久性。

1. 混凝土的抗渗性

混凝土的抗渗性是指其抵抗压力液体（水、油等）和气体渗透作用的能力。抗渗性是决定混凝土耐久性最基本的因素。混凝土品质劣化的四个原因依次是钢筋锈蚀、冻融破坏、硫酸盐侵蚀、碱-骨料反应。每个原因均与水相关，没有水的直接作用或作为侵蚀性杂质进入混凝土的载体，混凝土病害就不会发生。混凝土抗渗性好，即混凝土密实性高，外界腐蚀介质不易侵入混凝土内部，从而抗腐蚀性能就好。同样，水不易进入混凝土内部，冰冻破坏作用和风化作用就小。因此，混凝土的抗渗性可以认为是混凝土耐久性指标的综合体现。

混凝土的抗渗性用抗渗等级表示。混凝土的抗渗试验采用 185mm×175mm×150mm 的圆台体试件，每组 6 个试件。按照标准试验方法成型并养护至 28～60d，其间进行抗渗性试验。抗渗等级按规定方法进行试验时所能承受的最大静水压力来确定，可分为 P4、P6、P8、P10 和 P12 五个等级，分别表示混凝土能抵抗 0.4MPa、0.6MPa、0.8MPa、1.0MPa 和 1.2MPa 的静水压力而不发生渗透。

(1) 影响混凝土抗渗性的主要因素

① 水胶比和胶凝材料用量。为保证混凝土的耐久性，对水胶比必须加以限制。胶凝材料用量的多少，在某种程度上可由水胶比表示。

② 骨料含泥量和级配。骨料含泥量高，混凝土达到同样流动性所需用水量增加，导致硬化混凝土内所含毛细孔道增多；此外，含泥量大的骨料界面黏结强度低，也将降低混凝土的抗渗性能。若骨料级配差，填满骨料空隙所需水泥浆增大，导致毛细孔增加，影响抗渗性能。

③ 施工质量和养护条件。搅拌均匀、振捣密实是抗渗性能的重要保证。适当的养护温度和浇水养护是保证抗渗性能的基本措施。

此外，胶凝材料品种、拌合物的保水性和黏聚性等，对抗渗性也有显著影响。

(2) 提高抗渗性的主要措施

影响混凝土抗渗性的根本因素是孔隙率和孔隙特征，混凝土孔隙率越低，连通孔越少，抗渗性能越好。可以从增大混凝土的密实度、改变混凝土中的孔隙结构，减小连通孔隙角度来提高混凝土的抗渗性。因此，提高混凝土抗渗性的主要措施如下：优选骨料，改善骨料级配；掺入粉煤灰等矿物掺合料，防止混凝土拌合物离析、泌水发生，增强混凝土密实度；合理选择水泥品种和用量；采用低水胶比；掺入引气剂或引气减水剂；加强施工养护及防止出现施工缺陷等。

2. 混凝土的抗冻性

混凝土的抗冻性指混凝土在水饱和状态下经受多次冻融循环作用，能保持强度和外观完整性的能力。混凝土受冻融破坏的原因主要是混凝土内部孔隙中的水在负温下结冰产生 9%左右体积膨胀，在混凝土内部产生膨胀应力。当这种膨胀应力超过混凝土局部的抗拉强度时，混凝土就会产生裂缝，在反复冻融作用下，混凝土内部的微细裂缝逐渐增多和扩大，最终导致混凝土强度下降，或混凝土表面（特别是棱角处）产生疏松剥落，直至破坏。

混凝土抗冻性一般以抗冻等级表示。抗冻性试验方法分为慢冻法试验和快冻法试验。慢冻法采用边长为 100mm 的立方体试件，使龄期为 28d 的试件在吸水饱和后承受反复冻融循环作用（冻 4h，融 4h），以抗压强度下降不超过 25%且质量损失不超过 5%时所能承受的最大循环次数表示，例如 D50、D100、D150、D200。快冻法采用

100mm×100mm×400mm 的棱柱体试件，混凝土试件饱和吸水后承受反复冻融循环，一个循环在 2～4h 内完成，以相对动弹性模量值不小于 60%且质量损失率不超过 5%时所承受的最大循环次数表示，如 F150、F200、F250、F300、F350、F400。

（1）影响混凝土抗冻性的主要因素

① 水胶比或孔隙率。水胶比大，则孔隙率大，导致吸水率增大，冰冻破坏严重，抗冻性差。

② 孔隙特征。连通毛细孔易吸水饱和，冻害严重。若为封闭孔，则不易吸水，冻害就小。故加入引气剂能提高抗冻性。若为粗大孔洞，则混凝土一离开水面水就流失，冻害就小。故无砂大孔混凝土的抗冻性较好。

③ 吸水饱和程度。若混凝土的孔隙非完全吸水饱和，冰冻过程产生的压力促使水分向孔隙处迁移，从而降低冰冻膨胀应力，对混凝土破坏作用就小。

④ 混凝土的自身强度。在相同的冰冻破坏应力作用下，混凝土强度越高，冻害程度也就越低。

此外，混凝土抗冻性还与降温速度和冰冻温度有关。

（2）提高抗冻性的主要措施

混凝土的密实度、孔隙构造和数量、孔隙的充水程度等是决定抗冻性的重要因素。因此，提高混凝土抗冻性的主要措施如下：①降低混凝土水胶比，降低孔隙率；②掺加引气剂，保持含气量在 5%～6%；③提高混凝土强度，在相同含气量的情况下，混凝土强度越高，抗冻性越好；④尽量使用粒径比较小的粗骨料，避免使用吸水率大、4～5μm 孔比较多的骨料。

3. 抗侵蚀性

抗侵蚀性是指混凝土在含有侵蚀性介质环境中遭受到化学侵蚀、物理作用不破坏的能力。环境介质对混凝土的侵蚀主要表现在对水泥石的侵蚀，包括软水侵蚀、酸类腐蚀、盐类腐蚀和强碱的腐蚀。

混凝土的抗侵蚀性主要取决于水泥的品种、混凝土密实度与孔隙特征等。

4. 抗碳化性（中性化）

混凝土的碳化作用主要指环境中的 CO_2 和水与混凝土中的 $Ca(OH)_2$ 反应，生成 $CaCO_3$ 和水，从而使混凝土的碱度降低（中性化）现象。碳化过程是 CO_2 由表及里向混凝土内部逐渐扩散的过程。未经碳化的混凝土 pH=12～13，碳化后 pH=8.5～10，接近中性。混凝土碳化程度常用碳化深度表示。碳化深度大致与碳化时间的平方根成正比，可用式（5.10）表示。

$$L=k\sqrt{t} \tag{5.10}$$

式中 L——碳化深度（mm）；

t——碳化时间（d）；

k——碳化速度系数。

（1）碳化对混凝土性能的影响

不利作用：碳化作用会使钢筋失去碱性保护而锈蚀，碳化收缩会引起微细裂缝，使混凝土抗拉强度降低等。

有利作用：碳化放出水分有助于水泥的进一步水化，减少水泥石内部的孔隙，提高混凝土抗压强度；碳化生成的碳酸钙能填充混凝土中的孔隙，使密实度提高。因此，碳化作用能适当提高混凝土的抗压强度，但对混凝土结构而言，碳化作用造成的危害远远大于抗压强度的提高。

（2）影响混凝土碳化速度的主要因素

① 混凝土的水胶比。水胶比是影响混凝土碳化速度的最主要因素，水胶比的大小主要影响混凝土孔隙率和密实度，水胶比大，混凝土的碳化速度就快。

② 胶凝材料的品种和用量。在混凝土中随着胶凝材料体系中硅酸盐水泥熟料成分减少，掺合料用量的增加，碳化加快。

③ 施工养护。搅拌均匀、振捣密实、养护良好的混凝土碳化速度较慢。蒸汽养护的混凝土碳化速度相对较快。

④ 环境条件。空气中 CO_2 的浓度高将加速碳化反应。当空气相对湿度在 50%～75%时，碳化速度最快。当相对湿度小于 20%时，由于缺少水环境，碳化终止；当相对湿度达到 100%或在水中时，由于 CO_2 不易进入混凝土孔隙内，碳化也将停止。

5. 混凝土的碱-骨料反应

碱-骨料反应是指混凝土中由胶凝材料、外加剂及水带入的碱（K_2O 和 Na_2O），与骨料中的活性 SiO_2 发生化学反应，在骨料表面形成碱-硅酸盐凝胶，吸水后将产生 3 倍以上的体积膨胀，从而导致混凝土膨胀开裂而破坏。碱-骨料反应必须具备 3 个条件：混凝土中有一定数量的碱，骨料具有碱活性，有一定的湿度。3 个条件同时存在即可产生破坏性膨胀。碱-骨料反应引起的破坏，一般要经过若干年后才会发现，而一旦发生则很难阻止、补救和修复，因此也称为“碱癌”。对水泥中碱含量大于 0.6%、骨料中含活性 SiO_2 且在潮湿环境或水中使用的混凝土工程，必须加以重视。大型水工结构、桥梁结构、高等级公路、飞机场跑道一般均要求对骨料进行碱活性试验或对水泥的碱含量加以限制。

影响碱-骨料反应的因素主要有混凝土中的碱含量、骨料的碱活性成分含量、骨料颗粒大小、温度、湿度、受限力等。骨料碱活性的检测可采用岩相法、化学法、砂浆长度法、混凝土棱柱体法、压蒸法等。

5.2.3 混凝土的质量控制与强度评定

混凝土的质量是影响钢筋混凝土结构可靠性的一个重要因素，为保证结构可靠地使用，必须对混凝土的生产和合格性进行控制。生产控制是对混凝土生产过程的各个环节进行有效质量控制，以保证产品质量可靠。合格性控制是对混凝土质量进行准确判断，目前采用的是数理统计的方法，通过对混凝土强度的检验评定来完成。

5.2.3.1 混凝土的质量控制

混凝土的生产是配合比设计、配料搅拌、运输浇筑、振捣养护等一系列过程的综合。要保证生产出的混凝土质量合格，必须在各个环节给予严格的质量控制。

1. 原材料的质量控制

混凝土是由多种材料混合制作而成的，任何一种组成材料的质量偏差或不稳定都会造成混凝土整体质量的波动。水泥要严格按其技术质量标准进行检验，并按有关条件进行品种的合理选用，特别要注意水泥的有效期；粗、细骨料应控制其杂质和有害物质含量，若不符合要求应经处理并检验合格后方能使用；采用天然水进行拌合的混凝土，对拌合用水的质量应按标准进行检验。水泥、砂、石、外加剂等主要材料应检查产品合格证、出厂检验报告或进场复验报告。

2. 配合比设计的质量控制

混凝土应按行业标准《普通混凝土配合比设计规程》（JGJ 55—2011）的有关规定，根据混凝土的强度等级、耐久性与和易性等要求进行配合比设计。首次使用的混凝土配合比应进行开盘鉴定，其和易性应满足设计配合比的要求。开始生产时应至少留置一组标准养护试件，作为检验配合比的依据。混凝土拌制前，应测定砂、石含水率，根据测试结果及时调整材料用量，提出施工配合比。生产时应检验配合比设计资料、试件强度试验报告、骨料含水率测试结果和施工配合比通知单。

3. 生产、使用、养护等过程的控制

混凝土的原材料必须称量准确，每盘称量的允许偏差应控制在水泥、掺合料±2%，粗、细骨料±3%，水、外加剂±1%。每工作班抽查不少于一次，各种衡器应定期检验。混凝土运输、浇筑完毕后，应按施工技术方案及时采取有效的养护措施，应随时观察并检查施工记录。混凝土的运输、浇筑及间歇的全部时间不应超过混凝土的初凝时间。要实际观察、检查施工记录。在运输、浇筑过程中要防止离析、泌水、流浆等不良现象发生，并分层按顺序振捣，严防漏振。混凝土浇筑完毕后，应按施工技术方案及时采取有效的养护措施，应随时观察并检查施工记录。

5.2.3.2 混凝土强度概率的分布特征

由于混凝土材料本身的非均质性及生产、试验过程中的随机误差，在正常生产和试验条件下取样测得的混凝土强度会在一定的范围内波动，当样本数量足够时，混凝土强度呈正态分布，如图 5.16 所示。反映混凝土强度分布特征的参数包括强度平均值、标准差、变异系数。

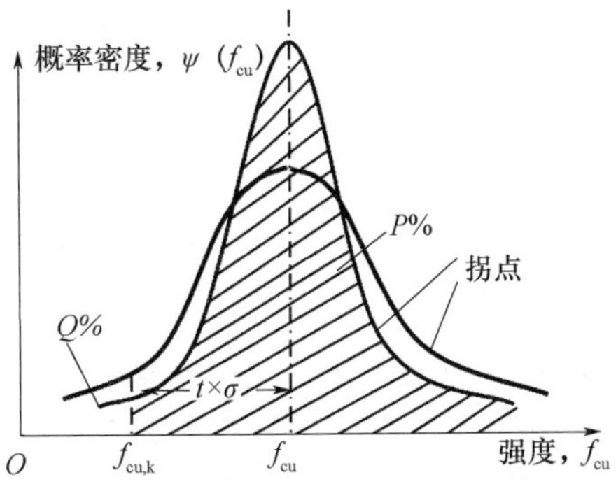

图 5.16 正态分布曲线

1. 强度平均值（$\bar{f}$）

强度平均值代表混凝土强度的总体平均水平，按式（5.11）计算。

$$\bar{f}=\frac{1}{n}\sum_{i=1}^{n}f_i \tag{5.11}$$

式中 f_i——第 i 组试件强度代表值；

n——试验组数。

2. 标准差（σ）

标准差又称为均方差，表示从正态分布曲线上拐点到平均值的距离，按式（5.12）计算。

$$\sigma=\sqrt{\frac{\sum_{i=1}^{n}(f_i-\bar{f})^2}{n-1}} \tag{5.12}$$

σ 越大，曲线越平缓，数据的离散性越大，施工质量越不稳定；反之，σ 越小则曲线越陡，数据离散性越小，施工质量越稳定。对平均强度相同的混凝土而言，σ 能确切反映混凝土质量的均匀性，但当平均强度不等时，并不确切。对不同强度等级的混凝土单用标准差值尚难以评判其匀质性，宜采用变异系数加以评定。

3. 变异系数（C_v）

变异系数又称离差系数，为标准差与平均强度的比值，如式（5.13）所示，实际上反映相对于平均强度而言的变异程度。其值越小，说明混凝土质量越均匀，波动越小。

$$C_v=\frac{\sigma}{\bar{f}} \tag{5.13}$$

4. 强度保证率（P）

强度保证率是指在混凝土强度总体分布中大于某个强度值的分布概率，亦即混凝土强度大于设计等级的组数占总组数的百分率。对立方体抗压强度标准值（$f_{cu,k}$），要求在混凝土强度总体分布中大于 $f_{cu,k}$ 的概率不小于 95%，即对概率分布函数 φ（f）从（$f_{cu,k}$）到→（$+\infty$）积分，则 P 不小于 95%，如式（5.14）所示。

$$P(f\geqslant f_{cu,k})=\int_{f_{cu,k}}^{+\infty}\varphi(f)\mathrm{d}f=\int_{f_{cu,k}}^{+\infty}\frac{1}{\sigma\sqrt{2\pi}}\mathrm{e}^{-\frac{f-\bar{f}}{2\sigma^2}}\mathrm{d}f\geqslant 95\%\xrightarrow{\text{令 } t=\frac{f-\bar{f}}{\sigma}}$$

$$P(f\geqslant f_{cu,k})=\int_{t_{cu,k}}^{+\infty}\varphi(t)\mathrm{d}t=\frac{1}{\sqrt{2\pi}}\int_{f_{cu,k}}^{+\infty}\mathrm{e}^{-\frac{t^2}{2}}\mathrm{d}t\geqslant 95\% \tag{5.14}$$

式中 t——强度保证率系数。

根据 t 值，可计算得到强度保证率 P（t）。由于计算比较复杂，一般可根据表 5.10 直接查取 P 值。

表 5.10 保证率系数 t 与保证率 P（t）

t	0.00	−0.524	−0.842	−1.04	−1.28	−1.645	−2.06	−2.33
P（t）	0.50	0.70	0.80	0.85	0.90	0.95	0.98	0.99

5.2.3.3 混凝土强度的质量评定

由于混凝土材料自身的非匀质性特征，混凝土质量的评定通常以相同配合比、相同施工条件的若干组数据组成验收批进行评定。混凝土质量按以下方法评定：

1. 已知标准差的统计方法

当混凝土的生产条件在较长时间内能保持一致，且同一品种混凝土的强度变异性能保持稳定时，应由连续的 3 组试件代表一个验收批，计算强度平均值和最小值等特征值。其强度应同时符合式（5.15）、式（5.16）要求。

$$\overline{f} \geqslant f_{cu,k} + 0.7\sigma_0 \tag{5.15}$$

$$f_{cu,min} \geqslant f_{cu,k} - 0.7\sigma_0 \tag{5.16}$$

当混凝土强度等级不高于C20时，尚应符合式（5.17）的要求。

$$f_{cu,min} \geqslant 0.85 f_{cu,k} \tag{5.17}$$

当混凝土强度等级高于C20时，尚应符合式（5.18）的要求。

$$f_{cu,min} \geqslant 0.90 f_{cu,k} \tag{5.18}$$

式中 $\overline{f}$——同一验收批混凝土强度的平均值（N/mm^2）；

$f_{cu,k}$——设计的混凝土强度的标准值（N/mm^2）；

σ_0——验收批混凝土强度的标准差（N/mm^2）；

$f_{cu,min}$——同一验收批混凝土强度的最小值（N/mm^2）。

检验批混凝土立方体抗压强度的标准差，精确到0.01MPa，当检验批混凝土强度标准差计算值小于2.5MPa时，应取2.5MPa。检验批混凝土立方体抗压强度的标准差按式（5.19）确定。

$$\sigma_0 = \sqrt{\frac{\sum_{i=1}^{n} f_{cu,i}^2 - n\overline{f}^2}{n-1}} \tag{5.19}$$

式中 $f_{cu,i}$——前一检验期内同一品种、同一强度等级的第 i 组混凝土试件的立方体抗压强度代表值，检验期不应少于60d，也不得大于90d；

n——前一检验期内的样本容量，在该期间内样本容量不应少于45；

$\overline{f}$——n 组试件的强度平均值（MPa）。

2. 未知标准差的统计方法

当混凝土的生产条件不能满足上述条件的规定时，或在前一检验期内的同一品种混凝土没有足够的强度数据用以确定验收批混凝土强度标准差时，应由不少于10组的试件代表一个验收批，其强度应同时符合式（5.20）、式（5.21）要求。

$$\overline{f} \geqslant f_{cu,k} + \lambda_1 \cdot S_{f_{cu}} \tag{5.20}$$

$$f_{cu,min} \geqslant f_{cu,k} + \lambda_1 \cdot S_{f_{cu}} \tag{5.21}$$

式中 $S_{f_{cu}}$——同一检验批混凝土立方体抗压强度的标准差，精确到0.01MPa，当检验批混凝土强度标准差 $S_{f_{cu}}$ 计算值小于2.5MPa时，应取2.5MPa。

λ_1，λ_2——合格判定系数，按表5.11取值。

表5.11 合格判定系数

试件组数	10～14	15～19	≥20
λ_1	1.15	1.05	0.95
λ_2	0.90	0.85	

3. 非统计法

当用于评定的样本容量小于10组时，应采用非统计方法评定混凝土强度，验收批强度必须同时符合式（5.22）、式（5.23）的规定。

$$\overline{f} \geqslant \lambda_3 \cdot f_{cu,k} \tag{5.22}$$

$$f_{cu,min} \geq 0.95 \cdot f_{cu,k} \tag{5.23}$$

式中 λ_3——合格判定系数（当混凝土强度等级小于 C60 时，λ_3 取 1.15；当混凝土强度等级大于 C60 时，λ_3 取 1.10）。

4. 混凝土质量水平的评定

混凝土的生产质量水平，可根据统计周期内混凝土强度标准差（σ 或 $S_{f_{cu}}$）和试件强度不低于要求强度等级的百分率 P（P=统计周期内试件强度不低于要求强度等级的组数/统计周期内相同强度等级的混凝土试件组数），按表 5.12 中的规定进行判定。

表 5.12　混凝土生产质量水平

生产质量水平		优良		一般		差	
评定指标	强度等级生产单位	<C20	≥C20	<C20	≥C20	<C20	≥C20
混凝土强度标准差 σ（MPa）	预拌混凝土和预制混凝土构件厂	≤3.0	≤3.5	≤4.0	≤5.0	>4.0	>5.0
	集中搅拌混凝土的施工现场	≤3.5	≤4.0	≤4.5	≤5.5	>4.5	>5.5
强度等于或高于要求强度等级的百分率 P（%）	预拌混凝土厂和预制构件厂及集中搅拌的施工现场	≥95		<85		≤85	

5.2.4　普通混凝土的配合比设计

5.2.4.1　混凝土配合比设计基本要求

混凝土配合比是指 1m^3混凝土中各组成材料的用量，或各组成材料之质量比。确定这种数量比例关系的工作，就称为混凝土配合比设计。混凝土配合比设计的基本要求包括：

（1）满足混凝土结构设计的强度等级；

（2）满足施工所要求的混凝土拌合物的和易性；

（3）满足耐久性等技术性能要求；

（4）在保证混凝土质量的前提下，最大限度节约胶凝材料用量，降低混凝土成本。

5.2.4.2　混凝土配合比设计中的三个基本参数

水胶比（W/B）、单位用水量（m_{w0}）和砂率（β_s）是混凝土配合比设计的三个基本参数。混凝土配合比设计中确定三个参数的原则：在满足混凝土强度和耐久性的基础上，确定水胶比；在满足施工要求的新拌混凝土和易性的基础上，根据粗骨料的种类和规格，确定单位用水量；砂率应以填充石子空隙后略有富余，并使拌合物有足够黏聚性和保水性的原则来确定。

5.2.4.3　混凝土配合比设计步骤

进行混凝土配合比设计时，首先根据原材料的技术性质和对混凝土的技术要求，通过计算或者查找相应表格，求出混凝土的初步配合比；然后经试配、调整获得满足和易性要求的基准配合比；再经强度、混凝土拌合物表观密度校核后，得出强度和表观密度都满足要求的实验室配合比；最后根据施工现场砂、石料的含水率换算成施工配合比。

1. 初步配合比计算

（1）计算配制强度（$f_{cu,0}$）

① 当混凝土的设计强度等级小于C60时，配制强度应按式（5.24）计算。

$$f_{cu,0}=f_{cu,k}+1.645\sigma \tag{5.24}$$

式中 $f_{cu,0}$——混凝土配制强度（MPa）；

$f_{cu,k}$——混凝土立方体抗压强度标准值，这里取设计混凝土强度等级值（MPa）；

σ——混凝土强度标准差（MPa）。

② 当设计强度等级大于或等于C60时，配制强度应按式（5.25）计算。

$$f_{cu,0}\geqslant 1.15f_{cu,k} \tag{5.25}$$

当有近1～3个月的同一品种、同一强度等级混凝土的强度资料，且试件不少于30组时，混凝土标准差σ按式（5.26）计算。

$$\sigma=\sqrt{\frac{\sum_{i=1}^{n}f_{cu,i}^{2}-n\overline{f}^{2}}{n-1}} \tag{5.26}$$

式中 $f_{cu,i}$——第i组的试件强度；

$\overline{f}$——n组试件的强度平均值（MPa）；

n——试件组数。

对强度等级不大于C30的混凝土：当σ计算值不小于3.0MPa时，按计算结果取值；当σ计算值小于3.0MPa时，应取3.0MPa。对强度等级大于C30且小于C60的混凝土：当σ计算值不小于4.0MPa时，按计算结果取值；当σ计算值小于4.0MPa时，应取4.0MPa。

当无近期的同一品种、同一强度等级混凝土强度资料时，其强度标准差σ可按表5.13取值。

表5.13 标准差的取值表

混凝土强度等级	≤C20	C25～C45	C50～C55
σ（MPa）	4.0	5.0	6.0

（2）计算水胶比（W/B）

① 混凝土强度等级不大于C60时，混凝土水胶比宜按式（5.27）计算。

$$\frac{W}{B}=\frac{\alpha_a f_b}{f_{cu,0}+\alpha_a\alpha_b f_b} \tag{5.27}$$

式中 W/B——混凝土水胶比；

α_a，α_b——回归系数（碎石：$\alpha_a=0.53$，$\alpha_b=0.20$。卵石：$\alpha_a=0.49$，$\alpha_b=0.13$）；

f_b——胶凝材料28d胶砂抗压强度（MPa）[条件允许情况下，可经试验实测。当无实测值时，可按式（5.28）计算]。

$$f_b=\gamma_f\gamma_s f_{ce} \tag{5.28}$$

式中 γ_f、γ_s——粉煤灰影响系数和粒化高炉矿渣粉影响系数，可按表5.14选取；

f_{ce}——水泥28d胶砂抗压强度（MPa）[可实测，当无实测值时，可按式（5.29）计算]。

表 5.14　粉煤灰和粒化高炉矿渣粉的影响系数

掺量（%）	种类	
	粉煤灰影响系数（γ_f）	粒化高炉矿渣粉影响系数（γ_s）
0	1.00	1.00
10	0.90～0.95	1.00
20	0.80～0.85	0.95～1.00
30	0.70～0.75	0.90～1.00
40	0.60～0.65	0.80～0.90
50	—	0.70～0.85

注：① 采用Ⅰ级、Ⅱ级粉煤灰时宜取上限值；
② 采用S75级粒化高炉矿渣粉时宜取下限值，采用S95级粒化高炉矿渣粉时宜取上限值，采用S105级粒化高炉矿渣粉时可取上限值加0.05；
③ 当超出表中的掺量时，粉煤灰和粒化高炉矿渣粉影响系数应经试验确定。

$$f_{ce}=\gamma_c f_{ce,g} \tag{5.29}$$

式中　γ_c——水泥强度等级值的富余系数（可按实际统计资料确定，当无实际统计资料时，可按以下原则选取：32.5级水泥取1.12，42.5级水泥取1.16，52.5级水泥取1.10；如水泥已存放一定时间，则取1.0；如存放时间超过3个月，或水泥已有结块现象，可能小于1.0，必须通过试验实测）；

$f_{ce,g}$——水泥强度等级值（如42.5级，$f_{ce,g}$取42.5MPa）。

② 当水胶比计算出来后，为保证混凝土结构（或构件）达到所需要的耐久性，应根据工程所处的环境类别（表5.15）进行耐久性方面的校核，使计算出的水胶比不超过按耐久性要求控制的最大水胶比（表5.16）。若求得的水胶比大于表5.16规定的最大水胶比时，应取表中规定的最大水胶比值。

表 5.15　混凝土结构的环境类别（GB 50010—2010）

环境类别	条件
一	室内干燥环境； 无侵蚀性静水浸没环境
二 a	室内潮湿环境； 非严寒和非寒冷地区的露天环境； 非严寒和非寒冷地区与无侵蚀性的水或土壤直接接触的环境； 寒冷和严寒地区的冰冻线以下与无侵蚀性的水或土壤直接接触的环境
二 b	干湿交替环境； 水位频繁变动环境； 严寒和寒冷地区露天环境； 严寒和寒冷地区的冰冻线以上与无侵蚀性水或土壤直接接触的环境
三 a	严寒和寒冷地区冬季水位变动区环境； 受除冰盐影响环境； 海风环境
三 b	盐渍土环境； 受除冰盐作用环境； 海岸环境

续表

环境类别	条件
四	海水环境
五	受人为或自然的侵蚀性物质影响的环境

注：①室内潮湿环境是指构件表面经常处于结露或湿润状态的环境；②严寒和寒冷地区的划分应符合国家现行标准《民用建筑热工设计规范》（GB 50176）的有关规定；③海岸环境和海风环境宜根据当地情况，考虑主导风向及结构所处迎风、背风部位等因素的影响，由调查研究和工程经验确定；④受除冰盐影响环境为受到除冰盐盐雾影响的环境；受除冰盐作用环境指被除冰盐溶液溅射的环境及使用除冰盐地区的洗车房、停车楼等建筑。

表 5.16　结构混凝土材料的耐久性基本要求（GB 50010—2010）

环境类别	最大水胶比	最低强度等级	最大氯离子含量（%）	最大碱含量（kg/m^3）
一	0.60	C20	0.30	不限制
二 a	0.55	C25	0.20	3.0
二 b	0.50（0.55）	C30（C25）	0.15	
三 a	0.45（0.50）	C35（C30）	0.15	
三 b	0.40	C40	0.10	

注：① 氯离子含量系指其占胶凝材料总量的百分比；
② 预应力构件混凝土中的最大氯离子含量为 0.05%，最低混凝土强度等级应按表中的规定提高两个等级；
③ 素混凝土构件的水胶比及最低强度等级的要求可适当放松；
④ 有可靠工程经验时，二类环境中的最低混凝土强度等级可降低一个等级；
⑤ 处于严寒和寒冷地区二 b、三 a 类环境中的混凝土应使用引气剂，并可采用括号中的有关参数；
⑥ 当使用非碱活性骨料时，对混凝土中的碱含量可不作限制。

（3）确定用水量（m_{w0}）

① 水胶比在 0.40～0.80 范围内，混凝土的用水量可根据施工要求的混凝土拌合物稠度和骨料品种、规格按表 5.17 选用。

表 5.17　混凝土单位用水量　　kg/m^3

项目	指标	卵石最大粒径（mm）				碎石最大粒径（mm）			
		10.0	20.0	31.5	40.0	16.0	20.0	31.5	40.0
坍落度（mm）	10～30	190	170	160	150	200	185	175	165
	35～50	200	180	170	160	210	195	185	175
	55～70	210	190	180	170	220	205	195	185
	75～90	215	195	185	175	230	215	205	195
维勃稠度（s）	16～20	175	160	—	145	180	170	—	155
	11～15	180	165	—	150	185	175	—	160
	5～10	185	170	—	155	190	180	—	165

注：① 本表用水量系采用中砂时的平均取值，如采用细砂，每立方米混凝土用水量可增加 5～10kg，采用粗砂时则可减少 5～10kg。
② 掺用各种外加剂或掺合料时，可相应增减用水量；
③ 本表适用于水胶比在 0.40～0.80 范围内的混凝土，不适用于水胶比小于 0.4 时的混凝土及采用特殊成型工艺的混凝土。

② 混凝土水胶比小于 0.40 时，可通过试验确定。

③ 若水胶比大于 0.8，以表 5.17 中坍落度 90mm 为基础，每增 20mm 用水量增加

5kg 得出未掺外加剂用水量。当坍落度增大到 180mm 以上时，随坍落度相应增加的用水量可减少。

④ 掺外加剂时，每立方米流动性或大流动性混凝土的用水量可按式（5.30）计算。

$$m_{w0}=m'_{w0}\ (1-\beta) \tag{5.30}$$

式中 m_{w0}——满足实际坍落度要求的每立方米混凝土用水量（kg/m^3）；

m'_{w0}——未掺外加剂时推定的满足实际坍落度要求的每立方米用水量（kg/m^3）；

β——外加剂的减水率（%）。

（4）计算外加剂用量（m_{a0}）

混凝土外加剂用量应按式（5.31）计算。

$$m_{a0}=m_{b0}\beta_a \tag{5.31}$$

式中 m_{a0}——每立方米混凝土中外加剂用量（kg/m^3）；

m_{b0}——计算配合比每立方米混凝土中胶凝材料用量（kg/m^3）；

β_a——外加剂掺量（%），经混凝土试验确定。

（5）计算胶凝材料、矿物掺合料和水泥用量（m_{b0}、m_{f0}、m_{c0}）

① 胶凝材料用量可按式（5.32）确定。

$$m_{b0}=m_{w0}\times\frac{B}{W} \tag{5.32}$$

为满足混凝土耐久性要求，计算得出的胶凝材料用量，应不小于最小胶凝材料用量的规定，见表 5.18，否则取规定的最小胶凝材料用量。

表 5.18 混凝土最小胶凝材料用量（JGJ 55—2011）

最大水胶比	最小胶凝材料用量（kg/m^3）		
	素混凝土	钢筋混凝土	预应力混凝土
0.60	250	280	300
0.55	280	300	300
0.50	320		
≤0.45	330		

② 每立方米混凝土的矿物掺合料用量可按式（5.33）确定。

$$m_{f0}=m_{b0}\beta_f \tag{5.33}$$

式中 m_{f0}——计算配合比每立方米混凝土中矿物掺合料用量（kg/m^3）；

β_f——为矿物掺合料掺量，可按表 5.19 选取。

表 5.19 混凝土中矿物掺合料最大掺量（JGJ 55—2011）

矿物掺合料种类	水胶比	最大掺量（%）			
		钢筋混凝土		预应力钢筋混凝土	
		硅酸盐水泥	普通硅酸盐水泥	硅酸盐水泥	普通硅酸盐水泥
粉煤灰	≤0.40	≤45	≤35	≤35	≤30
	>0.40	≤40	≤30	≤25	≤20

续表

矿物掺合料种类	水胶比	最大掺量（%）			
		钢筋混凝土		预应力钢筋混凝土	
		硅酸盐水泥	普通硅酸盐水泥	硅酸盐水泥	普通硅酸盐水泥
粒化高炉矿渣粉	≤0.40	≤65	≤55	≤55	≤45
	>0.40	≤55	≤45	≤45	≤35
钢渣粉	—	≤30	≤20	≤20	≤10
磷渣粉	—	≤30	≤20	≤20	≤10
硅灰	—	≤10	≤10	≤10	≤10
复合掺合料	≤0.40	≤60	50	50	40
	>0.40	≤50	40	40	30

注：① 采用其他通用硅酸盐水泥时，宜将水泥混合材料掺量20%以上的混合材料计入矿物掺合料；②复合掺合料各组分的掺量不宜超过单掺时的最大掺量；③在混合使用两种或两种以上矿物掺合料时，矿物掺合料总掺量应符合表中复合掺合料的规定。

③ 每立方米混凝土的水泥用量可按式（5.34）计算。

$$m_{c0}=m_{b0}-m_{f0} \tag{5.34}$$

（6）确定合理砂率（β_s）

应根据骨料的技术指标、混凝土拌合物性能和施工要求，参考既有历史资料确定。当缺乏砂率的历史资料时，混凝土砂率的确定应符合下列规定：

① 坍落度小于10mm的混凝土，其砂率应经试验确定；

② 坍落度为10～60mm的混凝土砂率，可根据粗骨料品种、最大公称粒径及水胶比按表5.20选取；

③ 坍落度大于60mm的混凝土砂率，可经试验确定，也可在表5.20的基础上，按坍落度每增大20mm，砂率增大1%的幅度予以调整。

表5.20 混凝土的砂率 %

水胶比（W/B）	卵石最大公称粒径（mm）			碎石最大公称粒径（mm）		
	10.0	20.0	40.0	16.0	20.0	40.0
0.40	26～32	25～31	24～30	30～35	29～34	27～32
0.50	30～35	29～34	28～33	33～38	32～37	30～35
0.60	33～38	32～37	31～36	36～41	35～40	33～38
0.70	36～41	35～40	34～39	39～44	38～43	36～41

注：① 表中数值系中砂的选用砂率，对细砂或粗砂，可相应地减小或增大砂率；
② 采用人工砂配制混凝土时，砂率可适当增大；
③ 只用一个单粒级粗骨料配制混凝土时，砂率值应适当增大。

（7）计算粗、细骨料用量（m_{s0}、m_{g0}），并确定初步计算配合比

① 体积法（又称绝对体积法）：假定混凝土拌合物的总体积等于其各组成材料（粗骨料、细骨料、水、水泥、矿物掺合料）的绝对体积及拌合物中少量空气体积之和，计算见式（5.35）、式（5.36）。

$$\begin{cases}\dfrac{m_{c0}}{\rho_c}+\dfrac{m_{f0}}{\rho_f}+\dfrac{m_{g0}}{\rho_{0g}}+\dfrac{m_{s0}}{\rho_{0s}}+\dfrac{m_{w0}}{\rho_w}+0.01\alpha=1 & (5.35)\\ \beta_s=\dfrac{m_{s0}}{m_{s0}+m_{g0}}\times100\% & (5.36)\end{cases}$$

式中 ρ_c——水泥密度（kg/m³），应按《水泥密度测定方法》（GB/T 208—2014）测定，也可取 2900～3100kg/m³；

ρ_f——矿物掺合料密度（kg/m³），可按《水泥密度测定方法》（GB/T 208—2014）测定；

ρ_{0s}、ρ_{0g}——粗、细骨料的表观密度（kg/m³），应按《普通混凝土用砂、石质量及检验方法标准》（JGJ 52—2006）测定；

ρ_w——水的密度，可取 1000kg/m³；

α——混凝土的含气量百分数，在不使用引气型外加剂时，α 可取 1。

② 质量法（又称假定表观密度法）：如原材料稳定，先假设混凝土表观密度为一定值，拌合物各组成材料的单位用量之和即为其表观密度，计算见式（5.37）～式（5.38）。

$$\begin{cases} m_{c0}+m_{f0}+m_{g0}+m_{s0}+m_{w0}=m_{cp} & (5.37) \\ \beta_s=\dfrac{m_{s0}}{m_{s0}+m_{g0}}\times 100\% & (5.38) \end{cases}$$

式中 m_{cp}——每立方米混凝土拌合物的假定质量，即混凝土的表观密度，可取 2350～2450kg/m³。

通过以上步骤，可将混凝土组成材料的质量全部求解出来，得到初步配合比，供试配用。

2. 试配、调整、确定基准配合比

（1）配合比的试配。初步配合比是借助于一些经验公式和数据计算出来的，或是利用经验资料查得的，因而不一定符合实际情况，必须通过试拌、调整，直到混凝土拌合物的和易性符合要求为止。

（2）和易性调整时，应保持 W/B 不变，按以下原则进行：

① 当实测坍落度小于设计要求时，适当增加水泥浆数量（根据经验，每增加水泥浆 2%～3%，坍落度增大 10mm 左右）；

② 当实测坍落度大于设计要求时，保持 β_s 不变，适当增加砂、石用量或减少水泥浆用量；

③ 当黏聚性或保水性不良时，可适当增大砂率；

④ 当坍落度和黏聚性或保水性不良时，应同时对水泥浆用量和砂率进行调整。

当拌合物中砂浆数量显得过多时，可单独加入适量的石子（即减小砂率）。

满足和易性的混凝土配合比即为基准配合比。当试拌、调整工作完成后，应测出混凝土拌合物的表观密度（$\rho_{c,t}$）。

3. 确定实验室配合比

（1）强度校核

基准配合比能否满足强度要求，需进行强度检验，并应符合下列规定：

① 根据和易性满足要求的基准配合比和水胶比，配制 1 组混凝土；保持用水量与基准配合比中的相同，水胶比较基准配合比分别增加和减少 0.05，砂率可分别增加或减少 1%，再配制 2 组混凝土，混凝土的工作性应满足设计要求，若不满足，应适当调整，以达到设计和施工要求；

② 在保持拌合物性能符合设计和施工要求的前提下，进行强度试验；

③ 每个配合比至少应制作 1 组试件，标准养护到 28d 或设计规定龄期时试压［在制作混凝土强度试块时，尚需测定混凝土拌合物的表观密度（$\rho_{c,t}$）］。

以 3 组试件的强度和相应胶水比作图（图 5.17），确定与略大于配制强度相对应的胶水比，并按以下原则确定 $1m^3$ 混凝土中各组成材料的用量：用水量和外加剂用量在试拌配合比的基础上，应根据确定的水胶比加以适当调整；胶凝材料用量应以用水量乘以确定的水胶比计算得出；粗、细骨料用量取基准配合比中的粗、细骨料用量，并按确定的水胶比值做适当的调整。

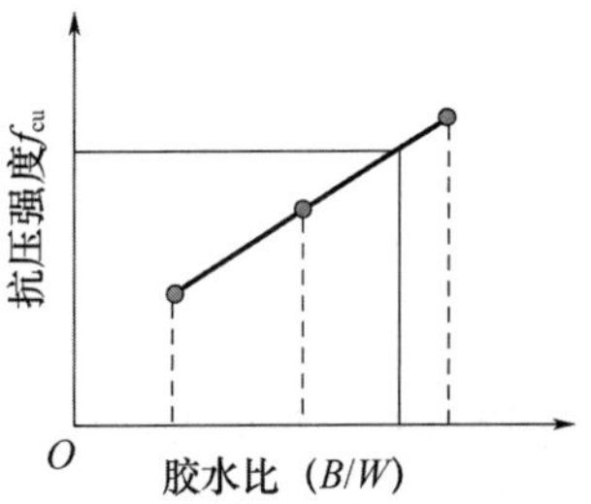

图 5.17　混凝土强度与胶水比关系

（2）混凝土表观密度的校核

在确定初步配合比后，还应进行混凝土表观密度校核，否则将出现“负方”或“超方”现象，即配制出来的 $1m^3$ 混凝土拌合物，其实际体积少于或多于 $1m^3$，其步骤如下：

① 混凝土拌合物的理论表观密度，可按式（5.39）确定。

$$\rho_{c,c}=m_c+m_f+m_g+m_s+m_w \tag{5.39}$$

式中　$\rho_{c,c}$——混凝土拌合物的表观密度计算值（kg/m^3）；

m_c、m_f、m_g、m_s、m_w——$1m^3$ 混凝土中水泥、矿物掺合料、粗骨料、细骨料和水用量（kg/m^3）。

② 校正系数，可按式（5.40）确定。

$$\delta=\frac{\rho_{c,t}}{\rho_{c,c}} \tag{5.40}$$

式中　δ——混凝土配合比校正系数；

$\rho_{c,t}$——混凝土拌合物表观密度实测值（kg/m^3）。

当混凝土拌合物表观密度实测值与计算值之差的绝对值不超过计算值的 2% 时，调整后的配合比可维持不变；当两者之差超过 2% 时，应将配合比中每项材料用量乘以校正系数 δ。应按下情况计算出实验室配合比：

$$\left|\frac{\rho_{c,t}-\rho_{c,c}}{\rho_{c,c}}\right|\times100\%\begin{cases}\leqslant2\%\text{时} & m_c:m_s:m_g:m_w\\ >2\%\text{时} & \begin{cases}m_{c,sh}=m_c\cdot\delta\\ m_{w,sh}=m_w\cdot\delta\\ m_{s,sh}=m_s\cdot\delta\\ m_{g,sh}=m_g\cdot\delta\end{cases}\end{cases}$$

4. 确定施工配合比

实验室配合比是以干燥（或饱和面干）材料为基准计算而得的，但现场施工所用的砂、石料常含有一定水分，因此，在现场配料时，必须先测定砂石料的实际含水率，在用水量中将砂石带入的水扣除，并相应增加砂、石料的称量值。设砂的含水率为 $a\%$，石子的含水率为 $b\%$，则施工配合比按式（5.41）～式（5.45）计算。

$$\begin{cases} m'_c = m_c & (5.41) \\ m'_f = m_f & (5.42) \\ m'_s = m_s\ (1+a\%) & (5.43) \\ m'_g = m_g\ (1+b\%) & (5.44) \\ m'_w = m_w - m_s a\% - m_g b\% & (5.45) \end{cases}$$

【例 5-1】 某框架结构工程现浇钢筋混凝土梁，混凝土设计强度等级为 C30，施工要求混凝土坍落度为 30～50mm，根据施工单位历史资料统计，混凝土强度标准差 $\sigma=$ 5MPa。所用原材料情况如下：水泥为 42.5 级普通硅酸盐水泥，水泥密度 $\rho_c=$ 3.10g/cm³，水泥强度等级标准值的富余系数为 1.08；中砂级配合格，砂子表观密度 $\rho_{os}=2.60\text{g/cm}^3$；5～30mm 碎石，级配合格，石子表观密度 $\rho_{og}=2.65\text{g/cm}^3$。试求：混凝土计算配合比；若经试配混凝土的和易性和强度等均符合要求，无须进行调整。又知现场砂子含水率为 3%，石子含水率为 1%，试计算混凝土施工配合比。

解：

1. 初步配合比计算

(1) 确定混凝土配制强度（$f_{cu,0}$）

$$f_{cu,0}=f_{cu,k}+1.645\sigma=30+1.645\times5=38.2\text{MPa}$$

(2) 确定水胶比（W/B）

$$f_{ce}=\gamma_c\times f_{ce,k}=1.08\times42.5=45.9\text{MPa}$$

$$W/B=\frac{\alpha_a\times f_{ce}}{f_{cu,0}+\alpha_a\times\alpha_b\times f_{ce}}=\frac{0.46\times45.9}{38.2+0.46\times0.07\times45.9}=0.53$$

由于框架结构混凝土梁处于干燥环境，由表 5.16 可知，干燥环境容许最大水胶比为 0.60，故可确定水灰比为 0.53。

(3) 确定用水量（m_{w0}）

查表 5.17，对最大粒径为 30mm 的碎石混凝土，当所需坍落度为 30～50mm 时，1m³混凝土的用水量可选用 185kg。

(4) 计算水泥用量（m_{c0}）

$$m_{c0}=m_{w0}\times\frac{B}{W}=\frac{185}{0.53}=349\text{kg}$$

按表 5.18，对干燥环境的钢筋混凝土，最小水泥用量为 280kg，故可取 $m_{c0}=$ 349kg/m³。

(5) 确定砂率（β_s）

查表 5.20，通过插值（内插法）计算，取 $\beta_s=35\%$。

(6) 计算砂、石用量（m_{s0}、m_{g0}）

用体积法计算，将 $m_{c0}=349\text{kg}$、$m_{w0}=185\text{kg}$ 代入式（5.35）～式（5.36），得

$$\frac{m_{c0}}{3100}+\frac{m_{g0}}{2650}+\frac{m_{s0}}{2600}+\frac{m_{w0}}{1000}+0.01\times1=1$$

$$\frac{m_{s0}}{m_{g0}+m_{s0}}\times100\%=35\%$$

(7) 确定混凝土初步配合比

混凝土初步配合比：水泥为 349kg，水为 185kg，砂为 641kg，碎石为 1192kg。

或者：水泥∶砂∶石＝1∶1.84∶3.42，$W/C=0.53$。

2. 确定施工配合比

现场砂子含水率为3%，石子含水率为1%，则施工配合比如下：

水泥：$m'_c=m_{c0}=349\text{kg}$。

砂子：$m'_s=m_{s0}\times(1+3\%)=641\times(1+3\%)=660\text{kg}$。

石子：$m'_g=m_{g0}\times(1+1\%)=1192\times(1+1\%)=1204\text{kg}$。

水：$m'_w=m_{w0}-m_{s0}\times3\%-m_{g0}\times1\%=185-641\times3\%-1192\times1\%=154\text{kg}$。

【例5-2】 某厂办公楼主体混凝土结构施工时，由于所处地点无预拌混凝土，施工单位必须现场拌制。混凝土设计强度等级为C35，可选原材料如下：水泥强度等级为P·O 42.5，密度$\rho_c=3.1\text{g/cm}^3$；Ⅱ级粉煤灰，密度$\rho_f=2.9\text{g/cm}^3$；Ⅱ区中砂，表观密度$\rho_{os}=2650\text{kg/m}^3$；5～20碎石，表观密度$\rho_{og}=2700\text{kg/m}^3$。

试求：混凝土的实验室配合比；若施工现场砂含水率为3.0%，碎石含水率为1.0%，求混凝土施工配合比。

解：

1. 混凝土的实验室配合比

（1）初步配合比计算

① 试配强度：$f_{cu,0}\geqslant f_{cu,k}+1.645\sigma=35+1.645\times5.0=43.2\text{MPa}$

② 确定水胶比：碎石，$\alpha_a=0.53$，$\alpha_b=0.20$。粉煤灰掺量取30%；$\gamma_f=0.70$，$\gamma_s=1.00$，$\gamma_f=1.16$。胶凝材料28d胶砂抗压强度：$f_{ce}=\gamma_c f_{ce,g}=1.16\times42.5=49.3\text{MPa}$。

$$f_b=\gamma_f\gamma_s f_{ce}=0.70\times1.00\times49.3=34.5\text{MPa}$$

$$W/B=\frac{\alpha_a f_b}{f_{cu,0}+\alpha_a\alpha_b f_b}=\frac{0.53\times34.5}{43.2+0.53\times0.20\times34.5}=0.39$$

此混凝土工程处于一类环境，查表5.16，耐久性允许的最大水胶比为0.60，故可取$W/B=0.39$。

③ 确定单位用水量（m_{w0}）：由施工要求的坍落度及所用的骨料情况，查表5.17，选取单位用水量$m_{w0}=195\text{kg}$。

④ 确定胶凝材料用量：

$$m_{b0}=\frac{m_{w0}}{W/B}=\frac{195}{0.39}=500\text{kg/m}^3$$

查表5.18，耐久性要求最小胶凝材料用量为330kg/m^3，故可取$m_{c0}=500\text{kg/m}^3$。

⑤ 粉煤灰用量：$m_{f0}=m_{b0}\beta_f=500\times0.3=150\text{kg/m}^3$

⑥ 水泥用量：$m_{c0}=m_{b0}-m_{f0}=500-150=350\text{kg/m}^3$

⑦ 选取合理的砂率（β_s）：

根据骨料及水胶比情况，查表5.20，取$\beta_s=31\%$。

⑧ 计算粗、细骨料用量：按体积法计算，取$\alpha=1$。

$$\left.\begin{aligned}&\frac{350}{3100}+\frac{150}{2900}+\frac{m_{g0}}{2700}+\frac{m_{s0}}{2650}+\frac{195}{1000}+0.01\times1=1\\&\frac{m_{s0}}{m_{s0}+m_{g0}}\times100\%=31\%\end{aligned}\right\}$$

解得$m_{g0}=1162\text{kg/m}^3$及$m_{s0}=522\text{kg/m}^3$。

计算配合比：m_{c0} ：m_{f0} ：m_{s0} ：m_{g0} ：m_{w0} =350：150：522：1162：195=1：0.43：1.49：3.32：0.56。

（2）配合比的试配、调整

按计算配合比试拌混凝土 15L，各材料用量如下：水泥 5.25kg，粉煤灰 2.25kg，水 2.93kg，砂 7.83kg，石子 17.43kg。

拌匀后做和易性试验，测得坍落度为 65mm，大于规定值要求。保持砂率不变，增加砂、石用量各 5%。再次测得的坍落度为 45mm，且黏聚性、保水性均良好。

试拌调整后的材料用量：水泥 5.25kg，粉煤灰 2.25kg，水 2.93kg，砂 8.22kg，石子 18.30kg，总质量 36.93kg。

拌合物实测表观密度 2410kg/m³，则拌制 1m³混凝土材料用量：

水泥：$m'_{c0}=\dfrac{m_{c0}}{m_{c0}+m_{f0}+m_{w0}+m_{s0}+m_{g0}}\rho_{c,t}=\dfrac{5.25}{36.93}\times2410=343\text{kg/m}^3$

粉煤灰：$m'_{f0}=\dfrac{2.25}{36.93}\times2410=147\text{kg/m}^3$

砂：$m'_{s0}=\dfrac{8.22}{36.93}\times2410=536\text{kg/m}^3$

石子：$m'_{g0}=\dfrac{18.30}{36.93}\times2410=1194\text{kg/m}^3$

水：$m'_{w0}=\dfrac{2.93}{36.93}\times2410=191\text{kg/m}^3$

基准配合比：

$m'_{c0}:m'_{f0}:m'_{s0}:m'_{g0}:m'_{w0}=343:147:536:1194:191$

（3）检验强度

用 0.34、0.39 及 0.44 三个 W/B 分别制备，检查和易性满足要求。标准养护 28d 后，测得抗压强度试验结果见表 5.21。

表 5.21　三组试件抗压强度试验结果

W/B	抗压强度（MPa）
0.34	50.1
0.39	43.6
0.44	38.5

（4）实验室配合比

根据抗压强度试验结果，W/B=0.39 能满足配制强度要求，定为实验室配合比。

2. 混凝土施工配合比

现场施工配合比的用水量应扣除砂、石所含水量，而砂、石量则应增加为砂、石含水的质量。施工配合比如下：

$m'_c=343\text{kg/m}^3$

$m'_f=147\text{kg/m}^3$

$m'_s=536\times(1+3.0\%)=552\text{kg/m}^3$

$m'_g=1194\times(1+1.0\%)=1206\text{kg/m}^3$

$m'_w = 191 - 536 \times 3.0\% - 1194 \times 1.0\% = 163kg/m^3$

5.3 水工混凝土

水工混凝土是指用于水利水电工程的挡水、发电、泄洪、输水、排沙等建筑物，密度为 2400kg/m³ 左右的水泥基混凝土。水工混凝土是水利工程中最主要的建筑材料。水工混凝土往往工程量大，结构体积大，长期与环境水接触，上游面水位变化幅度大，受干湿循环、冻融循环的破坏作用，过流面受悬移质、推移质及高速水流的冲刷磨损、气蚀等，要求其快速连续高强度施工，因此，对抗渗、抗冻、抗侵蚀、耐磨、温控防裂及技术经济性有较高的要求，而对强度的要求则往往不是很高。

5.3.1 原材料及技术性能

1. 水泥

水工混凝土中常用的水泥品种有硅酸盐水泥、普通硅酸盐水泥、矿渣硅酸盐水泥、火山灰质硅酸盐水泥、粉煤灰硅酸盐水泥、中热硅酸盐水泥和低热硅酸盐水泥等。除个别部位外，水工混凝土对水泥的强度等级要求并不高，为解决用高强度等级水泥配制低强度混凝土的问题，常掺用活性矿物掺合料。而对水工建筑物外部水位变化区、溢流面及受冻融作用部位的混凝土，所用水泥的强度等级不宜低于 42.5MPa，水泥品种应优先选用中热硅酸盐水泥、硅酸盐水泥或普通硅酸盐水泥。水工混凝土对水泥的技术要求除应满足相关标准外，还应考虑低热性、微膨胀性、耐久性、拌合物性能等要求。

重大工程可在相关规范、标准的基础上，根据工程需要提出特殊要求。

2. 骨料

水工混凝土通常用天然砂、河卵石或由岩石破碎而成的碎石作骨料。在缺少天然砂时，也可用人工砂代替。水工混凝土中，骨料的体积占混凝土总体积的 3/4 左右，建筑物需要的骨料数量相当庞大，骨料的质量对水工混凝土的性能和水泥用量影响很大，应十分重视骨料的选择工作，并要求于工程开工前细致勘探好骨料的储量、质量和开采条件，应尽量利用工程附近的骨料资源。水工混凝土对骨料的技术要求如下：

(1) 一般要求

水工混凝土用骨料应符合《水工混凝土施工规范》(DL/T 5144—2015) 对粗、细骨料的质量要求。

(2) 粗细程度与颗粒级配

水工混凝土通常将粗骨料分成 5～20mm、20～40mm、40～80mm 和 80～150 (120) mm 四级 [用符号分别表示为 D20、D40、D80、D150 (D120)]，应尽量采用粗骨料粒径较大的三级配、四级配混凝土，以提高混凝土的密实性，减少混凝土的发热量和收缩，节约水泥。

使用前，根据最大粒径的不同，将石子分为二级、三级或四级，分别堆放，拌制混凝土时各级石子按比例掺配使用。粗骨料的级配通过大小石子的掺配实现，要使粗骨料的空隙率及表面积都比较小，这样拌制的混凝土水泥用量少，质量也较好。各级石子的具体搭配比例需通过试验确定，先将各级石子按不同比例掺配，进行堆积密度试验，从中选出几组堆积密度较大（即空隙率较小）的级配，进行混凝土和易性试验，由混凝土和易性试验选出能满足和易性要求且水泥用量较少的搭配比例。

水工混凝土粗骨料级配有连续级配和间断级配两种。选择粗骨料级配时，应根据工程实际情况，将试验选出的最优级配与料场中骨料的天然级配结合起来考虑，对各级骨料比例进行必要的调整和平衡，由此确定工程实际使用的级配。这样可以减少弃料，避免浪费。

砂的粗细程度常用细度模数表示，施工时宜用（2.6±0.2）mm的中砂，颗粒级配同样应符合国家标准。水工混凝土的砂子用量往往很大，选用时应充分考虑就地取材的原则。若有些地区的砂料过粗、过细或级配不良，应尽可能将粗砂、细砂掺配使用，以调节细度，改善级配。在只有细砂或特细砂的地方，可以考虑采用人工砂或采取其他措施。

（3）碱活性

为避免大体积水工混凝土产生碱-骨料反应，在条件允许时，应选用非活性骨料。必须使用活性骨料时，要采取限制水泥的碱含量及掺粉煤灰等矿物掺合料等措施。

3. 化学外加剂

水工混凝土中常掺减水剂、引气剂等化学外加剂，目的是使混凝土拌合物和硬化混凝土具有所需要的性能，以及节约水泥、降低工程造价。

水工混凝土具有体积大、用量集中、强度等级多、发热量低、抗裂性好、耐久性和安全性要求高等特点，是一种综合性能要求很高的混凝土。化学外加剂的品质直接影响混凝土的质量、进度和工程造价。因此，水工混凝土对化学外加剂具有很高的质量要求。

重大工程可在相关规范、标准的基础上，根据工程需要提出特殊要求。

4. 矿物掺合料

水工混凝土中常掺粉煤灰等矿物掺合料，以改善混凝土的和易性，减少混凝土的水化温升，提高混凝土的密实性、抗渗性和抗化学侵蚀能力。水工混凝土中掺粉煤灰还能缓和碱-骨料反应，节约水泥，降低成本。

水工混凝土用粉煤灰应满足《水工混凝土掺用粉煤灰技术规范》（DL/T 5055—2007）的要求，该规范与《用于水泥和混凝土中的粉煤灰》（GB/T 1596—2017）一样，根据粉煤灰的细度、需水量比和烧失量指标划分为三个级别，并对三氧化硫含量和含水量进行了规定。

重大工程可在相关规范、标准的基础上，根据工程需要提出特殊要求。

5.3.2 水工混凝土的主要技术性能

1. 和易性

水工混凝土体积大，钢筋配筋量小或无钢筋，骨料最大粒径可用到150mm，拌合料的运距一般较长，在运输和浇筑过程中易造成离析和泌水。为保证混凝土具有良好的和易性，除应控制拌合物坍落度、水灰比和砂率外，还可采用掺引气剂和粉煤灰、火山灰矿物掺合料等措施。

2. 凝结时间

水利水电工程的混凝土搅拌厂离浇筑地点一般较远，浇筑仓面大，分层分块浇筑，层面之间有一定的间隔时间，所以混凝土拌合物的凝结时间要适当，不能过短，否则层面会产生冷缝，影响建筑物的整体性。

3. 强度等级与设计龄期

水工混凝土的抗压强度标准值常采用长龄期和非95%保证率，原因在于：

(1) 水工混凝土从浇筑完毕到承受全部荷载需要很长一段时间，加上水工混凝土基本上都掺化学外加剂和矿物掺合料，采用28d龄期不能很好地反映和有效地利用化学外加剂和矿物掺合料的特性，因此，可采用比普通混凝土更长的设计龄期。我国水工大体积混凝土的设计龄期常采用60d、90d或180d。

(2) 水利水电工程的混凝土结构十分复杂，有大体积混凝土结构、水工钢筋混凝土结构、薄壁结构等。水工大体积混凝土结构的结构尺寸一般不由应力控制，而由结构布置或重力稳定等条件决定。强度标准值若一律采用95%保证率会导致混凝土水泥用量增加、温控难度加大和裂缝产生的可能性增加。因此，大体积水工混凝土结构的混凝土强度标准值一般采用80%保证率；较大体积钢筋混凝土结构的混凝土强度标准值采用80%～90%保证率；对薄壁结构、结构尺寸由应力控制的结构和对混凝土强度要求较高的抗冲磨混凝土等，其强度标准值采用95%保证率。

(3) 水工混凝土强度标准值必须明确设计龄期和设计保证率。水工混凝土强度等级根据水工混凝土抗压强度标准值来划分。对设计龄期为28d、保证率为95%的混凝土强度等级，其定义与表示方法与国家标准一致。采用其他设计龄期和80%保证率时，混凝土强度等级用$C_{90}15$、$C_{180}20$等表示。此时下标数字为设计龄期，保证率为80%，15、20等为混凝土抗压强度标准值（单位为MPa）。

(4) 变形与抗裂性

水工混凝土最常见且影响最大的变形是降温和干燥引起的收缩变形。此外，混凝土的自身体积变形对混凝土抗裂也有重要影响，而混凝土的徐变则能使建筑物中的局部应力集中现象得到缓和。为防止水工混凝土产生裂缝，对混凝土应做出极限拉伸值规定，并以该值作为混凝土的抗裂性指标。除混凝土极限拉伸值外，抗裂度（极限拉伸值与混凝土温度变形之比）、热强比（某龄期单位体积混凝土发热量与抗拉强度之比）及抗裂性系数（极限拉伸值与热变形之比）等可作为比较混凝土抗裂性能优劣的相对指标，供研究和选择混凝土原材料及配合比时参考。

(5) 耐久性

水工混凝土常与环境水相接触，因此对混凝土的抗渗、抗冻及抗冲刷磨损等耐久性能有较高要求。

5.3.3 水工混凝土的配合比设计

1. 水工混凝土配合比设计的基本原则

(1) 应根据工程要求、结构形式、施工条件和原材料状况，配制出既满足工作性、强度及耐久性等要求又经济合理的混凝土，确定各项材料的用量；

(2) 在满足工作性要求的前提下，宜选用较少的用水量；

（3）在满足强度、耐久性及其他要求的前提下，选用合适的水胶比；

（4）宜选取最优砂率，即在保证混凝土拌合物具有良好的黏聚性并达到要求的工作性时用水量较少的砂率；

（5）宜选用最大粒径较大的骨料及最佳级配。

2. 水工混凝土配合比设计的主要步骤

（1）根据设计要求计算混凝土的配制强度 $f_{cu,0}$；

（2）根据配制强度和设计允许的最大水胶比限值初选水胶比，根据施工要求的和易性选定用水量，并计算出混凝土的胶凝材料用量；

（3）选取砂率，计算细骨料和粗骨料的用量，并提出供试配用的计算配合比；

（4）通过试验和调整，根据配制强度、混凝土耐久性要求和允许的最大水胶比限值选定水胶比，确定每立方米混凝土材料用量和配合比。

进行混凝土配合比设计时，应收集有关原材料的资料，并按规范要求对水泥、掺合料、外加剂、砂石骨料及拌合用水等进行相关性能试验；收集相关工程设计资料，明确相应设计要求，如混凝土强度及保证率；混凝土的抗渗等级、抗冻等级及其他性能指标；混凝土的工作性；骨料最大粒径等。

3. 水工混凝土配合比的计算

混凝土配合比计算应以饱和面干状态骨料为基准，是水工混凝土配合比设计的特点之一。

（1）计算混凝土配制强度。

混凝土配制强度按式（5.46）计算。

$$f_{cu,0}=f_{cu,k}+t\sigma \tag{5.46}$$

式中 $f_{cu,0}$——混凝土配制强度（MPa）；

$f_{cu,k}$——混凝土设计龄期立方体抗压强度标准值（MPa）；

t——概率度系数，由给定的强度保证率 P 选定，其值按表 5.22 选用；

σ——混凝土立方体抗压强度标准差（MPa）。

表 5.22 保证率和概率度系数的关系

保证率 P（%）	70.0	75.0	80.0	84.1	85.0	90.0	95.0	97.7	99.9
概率度系数 t	0.525	0.675	0.840	1.0	1.040	1.280	1.645	2.0	3.0

当设计龄期为 28d 时，抗压强度保证率 P 为 95%。其他龄期混凝土抗压强度保证率应符合设计要求。

混凝土抗压强度标准差 σ，宜按同品种混凝土抗压强度统计资料确定。

① 按统计方法确定时，σ 可按式（5.26）计算。

② 当混凝土设计龄期立方体抗压强度标准值小于或等于 25MPa、σ 计算值小于 2.5MPa 时，应取不小于 2.5MPa；当混凝土设计龄期立方体抗压强度标准值等于或大于 30MPa、σ 计算值小于 3.0MPa 时，应取不小于 3.0MPa。

③ 当无近期同品种混凝土抗压强度统计资料时，σ 值可按表 5.23 取用。施工中应根据现场施工时段强度的统计结果调整标准差 σ 值。

表 5.23　标准差 σ 选用值（DL/T 5330—2015）

设计龄期混凝土抗压强度标准值（MPa）	≤15	20～25	30～35	40～45	50
混凝土抗压强度标准差 σ（MPa）	3.5	4.0	4.5	5.0	5.5

（2）根据配制强度和设计允许的最大水胶比限值初选水胶比。

混凝土的水胶比应当以骨料在饱和面干状态下的混凝土单位用水量与单位胶凝材料用量的比值计算。

① 混凝土的水胶比应根据设计对混凝土性能的要求和环境水侵蚀类型，通过试验确定，并应符合《水工混凝土施工规范》（DL/T 5144—2015）（表 5.24）、《水工混凝土耐久性技术规范》（DL/T 5241—2010）（表 5.25）的规定。在选择水胶比时，还应考虑最低胶凝材料用量的要求。《水工混凝土施工规范》（DL/T 5144—2015）规定，大体积混凝土的胶凝材料用量不宜低于 140kg/m^3，水泥熟料含量不宜低于 70kg/m^3。

表 5.24　水胶比最大允许值

部位	严寒地区	寒冷地区	温和地区
上、下游水位以上（坝体外部）	0.50	0.55	0.60
上、下游水位变化区（坝体外部）	0.45	0.50	0.55
上、下游最低水位以下（坝体外部）	0.50	0.55	0.60
基础	0.50	0.55	0.60
内部	0.60	0.65	0.65
受水流冲刷部位	0.45	0.50	0.50

注：在有环境水侵蚀情况下，水位变化区外部及水下混凝土最大允许水胶比（或水灰比）应减小 0.05。

表 5.25　有抗冻要求的混凝土最大水胶比

抗冻等级	F300	F200	F100	F50
最大水胶比	0.45	0.50	0.55	0.58

② 当无试验资料时，不掺掺合料的常态混凝土的初选水胶比可按表 5.26 选取；掺掺合料时混凝土的最大水胶比应根据掺合料的品种适当调整，并通过试验确定。

表 5.26　不同强度等级的常态混凝土初选水胶比

28d 设计龄期混凝土抗压强度标准值（MPa）	水胶比
$f_{cu,k} \leqslant 20$	0.45～0.60
$20 < f_{cu,k} \leqslant 30$	0.40～0.55
$30 < f_{cu,k} < 50$	0.35～0.45
$f_{cu,k} \geqslant 50$	<0.35

注：①本表适用于使用 42.5 强度等级的通用硅酸盐水泥、中热硅酸盐水泥、不掺掺合料的混凝土，水胶比的选择还应考虑所用水泥的强度等级、掺合料品种及掺量、外加剂品种及掺量、骨料品种等因素；②当使用 32.5 强度等级的矿渣硅酸盐水泥、火山灰质硅酸盐水泥、粉煤灰硅酸盐水泥或复合硅酸盐水泥，以及低热硅酸盐水泥时，混凝土水胶比宜适当降低；当使用 52.5 通用硅酸盐水泥时，混凝土水胶比宜适当增大；C50 以上混凝土宜采用 42.5 及以上强度等级通用硅酸盐水泥或中热硅酸盐水泥；③当设计龄期大于 28d 时，混凝土水胶比宜适当增加。

③ 当无试验资料时，$C_{90}15$～$C_{90}25$ 碾压混凝土的初选水胶比可按表 5.27 选取。

表 5.27　不同强度等级的碾压混凝土初选水胶比

90d 设计龄期混凝土抗压强度标准值（MPa）	水胶比
$f_{cu,k} \leqslant 15$	0.50～0.55
$15 < f_{cu,k} \leqslant 20$	0.45～0.50
$f_{cu,k} \geqslant 25$	<0.45

注：① 本表适用于使用 42.5 强度等级的通用硅酸盐水泥或中热硅酸盐水泥掺合料用量 40%～60%的碾压混凝土；
② 当使用 32.5 强度等级的矿渣硅酸盐水泥、火山灰质硅酸盐水泥、粉煤灰硅酸盐水泥或复合硅酸盐水泥时，混凝土水胶比宜适当降低。

（3）根据骨料最大粒径、掺合料和外加剂的品种及掺量，采用初选混凝土用水量进行试拌。选择满足和易性要求的最少用水量。

① 常态混凝土用水量

水胶比在 0.40～0.65 范围，当无试验资料时，其初选用水量可按表 5.28 选取。

表 5.28　常态混凝土初选用水量表　　kg/m^3

混凝土坍落度（mm）	卵石最大粒径（mm）				碎石最大粒径（mm）			
	20	40	80	150	20	40	80	150
10～30	160	140	120	105	175	155	135	120
30～50	165	145	125	110	180	160	140	125
50～70	170	150	130	115	185	165	145	130
70～90	175	155	135	120	190	170	150	135

注：① 本表适用于细度模数为 2.6～2.8 的天然中砂，当使用细砂或粗砂时，用水量需增加或减少 3～5kg/m^3；
② 采用人工砂，用水量增加 5～10kg/m^3；
③ 采用Ⅰ级粉煤灰时，用水量可减少 5～10kg/m^3；
④ 采用外加剂时，用水量应根据外加剂的减水率进行适当调整，外加剂的减水率应通过试验确定。

水胶比小于 0.40 的混凝土及采用特殊成型工艺的混凝土用水量，应通过试验确定。

② 坍落度大于 90mm 的混凝土的用水量

以表 5.28 中坍落度 90mm 的用水量为基础，按坍落度每增大 20mm 用水量增加 5kg/m^3，计算出未掺外加剂时的混凝土用水量。

掺外加剂时的混凝土用水量可按式（5.47）计算。

$$m_w = m_{w0}(1-\beta) \tag{5.47}$$

式中　m_w——掺外加剂时混凝土用水量（kg/m^3）；

m_{w0}——未掺外加剂时混凝土用水量（kg/m^3）；

β——外加剂减水率。

外加剂减水率应通过试验确定。

③ 碾压混凝土用水量

水胶比在 0.40～0.70 范围，当无试验资料时，其初选用水量可按表 5.29 选取。

表 5.29 碾压混凝土初选用水量表 kg/m^3

维勃稠度值 *VC* (s)	卵石最大粒径（mm）		碎石最大粒径（mm）	
	40	80	40	80
1～5	120	105	135	115
5～10	115	100	130	110
10～20	110	95	120	105

注：①本表适用于细度模数为 2.6～2.8 的天然中砂，当使用细砂或粗砂时，用水量需增加或减少 5～10kg/m^3；②采用人工砂，用水量可增加 5～10kg/m^3；③采用Ⅰ级粉煤灰时，用水量可减少 5～10kg/m^3；④采用外加剂时，用水量应根据外加剂的减水率进行适当调整，外加剂的减水率应通过试验确定；⑤维勃稠度值 *VC* 按《公路工程水泥及水泥混凝土试验规程》（JTG 3420—2020）的规定进行。

（4）选取骨料级配。

粗骨料按粒径依次分为 5～20mm、20～40mm、40～80mm、80～150mm 四个粒级。水工大体积混凝土宜使用最大粒径较大的骨料，粗骨料最佳级配（或组合比）应通过试验确定，以紧密堆积密度较大时的级配为宜。当无试验资料时，可按表 5.30 选取。

表 5.30 石子组合比初选表

混凝土种类	级配	石子最大粒径（mm）	卵石（小：中：大：特大）	碎石（小：中：大：特大）
常态混凝土	二	40	40：60：0：0	40：60：0：0
	三	80	30：30：40：0	30：30：40：0
	四	150	20：20：30：30	25：25：20：30
碾压混凝土	二	40	50：50：0：0	50：50：0：0
	三	80	30：40：30：0	30：40：30：0

注：表中比例为质量比。

（5）选取砂率。

混凝土配合比宜选取最优砂率。最优砂率应根据骨料品种、品质、粒径、水胶比和砂的细度模数等通过试验选取。当无试验资料时，可按以下初选砂率试验确定。

① 常态混凝土坍落度小于 10mm 时，砂率应通过试验确定；混凝土坍落度为 10～60mm 时，砂率可按表 5.31 初选并通过试验最后确定；混凝土坍落度大于 60mm 时，砂率可通过试验确定，也可在表 5.31 的基础上按坍落度每增大 20mm，砂率增大 1%的幅度予以调整。

表 5.31 常态混凝土砂率初选表 %

骨料最大粒径 (mm)	水胶比			
	0.40	0.50	0.60	0.70
20	36～38	38～40	40～42	42～44
40	30～32	32～34	34～36	36～38
80	24～26	26～28	28～30	30～32
150	20～22	22～24	24～26	26～28

注：①本表适用于卵石、细度模数为 2.6～2.8 的天然中砂拌制的混凝土；②砂的细度模数每增减 0.1，砂率相应增减 0.5%～1.0%；③使用碎石时，砂率需增大 3%～5%；④使用人工砂时，砂率需增大 2%～3%；⑤掺用引气剂时，砂率可减小 2%～3%；⑥掺用粉煤灰时，砂率可减小 1%～2%。

② 碾压混凝土的砂率可按表 5.32 初选并通过试验最后确定。

表 5.32　碾压混凝土砂率初选表 %

骨料最大粒径（mm）	水胶比			
	0.40	0.50	0.60	0.70
40	32～34	34～36	36～38	38～40
80	27～29	29～32	32～34	34～36

注：①本表适用于卵石、细度模数为 2.6～2.8 的天然中砂拌制的 *VC* 值为 3～7s 的碾压混凝土；②砂的细度模数每增减 0.1，砂率相应增减 0.5%～1.0%；③使用碎石时，砂率需增大 3%～5%；④使用人工砂时，砂率需增大 2%～3%；⑤掺用引气剂时，砂率可减小 2%～3%；⑥掺用粉煤灰时，砂率可减小 1%～2%。

（6）外加剂及掺合料掺量。

① 外加剂掺量按胶凝材料质量的百分比计，应通过试验确定，并符合国家和行业现行有关标准的规定。

② 掺合料的掺量按胶凝材料质量的百分比计，应通过试验确定，并符合国家和行业现行有关标准的规定。

③ 有抗冻要求的混凝土，应掺用引气剂，其掺量应根据混凝土的含气量要求通过试验确定，混凝土的最小含气量应参照《水工混凝土耐久性技术规范》（DL/T 5241—2010）确定。混凝土的含气量不宜超过 7%。

（7）胶凝材料用量。

胶凝材料用量（m_c+m_p）、水泥用量（m_c）和掺合料用量（m_p）分别按式（5.48）～式（5.50）计算。

$$(m_c+m_p)=m_w/[w/(c+p)] \tag{5.48}$$

$$m_c=(1-P_m)(m_c+m_p) \tag{5.49}$$

$$m_p=P_m/(m_c+m_p) \tag{5.50}$$

式中　m_c——每立方米混凝土水泥用量（kg）；

m_p——每立方米混凝土掺合料用量（kg）；

m_w——每立方米混凝土用水量（kg）；

P_m——掺合料掺量；

$w/(c+p)$——水胶比。

（8）计算粗、细骨料用量（m_s、m_g），确定计算配合比。

① 体积法

a. 每立方米混凝土中粗、细骨料的绝对体积、细骨料用量、粗骨料用量分别按式（5.51）～式（5.53）计算。

$$V_{s,g}=1-\left(\frac{m_w}{\rho_w}+\frac{m_c}{\rho_c}+\frac{m_p}{\rho_p}+\alpha\right) \tag{5.51}$$

$$m_s=V_{s,g}S_v\rho_s \tag{5.52}$$

$$m_g=V_{s,g}(1-S_v)\rho_s \tag{5.53}$$

式中　$V_{s,g}$——砂、石的绝对体积（m^3）；

m_w——每立方米混凝土用水量（kg）；

m_c——每立方米混凝土水泥用量（kg）；

m_p——每立方米混凝土掺合料用量（kg）；

m_s——每立方米混凝土细骨料用量（kg）；

m_g——每立方米混凝土粗骨料用量（kg）；

α——每立方米混凝土中含有的空气体积（m^3）；

S_v——体积砂率（%）；

ρ_w——水的密度（kg/m^3）；

ρ_c——水泥密度（kg/m^3）；

ρ_p——掺合料密度（kg/m^3）；

ρ_s——细骨料饱和面干表观密度（kg/m^3）；

ρ_g——粗骨料饱和面干表观密度（kg/m^3）。

b. 粗骨料各级石子用量按选定的级配比例计算。

② 质量法

a. 每立方米混凝土拌合物的质量计算可按表 5.33 选用，混凝土拌合物每立方米的实际质量应通过试验确定。

表 5.33　每立方米混凝土拌合物的假定质量（$m_{c,e}$）

混凝土种类	粗骨料最大粒直径（mm）				
	20	40	80	120	150
普通混凝土（kg/m^3）	2380	2400	2430	2450	2460
引气混凝土（kg/m^3）	2280（5.5%）	2320（4.5%）	2350（3.5%）	2380（3.0%）	2390（3.0%）

注：① 适用于骨料表观密度为 2600～2650kg/m^3的混凝土；

② 骨料表观密度每增减 100kg/m^3，混凝土拌合物质量相应增减 60kg/m^3，含气量每增减 1%，混凝土拌合物质量相应减增 1%；

③ 表中括号内的数字为引气混凝土的含气量。

每立方米混凝土中骨料总质量、细骨料用量、粗骨料用量分别按式（5.54）～式（5.56）计算。

$$m_{s,g}=m_{c,e}-(m_w+m_c+m_p) \tag{5.54}$$

$$m_s=m_{s,g}S_m \tag{5.55}$$

$$m_g=m_{s,g}-m_s \tag{5.56}$$

式中　$m_{s,g}$——每立方米混凝土中骨料总质量（kg）；

$m_{c,e}$——每立方米混凝土拌合物的质量假设值（kg）；

m_w——每立方米混凝土用水量（kg）；

m_c——每立方米混凝土水泥用量（kg）；

m_p——每立方米混凝土掺合料用量（kg）；

m_s——每立方米混凝土细骨料用量（kg）；

m_g——每立方米混凝土粗骨料用量（kg）；

S_m——质量砂率。

b. 各级粗骨料用量按选定的级配比例计算。

混凝土配合比计算成果应制表列出每立方混凝土各组成材料的用量和比例。

4. 混凝土配合比的试配、调整和确定

（1）混凝土配合比的试配

① 按计算的配合比进行试拌，每盘混凝土的最小拌合量应符合表 5.34 的规定，当采用机械拌合时，其拌合量不宜小于拌合机额定拌合量的 1/4。

表 5.34　混凝土试配的最小拌合量

骨料最大粒径（mm）	拌合物数量（L）
20	15
40	25
≥80	40

② 根据坍落度或 VC 值、含气量、泌水、离析等情况判断混凝土拌合物的工作性，对初步确定的用水量、砂率、外加剂掺量等进行适当调整，选择坍落度最大（或 VC 值最小）时的砂率作为最优砂率；用最优砂率试拌确定满足工作性要求的用水量，然后提出混凝土试验用的配合比。

③ 混凝土强度试验配合比应基于初选确定的水胶比进行不少于 3 个掺合料掺量和 3～5 个水胶比的组合，进行混凝土立方体抗压强度试验。根据强度试验结果，建立不同掺合料掺量时混凝土抗压强度与水胶比的关系曲线或相关方程式，计算出不同掺合料掺量时混凝土配制强度相对应的水胶比，按照工作性、强度及经济合理的原则选择合适的掺合料掺量及对应的水胶比。必要时还应根据混凝土设计指标要求进行变形和耐久性能验证试验。

（2）混凝土配合比的调整

经试配确定配合比后，尚需对混凝土中各种材料用量进行校正。

① 按确定的材料用量用式（5.57）计算每立方米混凝土拌合物的质量。

$$m_{c,c}=m_w+m_c+m_p+m_s+m_g \tag{5.57}$$

② 按式（5.58）计算混凝土配合比校正系数 δ。

$$\delta=\frac{m_{c,t}}{m_{c,c}} \tag{5.58}$$

式中　δ——配合比校正系数；

$m_{c,c}$——每立方米混凝土拌合物的质量计算值（kg）；

$m_{c,t}$——每立方米混凝土拌合物的质量实测值（kg）。

③ 按校正系数 δ 对配合比中每项材料用量进行调整，即为调整的设计配合比。

（3）混凝土配合比的确定

按调整后的混凝土配合比进行性能试验，所有性能均满足设计要求时的配合比即为确定的配合比。

当使用过程中遇下列情况之一时，应调整或重新进行配合比设计：

① 对混凝土性能指标要求有变化时；

② 混凝土原材料品种、质量有明显变化时。

5.4 其他品种混凝土

5.4.1 轻质混凝土

一般将干表观密度小于 1950kg/m^{3}的混凝土称为轻质混凝土，包括轻骨料混凝土、多孔混凝土和无砂大孔混凝土三类。

1. 轻骨料混凝土

轻骨料混凝土是指用轻粗骨料、轻砂（或普通砂）、水泥和水配制而成的干表观密度不大于 1950kg/m^{3}的混凝土。由轻砂作细骨料配制而成的轻骨料混凝土可称为全轻混凝土，由普通砂或普通砂中掺加部分轻砂作细骨料配制而成的轻骨料混凝土可称为砂轻混凝土。其中，轻骨料（轻粗骨料和轻砂）是指堆积密度小于 1200kg/m^{3}的多孔轻质骨料。

轻骨料混凝土按照用途分为保温轻骨料混凝土、结构保温轻骨料混凝土和结构轻骨料混凝土，见表 5.35。

表 5.35 轻骨料混凝土按用途分类

类别名称	混凝土强度等级的合理范围	混凝土表观密度等级的合理范围	用途
保温轻骨料混凝土	LC5.0	≤800	主要用于保温的围护结构或热工构筑物
结构保温轻骨料混凝土	LC5.0、LC7.5、LC10、LC15	800～1400	主要用于既承重又保温的围护结构
结构轻骨料混凝土	LC15、LC20、LC25、LC30、LC35、LC40、LC45、LC50、LC55、LC60	1400～1900	主要用于承重构件或构筑物

（1）轻骨料混凝土的主要技术性质

① 表观密度

轻骨料混凝土根据其干表观密度大小分为 14 个等级，见表 5.36。

表 5.36 轻骨料混凝土的密度等级

密度等级	干表观密度的变化范围（kg/m^3）	密度等级	干表观密度的变化范围（kg/m^3）
600	560～650	1300	1260～1350
700	660～750	1400	1360～1450
800	760～850	1500	1460～1550
900	860～950	1600	1560～1650
1000	960～1050	1700	1660～1750
1100	1060～1150	1800	1760～1850
1200	1160～1250	1900	1860～1950

② 强度

轻骨料混凝土强度等级确定方法与普通混凝土相似，采用边长为150mm的立方体试件，在标准养护制度下养护至28d测得的具有95%以上保证率的抗压强度标准值来确定。

轻骨料混凝土强度与轻骨料品种、性质、用量等因素有关。轻骨料混凝土的强度与其表观密度关系密切，一般来说，表观密度越大，强度越高。轻粗骨料颗粒越坚硬，混凝土强度越高。中、低强度等级的轻骨料混凝土的抗拉强度与抗压强度的比值为1/7～1/5，且随着强度等级增高，其拉压比略有下降。

③ 变形与导热性质

与普通混凝土相比，轻骨料混凝土受力后变形较大，弹性模量较低。干缩、徐变均大于普通混凝土。轻骨料混凝土的导热系数与其容积密度及含水状态有关。

④ 抗渗及抗冻性

通常为了改善轻骨料混凝土的和易性，一般都加入足量的矿物掺合料，由于掺合料的火山灰反应及颗粒密实堆积作用使得骨料与浆体界面过渡区界面更加密实。此外，掺合料的掺入降低了水泥用量，降低了水化热，有助于减少热应力产生的微裂缝。因此，轻骨料混凝土的抗渗性优于普通混凝土。

轻骨料颗粒疏松多孔，且孔隙不易被水饱和。混凝土受冻时，部分受冻的水可以被结冰的膨胀压力挤入骨料的孔隙中，从而减少了冰的膨胀压力及混凝土的内应力。轻骨料混凝土的抗冻性与骨料颗粒本身强度密切相关，若轻骨料本身抗冻性差，用其制备的轻骨料混凝土的抗冻性也较差，即使掺入引气剂，对提高混凝土的抗冻性的能力也有限。此外，轻骨料混凝土抗冻性与其强度也是密切相关的。低强度等级的轻骨料混凝土承受的冻融循环次数远少于高强轻骨料混凝土。

(2) 轻骨料混凝土的制作与使用特点

① 轻骨料本身吸水率较天然砂、石大，若不进行预湿，则拌合物在运输或浇筑过程中的坍落度损失较大，在设计混凝土配合比时须考虑轻骨料附加水量。

② 拌合物中粗骨料容易上浮，也不易搅拌均匀，应选用强制式搅拌机进行较长时间的搅拌。轻骨料混凝土成型时振捣时间不宜过长，以免造成分层，最好采用加压振捣。

③ 轻骨料吸水能力较强，要加强浇水养护，防止早期干缩开裂。

④ 轻骨料预吸收的水分，有利于后期的内养护作用，可有效降低后期干燥收缩。

2. 泡沫混凝土

泡沫混凝土是多孔混凝土的一种，一般无粗、细骨料，内部充满大量细小封闭的孔，孔隙率达60%以上。近年来，也有用压缩空气经过充气介质弥散成大量微气泡，均匀地分散在料浆中而形成多孔结构，这种多孔混凝土称为充气混凝土。

多孔混凝土质轻，其表观密度不超过1000kg/m^3，通常在300～800kg/m^3；保温性能良好，导热系数随其表观密度降低而减小，一般为0.09～0.20W/(m·K)；其制品的可加工性好，可锯、可刨、可钉、可钻，并可用胶粘剂黏结。

泡沫混凝土也可在现场直接浇筑，用作屋面或墙体保温层。

3. 大孔混凝土

大孔混凝土指无细骨料的混凝土，按其粗骨料的种类，可分为普通无砂大孔混凝土和轻骨料大孔混凝土两类。普通大孔混凝土是用碎石、卵石、重矿渣等配制而成的。轻骨料大孔混凝土则是用陶粒、浮石、碎砖、煤渣等配制而成的。有时为了提高大孔混凝土的强度，也可掺入少量细骨料，这种混凝土称为少砂混凝土。

大孔混凝土适用于制作墙体小型空心砌块、砖和各种板材，也可用于现浇墙体。普通大孔混凝土还可制成滤水管、滤水板等，广泛用于市政工程。

5.4.2 高性能与超高性能混凝土

1. 高性能混凝土

高性能混凝土是20世纪80年代末90年代初，一些发达国家基于混凝土结构耐久性设计制成的一种全新概念的混凝土，它以耐久性为首要设计指标。

（1）高性能混凝土的定义

高性能混凝土以建设工程设计、施工和使用对混凝土性能特定要求为总体目标，选用优质常规原材料，合理掺加外加剂和矿物掺合料，采用较低水胶比并优化配合比，通过预拌合绿色生产方式及严格的施工措施，制成具有优异的拌合物性能、力学性能、耐久性能和长期性能的混凝土。

高性能混凝土是混凝土技术从传统理念向现代转变、革新过程的产物，并非一个能做精确界定的简单术语。高性能混凝土是针对具体应用和环境而开发的，采用常规材料和生产工艺，达到工程结构耐久性的质量要求和目标，满足不同工程要求的性能和具有均质性的混凝土。高性能混凝土是在结构中实现的，特别强调在特定工程与环境中的高体积稳定性和高耐久性。因此，严格来说，高性能混凝土不是混凝土的一个品种。

（2）高性能混凝土的配制

① 高性能混凝土技术路线和配制原则

为实现混凝土的高性能，从配合比设计上应遵循“三低”的技术路线，即低水胶比、低水泥用量和低单位用水量。混凝土的配合比设计应遵循下述原则：

a. 水胶比

水胶比对高性能混凝土很重要，可依靠减水剂实现混凝土的低水胶比。

b. 高效减水剂和引气剂

掺入高效减水剂能够保证混凝土拌合物在低水胶比、胶凝材料用量不够多的情况下满足施工要求。在使用高效减水剂时复合一定量的引气剂，保证混凝土拌合物具有3%～5%的含气量，对混凝土体积稳定性和耐久性具有重要意义。

c. 选择高质量的骨料

骨料的颗粒级配、粒形和最大粒径对混凝土质量影响显著，特别是高性能混凝土对骨料质量要求更加严格。

d. 矿物掺合料

在混凝土拌合物中掺入适量矿物掺合料，可有效改善混凝土拌合物的施工和易性；降低混凝土早期水化热，有助于减少热应力产生的微裂缝；矿物掺合料中的活性组分能够与水泥的水化产物 $Ca(OH)_2$ 进行二次水化反应，提高混凝土的抗化学侵蚀性能；提高混凝土密实度和凝胶品质，改善耐久性能。

e. 浆骨比

浆骨比决定用水量和胶凝材料用量，能够有效控制混凝土内部的水化温升及因热应力导致的微裂缝，保证混凝土的体积稳定性和耐久性。

② 高性能混凝土配合比设计

目前关于高性能混凝土的配合比设计有：吴中伟教授提出的简易配合比设计方法、黄兆龙教授提出的高密实配合比设计方法和廉慧珍教授提出的基于饱和面干骨料的体积法等。

2. 超高性能混凝土

超高性能混凝土是由水泥、掺合料、增强纤维、外加剂和水等原材料制成的具有超高力学性能、超高抗侵蚀性介质渗透性能、兼具改善脆性特征的水泥基复合材料。

（1）超高性能混凝土的配制

① 按颗粒紧密堆积理论进行配合比设计，水胶比一般小于 0.20，不宜超过 0.25；最大骨料粒径通常小于 2.5mm，根据应用需要也可使用更大粒径的骨料；

② 采用高抗拉强度短纤维进行增强、增韧。对承重结构，宜选用钢纤维，抗拉强度宜不低于 2000MPa；对非承重结构，可使用钢纤维、耐碱玻璃纤维、聚乙烯醇纤维，或复合使用。

（2）超高性能混凝土的制备原理

① 剔除粗骨料，限制细骨料的最大粒径，提高了骨料的均匀性；

② 通过优化细骨料的级配，使其密布整个颗粒空间，增大了骨料的密实度；

③ 掺入硅灰、粉煤灰等超细活性矿物掺合料，使其具有很好的微粉填充效应，并通过化学反应降低孔隙率，减小孔径，优化内部孔结构；

④ 在硬化过程中，通过加压和热养护，减少化学收缩，并将水化硅酸钙凝胶转化成托贝莫来石，继而成为硬硅钙石，改善材料的微观结构；

⑤ 通过添加短而细的钢纤维，改善材料延性。

（3）超高性能混凝土的性能特征

① 对常见导致水泥基材料劣化或破坏作用有良好的抵抗或免疫能力，包括钢筋腐蚀、碳化、冻融循环破坏、碱一骨料反应，延迟钙矾石生成、硫酸盐侵蚀等。

② 有较高的抗拉强度和抗变形能力，一般抗拉强度大于 5MPa，峰值应力应变大于 1500 微应变；可实现单轴拉伸的应变硬化行为；具有高抗冲击性能，可用于防爆或防侵蚀。

③ 有较高的抗压强度，一般大于 120MPa。

④ 如果经过标准蒸汽养护（蒸汽养护 90℃恒温 48h、升降温速率不超过 15℃/h），其收缩基本完成，随后的收缩和徐变小至可以忽略。

表 5.37 给出硬化超高性能混凝土的一般技术指标典型值。

表 5.37　硬化超高性能混凝土的基本技术指标

性能指标	典型值	性能指标	典型值
氯离子扩散系数（$\times10^{-14}m^2/s$）	＜20	极限拉应变（‰）	1～5
抗拉强度（MPa）	5～15	断裂能（kJ/m^2）	8～40

续表

性能指标	典型值	性能指标	典型值
弹性极限抗拉强度（MPa）	5～12	收缩应变终极值（‰）	非蒸养：0.6～0.8 经蒸养：0
抗弯强度（MPa）	15～40	徐变系数终极值	非蒸养：0.8～1.0 经蒸养：0.2～0.4
抗压强度（MPa）	120～250	热膨胀系（$\times10^{-5}$/℃）	1.0～1.3
弹性模量（GPa）	40～60	密度（kg/m^3）	2300～2700
泊松比	0.2		

（4）超高性能混凝土的不足

① 有些性能虽有明显提高，但尚未达到理想水平，如耐强酸或高腐蚀性盐类的能力尚不足；耐磨、防火等性能必须是专门设计制备的超高性能混凝土，才具备较高性能水平；

② 对现浇构件，超高性能混凝土的早期收缩不可忽视；

③ 在大多数场合，超高性能混凝土为各向异性材料，受纤维分布和取向影响，有尺寸效应。

5.4.3 纤维混凝土

纤维混凝土是以水泥净浆、砂浆或混凝土作基材，以非连续的短纤维或连续的长纤维作增强材料所制成的水泥基复合材料的总称。

根据纤维弹性模量的高低可将纤维混凝土分为低弹模纤维混凝土和高弹模纤维混凝土。低弹模纤维（有机纤维、尼龙、聚丙烯、聚乙烯等）只能提高混凝土韧性、抗冲击性能、抗热爆炸性能等与韧性有关的物理性能；而高弹模纤维（钢纤维、玻璃纤维、碳纤维等）则不仅提高上述性能，还能使混凝土的抗拉强度和刚性有较大提高。这两类纤维混凝土通常被应用于不同的场合。

目前常用的纤维混凝土为钢纤维混凝土、玻璃纤维混凝土、碳纤维混凝土和合成纤维混凝土。

5.4.4 水下浇筑混凝土

水下浇筑混凝土也称为水下不分散混凝土，是一种可以在水下浇筑，不会像普通水泥混凝土那样在水的作用下骨料与水泥浆发生分离的新型混凝土。

需要进行水下施工的混凝土工程有很多，如混凝土桥墩、海上油气井台的桩基、海岸的防浪堤坝、混凝土码头和船坞等。水下工程建设离不开水下混凝土。另有一些水下混凝土构筑物的修补及加固工程也需要在水下进行混凝土的浇筑施工。

除水泥、水、骨料外，水下浇筑混凝土的组成材料中还必须掺入絮凝剂。絮凝剂掺入混凝土中，可以提高混凝土的保水性，使新浇灌的混凝土在水下具有优良的抗分散性、塑性，很少产生泌水或浮浆现象，并具有很好的自流平和填充性。

水下浇筑混凝土配合比设计时，除须满足设计所提出的强度外，更为重要的是必须满足水下抗分散性、填充性及和易性要求。水下浇筑混凝土的和易性包括黏稠性与流动性。由于水下混凝土施工不可能振捣，和易性是影响水下浇筑混凝土施工质量的关键。

5.4.5 大体积混凝土

混凝土结构物实体最小尺寸大于或等于 1m，或预计会因水泥水化热引起混凝土内外温差过大而导致裂缝的混凝土。

大体积混凝土应尽量降低混凝土温升，控制混凝土降温速度。用于大体积混凝土的水泥应选用水化热低和凝结时间长的水泥，如低热和中热矿渣硅酸盐水泥、矿渣硅酸盐水泥、粉煤灰硅酸盐水泥、火山灰质硅酸盐水泥等。当采用硅酸盐水泥和普通硅酸盐水泥时，应采取相应措施延缓水化热的释放；应掺用缓凝剂、减水剂和减少水泥水化放热的掺合料；在保证混凝土强度和坍落度要求的前提下提高掺合料及骨料含量，以降低单方混凝土水泥用量。

本章小结

混凝土是指由胶凝材料、粗细骨料、水等材料按适当的比例配合、拌合制成的混合物，经过一定时间后硬化而成的坚硬固体。

新拌混凝土的和易性是指拌合物易于搅拌、运输、浇捣成型，并能获得质量均匀、成型密实的混凝土的一项综合技术性能。和易性包括流动性、黏聚性和保水性三个方面。

混凝土的强度主要有抗压强度、抗折强度、抗拉强度和抗剪强度等。混凝土的变形可分为非荷载作用下的变形和荷载作用下的变形。混凝土的耐久性是指在外部和内部不利因素的长期作用下，保持其原有设计性能和使用功能的性质。

混凝土配合比设计的三个基本技术参数为水胶比、单位用水量和砂率。

除普通混凝土外，根据用途及性能的不同，还可选用水工混凝土、轻质混凝土、高性能与超高性能混凝土、纤维混凝土、水下浇筑混凝土、大体积混凝土、塑性混凝土等很多具有独特性能的其他种类混凝土。

复习思考题

1. 简述石子最大粒径、针片状、压碎指标的概念及测试和计算方法。
2. 简述粗骨料最大粒径的限制条件。
3. 减水剂的作用机理和使用效果是什么？
4. 简述混凝土拌合物和易性的概念、测试方法、主要影响因素、调整方法及改善措施。
5. 简述混凝土立方体抗压强度、棱柱体抗压强度、抗拉强度和劈裂抗拉强度的概念及相互关系。
6. 影响混凝土强度的主要因素及提高强度的主要措施有哪些？
7. 影响混凝土干缩值大小的主要因素有哪些？

8. 简述温度变形对混凝土结构的危害。

9. 影响混凝土耐久性的主要因素及提高耐久性的措施有哪些？

10. 混凝土的合理砂率及确定的原则是什么？

11. 钢筋混凝土梁的截面最小尺寸为320mm，配置钢筋的直径为20mm，钢筋中心距离为80mm，则可选用最大粒径为多少的石子？

12. 三个建筑工地生产的混凝土，实际平均强度均为23.0MPa，设计要求的强度等级均为C20，三个工地的强度变异系数C_v值分别为0.102、0.155和0.250。三个工地生产的混凝土强度保证率（P）分别是多少？试比较三个工地施工质量控制水平。

13. 已知混凝土的水胶比为0.60，每立方米混凝土拌合用水量为180kg，采用砂率33%，水泥的密度$\rho_c=3.10g/cm^3$砂和石子的表观密度分别为$\rho_s=2.62g/cm^3$及$\rho_g=2.70g/cm^3$。试用体积率求$1m^3$混凝土中各材料的用量。

14. 某实验室试拌混凝土，经调整后各材料用量如下：普通水泥4.5kg，水2.7kg，砂9.9kg，碎石18.9kg。测得拌合物表观密度为2.38kg/L，试求：

（1）每立方米混凝土的各材料用量；

（2）当施工现场砂含水率为3.5%、石子含水率为1%时，求施工配合比；

（3）如果把实验室配合比直接用于现场施工，则现场混凝土的实际配合比将如何变化？对混凝土强度将产生多大影响？

15. 某混凝土预制构件厂生产预应力钢筋混凝土大梁，需设计强度为C40的混凝土，拟用原材料如下：

水泥：普通硅酸盐水泥42.5级，水泥强度富余系数为1.10，$\rho_c=3.15g/cm^3$。

中砂：$\rho_s=2.66g/cm^3$，级配合格。

碎石：$\rho_g=2.70g/cm^3$，级配合适，$D_{max}=20mm$。

已知单位用水量$W=170kg$，标准差$\sigma=5MPa$。试用体积法计算混凝土配合比，并求出每拌三包水泥（每包水泥重50kg）的混凝土时各材料的用量。

16. 试述混凝土拌合物施工和易性的主要因素和改善措施。

17. 解释下列关于混凝土强度名词：（1）立方体强度标准值；（2）强度等级；（3）混凝土配制强度；（4）劈裂抗拉强度；（5）抗折强度。

18. 试述“水胶比定则”的意义，简述影响混凝土强度的主要因素及提高混凝土的主要途径。

19. 普通水泥混凝土的组成材料在技术性质上有哪些主要要求？

20. 简述普通水泥混凝土初步配合比设计步骤。经过初步计算所得的配合比，为什么还要进行试拌、调整？试拌、调整的内容是什么，如何进行？

21. 混凝土外加剂按其功能可分为几类？试述减水剂和引气剂的作用机理和应用效果。

22. 试设计某跨度6m预应力T梁用水泥混凝土的配合比。

设计资料：水泥混凝土设计强度等级C40，工程要求的强度保证率为95%，水泥混凝土施工强度标准差6.0MPa；要求混凝土拌合物的坍落度为30～50mm。

组成材料及性质：水泥P·Ⅰ52.5级，实测抗压强度为58.5MPa，密度$\rho_c=3100kg/m^3$；碎石用一级石灰岩轧制，最大粒径为20mm，表观密度$\rho'_g=2780kg/m^3$，

现场含水率 w_g＝1.0％；砂为清洁河砂，细度模数＝2.4，表观密度 ρ'_s＝2680kg/m^3，现场含水率 w_s＝5.0％；水符合混凝土拌合用水要求；减水剂用量为 0.8％，减水率 ρ_{ad}＝12％；粉煤灰符合Ⅰ级灰标准，表观密度＝2120kg/m^3。

设计要求：(1) 计算混凝土初步配合比（不掺减水剂和粉煤灰），并按现场含水率折算工地配合比；(2) 计算掺加 0.8％减水剂后，混凝土的初步配合比；(3) 用超量取代法计算粉煤灰混凝土初步配合比。

23. 什么是水工混凝土？如何进行水工混凝土的配合比设计？

24. 什么是高性能混凝土？高性能混凝土配合比设计有何特点？

6

砂　　浆

本章概要

本章重点介绍了砌筑砂浆、抹面砂浆和水工砂浆的含义、组成材料、技术性质及配合比，并简单介绍了其他品种砂浆。

6.1 概　　述

砂浆是由胶凝材料、细骨料、掺合料及水等为主要原料按适当比例配合、拌制经硬化而成的工程材料，也称为无粗骨料混凝土，用于砌筑、抹面、修补和装饰等工程。

按胶凝材料的不同，砂浆可分为水泥砂浆、石灰砂浆和混合砂浆等。通常应根据使用环境、用途等合理选择。在干燥条件下使用的砂浆既可选用石灰、石膏，也可选用水泥；在潮湿环境或水中使用的砂浆则必须使用水泥。此外，按用途的不同可把砂浆分为砌筑砂浆、抹面砂浆、水工砂浆，以及耐酸防腐、保温、吸声等特种用途砂浆。

6.2 砌筑砂浆

将砖、石及砌块黏结成为砌体的砂浆称为砌筑砂浆。砌筑砂浆主要起黏结、传递荷载、协调变形的作用，是建筑工程中一种用量大、使用范围广、呈薄层状的材料。

6.2.1 砌筑砂浆的组成材料

6.2.1.1 胶凝材料

砌筑砂浆中使用的胶凝材料有各种水泥、石灰、石膏和有机胶凝材料等。

砌筑砂浆宜采用通用硅酸盐水泥或砌筑水泥。水泥强度等级应根据砂浆品种及强度等级的要求进行选择。强度等级为 M15 及以下的砂浆宜选用 32.5 级水泥，M15 以上的宜选用 42.5 级的水泥。水泥品种应根据砂浆的使用环境和用途选择。

6.2.1.2 细骨料

砂宜选用中砂，应符合混凝土用砂的技术性能要求。由于砂浆层较薄，因此，对砂的最大粒径应有所限制，应全部通过 4.75mm 的筛孔，且最大粒径应符合相应砂浆品种的要求：对毛石砌体的砂浆，砂的最大粒径应小于砂浆层厚度的 1/4～1/5，不大于 4.75mm；用于砖砌体的砂浆，砂的最大粒径应不大于 2.36mm；用于光滑的抹面及勾缝的砂浆，应采用细砂，且最大粒径小于 1.18mm。

6.2.1.3 掺加料

为提高砌筑质量，改善砂浆的和易性，拌制砂浆过程中常掺入混合材或塑化剂等。例如黏土膏、石灰膏或粉煤灰等可提高砂浆的保水性，调节强度等级，降低砂浆成本；掺入膨胀珍珠岩和引气剂等，可提高砂浆的保温性能；掺入泡沫剂、微沫剂等可改善砂浆的和易性，提高其抗裂性和抗冻性。

为改善和易性与其他性能，砂浆中可加入外加剂，如早强剂、防水剂、膨胀剂、增塑剂、胶粘剂等，所选外加剂应进行检测和试配，符合要求时才能使用。对引气型外加剂还应有完整的检验报告。

6.2.1.4 拌合水

拌合水的技术要求与混凝土的相同，应符合《混凝土用水标准》（JGJ 63—2006）的规定。

6.2.2 砌筑砂浆的技术性质

6.2.2.1 新拌砂浆的和易性

新拌砂浆的和易性是指新拌砂浆是否便于施工并保证质量的综合性质。和易性好的砂浆便于施工操作，容易在砖、石、砌体及结构等表面上铺成连续、均匀的薄层，并基底黏结牢固。新拌砂浆的施工和易性包括流动性和保水性两方面的性能。

（1）流动性

砂浆流动性也称为稠度，指其在重力或外力作用下流动的性质。用砂浆稠度测定仪测定，以沉入量（mm）表示，值越大，表示砂浆的流动性越好，测定方法按《建筑砂浆基本性能试验方法标准》（JGJ/T 70—2009）规定进行。影响砂浆稠度的因素包括胶凝材料及掺合料种类和用量、用水量、外加剂品种与掺量、砂的级配与粗细程度、拌合时间及周围环境等。

砂浆稠度的选择与砌体种类、施工方法及气候情况等有关，通常可根据施工操作经验来掌握。砌筑砂浆的施工稠度可参照表 6.1 选用。

表 6.1 砌筑砂浆的施工稠度（JGJ/T 98—2010）

砌体种类	砂浆稠度（mm）
烧结普通砖砌体、粉煤灰砖砌体	70～90
混凝土砖砌体、普通混凝土小型空心砌块砌体、灰砂砖砌体	50～70
烧结多孔砖、烧结空心砖砌体、轻骨料混凝土小型空心砌块砌体、蒸压加气混凝土砌块砌体	60～80
石砌体	30～50

（2）保水性

砂浆保水性是指新拌砂浆在停放、运输和使用过程中保持水分的能力，也是表征各组成材料是否容易分离的性能。保水性良好的砂浆，水分不易流失，容易摊铺成均匀的砂浆层，且与基底的黏结性好，强度较高；而保水性不好的砂浆对砌体质量及使用过程均有不良影响。

砂浆的保水性用“保水率”表示，值越大，保水性越好，测定方法按《建筑砂浆基本性能试验方法标准》（JGJ/T 70—2009）规定进行，砌筑砂浆的保水率要求如表 6.2 所示。

表 6.2　砌筑砂浆的保水率

砌筑砂浆种类	保水率（%）
水泥砂浆	≥80
水泥混合砂浆	≥84
预拌砌筑砂浆	≥88

（3）砂浆的分层度

分层度也反映砂浆的保水性能，评价分层度是为保证砂浆拌合物在运输或停放时的稳定性。分层度用分层度测定仪测定。搅拌均匀的砂浆先测定稠度，再装入分层度筒，静置 30min 后去掉上部 200mm 厚的砂浆，再测出筒下部分砂浆的稠度，两次稠度之差即为分层度。砂浆在运输或静置过程中，固体颗粒下沉，水分上浮，使上下层砂浆的稠度发生差异，保水性越差，差异越大，分层度就越大。分层度过大，砂浆易产生分层离析，不利于施工及水泥硬化；分层度过小或接近于 0 的砂浆，易产生干缩裂缝，故砌筑砂浆分层度宜控制在 10～30mm 之间。

6.2.2.2　硬化砂浆的性能

（1）抗压强度与强度等级

砌筑砂浆是以抗压强度作为强度指标。采用标准尺寸为 70.7mm×70.7mm×70.7mm 的立方体试件，在标准养护温度（20±2)℃、相对湿度 90%以上的标准养护室养护 28d，测定其抗压强度值。立方体抗压强度按式（6.1）计算。

$$f_{m,cu}=K\frac{N_u}{A} \tag{6.1}$$

式中　$f_{m,cu}$——砂浆立方体试件抗压强度，精确至 0.1MPa；

N_u——试件破坏荷载（N）；

A——试件承压面积（mm^2）；

K——换算系数，取 1.35。

根据立方体抗压强度值将水泥砂浆及预拌砌筑砂浆的强度等级划分为 M5、M7.5、M10、M15、M20、M25、M30 七个等级；水泥混合砂浆可分为 M5、M7.5、M10、M15 四个等级。对特别重要的砌体及耐久性要求较高的工程，宜采用 M10 以上的砂浆。

砂浆的实际强度与砌筑材料的吸水性有关，根据基面的吸水与否分为下列两种情况：

① 对不吸水基面（如致密的石材），砂浆强度的影响因素与混凝土相似，主要为水泥的强度和水灰比，其经验式如式（6.2）所示。

$$f_{m,28}=0.293f_{ce,28}\ (C/W-0.4) \tag{6.2}$$

式中　$f_{m,28}$——砂浆 28d 抗压强度（MPa）；

$f_{ce,28}$——水泥 28d 抗压强度（MPa）；

C/W——砂浆的灰水比。

② 对吸水基面（如烧结砖），无论砂浆拌合时用多少水，基底吸水后保留在砂浆中

的水量基本相同。砂浆强度主要与水泥强度和水泥用量有关，其关系式见式（6.3）。

$$f_{m,28}=\alpha f_{ce,28}\frac{m_{c0}}{1000} \tag{6.3}$$

式中 $f_{m,28}$——砂浆28d强度（MPa）；

$f_{ce,28}$——水泥28d抗压强度（MPa）；

m_{c0}——砂浆中单位体积水泥用量（kg/m^3）；

α——经验系数，可由试验测定。

（2）黏结力

为保证砌体具有一定的强度、耐久性及与建筑物的整体稳定性，砂浆与基层材料间应具有一定的黏结能力。通常，黏结力随抗压强度的增大而增加。在充分润湿、干净、粗糙的基面，砂浆的黏结力较大。

（3）砂浆的变形

变形是指砂浆在承受外力或环境条件变化时出现收缩的性质。当收缩过大或不均匀时，都会降低砌体的整体性，引起沉降和裂缝。若使用轻骨料拌制砂浆或掺合料掺量过大，也会引起较大的收缩变形，为了减少收缩，可以在砂浆中掺入适量的膨胀剂。

（4）耐久性

砌筑砂浆应具有较好的耐久性，经常与水接触的水工砌体有抗渗及抗冻要求，故水工砂浆应考虑抗渗、抗冻和抗侵蚀性。

6.2.3 砌筑砂浆的配合比设计

目前常用的砌筑砂浆有水泥砂浆和水泥混合砂浆两大类，其配合比计算如下。

6.2.3.1 砂浆配合比计算

1. 水泥混合砂浆配合比计算

（1）砂浆的配制强度（$f_{m,0}$）

砂浆的配制强度按式（6.4）计算。

$$f_{m,0}=kf_2 \tag{6.4}$$

式中 $f_{m,0}$——砂浆的配制强度（MPa）；

f_2——砂浆强度等级值（MPa）；

k——系数，可按表6.3取用。

表6.3 砂浆强度标准差σ及k值

施工水平、	砂浆强度标准差σ（MPa）							k
	M5.0	M7.5	M10	M15	M20	M25	M30	
优良	1.00	1.50	2.00	3.00	4.00	5.00	6.00	1.15
一般	1.25	1.88	2.50	3.75	5.00	6.25	7.50	1.20
较差	1.50	2.25	3.00	4.50	6.00	7.50	9.00	1.25

（2）计算水泥用量（Q_c）

每立方米砂浆中的水泥用量按式（6.5）计算。

$$Q_c=1000\ (f_{m,0}-\beta)\ /\ (\alpha\cdot f_{ce}) \tag{6.5}$$

式中 Q_c——每立方米砂浆中的水泥用量（kg）；

f_{ce}——水泥的实测强度（MPa）；

α、β——砂浆的特征系数，其中 α 取 3.03，β 取 −15.09。

在无法取得水泥的实测强度值时，可按式（6.6）计算。

$$f_{ce}=\gamma_c \cdot f_{ce,k} \tag{6.6}$$

式中 $f_{ce,k}$——水泥强度等级值（MPa）；

γ_c——水泥强度等级值的富余系数，宜按实际统计资料确定，无统计资料时可取 1.0。

（3）计算掺合料的用量（Q_D）

水泥混合砂浆中的掺合料用量按照式（6.7）计算。

$$Q_D=Q_A-Q_C \tag{6.7}$$

式中 Q_D——每立方米砂浆中掺合料用量（kg）；

Q_C——每立方米砂浆中的水泥用量（kg）；

Q_A——每立方米砂浆中水泥与掺合料的总量（kg），可为 350kg。

（4）确定砂的用量

砂浆中的水、胶结料和掺合料用于填充砂子的空隙，因此，$1m^3$ 的砂子能构成 $1m^3$ 的砂浆。$1m^3$ 干燥状态（含水率小于 0.5%）的砂子的堆积密度值，即为 $1m^3$ 砂浆所用的干砂量。

（5）确定砂浆中的用水量

砂浆中的用水量可根据稠度等要求选用 210～310kg/m^3。混合砂浆中的用水量，不包括石灰膏或黏土膏中的水。施工现场气候炎热或在干燥季节，可酌情增加用水量。

2. 水泥砂浆的配合比选用

实际工程中当选用的水泥强度等级较高时，按照水泥混合砂浆配合比设计方法计算水泥砂浆配合比会出现水泥计算用量偏少的现象，所得到的配合比并不合理。通常，根据工程类别及砌体部位等确定砂浆的设计强度等级并结合选用的水泥，按表 6.4 选取水泥的用量。其中，M15 及 M15 以下水泥砂浆所用水泥强度等级为 32.5 级，M15 以上水泥强度等级为 42.5 级。

表 6.4 每立方米水泥砂浆材料用量

强度等级	水泥用量（kg/m^3）	砂子用量	用水量（kg/m^3）
M5	200～230	砂的堆积密度值	270～330
M7.5	230～260		
M10	260～290		
M15	290～330		
M20	340～400		
M25	360～410		
M30	430～480		

注：当采用细砂或粗砂时，用水量分别取上限或下限。

3. 水泥粉煤灰砂浆的配合比选用

水泥粉煤灰砂浆的材料用量主要保留水泥和粉煤灰，可参照表 6.5 选用。

表 6.5　每立方米水泥粉煤灰砂浆材料用量

强度等级	水泥和粉煤灰总量 (kg/m³)	粉煤灰	砂子用量	用水量 (kg/m³)
M5	210～240	粉煤灰掺量可占胶凝材料总量的 15%～25%	砂的堆积密度值	270～330
M7.5	240～270			
M10	270～300			
M15	300～330			

注：表中水泥强度等级为 32.5 级。

6.2.3.2　砂浆配合比试配、调整与确定

按计算或查表所得的配合比进行试拌时，应测定其拌合物的稠度和保水率，当不能满足要求时，应调整材料用量，直到符合要求为止，然后确定为试配时的砂浆基准配合比。

试配时至少应采用三个不同的配合比，其中一个是基准配合比，另外两个配合比的水泥用量应按基准配合比分别增加或减少 10%。在保证稠度和保水率合格的条件下，可将用水量或掺加料用量做相应调整。

对三个不同的配合比进行调整后，按照规定方法成型试件，测定砂浆强度，然后选定符合试配强度要求且水泥用量最低的配合比作为砂浆的设计配合比。

另外，砂浆试配时，应采用工程中实际使用的材料，并使用机械搅拌，搅拌时间应从投料结束算起，并符合以下规定：水泥砂浆和水泥混合砂浆不得小于 120s；对掺加粉煤灰和外加剂的砂浆，不得小于 180s；用有机塑化剂的砂浆应为 180～300s。

6.2.4　砌筑砂浆的应用

砌筑砂浆常用于基础、墙壁、柱等工民建工程中，水泥砂浆还常被广泛用于砌筑堤坝、护坡、桥涵和砖石结构物，在水工建筑物或附属工程中也会用到砌筑砂浆，如副厂房、变电所、开关站和房屋建筑等。

6.3　抹面砂浆

抹面砂浆也称为抹灰砂浆，是指涂抹在基底材料的表面，兼有保护基层和增加美观作用的砂浆，通常大面积涂抹于建筑物墙、顶棚、柱等表面。抹面砂浆应具有良好的和易性，容易抹成均匀平整的薄层，与基底层有较高的黏结力，以保证其长期使用不会开裂或脱落。抹面砂浆按其功能的不同可分为普通抹面砂浆、防水砂浆和具有特殊功能的抹面砂浆等；按使用的胶凝材料的种类可分为水泥抹面砂浆、水泥粉煤灰抹面砂浆、水泥石灰抹面砂浆、掺塑化剂水泥抹面砂浆、聚合物水泥抹面砂浆及石膏抹面砂浆等。

6.3.1　普通抹面砂浆

普通抹面砂浆的主要功能是保护结构主体，可以抵抗风、雨、雪等自然因素及有害

介质的侵蚀，提高建筑物或墙体的抗风化、防潮、防腐蚀和保温隔热能力，将其用于室内则具有一定的装饰效果。

抹面砂浆一般分两层或三层进行施工。底层砂浆主要起黏结的作用，要求砂浆有良好的和易性、较高的黏结力，并且保水性要好，否则水分易被底面吸收掉而影响黏结力；中层主要起找平作用，有时可省去不用；面层砂浆起装饰作用，应达到平整美观的效果。

普通抹面砂浆的流动性和砂子的最大粒径可参考表 6.6，常用抹面砂浆的配合比及应用范围可参考表 6.7。

表 6.6　抹面砂浆的流动性及砂的最大粒径

抹面层	沉入度（mm）		砂的最大粒径（mm）
	人工操作	机械操作	2.36
底层	100～120	80～90	2.36
中层	70～90	70～80	1.18
面层	90～100	70～80	

表 6.7　常用抹面砂浆的配合比及应用范围

材料	配合比（体积比）	应用范围
石灰：砂	1：2～1：4	用于砖、石墙表面（潮湿的墙除外）
石灰：黏土：砂	1：1：4～1：1：8	用于干燥的墙表面
石灰：石膏：砂	1：0.4：2～1：1：3	用于不潮湿房间的墙和顶棚
石灰：石膏：砂	1：2：2～1：2：4	用于不潮湿房间的线角及其他装饰工程
水泥：砂	1：3～1：2.5	用于浴室、潮湿车间等墙裙、勒脚或地面基层
水泥：砂	1：2～1：1.5	用于地面、顶棚或墙面面层
水泥：砂	1：0.5～1：1	用于混凝土地面的压光

6.3.2　防水砂浆

用作防水层的砂浆称为防水砂浆，砂浆防水层又称为刚性防水层，适用于不受振动和具有一定刚度的混凝土或砖石砌体的表面，以及地下室、水塔、水池、储液罐等防水工程。防水砂浆主要有普通水泥防水砂浆、掺防水剂的防水砂浆及膨胀水泥或无收缩水泥配制的防水砂浆。

普通水泥防水砂浆是由水泥、细骨料、掺合料和水拌制成的砂浆。将其采用多层抹面作防水层时，要求水泥强度等级不低于 32.5 级，砂子宜采用中砂或粗砂。配制时，水泥和砂子的比例应为 1：2～1：3，水胶比范围为 0.40～0.50。

掺防水剂的防水砂浆是在普通水泥中掺入一定量的防水剂制成的，可以提高砂浆自防水能力，配合比范围与上述相同，是目前应用广泛的一种防水砂浆。

用膨胀水泥或无收缩水泥配制防水砂浆时，由于水泥具有微膨胀或补偿收缩性能，使砂浆的密实性增加，从而提高砂浆的抗渗性，并具有良好的防水效果。一般配合比（体积比）为水泥：砂子＝1：2.5，水胶比在 0.4～0.5 之间。

6.3.3 装饰砂浆

粉刷在建筑内外表面，具有美化、装饰等作用的抹面砂浆称为装饰砂浆。装饰砂浆施工时，底层和中层的抹面砂浆与普通抹面砂浆基本相同，其面层的使用材料要求具有一定颜色且采用特殊的工艺进行施工，使表面呈现出不同的色彩、质地、花纹和图案，增强其装饰效果。

6.4 水工砂浆

水工砂浆指与水工混凝土接触使用的水泥基砂浆，用于混凝土与基岩接触铺筑、混凝土浇筑升层间铺筑、混凝土施工中局部处理等。

6.4.1 原材料组成

砂浆所使用的原材料应与其接触的混凝土所使用的原材料相同。

砂浆应与其接触的混凝土所使用的掺合料掺量相同，减水剂的掺量为混凝土掺量的70%左右；当掺引气剂时，其掺量应通过试验确定，以含气量达到7%～9%时的掺量为宜。

6.4.2 水工砂浆技术性能

水工砂浆用于水工建筑物的基岩处理和水工混凝土层间处理和局部处理，为保证水工建筑物的整体性，水工砂浆的技术指标要求应与接触混凝土的技术指标要求相同，主要包括强度和耐久性等技术指标，其中针对水工砂浆的力学性能主要包括抗压强度、劈裂抗拉强度、黏结强度、轴向抗拉强度等。

6.4.3 水工砂浆配合比设计

水工砂浆配合比参照《水工混凝土配合比设计规程》（DL/T 5330—2015）进行设计。砂浆的技术指标要求应与其接触的混凝土的设计指标相适应，且使用的原材料应与其接触的混凝土所使用的原材料相同。

6.4.3.1 水工砂浆配合比计算

（1）砂浆的配制强度（$f_{m,0}$）。

砂浆的配制强度按式（6.8）计算。

$$f_{m,0}=f_{m,k}+t\sigma \tag{6.8}$$

式中 $f_{m,0}$——砂浆配制抗压强度（MPa）；

$f_{m,k}$——砂浆设计龄期的立方体抗压强度标准值（MPa）；

t——概率度系数（由给定的保证率 P 选定，其值按表 5.5 选用；当设计龄期为 28d 时，抗压强度保证率为 95%。其他龄期砂浆抗压强度保证率应符合设计要求）；

σ——砂浆立方体抗压强度标准差（MPa）。

砂浆抗压强度标准差宜按同品种砂浆抗压强度统计资料确定。

统计时，砂浆抗压强度试件总数应不少于25组。根据近期相同抗压强度、生产工艺和配合比基本相同的砂浆抗压强度资料，砂浆抗压强度标准差σ按式（6.9）计算。

$$\sigma=\sqrt{\frac{\sum_{i=1}^{n} f_{m,i}^2 - n m_{f_m}^2}{n-1}} \tag{6.9}$$

式中　$f_{m,i}$——第i组试件抗压强度（MPa）；

m_{f_m}——n组试件的抗压强度平均值（MPa）；

n——试件组数。

当无近期同品种砂浆抗压强度统计资料时，标准差可按表6.8取用。施工中应根据现场施工时段抗压强度的统计结果调整标准差值。

表6.8　标准差选用值

设计龄期砂浆抗压强度标准值（MPa）	≤10	15	≥20
砂浆抗压强度标准差（MPa）	3.5	4.0	4.5

（2）选择与其接触混凝土的水胶比作为砂浆的初选水胶比。

（3）砂浆配合比设计时用水量可按表6.9确定。

表6.9　砂浆用水量参考表

水泥品种	砂子细度	稠度（mm）	用水量（kg/m³）
普通硅酸盐水泥	粗砂	40～60	270
	中砂		280
	细砂		310
矿渣硅酸盐水泥	粗砂		275
	中砂		285
	细砂		315

注：砂浆稠度每增减10mm，用水量相应增减8～10kg/m³。

（4）砂浆的胶凝材料用量（m_c+m_p）、水泥用量（m_c）和掺合料用量（m_p）按式（6.10）～式（6.12）计算。

$$m_c+m_p=\frac{m_w}{w/(c+p)} \tag{6.10}$$

$$m_c=(1-P_m)(m_c+m_p) \tag{6.11}$$

$$m_p=P_m(m_c+m_p) \tag{6.12}$$

式中　m_c——每立方米砂浆水泥用量（kg）；

m_p——每立方米砂浆掺合料用量（kg）；

m_w——每立方米砂浆用水量（kg）；

$w/(c+p)$——水胶比；

P_m——掺合料掺量。

（5）砂子用量由体积法计算得到，其计算如式（6.13）及式（6.14）所示。

$$V_s=1-\left(\frac{m_w}{\rho_w}+\frac{m_c}{\rho_c}+\frac{m_p}{\rho_p}+\alpha\right) \tag{6.13}$$

$$m_s = \rho_s V_s \tag{6.14}$$

式中 V_s——砂的绝对体积（m^3）；

m_w——每立方米砂浆用水量（kg）；

m_c——每立方米砂浆水泥用量（kg）；

m_p——每立方米砂浆掺合料用量（kg）；

α——每立方米混凝土中含有的空气体积（m^3），一般为 0.07～0.09；

ρ_w——水的密度（kg/m^3）；

ρ_c——水泥密度（kg/m^3）；

ρ_p——掺合料密度（kg/m^3）；

ρ_s——砂子饱和面干表观密度（kg/m^3）；

m_s——每立方米砂浆砂用量（kg）。

6.4.3.2 水工砂浆配合比调整

按照配合比设计结果进行试拌，固定水胶比，调整用水量直至达到设计要求的稠度。由调整后的用水量得出砂浆抗压强度试验配合比。

砂浆抗压强度试验配合比应基于初选确定的水胶比，进行 3～5 个水胶比的立方体抗压强度试验。

根据设计龄期抗压强度试验结果，建立抗压强度与水胶比（或砂灰比）的关系，计算出与砂浆配制强度相对应的水胶比（或砂灰比），确定的水胶比宜比接触的混凝土水胶比低 0.03～0.05。

按确定的水胶比计算出 $1m^3$ 砂浆中各组成材料用量及比例，并经试拌后确定。

6.5 其他品种砂浆

6.5.1 聚合物砂浆

聚合物砂浆是指在水泥砂浆中添加有机聚合物乳液配制而成的砂浆，常用的聚合物乳液有氯丁胶乳液、丙烯酸树脂乳液、丁苯橡胶乳液等。聚合物砂浆具有黏结力强、干缩小、脆性低、耐腐蚀性好等特点，主要用于修补和防护工程。

6.5.2 保温砂浆

保温砂浆是以胶凝材料（如水泥、石灰、石膏等）与膨胀珍珠岩砂、膨胀蛭石、火山渣或浮石砂、陶砂等轻质多孔骨料按一定比例配制而成的砂浆，具有质轻、保温的特点，可用于屋面、墙体及供热管道等的保温层。

常用的保温砂浆有水泥膨胀珍珠岩砂浆、水泥石灰膨胀蛭石砂浆等。

6.5.3 耐腐蚀砂浆

耐腐蚀砂浆主要有耐酸砂浆、耐碱砂浆、硫黄耐酸砂浆和耐铵砂浆等。

耐酸砂浆是用水玻璃、Na_2SiF_6 及适量石英岩、花岗岩、铸石、陶砖碎粒等细骨料拌制而成，可用作一般内衬材料、耐酸车间地面及耐酸容器的内壁防护层。

耐碱砂浆是用水泥、石灰石、白云石细骨料和粉料等加水拌制而成，可经受一定温度和浓度下的 NaOH 和 $NaAlO_2$溶液的腐蚀。

硫黄耐酸砂浆是以硫黄为胶结料，以聚硫橡胶为增塑剂，掺加耐酸粉料和骨料，经加热熬制而成，能经受大多数无机酸、中性盐和酸性盐的腐蚀。

耐铵砂浆是用耐碱性能好的石灰石、白云石等骨料，先以高铝水泥、氧化镁粉和石英砂干拌均匀后，加复合酚醛树脂充分搅拌制成，能耐各种铵盐、氨水等侵蚀，但不耐酸和碱。

6.5.4 防辐射砂浆

在水泥砂浆中掺入重晶石粉、重晶石砂可配制成具有防 X 射线和 γ 射线能力的砂浆。其配合比为水泥：重晶石粉：重晶石砂＝1：0.25：（4～5）。在水泥浆中掺入硼砂、硼酸等可配制成具有防中子辐射能力的砂浆，应用于射线防护工程。该种砂浆属于厚重气密、不易开裂的砂浆，也可阻止地基中土壤或岩石里的氡向室内迁移或流动。

6.5.5 CA 砂浆

CA 砂浆即水泥沥青砂浆，由乳化沥青、水泥、细骨料、水和外加剂经特定工艺搅拌制得的具有特性殊能的砂浆。

CA 砂浆以乳化沥青和水泥这两种性质差异很大的材料作为结合料，其刚度和强度比普通沥青混凝土高，但是比水泥混凝土低。其特点在于刚柔并济，以柔性为主，兼具刚性。CA 砂浆填充于厚度约为 50mm 的轨道板与混凝土底座之间，作用是支撑轨道板，缓冲高速列车荷载与减振等，其性能的好坏对板式无砟轨道结构的平顺性、耐久性、列车运行的舒适性与安全性及运营维护成本等有着重大影响。CA 砂浆已逐渐成为板式无砟轨道道床材料的最佳选择。

本章小结

砂浆是由胶凝材料、细骨料和水按一定比例配制而成的一种土木工程材料。

砌筑砂浆是将砖、石、砌块等块材经砌筑成为砌体，起黏结、衬垫和传力作用的砂浆。

抹面砂浆是用于涂抹在建筑物表面，兼有保护基层和满足使用要求的砂浆。

水工砂浆是与水工混凝土接触使用的水泥基砂浆，主要用于混凝土与基岩接触铺筑、混凝土浇筑升层间铺筑、混凝土施工中局部处理等。

砂浆的品种繁多，包括聚合物砂浆、保温砂浆、耐腐蚀砂浆及 CA 砂浆等，可根据工程实际情况择优选择，以满足不同工程的需要。

复习思考题

1. 简述建筑砂浆原材料的特点和基本要求。
2. 新拌砂浆的和易性包括哪些方面？如何测定？

3. 砂浆的强度和强度等级是如何规定的？
4. 影响砂浆强度的基本因素是什么？写出其强度公式。
5. 砌筑砂浆有哪些技术要求？砌筑砂浆的强度主要受哪些因素影响？
6. 普通抹面砂浆的功能和特点是什么？
7. 造成砌筑砂浆和易性差、灰缝不饱满的原因是什么？如何防治？
8. 什么是防水砂浆？通常用于哪些部位？
9. 影响砂浆变形的因素有哪些？

7 沥青材料及沥青混合料

本章概要

本章介绍了沥青的分类、组分及胶体结构，沥青的技术性质、评价指标及技术标准，同时介绍了改性沥青和其他沥青；介绍了沥青混合料的类型和基本知识，重点阐述了沥青混合料的类型、组成结构、强度及强度影响因素，热拌沥青混合料和水工沥青混合料的材料组成、技术性能及配合比设计。

7.1 沥青材料

7.1.1 概述

沥青是由极其复杂的高分子碳氢化合物及非金属（氧、硫、氮）的衍生物组成的混合物，属有机胶凝材料，在常温下呈黑色或暗黑色的固体、半固体或黏稠性物质，可溶于汽油、苯、二硫化碳等有机溶剂，几乎不溶于水。沥青具有良好的黏性、塑性、耐腐蚀性和憎水性，在交通、建筑、水利、防水防腐工程及化工农业等领域中广泛应用。

沥青按其在自然界中获得的方式，可分为地沥青和焦油沥青。

1. 地沥青

地沥青俗称臭油，是由天然产物或石油精制加工得到的沥青材料，按其产源可分为天然沥青和石油沥青。

（1）天然沥青：是石油在自然条件下，长时间经受地球物理因素作用而形成的产物。

（2）石油沥青：是石油经各种炼制工艺加工其他油品（汽油、煤油、柴油及润滑油等）后的残渣，再加工而得到的产品。

2. 焦油沥青

焦油沥青是各种有机物（煤、泥炭、木材等）干馏加工得到的焦油，经再加工而得到的产品，通常包括煤沥青、木沥青和页岩沥青等。焦油沥青按其加工的有机物名称来命名，如由煤干馏所得的煤焦油，经再加工后得到的沥青称煤沥青（俗称柏油）；由木材蒸馏而得到的焦油称为木焦油，经再加工后得到沥青称木沥青；页岩经过蒸馏得到的焦油经再加工后得到的沥青称页岩沥青。

目前，工程中最常用的主要是石油沥青和煤沥青，其次是天然沥青。

7.1.2 石油沥青

7.1.2.1 石油沥青的分类

按原油的成分分为石蜡基沥青、沥青基沥青和混合基沥青。

按生产加工方法分为直馏沥青、氧化沥青、溶剂沥青、调和沥青、乳化沥青和改性沥青等。

按沥青产品在常温下的稠度分为液体沥青和黏稠沥青。

按用途分为道路石油沥青、建筑石油沥青和普通石油沥青。道路石油沥青主要用于路面，通常为直馏沥青或氧化沥青。建筑石油沥青主要用于建筑工程中屋面及地下防水的胶结料、涂料及制造油毡、油纸和防腐绝缘材料等，通常为氧化沥青。普通石油沥青（又称为多蜡沥青）因含蜡量高、黏性低、塑性差，在建筑上很少单独使用，一般与建筑石油沥青掺配或经过改性处理后使用。

7.1.2.2 石油沥青的组成与结构

1. 石油沥青的组成

沥青是十分复杂的烃类和非烃类的混合物，元素组成主要是碳（80%～87%）、氢（10%～15%），其次是非烃元素（氧、硫、氮等，<3%），此外还含有一些微量的金属元素，如铁、锑、镍、钒、钠、钙、铜等，为百万分之一至十万分之一。

石油沥青的化学组成极为复杂，因此，在研究沥青的化学组成时，常将沥青化学组分和物理性质相似而具有某些共同特征的部分划分为几个组，这些组称为组分。《公路工程沥青及沥青混合料试验规程》（JTG E20—2011）中规定有三组分和四组分两种分析方法。

（1）三组分分析法是将石油沥青分离为油分、树脂和沥青质三个组分。对沥青中含量很少的其他组分，如沥青酸和沥青酸酐等可忽略不计。该方法的原理是利用沥青不同组分对抽提溶剂的选择性溶解和对吸附剂的选择性吸附，所以也称为溶解-吸附法。各组分的主要特征和在沥青中的作用如表 7.1 所示。

表 7.1 石油沥青三组分分析法的各组分特征及对沥青性质的影响

组分	含量（%）	分子量	碳氢比（原子比）	密度（g/cm³）	特征	在沥青中的主要作用
油分	45～60	100～500	0.5～0.7	0.70～1.00	无色至淡黄色黏性液体，可溶于大部分溶剂，不溶于酒精	决定沥青流动性的组分。油分多，流动性大，黏性小，温度稳定性差
树脂	15～30	600～1000	0.7～0.8	1.00～1.10	红色至黑褐色的黏稠半固体，多呈中性，少量酸性，熔点低于100℃	决定沥青塑性的主要组分。含量增加，沥青塑性增大，温度稳定性变差
沥青质	5～30	1000～6000	0.8～1.0	1.10～1.50	黑褐至黑色的硬而脆的固体微粒，加热后不熔化，而分解为坚硬的焦炭，使沥青带黑色	决定沥青黏性的组分。含量高，沥青黏性大，温度稳定性好，塑性降低，脆性增大

三组分分析法中的组分界限很明确，组分含量能在一定程度上说明其工程性能，但

分析流程复杂，所需时间很长。

（2）四组分分析法是我国目前广泛采用的方法，将沥青分离为沥青质、饱和分、芳香分和胶质四个组分，其结构和特性见表 7.2。

表 7.2　石油沥青四组分分析法的各组分特性

<table>
<tr><th colspan="2">组分</th><th>外观特征</th><th>平均分子量</th><th>H/C
（原子比）</th><th>含量</th><th>物化特征</th></tr>
<tr><td colspan="2">沥青质</td><td>深褐色至黑色
无定形固体</td><td>1000～100000</td><td>1.6～1.28</td><td>5%～25%</td><td>提高热稳定性和黏滞性</td></tr>
<tr><td>饱和分</td><td rowspan="2">相当于
油分</td><td>无色黏稠液体</td><td>500～1000</td><td>2.0 左右</td><td>5%～20%</td><td rowspan="2">赋予沥青流动性</td></tr>
<tr><td>芳香分</td><td>深棕色黏稠液体</td><td>300～2000</td><td>1.56～1.67</td><td>20%～50%</td></tr>
<tr><td colspan="2">胶质</td><td>深棕色固体
或半固体</td><td>1000～50000</td><td>1.30～1.40</td><td>15%～30%</td><td>增加胶体稳定性，
提高可塑性及黏附性</td></tr>
</table>

沥青的化学组分和其物理、力学性能有着密切的关系。沥青质赋予沥青温度稳定性和黏性，含量高，沥青的温度稳定性好，黏度增大，但塑性降低，硬脆性增加；胶质含量增加，可使沥青延性增加；芳香分、饱和分都作为油分，在沥青中起着润滑和柔软作用，含量越多，沥青的软化点越低，针入度越大，稠度越低。

此外，石油沥青中含有蜡，蜡在高温时融化，使沥青黏度降低，温度敏感性增大，在低温时易结晶析出，使沥青的低温延展性降低，同时，蜡使沥青与石料表面的亲和力变小，影响沥青与石料的黏附性。

2. 石油沥青的胶体结构

胶体理论研究表明，大多数沥青属于胶体体系，是由相对分子量很大、芳香性很高的沥青质分散在分子质量较低的可溶性介质中形成的。沥青质分子对极性强大的胶质具有很强的吸附力，形成了以沥青质为中心的胶团核心，而极性相当的胶质吸附在沥青质周围形成中间相。由于胶团的胶溶作用，使胶团弥散和溶解于分子量较低、极性较弱的芳香分、饱和分组成的分散介质中，形成稳固的胶体。

根据沥青中各组分的化学组成和相对含量的不同，沥青的胶体结构可分为溶胶型、凝胶型、溶-凝胶型三种类型，如图 7.1 所示。

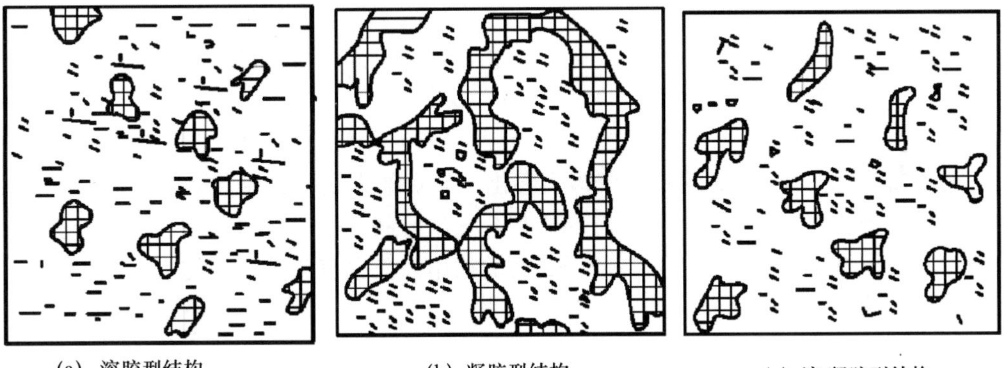

(a)　溶胶型结构　　(b)　凝胶型结构　　(c)　溶-凝胶型结构

图 7.1　沥青的胶体结构

（1）溶胶型结构

当沥青质的含量很少（10%以下），且其分子量较低或分子尺寸较小时，胶团可以完全胶溶并且分散在饱和分、芳香分的介质中，但胶团之间距离较大，胶团之间的相互吸引力很小，胶团可以在连续相中自由移动，具有牛顿液体流特征，黏度与应力呈比例，这种胶体结构的沥青称为溶胶型沥青，如图 7.1（a）所示。这种沥青具有较好的流动性和塑性，较强的裂缝自愈能力，但对温度的敏感性高，温度稳定性差。

（2）凝胶型结构

当沥青质的含量很大（达到 25%～30%或超过 30%），胶质的数量不足以包裹在沥青质周围使之胶溶时，沥青质胶团会相互连接聚集成三维网状结构，胶团连续相移动比较困难，具有非牛顿流动特征，这种胶体结构称为凝胶型结构，如图 7.1（b）所示。凝胶型结构沥青具有明显的弹性效应，流动性和塑性较低，对温度的敏感性低，温度稳定性高。氧化沥青多属凝胶型胶体结构。

（3）溶-凝胶型结构

当沥青质含量适当（15%～25%）时，胶团结构比较松散，可能生成一些开式网状结构，这种胶体结构称为溶-凝胶型结构，如图 7.1（c）所示。网状结构的形成与密度有关，在常温下变形时，最初阶段有明显的弹性效应，但变形增大到一定的程度后，则表现为牛顿液体状态。

沥青的胶体结构与沥青的技术性质有密切关系，但从化学角度来评价沥青的胶体结构是很困难的，常采用沥青的针入度指数（PI）法、容积度法、絮凝比-稀释度法等来评价胶体结构类型及其稳定性。

7.1.2.3　石油沥青的技术性质

1. 物理特征常数

（1）密度

沥青的密度是在规定温度下单位体积所具有的质量，单位为 kg/m^3 或 g/cm^3，我国《公路工程沥青及沥青混合料试验规程》（JTG E20—2011）规定的温度为 15℃或 25℃。也可用相对密度表示，即在规定温度下，沥青质量与同体积水的质量之比。

沥青的密度是沥青混合料配合比设计时不可缺少的重要参数，也是沥青使用、储存、运输、销售和设计沥青容器时的依据。

沥青的相对密度与化学组成有一定关系，它取决于沥青各组分的比例及排列的紧密程度。沥青中含硫量大、沥青质含量高，则相对密度较大；含蜡量较高，则相对密度较小。通常黏稠沥青的相对密度为 $0.96 \sim 1.04 g/cm^3$。

（2）热膨胀系数

沥青在温度上升 1℃时的长度或体积变化，分别称为线膨胀系数或体胀系数，统称热胀系数。当温度上升时，沥青材料的体积会发生膨胀。这对沥青储罐设计和沥青作为填缝、密封材料是重要的数据，与沥青路面的路用性能也有关系，值越大，沥青路面在夏季越易泛油，冬季收缩而易产生裂缝。

（3）介电常数

沥青的介电常数与沥青对氧、雨、紫外线等的耐候性有关。英国道路研究所认为，沥青的介电常数也与沥青路面抗滑性有很好的相关性。

（4）比热

沥青的比热与沥青种类和温度有关。当温度为0℃时，沥青的比热范围为0.40～0.43cal/（g·℃）；每升高1℃，比热增加$4\times10^{-4}\sim6\times10^{-4}$ cal/（g·℃），1cal＝4.185851J。

2. 黏滞性

黏滞性又称黏性，是沥青材料在外力作用下沥青粒子产生相互位移而抵抗剪切变形的能力，是与沥青路面力学性能联系最密切的一种性质。

黏性的大小反映胶团之间吸引力的大小，实际上反映胶体结构的致密程度。沥青的黏性大小与组分、温度有关。当沥青质高，含适量胶质、少量油分时，黏性较大；此外，在一定温度范围内，温度升高，黏性降低。沥青的黏度随温度变化范围很大，因而需采用不同的仪器和方法进行测定，包括针入度法、标准黏度试验、软化点法、毛细管黏度计法、布洛克菲尔德黏度计法等。下面介绍前三种方法。

（1）针入度法

针入度法是国际上普遍采用的测定黏稠沥青稠度的一种方法，也是我国划分沥青标号采用的一项指标。针入度是在规定温度和时间内，附加一定质量的标准针垂直贯入沥青试样的深度，以0.1mm计。针入度以$P_{T,m,t}$表示，其中P为针入度，T为试验温度，m为标准针（包括针连杆及砝码）的质量，t为贯入时间。试验模式如图7.2所示。

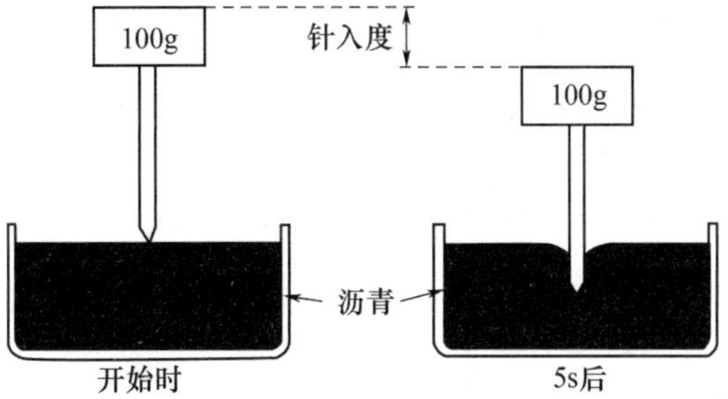

图7.2 针入度法试验模式

我国现行规范规定，常用的试验条件为$P_{25℃,100g,5s}$，在计算针入度指数时，针入度试验温度常为5℃、15℃、25℃、35℃，标准针质量和贯入度时间仍为100g和5s。

按照上述方法测定的针入度值越大，表示沥青越软（稠度越小）。事实上，针入度是测定沥青稠度的指标，通常稠度高的沥青，黏度也高，针入度值小。

（2）标准黏度试验

标准黏度试验是测定液体石油沥青、煤沥青、乳化沥青等流动状态时的黏度，采用道路沥青标准黏度计法，试验模式如图7.3所示。其具体方法如下：液体状态的沥青材料，在标准黏度计中，于规定的温度条件下，通过规定的流孔直径流出50mL所需的时间，以s计。试验条件以$C_{T,d}$表示，其中C为黏度，T为试验温度，d为流孔直径。常用的试验温度为25℃、30℃、50℃、60℃，常用的流孔有3mm、4mm、5mm、10mm四种，试验温度和流孔直径根据液体沥青的黏度选择。在相同温度和相同流孔条件下，流出时间越长，表示沥青黏度越大。

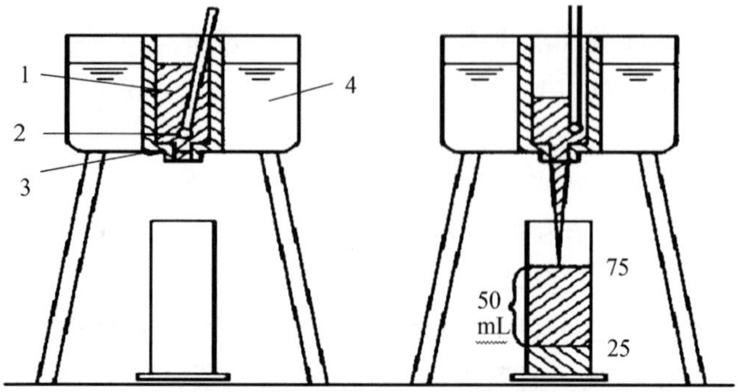

图 7.3　沥青标准黏度试验模式

1—沥青试样；2—活动球杆；3—流孔；4—水

(3) 软化点法

沥青材料是一种非晶体高分子材料，它由液态凝结为固态或由固态熔化为液态时，没有明确的固化点或液化点，通常采用条件硬化点和滴落点来表示。在硬化点至滴落点之间的温度阶段，沥青处于一种黏滞流动状态。在实际工程中，为保证沥青不致由于温度升高而产生流动的状态，取滴落点和硬化点之间温度间隔的 87.21%作为软化点，它反映了沥青由固态或半固体转变为黏流态时的温度。

软化点的测定采用环球法，测试模式如图 7.4 所示。将沥青试样装入规定尺寸的金属环内（内径 18.9mm），试样上放一质量为 3.5g 钢球，浸于水或甘油中，以规定的升温速度（5℃/min）加热，测定使沥青逐渐软化下垂至与金属板接触时（垂度为 25.4mm）的温度，以℃表示。软化点越高，沥青的热稳定性越好。

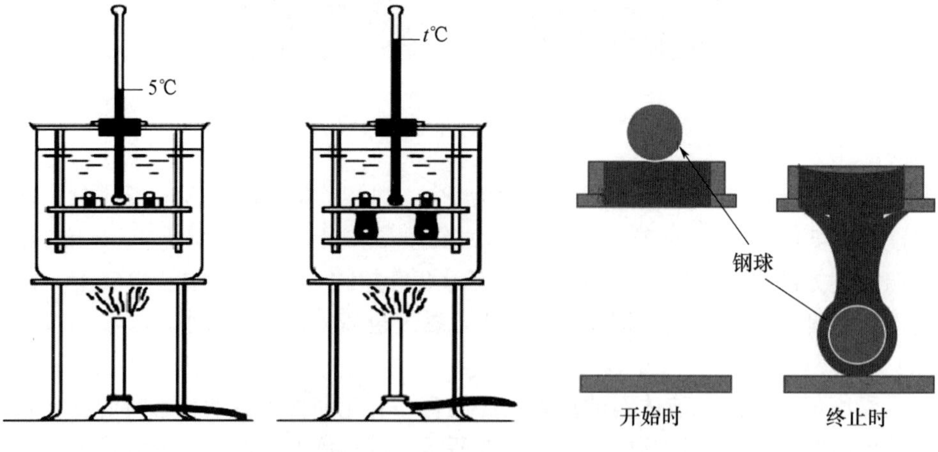

图 7.4　沥青的软化点测试模式

软化点法实际上是测量沥青在一定外力（钢球）作用下开始产生流动并达到一定变形时的温度，可以认为软化点是一种“等黏温度”。因此，针入度是在规定温度下沥青的条件黏度，而软化点是沥青达到规定条件黏度时的温度。所以软化点既是评价沥青热稳定性的重要指标，也是沥青条件黏度的一种量度。

3. 感温性

沥青材料的黏性和塑性等随温度变化而改变的性能称为沥青材料的温度敏感性，简称感温性。沥青是没有严格熔点的黏性材料，随着温度的升高，沥青会逐渐变软，黏度降低。

由于沥青的胶体结构的差异，沥青的黏度-温度曲线变化是很复杂的，可采用不同的方法进行研究，评价的方法有针入度指数（PI）法、针入度-黏度指数（PVN）法及针入度-温度指数（PTI）等。其中以针入度指数法最为常用。

针入度指数（PI）是应用针入度和软化点的试验结果来表征沥青感温性的一种指标，同时也可以用来判别沥青的胶体结构状态。

根据《公路工程沥青及沥青混合料试验规程》（JTG E20—2011），针入度对数与温度的关系见式（7.1）。

$$\lg P = AT + K \tag{7.1}$$

式中 P——沥青的针入度（0.1mm）；

A——针入度-温度感应性系数，可由针入度和软化点确定；

K——回归系数。

当沥青在软化点温度时，针入度为600～1000，假设沥青在软化点时的针入度等于800，则 A 可由式（7.2）计算。

$$A = \frac{\lg 800 - \lg P(25℃,100g,5s)}{T_{R\&B} - 25} \tag{7.2}$$

式中 P（25℃，100g，5s）——在25℃、100g、5s条件下测定的针入度值（0.1mm）；

$T_{R\&B}$——环球法测定的软化点温度（℃）。

由于沥青在软化点温度时的针入度值常与800相距甚大，因此 A 应根据不同温度的针入度值确定，常采用的温度为15℃、25℃及30℃（或5℃），必要时可增加10℃、20℃，由式（7.3）计算。

$$A = \frac{\lg P_1 - \lg P_2}{T_1 - T_2} \tag{7.3}$$

式中 P_1、P_2——在 T_1、T_2 温度下测定的针入度值（0.1mm）；

T_1、T_2——5℃、15℃、25℃、30℃（必要时增加10℃、20℃）不同温度（℃）。

通过式（7.2）或式（7.3）求解 A 值，由三个温度的针入度回归的相关系数 R 应在0.997以上，由四个温度的针入度回归的相关系数应不小于0.995，否则说明试验误差过大，此试验结果不能采用。

普费推导出针入度-温度感应性系数 A 与PI的关系如式（7.4）所示。

$$PI = \frac{30}{1+50A} - 10 \tag{7.4}$$

按照针入度指数可将沥青划分为三种胶体结构类型：PI＜－2者为溶胶型沥青；PI＞－2者为凝胶型沥青；－2＜PI＜2者为溶-凝胶型沥青。一般认为－1＜PI＜1的溶凝胶型沥青适宜修筑沥青路面。

4. 延性

延性是指沥青在外力作用下产生变形而不破坏的能力。沥青的延性用延度表示。

沥青的延度采用延度仪进行测定，如图 7.5 所示。将沥青试样制成“∞”形标准试模（中间最小截面为 $1cm^3$），在规定温度（通常采用 25℃、15℃、10℃或 5℃）和规定速度［（5±0.25）cm/min］下拉伸至断开时的长度，以 cm 表示。试验条件以 $D_{T,V}$ 表示，其中 D 为延度，T 为试验温度，V 为拉伸速度。

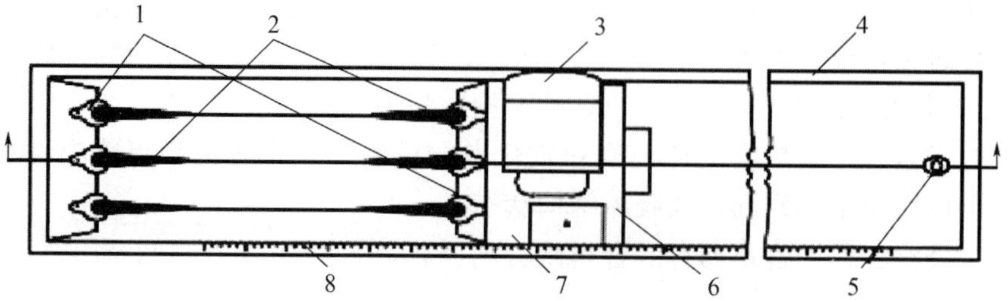

图 7.5　沥青的延度测定

1—试模；2—试样；3—电动机；4—水槽；5—泄水孔；6—开关柄；7—指针；8—标尺

延度越大，表示沥青的延性越好。当沥青化学组分不协调、胶体结构不均匀及含蜡量增加时，都会降低沥青的延度值。

针入度、延度和软化点是评价黏稠石油沥青使用性能最常用的技术指标，统称为石油沥青的“三大指标”。

5. 大气稳定性（耐久性）

大气稳定性是指石油沥青在热、光、氧气和潮湿等因素长期综合作用下抵抗老化的性能，反映沥青的耐久性。在阳光、空气、水等外界因素的综合作用下，石油沥青中的各组分会不断发生变化，油分、树脂逐渐减少，沥青质逐渐增多，导致沥青的流动性、塑性逐渐减小，硬脆性增大，性能不断恶化，使用功能逐渐丧失，这一过程称为沥青的老化。

评价沥青短期老化的试验方法包括沥青薄膜加热试验和旋转薄膜加热试验，而对路面使用过程中沥青的长期老化，美国 Superpave 提出了压力老化试验。

（1）沥青薄膜加热试验

将 50g 沥青试样放入直径 150mm、深 9.5mm 的不锈钢盛样皿中，沥青膜的厚度约为 3.2mm，在 163℃通风烘箱的条件下，以 5.5r/min 的速率旋转，经 5h 后计算沥青试样的质量损失，并测试针入度等指标的变化。

（2）旋转薄膜加热试验

将沥青试样 35g 装入高 140mm、直径 64mm 的开口玻璃瓶中，盛样瓶插入旋转烘箱中，一边接受 4000mL/min 流量吹入的热空气，另一边在 163℃的高温下以 15r/min 的速度旋转，经过 75min 的老化后，测定沥青的质量损失及针入度、黏度等各种性能指标的变化。

（3）压力老化试验（PVA）

标准的老化温度视沥青的标号不同，规定为 90～110℃，老化时间为 20h，容器内的充气压力为 2.1MPa。PVA 试验对沥青老化的影响相当于使用期路面表层沥青大约老化 5 年的情况。

6. 施工安全性

沥青在施工过程中，当加热到一定温度时，轻质油分挥发的蒸汽与周围空气组合成混合气体，油分蒸发的浓度随沥青加热温度升高而增大。邻近沥青表面的混合气体遇火后发生闪火时的沥青温度即为闪点。若温度继续升高，遇火后沥青将开始燃烧，燃点是火焰能延续燃烧不少于5s时的沥青温度。沥青的闪点一般在240～330℃范围内。沥青加热温度应控制在闪点以下，以防发生火灾，保证生产安全。

7. 溶解度

溶解度是指石油沥青在三氯乙烯、四氯化碳或苯中溶解的百分率（有效物质含量）。不溶的物质为有害物质，会降低沥青的性质，应加以限制。

7.1.2.4 石油沥青的技术标准

1. 道路石油沥青的技术标准

在《公路沥青路面施工技术规范》（JTG F40—2004）中，沥青等级划分以沥青路面的气候条件为依据，在同一个气候分区内，根据道路等级和交通特点再将沥青分为1～3个不同的针入度等级。

沥青路面使用性能气候分区如表7.3所示，道路石油沥青技术要求如表7.4所示，道路石油沥青适用范围如表7.5所示。

表7.3 沥青路面使用性能气候分区（JTG F40—2004）

气候分区指标		气候分区			
按照高温指标	高温气候区	1	2	3	
	气候区名称	夏炎热区	夏热区	夏凉区	
	最热月平均最高气温（℃）	>30	20～30	<20	
按照低温指标	低温气候区	1	2	3	4
	气候区名称	冬严寒区	冬寒区	冬冷区	冬温区
	极端最低气温（℃）	<−37.0	−37.0～−21.5	−21.5～−9.0	>−9.0
按照雨量指标	雨量气候分区	1	2	3	4
	气候区名称	潮湿区	湿润区	半干区	干旱区
	年降雨量（mm）	>1000	1000～500	500～250	<250

表7.4 我国道路石油沥青技术要求（JTG F40—2004）

指标	等级	160号	130号	110号			90号					70号④					50号	30号
适用的气候分区		注③	注③	2-1	2-2	3-2	1-1	1-2	1-3	2-2	2-3	1-3	1-4	2-2	2-3	2-4	1-4	注⑤
针入度（25℃，100g，5s）（0.1mm）		140～200	120～140	100～120			80～100					60～80					40～60	20～40
针入度指数PI①②	A	−1.5～1.0																
	B	−1.8～1.0																

续表

指　标	等级	160 号	130 号	110 号			90 号					70 号④					50 号	30 号
适用的气候分区		注③	注③	2-1	2-2	3-2	1-1	1-2	1-3	2-2	2-3	1-3	1-4	2-2	2-3	2-4	1-4	注⑤
软化点（℃），≥	A	38	40	43			45			44		46	45				49	55
	B	36	39	42			43			42		44	43				46	53
	C	35	37	41			42					43					45	50
60℃动力黏度③（Pa·s），≥	A	—	60	120			160			140		180	160				200	260
10℃延度③（cm），≥	A	50	50	40			45	30	20	30	20	20	15	25	20	15	15	10
	B	30	30	30			30	20	15	20	15	15	10	20	15	10	20	8
15℃延度（cm），≥	A、B	100																
	C	80	80	60			50					40					30	20
闪点（℃），≥		230					245					260						
含蜡量（蒸馏法）（%），≤	A	2.2																
	B	3.0																
	C	4.5																
溶解度（%），≥		99.5																
15℃密度（g/cm³）		实测记录																
薄膜加热试验（或旋转薄膜加热试验）																		
质量变化（%），≤		±0.8																
针入度比（%），≥	A	48	54	55			57					61					63	65
	B	45	50	52			54					58					60	62
	C	40	45	48			50					54					58	60
10℃延度（cm），≥	A	12	12	10			8					6					4	—
	B	10	10	8			6					4					2	—
15℃延度（cm），≥	C	40	35	30			20					15					10	—

注：① 用于仲裁试验时，求取针入度指数 PI 的 5 个温度与针入度回归关系的相关系数不得小于 0.997；
② 经主管部门同意，针入度指数 PI、60℃动力黏度、10℃延度可作为选择性指标；
③ 160 号、130 号沥青除了寒冷地区可直接用于中低级公路以外，通常用作乳化沥青、稀释沥青及改性沥青的基质沥青；
④ 可根据需要要求厂家提供 70 号沥青的针入度范围 50～70 或 80～90 的沥青，或者要求提供针入度范围 40～50 或 50～60 的 50 号沥青；
⑤ 30 号沥青仅适用于沥青稳定基层。

表 7.5 道路石油沥青适用范围

沥青等级	适用范围
A 级沥青	各个等级的公路，适用于任何场合和层次
B 级沥青	高速公路、一级公路沥青下面层及以下的层次，二级及二级以下公路的各个层次用作改性沥青、乳化沥青、改性乳化沥青、稀释沥青的基质沥青
C 级沥青	三级及三级以下公路的各个层次

2. 建筑石油沥青、普通石油沥青的技术标准

建筑石油沥青在常温下较硬，软化点较高，广泛应用于屋面和地下防水工程；普通石油沥青由于含有害成分石蜡较多，温度敏感性大，黏性较小、塑性较差，故在工程中一般不宜单独使用，一般和建筑石油沥青掺配使用。建筑石油沥青、普通石油沥青的技术标准如表 7.6 所示。

表 7.6 建筑石油沥青和普通石油沥青的技术标准

技术指标	建筑石油沥青			普通石油沥青		
	10 号	30 号	40 号	55	65	75
针入度（25℃，100g，5s）（1/10mm）	10～25	26～35	36～50	55	65	75
延度（25℃，5cm/min）（cm） ≥	1.5	2.5	3.5	1	1.5	2
软化点（环与球法） ≥	95	75	60	100	80	60
溶解度（三氯乙烯、三氯乙烷、四氯化碳或苯）（%） ≥				98	98	98
蒸发损失（163℃，5h）（%） ≤	99.5					
蒸发后与蒸发前针入度比（%） ≥	65					
闪点（℃） ≥	230			230		

3. 水工混凝土用沥青技术标准

《水工沥青混凝土施工规范》（SL 514—2013）按照《公路沥青路面施工技术规范》（JTG F40—2004）中沥青相应于最严酷气候分区的技术要求，对水工沥青混凝土用沥青材料提出了相应要求，见表 7.7。碾压式沥青混凝土防渗面板宜采用较高标号的沥青，浇筑式沥青混凝土可采用 50 号或 70 号标号沥青。

表 7.7 水工沥青混凝土所用沥青技术要求

沥青指标	单位	110	90	70	50	试验方法[①]
针入度（25℃，100g，5s）	0.1mm	100～120	80～100	60～80	40～60	5.4
针入度指数 PI	—	−1.5～+1.0				5.4
软化点 $T_{R\&B}$ ≥	℃	43	45	46	49	5.6
10℃延度 ≥	cm	40	45	25	15	5.5
15℃延度 ≥	cm	100			80	
蜡含量（蒸馏法） ≤	%	2.2				5.12
闪点 ≥	℃	230	245	260		5.9
溶解度 ≥	%	99.5				5.7

续表

沥青指标		单位	110	90	70	50	试验方法①
密度（15℃）		g/cm³	实测				5.3
薄膜加热后	质量损失 ⩽	%	±0.8				5.8
	残留针入度比（25℃）	%	55	57	61	63	5.4
	残留延度（10℃） ⩾	cm	10	8	6	4	5.5
	残留延度（15℃） ⩾	cm	30	20	15	10	

注：①试验方法按照《水工沥青混凝土试验规程》（DL/T 536—2018）规定的方法执行，表中“试验方法”一栏所列数字为该试验规程中的章节号。

7.1.3 改性沥青

改性沥青是指掺和橡胶、树脂、高分子聚合物、天然沥青、磨细的橡胶粉，或者其他填料等外掺剂（改性剂）制成的沥青结合料，从而使沥青或沥青混合料的性能得以改善。改性沥青根据改性剂类型及所起作用的不同，可按照图 7.6 进行分类。

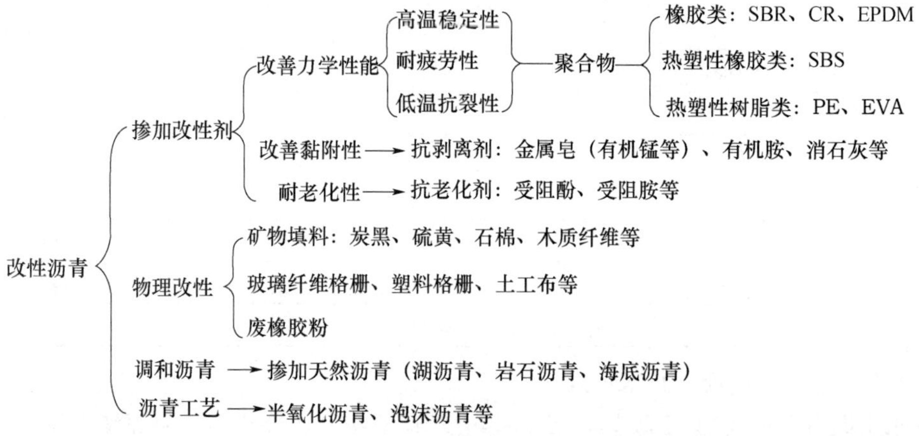

图 7.6　改性沥青的分类

研究实践表明，不同改性剂在不同程度上改善沥青混合料的性能。为提高沥青的抗永久变形能力，宜选用热塑性橡胶类、热塑性树脂类改性剂；为提高沥青的抗低温开裂能力，宜选用热塑性橡胶类、橡胶类改性剂；为提高沥青的抗疲劳开裂能力，宜选用热塑性橡胶类、橡胶类、热塑性树脂类改性剂；为提高沥青的抗水损害能力，宜选用各类抗剥离改性剂。

橡胶类改性材料最常用的是丁苯橡胶（SBR）和氯丁橡胶（CR），可以提高沥青的黏度、韧性、软化点，降低脆点，并改善沥青的延度和感温性。

热塑性橡胶类改性材料最常用的为热塑性丁苯橡胶（SBS），可以显著提高基础沥青的高低温性能，降低温度敏感性，增强耐老化及耐疲劳性，SBS 已成为沥青改性领域中的主要添加剂。

热塑性树脂改性沥青聚合物包括聚乙烯（PE）、乙烯-乙酸乙烯酯共聚物（EVA）、聚丙烯（PP）等，此类改性剂可以使沥青混合料的常温黏度增大，高温稳定性提高，沥青的强度和劲度提高，但对沥青混合料的弹性改善效果有限。

改性沥青的技术性能应符合《公路沥青路面施工技术规范》（JTG F40—2004）中的相关规定。

7.1.4 其他沥青

7.1.4.1 乳化沥青

乳化沥青是将黏稠沥青加热至流动状态，再经高速离心、搅拌及剪切等机械作用，使沥青形成细小的微粒（2～5μm），且以此状态均匀分散在含有乳化剂和稳定剂的水中，形成水包油（O/W）型沥青乳液。乳化沥青主要由沥青、水和乳化剂组成，需要时可以加入少量稳定剂。

乳化沥青具有以下特点：

（1）可冷态施工，节约能源，减少环境污染；

（2）常温下具有较好的流动性，能保证撒布的均匀性，可提高路面修筑质量；

（3）采用乳化沥青，扩展了沥青路面的类型，如稀浆封层等；

（4）乳化沥青与矿料表面具有良好的工作性和黏附性，可节约沥青并保证施工质量；

（5）可延长施工季节，因为乳化沥青施工受低温多雨季节影响较小。

乳化沥青具有无毒、无臭、不燃、干燥、黏结力强等特点，在0℃以上任意温度下可流动，因此宜于涂刷和喷涂。特别是它在潮湿基层上使用，改变了热沥青施工时需在干燥基层上涂刷的施工方法，于常温下作业，避免了烫伤、中毒，加快了施工速度。采用乳化沥青黏结防水卷材作防水层，造价低、用量省，既可减轻防水层自重，又有利于防水构造的改革。在水利工程及道路工程中，乳化沥青可以与湿骨料混合，用于铺筑坝面、渠道、路面，是一种新型的筑坝、铺路材料。

乳化沥青的技术性能应符合《公路沥青路面施工技术规范》（JTG F40—2004）中的相关规定。

7.1.4.2 煤沥青

煤沥青是将烟煤在隔绝空气的条件下干馏，制取焦炭和煤气的副产品——煤焦油炼制而成。蒸馏温度低于270℃时所得的液体或半固体产品，称为软煤沥青；高于270℃时所得的固体产品，称为硬煤沥青。道路工程中主要应用软煤沥青，其技术性能应符合《公路沥青路面施工技术规范》（JTG F40—2004）中的相关规定。

煤沥青与石油沥青相比，在技术性质上有以下差异：煤沥青有毒、有臭味，温度稳定性、大气稳定性和塑性均较差，但煤沥青与矿料表面黏附性能好，防腐性能好。煤沥青适用于地下防水工程及防腐工程，还可以浸渍油毡。

煤沥青与石油沥青外观相似，使用时应区分，表7.8为简易的鉴别方法。

表7.8 煤沥青与石油沥青的鉴别方法

鉴别方法	煤沥青	石油沥青
相对密度	>1.1（约为1.25）	接近1.0
锤击	声清脆，韧性差	声哑，富有弹性，韧性好

续表

鉴别方法	煤沥青	石油沥青
燃烧	烟呈黄色，有刺激性气味	烟无色，无刺激性臭味
溶液颜色	用30～50倍汽油或煤油溶解后，将溶液滴于滤纸上，斑点分为内外两圈，呈内黑外棕或黄色	溶解方法同左，斑点完全散开，呈棕色

7.1.4.3 泡沫沥青

在高温的普通针入度级沥青中加入少量冷水，由于水的急速汽化形成爆炸性泡沫，使沥青表面积大量增加，体积膨胀数倍至数十倍，然后在近1min内沥青又恢复原状，这种膨胀成泡沫的沥青称为泡沫沥青。泡沫沥青是一种常用的冷再生稳定剂，应用于沥青路面的冷再生工程。

7.2 沥青混合料

沥青混合料是矿质混合料（简称矿料）、沥青、添加剂按适当的配合比经拌合而成的混合物，其中矿料起骨架作用，沥青与填料起胶结和填充作用。沥青混合料主要用于道路工程、水工防渗等工程。

7.2.1 概述

7.2.1.1 沥青混合料的类型

沥青混合料的分类方法取决于矿料的级配组成、矿料公称最大粒径、沥青混合料的压实空隙率、沥青品质和沥青混合料的制造工艺等。

1. 按矿质混合料的级配组成和空隙率分类

（1）密级配沥青混合料

密级配沥青混合料按连续密级配原理设计组成的矿料与沥青结合料拌合而成。典型类型有：设计空隙率为3%～6%的密实式沥青混凝土混合料（AC）；设计空隙率为3%～6%的沥青稳定基层混合料（ATB）。

（2）半开级配沥青混合料

半开级配沥青混合料由适当比例的粗骨料、细骨料及少量填料（或不加填料）与沥青结合料拌合而成。典型类型是设计空隙率在6%～12%的半开式沥青碎石混合料（AM）。

（3）开级配沥青混合料

开级配沥青混合料由粗骨料嵌挤组成，细骨料及填料较少，经高黏度沥青结合料黏结形成的设计空隙率为18%～25%的混合料。典型类型有：设计空隙率在18%～25%的排水式沥青磨耗层混合料（OGFC）；设计空隙率大于18%的排水式沥青稳定碎石基层（ATPB）。

（4）间断级配沥青混合料

间断级配沥青混合料是矿料级配组成中缺少一个或几个档次（或很少），与沥青结合料拌合而成。典型类型是沥青玛瑞脂碎石混合料SMA（严格意义上SMA混合料只是一个或几个档次的矿料，用量很少）。

2. 按矿料的公称最大粒径分类

骨料最大粒径是指筛分试验中，通过百分率为100%的最小标准筛筛孔尺寸；骨料公称最大粒径是指全部通过或允许少量不通过（一般允许筛余量不超过10%）的最小一级标准筛筛孔尺寸，通常比最大粒径小一个粒级。例如，某混合料在16mm筛孔的通过率为100%，在13.2mm筛孔上的筛余量小于10%，则此骨料的最大粒径为16mm，而公称最大粒径为13.2mm。

按矿料的公称最大粒径，沥青混合料分为五种类型，如表7.9所示。

表7.9　沥青混合料类型

沥青混合料类型	特粗式	粗粒式	中粒式	细粒式	砂粒式
公称最大粒径（mm）	37.5	26.5或31.5	16.0或19.0	9.5或13.2	4.75

3. 按沥青混合料的拌合温度分类

(1) 热拌沥青混合料

通常将黏稠沥青或改性沥青加热至150～170℃，矿料加热至170～190℃，在热态下拌成沥青混合料，并在热态下摊铺、压实成型。热拌沥青混合料具有较高的强度。

(2) 冷拌沥青混合料

采用乳化沥青、泡沫沥青、液体沥青或低黏稠沥青与矿料在常温下拌合、铺装的沥青混合料。这种沥青混合料由于沥青与骨料裹覆性差，黏度较低，路面成型时间较长，且强度不高，主要用于低等级道路和路面修补。

(3) 温拌沥青混合料

采用特定的技术或添加剂，使沥青混合料的拌合、摊铺和压实温度介于热拌沥青混合料和常温沥青混合料之间的沥青混合料的统称。这是一种具有节能环保作用的新型沥青混合料生产技术，具有与热拌沥青混合料基本相同的性能。

4. 按照施工方法分类

水工沥青混凝土按施工方法可以分为碾压式沥青混凝土、浇筑式沥青混凝土、装配式沥青混凝土、预制拼装式沥青混凝土和填石式沥青混凝土。

7.2.1.2　沥青混合料组成结构、强度及其影响因素

1. 组成结构

沥青混合料是由粗骨料、细骨料、沥青、矿粉及外加剂组成的一种复合材料。受组成材料质量、矿料级配类型、沥青用量等因素的影响，沥青混合料可以形成不同的组成结构。它可分为悬浮密实结构、骨架空隙结构和骨架密实结构三种类型，如图7.7所示。

(a) 悬浮密实结构　(b) 骨架空隙结构　(c) 骨架密实结构

图7.7　沥青混合料的组成结构

(1) 悬浮密实结构

当采用连续型密级配矿料（图 7.8 中曲线①）与沥青组成沥青混合料时，矿料颗粒由大到小连续存在，粒径较大的颗粒被较小的颗粒挤开，不能直接接触形成嵌挤骨架结构，彼此分离悬浮于较小颗粒与沥青胶浆之间，形成了悬浮密实结构［图 7.7（a）］。按照连续密级配原理设计的 AC 型沥青混合料是典型的悬浮密实结构。

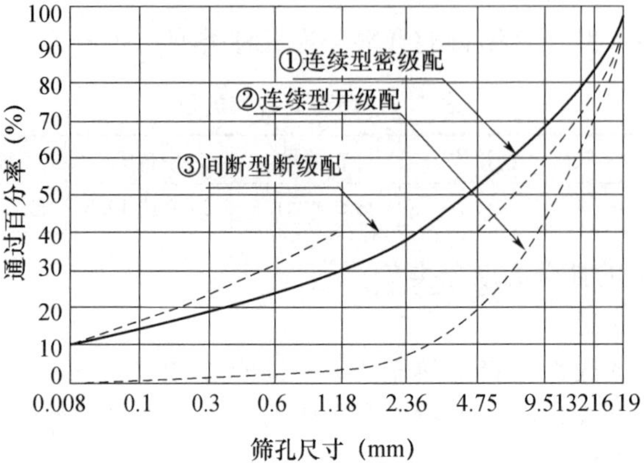

图 7.8　三种类型矿质混合料级配曲线

悬浮密实结构的沥青混合料经压实后，密实度较大，水稳定性、低温抗裂性和耐久性较好，一般不发生粗细骨料离析，便于施工，是使用较为广泛的沥青混合料。但这种沥青混合料的结构强度受沥青性质及其状态的影响较大，在高温条件下使用时，由于沥青黏度降低，可能会导致沥青混合料强度和稳定性下降。

(2) 骨架空隙结构

采用连续型开级配矿料（图 7.8 中曲线②）配制的沥青混合料，粗骨料颗粒较多，颗粒彼此接触形成互相嵌挤的骨架，但细骨料数量较少，不足以充分填充骨架空隙，压实后混合料的空隙较大，形成了所谓的骨架空隙结构［图 7.7（b）］。沥青碎石混合料 AM 和开级配磨耗层沥青混合料 OGFC 是典型的骨架空隙结构。

在形成骨架空隙结构的沥青混合料中，粗骨料之间的嵌挤力对沥青混合料的强度和稳定性起着重要作用，结构强度受沥青性质和物理状态的影响较小，因而高温稳定性较好。但压实后的剩余空隙率较大，渗透性较大，在使用过程中，气体和水分易进入沥青混合料内部，引发沥青老化或将沥青从骨料表面剥落，因此这种结构沥青混合料的耐久性值得关注。

(3) 骨架密实结构

当采用间断型断级配（级配曲线如图 7.8 中曲线③）与沥青组成沥青混合料时，在沥青混合料中既有足够的粗骨料形成骨架，又根据骨架空隙大小填入了足够的细骨料和沥青胶浆，形成了骨架密实结构［图 7.7（c）］。这种结构兼具上述两种结构的优点，粗骨料充分发挥了嵌挤作用，细骨料又具有最大密实性和内聚力，整个结构能够形成较高的强度，是一种比连续级配更为理想的组成结构。沥青玛瑞脂碎石混合料 SMA 是典型的骨架密实结构。

2. 强度及其影响因素

在常温或较高温度下，沥青混合料可能由于沥青的黏结力不足或其本身的抗剪能力不足而破坏。三轴试验表明，沥青混合料的抗剪强度主要取决于沥青混合料的黏聚力和矿质骨料颗粒之间的内摩擦力。沥青混合料的抗剪强度可按莫尔-库仑定律予以表征，即在外力作用下，不发生剪切滑移，应满足式（7.5）。

$$\tau = c + \sigma\tan\varphi \tag{7.5}$$

式中 τ——沥青混合料的抗剪强度（MPa）；

c——沥青混合料的黏聚力（MPa）；

σ——试验时的正应力（MPa）；

φ——沥青混合料的内摩擦角（rad）。

因此，影响沥青混合料结构强度的因素主要包括：

（1）沥青黏度的影响

沥青的黏度是影响沥青混合料黏聚力 c 的重要因素。沥青的黏度越高，则沥青混合料的黏结力越大，在保持矿质集料相对稳定的嵌锁力作用下，沥青混合料的强度也就越高，抗变形能力越强。由于沥青是一种感温性材料，黏度随温度变化而变化，在高温条件下，黏度降低，沥青混合料的黏结力也有所降低。

（2）矿质混合料性能的影响

矿料的级配组成、颗粒形状和表面特征等特性都会对沥青混合料的嵌锁力或内摩擦角 φ 产生较大影响。

一般来说，连续密级配的沥青混合料是悬浮密实结构，其强度主要依靠沥青与矿料的黏结力和沥青的内聚力；骨架空隙型沥青混合料的强度主要依靠嵌锁力；骨架密实型沥青混合料既有以粗集料为主的嵌锁骨架，又有很强的黏结力，因此该类型的沥青混合料整体强度高，稳定性好。

采用粒径较大且均匀的矿料可以提高沥青混合料的嵌锁力与内摩擦角；集料表面越粗糙，形成越凹凸的微表面，可以使混合料具有较高的内摩擦力。

（3）沥青与矿料交互作用能力的影响

沥青混合料的黏结力还与沥青和矿料的交互作用有关。矿粉颗粒之间为“结构沥青”联结时，黏结力较大，为“自由沥青”联结时，其黏结力较小。

（4）矿料和沥青用量的影响

不同性质的矿料表面形成不同组成结构和厚度的吸附溶化膜。在碱性石料（石灰石）表面形成发育较好的吸附溶化膜，而在酸性石料（石英石）表面则形成发育较差的吸附溶化膜。因此，当采用石灰石矿料时，矿料之间的黏结力较高。在沥青混合料中保持一定的矿粉数量，可以形成较薄的沥青膜，增加结构沥青的比例，提高沥青混合料的黏聚力。

当沥青用量较小时，不足以形成结构沥青薄膜来黏结矿料颗粒；随着沥青用量的增多，结构沥青逐渐形成，当沥青用量足以形成薄膜并充分黏结矿料颗粒时，沥青混合料具有最大的黏结力；若沥青用量继续增加，沥青膜加厚，“自由沥青”偏多，致使沥青混合料的黏结力降低；另外，沥青用量越高，部分“自由沥青”起润滑作用，减小内摩擦角。

（5）温度和变形速率的影响

当温度升高时，沥青的黏度降低，沥青混合料的黏结力也随之降低，内摩擦角变化的幅度很小。由于沥青的黏度随变形速率的增加而增大，沥青混合料的黏结力也随变形速率的增加而显著提高，内摩擦角变化很小。

7.2.2 热拌沥青混合料

7.2.2.1 热拌沥青混合料的组成设计

1. 沥青混合料组成材料及其技术要求

沥青混合料的技术性质取决于组成材料的性质、组成配合的比例和混合料的制备工艺等因素。为保证沥青混合料的技术性质，首先根据沥青混合料各组成材料的技术要求，正确选择符合质量要求的组成材料。

（1）沥青

沥青是沥青混合料最重要的组成材料，其性能直接影响到沥青混合料的技术性能。沥青路面所用沥青的标号和品种应根据公路等级、气候条件、交通性质、路面类型、受力特点、施工条件及当地的使用经验等，经技术论证后确定。通常，炎热气候条件、较繁重交通、细粒式或砂粒式、密级配混合料应选用标号较低的沥青；反之则选用标号较高的沥青。沥青技术性能和沥青的选择应符合表 7.4 和表 7.5 的要求。

（2）粗骨料

粗骨料可采用碎石、破碎砾石、筛选砾石、钢渣、矿渣等，但高速公路和一级公路不得采用筛选砾石和矿渣。粗骨料应洁净、干燥、表面粗糙、形状接近立方体，且无风化，不含杂质，具有足够的强度、耐磨耗性。粗骨料宜采用碱性岩石（石灰岩、白云岩等），当采用酸性骨料时，应采取相应措施（如掺用抗剥离剂、消石灰、水泥等）改善其与沥青的黏附力，提高沥青混合料的水稳定性。其质量应符合表 7.10 的技术要求。

表 7.10 沥青混合料用粗骨料技术要求（JTG F40—2004）

指标			高速公路、一级公路、城市快速路、主干路		其他等级公路
			表面层	其他层次	
石料压碎值（%）		≤	25	28	30
洛杉矶磨耗损失（%）		≤	28	30	35
表观相对密度		≥	2.60	2.50	2.45
吸水率（%）		≤	2.0	3.0	3.0
坚固性（%）		≤	12	12	—
水洗法＜0.075（mm）颗粒含量（%）		≤	1	1	1
软石含量（%）		≤	3	5	5
针片状颗粒（%） ≤	粒径大于 9.5mm		12	15	—
	粒径小于 9.5mm		18	20	—
破碎砾石的破碎面积（%） ≤	1 个破碎面		100	90	80（70）
	2 个破碎面		90	80	60（50）

粗骨料的粒径规格应按照表 7.11 进行生产和选用。如果某一规格粗骨料不满足

表 7.11的规格，通过确认与其他骨料组配后的矿料合成级配符合设计要求也可使用。

表 7.11 沥青混合料用粗骨料规格（JTG F40—2004）

规格名称	公称粒径（mm）	通过下列筛孔（mm）的质量百分率（%）												
		106	75	63	53	37.5	31.5	26.5	19.0	13.2	9.5	4.75	2.36	0.6
S1	40～75	100	90～100	—	—	0～15	—	0～5						
S2	40～60		100	90～100	—	0～15	—	0～5						
S3	30～60		100	90～100	—	—	0～15	—	0～5					
S4	25～50			100	90～100	—	—	0～15	—	0～5				
S5	20～40				100	90～100	—	—	0～15	—	0～5			
S6	15～30					100	90～100	—	—	0～15	—	0～5		
S7	10～30					100	90～100	—	—	—	0～15	0～5		
S8	10～25						100	90～100	—	0～15	—	0～5		
S9	10～20							100	90～100	—	0～15	0～5		
S10	10～15								100	90～100	0～15	0～5		
S11	5～15								100	90～100	40～70	0～15	0～5	
S12	5～10									100	90～100	0～15	0～5	
S13	3～10									100	90～100	40～70	0～20	0～5
S14	3～5										100	90～100	0～15	0～3

用于高速公路、一级公路、城市快速道路、主干路沥青路面表层的粗骨料应该选用碎石或破碎砾石，其粗骨料的磨光值和沥青黏附性应符合《公路沥青路面施工技术规范》（JTG E40—2004）的要求。

（3）细骨料

沥青混合料用细骨料可以采用天然砂、机制砂或石屑。细骨料应洁净、干燥、无风化、无杂质，并有适当的颗粒级配，其质量要求符合表 7.12 要求。

天然砂的粒径规格见表7.13。热拌密级配沥青混合料中天然砂的用量通常不宜超过骨料总量的20%，SMA和OGFC混合料不宜使用天然砂。机制砂、石屑的粒径规格见表7.14。

表7.12 沥青混合料用细骨料质量要求（JTG F40—2004）

指标	高速公路、一级公路、城市快速路、主干路	其他等级公路
表观相对密度，不小于	2.50	2.45
坚固性>0.3（mm）部分（%），不小于	12	—
含泥量<0.075（mm）颗粒含量（%），不大于	3	5
砂当量（%），不小于	60	50
亚甲蓝值（g/kg），不大于	25	—
棱角性（流动时间），不小于	30	—

表7.13 沥青混合料用天然砂规格（JTG F40—2004）

分类	通过各筛孔（mm）的质量百分率（%）							
	9.5	4.75	2.36	1.18	0.6	0.3	0.15	0.075
粗砂	100	90～100	65～95	35～65	15～30	5～20	0～10	0～5
中砂	100	90～100	75～90	50～90	30～60	8～30	0～10	0～5
细砂	100	90～100	85～100	75～100	60～84	15～45	0～10	0～5

表7.14 沥青混合料用机制砂和石屑规格（JTG F40—2004）

规格	公称粒径（mm）	水洗法通过百分率（%）							
		9.5	4.75	2.36	1.18	0.6	0.3	0.15	0.075
S15	0～5	100	90～100	60～90	40～75	20～55	7～40	2～20	0～10
S16	0～3	—	100	80～100	50～80	25～60	8～45	0～25	0～15

（4）矿粉

沥青混合料主要依靠沥青与矿粉的交互作用形成较高黏结力的沥青胶浆，将粗、细骨料结合成一个整体。矿粉在沥青混合料中起到非常重要的作用。矿粉必须是由石灰岩或岩浆岩中强基性岩石等憎水性石料经磨细得到的，原石料中的泥土杂质应除净。矿粉应干燥、洁净，能自由从矿粉仓流出，质量要符合《公路沥青路面施工技术规范》（JTG E40—2004）的规定。

粉煤灰作填料时用量不得超过填料总量的50%，烧失量应小于12%，与矿粉混合后塑性指数应小于4%，其余质量要求与矿粉相同。高速公路、一级公路的沥青面层不宜采用粉煤灰作填料。

（5）纤维稳定剂

沥青混合料中掺加的纤维稳定剂宜选用木质素纤维、矿物纤维等，木质素纤维的质量应符合《公路沥青路面施工技术规范》（JTG E40—2004）的规定。

7.2.2.2 沥青混合料的技术性能

沥青混合料的技术性能主要包括高温稳定性、低温抗裂性、水稳定性、抗滑性、抗疲劳性、抗老化性、施工和易性等技术性能，以保证沥青混合料优良的服务性能并经久耐用。

1. 高温稳定性

高温稳定性是指沥青混合料在高温条件下（通常为 60℃），可以抵抗车辆荷载的反复作用而不发生显著永久变形，保证路面平整度的特性。

通常，采用马歇尔试验和车辙试验来评价沥青混合料的高温稳定性。

（1）马歇尔试验

马歇尔试验是目前我国评价沥青混合料高温性能、进行沥青混合料配合比设计的主要试验之一。由于马歇尔试验设备和方法比较简单，且可作为现场质量控制，因而得到了广泛的应用。

马歇尔试验是将沥青混合料制备成 ϕ101.6mm×63.5mm 或 ϕ152.4mm×95.3mm 的圆柱形试件，试验时将试件侧向置于半圆状的压模中，使试件受到一定的侧限。在规定温度（60℃）和（50±5）mm/min 的加荷速度下，对试件施加压力直至试件破坏，测定稳定度、流值两项指标。稳定度是试件压缩至破坏时承受的最大荷载，以 kN 计；流值是达到最大破坏荷载时试件的垂直变形，以 0.1mm 计。

（2）车辙试验

试验研究和实践证明，采用马歇尔稳定度和流值不能确切地反映沥青混合料永久性变形，与路面的抗车辙能力相关性不好。车辙试验是一种模拟车辆轮胎在路面上滚动形成车辙的试验方法，试验结果直观，且与沥青路面车辙深度之间有较好的相关性。

采用标准方法成型沥青混合料板块状试件（300mm×300mm×50～100mm）。在 60℃的温度条件下，试验轮（轮压 0.7MPa）以（42±1）次/min 的频率，沿着试件表面同一轨迹反复行走，时间约 1h 或最大变形达到 25mm 时为止，测定试件表面在试验轮反复作用下所形成车辙的深度。以变形趋于稳定的 45min（或 t_1）到 60min（或 t_2）这一段时间内，产生 1mm 车辙变形所需要的行走次数即动稳定度指标 DS（次/mm）[计算如式（7.6）] 来评价沥青混合料的抗永久变形能力。

$$\mathrm{DS}=\frac{(t_2-t_1)\cdot N}{d_2-d_1}\cdot C_1\cdot C_2 \tag{7.6}$$

式中 DS——沥青混合料动稳定度（次/mm）；

t_1、t_2——试验时间（min），通常为 45min 和 60min；

d_1、d_2——与试验时间 t_1 和 t_2 对应的试样变形量（mm）；

N——试验轮行走频率（次/min），通常为 42 次/min；

C_1——试验机类型系数，曲柄连杆驱动变速行走方式为 1.0，链驱动试验轮变速方式为 1.5；

C_2——试件系数，实验室制备的宽 300mm 试件为 1.0，路面切割的宽 150mm 的试件为 0.8。

（3）影响高温稳定性的因素

影响沥青混合料高温稳定性的因素主要包括矿料的性质、沥青的黏度及用量等。

采用粒径较大、表面粗糙、多棱角、粒形接近正方体的碎石骨料可以增大沥青混合料内摩擦角，有利于提高沥青混合料的高温稳定性，而采用表面光滑的砾石骨料拌制的沥青混合料颗粒间缺乏嵌锁力，路面容易出现车辙；沥青的黏度对沥青与矿料间的黏聚力产生影响，可以使用合适的改性剂来提高黏度、降低感温性来提高沥青混合料的高温稳定性；随着沥青用量的增加，矿料表面沥青膜厚度增加，自由沥青比例增加，沥青混合料高温抗变形能力降低。

2. 低温抗裂性

沥青混合料抵抗低温收缩裂缝的能力称为低温抗裂性。

由于沥青混合料随着温度的降低，通常会变硬变脆，劲度增大，变形能力下降。在温度下降产生的温度应力和外界荷载应力的作用下，路面内部分应力来不及松弛，逐渐累积下来，这些累积应力超过抗拉强度时，即产生裂缝，导致沥青混合料路面破坏。因此，沥青混合料在低温时应具有较低的劲度和较大的抗变形能力来满足低温抗裂性能。

沥青混合料路面的低温收缩开裂主要有两种形式，即由于气温骤降造成材料低温收缩和低温收缩疲劳裂缝。

我国现行规范建议采用低温线收缩系数试验、低温弯曲试验及低温劈裂试验评价沥青混合料的低温抗裂性能。《公路工程沥青及沥青混合料试验规程》（JTG E20—2011）中规定，沥青混合料配合比设计的低温抗裂性能采用低温弯曲试验。试验规定的温度为（-10 ± 0.5）℃，加载速率为50mm/min，对规定尺寸的沥青混合料小梁试件（30mm×35mm×250mm）施加跨中集中荷载至断裂破坏，测定计算抗弯强度、弯拉应变、劲度模量综合评价沥青混合料的低温抗裂性。

选用黏度较低的沥青或橡胶类改性沥青，适当增加沥青用量，可增强沥青混合料的柔韧性，减少或防止沥青路面的低温开裂。

3. 耐久性

耐久性是指沥青混合料在使用过程中抵抗自然环境因素及车辆反复荷载作用的能力，主要包括抗老化性、水稳定性和抗疲劳性能等。

（1）沥青混合料抗老化性

沥青混合料在使用过程中，受到空气中氧气、水、紫外线等介质的作用发生诸多复杂的物理化学反应，致使沥青混合料变脆易裂，从而导致沥青路面出现各种与沥青老化有关的裂纹或裂缝，主要表现在沥青的老化，即沥青针入度减小、软化点提高、延度降低。

沥青混合料的老化主要取决于沥青的老化，还与外界环境因素和压实空隙率等有关。在气候较低、日照时间短的地区，沥青老化速率较慢；而在气候温暖、日照时间较长的地区，沥青的老化速率较快。沥青混合料的空隙率越大，外界环境对沥青的影响越明显，其老化程度也越高。

因此，从耐老化角度考虑，应优先选用耐老化性能好的沥青材料；应适当增加沥青用量，降低沥青混合料的空隙率，以防止水分渗入并减少太阳光对沥青材料的老化作用。

（2）沥青混合料的水稳定性

水稳定性是沥青混合料抵抗水侵蚀而逐渐产生沥青膜剥离、松散、坑槽等破坏的能力。水稳定差的沥青混合料在水存在的情况下，会降低沥青混合料的黏结强度，使沥青与矿料骨料表面产生剥离，松散的颗粒被车轮带走，从而加剧沥青路面损失，并逐渐形成坑槽，即沥青路面的“水损害”。

沥青与矿料的黏附性是保证沥青混合料水稳定性的前提。评价沥青与矿料的黏附性采用的方法有水煮法、水浸法，这类方法是将沥青裹覆在矿料表面并浸入水中，根据矿料表面沥青膜的剥离情况判断沥青与矿料的黏附性。研究发现，一些满足黏附性要求的沥青混合料在使用过程中仍有可能发生水损害，因此，该试验具有一定的局限性，只能初步评价沥青与骨料的黏附性，还必须结合沥青混合料的水稳定性试验结果做出综合评价。沥青混合料的水稳定性试验有浸水马歇尔试验、浸水车辙试验、浸水劈裂强度试验、浸水抗压强度试验及冻融劈裂试验等。

4. 抗滑性

沥青路面的抗滑性对保障路面交通安全至关重要，是道路安全指标之一。抗滑性能必须通过合理地选择沥青混合料组成材料、正确地设计与施工来保证。

抗滑性评价方法分为两类，即测定路面表面纹理构造发达程度和测定路表面的摩擦系数和摩擦力。

为保证路面的抗滑性能，面层骨料应选用质地坚硬且具有棱角的碎石，同时可适当增大骨料粒径、减少沥青用量并控制含蜡量。

5. 施工和易性

沥青混合料应具备良好的和易性，以便在拌合、运输、摊铺及碾压过程中使骨料颗粒保持均匀分布，并能被压实到规定的密度，这是保证沥青路面使用质量的必要条件。影响沥青混合料和易性的因素很多，包括沥青混合料组成材料的技术品质、用量及施工条件等。对沥青混合料的和易性至今尚无成熟的测定方法，一般是通过合理选择组成材料、控制施工条件等措施来保证沥青混合料的质量。

7.2.2.3 热拌沥青混合料类型及设计级配范围

1. 热拌沥青混合料类型

热拌沥青混合料适用于各种等级公路的沥青路面。其种类按骨料公称最大粒径、矿料级配、空隙率等因素进行分类，见表 7.15。

表 7.15 热拌沥青混合料的种类

混合料类型	密级配			开级配		半开级配	公称最大粒径（mm）	最大粒径（mm）
	连续型级配		间断型级配	间断型级配				
	沥青混凝土	沥青稳定碎石	沥青玛瑶脂碎石	排水式沥青磨耗层	排水式沥青碎石基层	沥青碎石		
特粗式	—	ATB-40	—	—	ATPB-40	—	37.5	53.0
粗粒式	—	ATB-30	—	—	ATPB-30	—	31.5	37.5
	AC-25	ATB-25	—	—	ATPB-25	—	26.5	31.5
中粒式	AC-20	—	SMA-20	—	—	AM-20	19.0	26.5
	AC-16	—	SMA-16	OGFC-16	—	AM-16	16.0	19.0
细粒式	AC-13	—	SMA-13	OGFC-13	—	AM-13	13.2	16.0
	AC-10	—	SMA-10	OGFC-10	—	AM-10	9.5	13.2
砂粒式	AC-5	—	—	—	—	—	4.75	9.5
设计空隙率（%）	3～5	3～6	3～4	>18	>18	6～12	—	—

注：设计空隙率可按配合比设计要求适当调整。

沥青混合料类型可依据道路等级、所处结构层类型、面层厚度进行选择，按照表7.16进行。

表7.16 沥青混合料的类型选择、公称最大粒径与最小压实厚度 mm

<table>
<tr><td>沥青路面结构层类型</td><td colspan="2">道路等级</td><td colspan="4">高速公路、一级公路、城市快速路、主干路</td><td colspan="4">二级及二级以下等级公路、一般城市道路</td><td colspan="2">行人道路</td></tr>
<tr><td rowspan="5">磨耗层
表面层</td><td colspan="2">沥青混合料类型</td><td>AC</td><td colspan="2">SMA</td><td>OGFC</td><td colspan="2">AC</td><td colspan="2">SMA</td><td colspan="2">AC</td></tr>
<tr><td rowspan="4">骨料公称最大粒径</td><td>4.75</td><td>—</td><td colspan="2">—</td><td>—</td><td colspan="2">—</td><td colspan="2">—</td><td colspan="2">10</td></tr>
<tr><td>9.5</td><td>30</td><td colspan="2">25</td><td>20</td><td colspan="2">25</td><td colspan="2">25</td><td colspan="2">20</td></tr>
<tr><td>13.2</td><td>40</td><td colspan="2">35</td><td>25</td><td colspan="2">35</td><td colspan="2">35</td><td colspan="2">25</td></tr>
<tr><td>16</td><td>50</td><td colspan="2">40</td><td>—</td><td colspan="2">45</td><td colspan="2">40</td><td colspan="2">—</td></tr>
<tr><td rowspan="7">中面层
下面层
基层</td><td colspan="2">沥青混合料类型</td><td colspan="2">AC</td><td colspan="2">ATB</td><td>AC</td><td colspan="2">AM</td><td>ATB</td><td>AC</td><td>AM</td></tr>
<tr><td rowspan="6">骨料公称最大粒径</td><td>13.2</td><td colspan="2">—</td><td colspan="2">—</td><td>35</td><td colspan="2">35</td><td>—</td><td>35</td><td>35</td></tr>
<tr><td>16</td><td colspan="2">50</td><td colspan="2">—</td><td>45</td><td colspan="2">40</td><td>—</td><td>40</td><td>40</td></tr>
<tr><td>19</td><td colspan="2">60</td><td colspan="2">—</td><td>60</td><td colspan="2">50</td><td>—</td><td>55</td><td>—</td></tr>
<tr><td>26.5</td><td colspan="2">80</td><td colspan="2">80</td><td>—</td><td colspan="2">60</td><td>80</td><td>—</td><td>—</td></tr>
<tr><td>31.5</td><td colspan="2">—</td><td colspan="2">100</td><td>—</td><td colspan="2">—</td><td>90</td><td>—</td><td>—</td></tr>
<tr><td>37.5</td><td colspan="2">—</td><td colspan="2">120</td><td>—</td><td colspan="2">—</td><td>100</td><td>—</td><td>—</td></tr>
</table>

2. 密级配沥青混合料矿料级配范围

《公路沥青路面施工技术规范》（JTG F40—2004）中对密级配沥青混合料的矿料级配范围做出了规定，设计级配宜在表7.17规定的级配范围内。

表7.17 密级配沥青混凝土/沥青稳定碎石混合料矿料级配范围

级配类型		通过百分率（%）														
		53	37.5	31.5	26.5	19	16	13.2	9.5	4.75	2.36	1.18	0.6	0.3	0.15	0.075
粗粒式	AC-25			100	90～100	75～90	65～83	57～76	45～65	24～52	16～42	12～33	8～24	5～17	4～13	3～7
中粒式	AC-20				100	90～100	78～92	62～80	50～72	26～56	16～44	12～33	8～24	5～17	4～13	3～7
	AC-16					100	90～100	76～92	60～80	34～62	20～48	13～36	9～26	7～18	5～14	4～8
细粒式	AC-13						100	90～100	68～85	38～68	24～50	15～38	10～28	7～20	5～15	4～8
	AC-10							100	90～100	45～75	30～58	20～44	13～32	9～23	6～16	4～8
砂粒式	AC-5								100	90～100	55～75	35～55	20～40	12～28	7～18	5～10

续表

级配类型		通过百分率（%）														
		53	37.5	31.5	26.5	19	16	13.2	9.5	4.75	2.36	1.18	0.6	0.3	0.15	0.075
特粗式	ATB-40	100	90～100	75～92	65～85	49～71	43～63	37～57	30～50	20～40	15～32	10～25	8～18	5～14	3～10	2～6
	ATB-30		100	90～100	70～90	53～72	44～66	39～60	31～51	20～40	15～32	10～25	8～18	5～14	3～10	2～6
粗粒式	ATB-25			100	90～100	60～80	48～68	42～62	32～52	20～40	15～32	10～25	8～18	5～14	3～10	2～6

3. 密级配沥青混合料的技术标准

（1）密级配沥青混合料马歇尔试验技术标准

密级配沥青混合料马歇尔试验技术标准见表 7.18，适用于公称最大粒径不大于 26.5mm 的密级配沥青混凝土。

表 7.18　密级配沥青混凝土混合料（AC）马歇尔试验技术标准（JTG F40—2004）

试验指标		高速公路、一级公路、城市快速路、主干路				其他等级公路	行人道路
		夏炎热区（1-1、1-2、1-3、1-4）		夏热区及夏凉区（2-1、2-2、2-3、2-4、3-2）			
		中轻交通	重载交通	中轻交通	重载交通		
击实次数（双面）（次）		75				50	50
试件尺寸（mm）		ϕ101.6×63.5					
空隙率 VV（%）	深约 90mm 以内	3～5	4～6	2～4	3～5	3～6	2～4
	深约 90mm 以下	3～6		2～4	3～6	3～6	—
稳定度（ms/kN），不小于		8				5	3
流值 FL（mm）		2～4	1.5～4	2～4.5	2～4	2～4.5	2～5
矿料间隙率 VMA（%），不小于	设计空隙率（%）	相应于以下公称最大粒径（mm）的最小 VMA 及 VFA 技术要求					
		26.5	19	16	13.2	9.5	4.75
	2	10	11	11.5	12	13	15
	3	11	12	12.5	13	14	16
	4	12	13	13.5	14	15	17
	5	13	14	14.5	15	16	18
	6	14	15	15.5	16	17	19
沥青饱和度 VFA（%）		55～70	65～75			70～85	

注：① 气候分区见表 7.3。

（2）密级配沥青混合料高温稳定性车辙试验的技术标准

用于高速公路、一级公路的公称最大粒径等于或小于 19mm 的密级配沥青混合料（AC）及 SMA、OGFC 应进行动稳定度测试，应符合表 7.19 的要求。

表 7.19　沥青混合料车辙试验动稳定度技术要求（JTG F40—2004）

气候条件与技术指标		相应于下列气候分区所要求的动稳定度（次/mm）								
七月平均最高气温（℃）及气候分区		＞30				20～30				＜20
		夏炎热区				夏热区				夏凉区
		1-1	1-2	1-3	1-4	2-1	2-2	2-3	2-4	3-2
普通沥青混合料，不小于		800		1000		600	800			600
改性沥青混合料，不小于		2400		2800		2000	2400			1800
SMA 混合料	非改性，不小于	1500								
	改性，不小于	3000								
OGFC 混合料		1500（一般交通路段）、3000（重交通量路段）								

（3）密级配沥青混合料水稳定性检验的技术标准

按照《公路工程沥青及沥青混合料试验规程》（JTG E20—2011）规定进行浸水马歇尔试验和冻融劈裂试验。残留稳定度及残留强度比符合表 7.20 的规定。

表 7.20　沥青混合料水稳定性检验技术要求（JTG F40—2004）

气候条件与技术指标		相应于下列气候分区所要求的技术要求（%）			
年降雨量（mm）及气候分区		＞1000	500～1000	250～500	＜250
		1. 潮湿区	2. 湿润区	3. 半干区	4. 干旱区
浸水马歇尔试验残留稳定度（%），不小于					
普通沥青混合料		80		75	
改性沥青混合料		85		80	
SMA	普通沥青	75			
	改性沥青	80			
冻融劈裂试验的残留强度比（%），不小于					
普通沥青混合料		75		70	
改性沥青混合料		80		75	
SMA	普通沥青	75			
	改性沥青	80			

（4）密级配沥青混合料低温抗裂性检验技术标准

根据《公路工程沥青及沥青混合料试验规程》（JTG E20—2011）规定进行低温弯曲试验，测定的沥青混合料破坏应变应符合表 7.21 中的要求。

表 7.21　沥青混合料低温弯曲试验破坏应变（μ_ε）技术要求（JTG F40—2004）

气候条件与技术指标	相应于下列气候分区所要求的破坏应变（μ_ε）								
年极端最低气温（℃）及气候分区	＜−37.0		−21.5～−37.0			−9.0～−21.5		＞−9.0	
	1. 冬严寒区		2. 冬寒区			3. 冬冷区		4. 冬温区	
	1-1	2-1	1-2	2-2	3-2	1-3	2-3	1-4	2-4
普通沥青混合料，不小于	2600		2300			2000			
改性沥青混合料，不小于	3000		2800			2500			

7.2.2.4 密级配热拌沥青混合料配合比设计方法

沥青混合料配合比设计是根据沥青混合料的技术要求，选择粗骨料、细骨料、矿粉和沥青结合料，并确定各材料相互配合的最佳组成比例，使沥青混合料既满足技术要求，也符合经济原则。

沥青混合料配合比设计包括目标配合比设计、生产配合比设计及生产配合比验证三个阶段。后两个设计阶段是在目标配合比的基础上进行，需借助施工单位的拌合设备、摊铺和碾压设备完成。配合比设计流程见图 7.9。

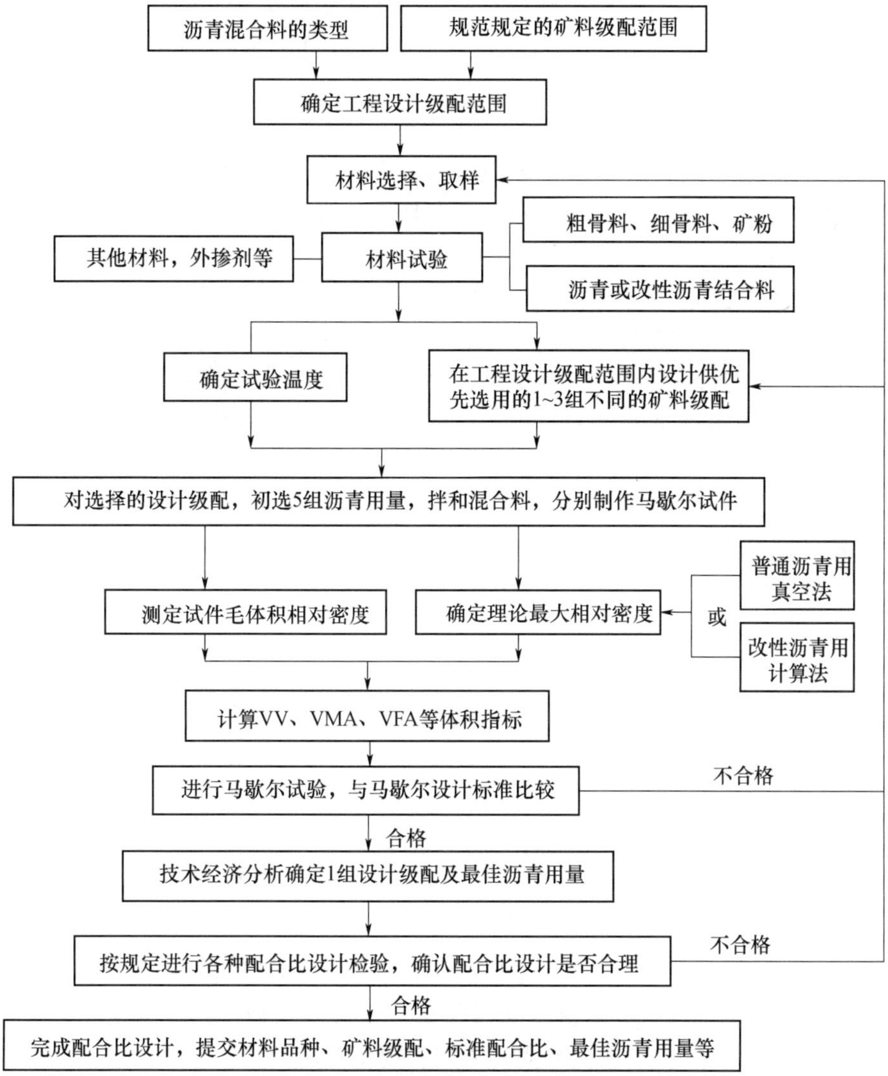

图 7.9 密级配沥青混合料目标配合比设计流程

1. 目标配合比设计

目标配合比设计分两部分进行，即矿质混合料组成设计与最佳沥青用量的确定。

(1) 矿质混合料组成设计

矿质混合料组成设计主要是确定沥青混合料的类型、矿料的级配范围及矿料中各组成材料的比例，最终的目的是选配具有足够密实度且有较高内摩阻力的矿料。

① 原材料性能测试

测试粗骨料、细骨料、矿粉、沥青结合料等材料的密度，进行骨料筛分试验，确定各种规格骨料的级配组成。

② 沥青混合料类型的选择和矿料的级配范围

首先依据道路等级、路面类型、结构层次、气候条件及其他要求，按照表 7.16 选用沥青混合料类型，结合表 7.15 确定公称最大粒径；然后在表 7.17 规定的级配范围中确定沥青混合料的工程设计级配范围。通过对沥青混合料技术性质的对比试验，找出适宜的矿料级配；或根据试验研究成果选择其他类型的沥青混合料类型及相应的级配范围，经技术经济论证后确定。

③ 拟定初试配合比

根据各档骨料的筛分结果，按照图解法、解析法、试算法等方法，在工程设计级配范围中，设计 3 组初选配合比，确定每组混合料中各档骨料的用量比例，计算矿质混合料的合成级配。通常情况下，合成级配曲线宜尽量接近设计级配中值。

④ 矿质混合料组成材料比例确定

根据使用经验，初估沥青用量，按照初试矿料组成材料比例拌制 3 组沥青混合料，在标准条件下，成型马歇尔试样，测试试样的毛体积密度、计算试样空隙率、矿料间隙率、沥青饱和度。根据沥青混合料马歇尔试件体积参数指标的技术要求，确定矿料的设计配合比。

（2）最佳沥青用量的确定

① 马歇尔试验

a. 按确定的矿质混合料配合比，计算各种规格骨料的用量，并称量各档骨料和矿粉。

b. 计算矿料混合料的合成毛体积相对密度 γ_{sb}［按式（7.7）计算］和合成表观相对密度 γ_{sa}［按式（7.8）计算］。

$$\gamma_{sb}=\frac{100}{\frac{P_1}{\gamma_1}+\frac{P_2}{\gamma_2}+\cdots+\frac{P_n}{\gamma_n}} \tag{7.7}$$

$$\gamma_{sa}=\frac{100}{\frac{P_1}{\gamma'_1}+\frac{P_2}{\gamma'_2}+\cdots+\frac{P_n}{\gamma'_n}} \tag{7.8}$$

式中 γ_1，γ_2，…，γ_n——各种矿料的毛体积相对密度，无量纲［采用《公路工程集料试验规程》（JTG E42—2005）的方法进行测定，矿粉（含消石灰、水泥）采用表观相对密度］；

γ'_1，γ'_2，…，γ'_n——各种矿料的表观相对密度，无量纲；

P_1，P_2，…，P_n——各种矿料占矿料总质量的百分比（%），$\sum_{1}^{n} P_i = 100$ 。

c. 根据矿质混合料的合成毛体积相对密度和合成表观密度等物理参数，预估沥青混合料适宜的油石比，预估油石比 P_a［按式（7.9）计算］或沥青用量 P_b［按式（7.10)计算］。

$$P_a=\frac{P_{a1}\times\gamma_{sb1}}{\gamma_{sb}} \tag{7.9}$$

$$P_b=\frac{P_a}{100+\gamma_{sb}}\times100 \tag{7.10}$$

式中 P_a——预估的最佳油石比（与矿料总量的百分比）（%）；

P_b——预估的最佳沥青用量（占混合料总量的百分数）（%）；

P_{a1}——已建类似工程沥青混合料的标准油石比（%）；

γ_{sb}——骨料的合成毛体积相对密度，无量纲；

γ_{sb1}——已建类似工程骨料的合成毛体积相对密度，无量纲。

d. 以预估的油石比为中值，按一定间隔（对密级配沥青混合料通常为 0.5%），取 5 个或 5 个以上不同的油石比分别成型马歇尔试件，并按表 7.18 中所规定的击实次数成型马歇尔试件。

e. 确定矿料的有效相对密度 γ_{se}［按式（7.11）或式（7.12）计算］。

$$\gamma_{se}=\frac{100-P_b}{\frac{100}{\gamma_t}-\frac{P_b}{\gamma_b}} \tag{7.11}$$

$$\gamma_{se}=C\times\gamma_{sa}+(1-C)\times\gamma_{sb} \tag{7.12}$$

式中 γ_t——相对于油石比 P_a 或沥青含量 P_b时，沥青混合料的最大理论相对密度，无量纲；

γ_{se}——矿料的有效相对密度，无量纲；

γ_{sb}——矿料混合料的合成毛体积相对密度，无量纲，按式（7.7）求取；

γ_{sa}——矿料混合料的合成表观相对密度，无量纲，按式（7.8）求取；

C——合成矿料的沥青吸收系数，可按矿料的合成吸水率式（7.13）求取。

$$C=0.033\omega_x^2-0.2936\omega_x+0.9339 \tag{7.13}$$

式中 ω_x——矿料合成吸水率（%），按式（7.14）计算。

$$\omega_x=\left(\frac{1}{\gamma_{sb}}-\frac{1}{\gamma_{sa}}\right)\times100 \tag{7.14}$$

f. 测定压实沥青混合料试件的毛体积相对密度 γ_f［按式（7.15）计算］和吸水率 S_a［按式（7.16）计算］。

$$\gamma_f=\frac{m_a}{m_f-m_w}\times100$$

$$\rho_f=\frac{m_a}{m_f-m_w}\times\rho_w \tag{7.15}$$

式中 m_a——干燥试件在空气中的质量（g）；

m_w——试件在水中的质量（g）；

m_f——试件的表干质量（g）；

ρ_w——常温水的密度（g/cm^3），约等于 $1g/cm^3$。

$$S_a=\frac{m_f-m_a}{m_f-m_w}\times100\% \tag{7.16}$$

g. 确定沥青混合料的最大理论相对密度 γ_t［按式（7.17）或式（7.18）计算］。

$$\gamma_t = \frac{100 + P_a}{\dfrac{100}{\gamma_{se}} + \dfrac{P_a}{\gamma_b}} \tag{7.17}$$

$$\gamma_t = \frac{100 + P_a + P_x}{\dfrac{P_s}{\gamma_{se}} + \dfrac{P_b}{\gamma_b} + \dfrac{P_x}{\gamma_x}} \tag{7.18}$$

式中 γ_x——25℃时纤维的相对密度，由厂方提供或实测得到，无量纲；

P_s——所计算的沥青混合料的矿料含量（%），$P_s = 100 - P_b$；

P_x——纤维用量，即纤维质量占矿料总质量的百分比（%）。

h. 计算沥青混合料试件的空隙率 VV［按式（7.19）计算］、矿料间隙率 VMA［按式（7.20）计算］、有效沥青的饱和度 VFA［按式（7.21）计算］等体积指标，进行体积组成分析。

$$VV = \left(1 - \frac{\gamma_f}{\gamma_t}\right) \times 100 \tag{7.19}$$

$$VMA = \left(1 - \frac{\gamma_f}{\gamma_{sb}} \times \frac{P_s}{100}\right) \times 100 \tag{7.20}$$

$$VFA = \frac{VMA - VV}{VMA} \times 100 \tag{7.21}$$

式中 VV——试件的空隙率（%）；

VMA——试件的矿料间隙率（%）；

VFA——试件的有效沥青饱和度（有效沥青含量占 VMA 的体积比例）（%）。

i. 采用马歇尔试验仪，测定马歇尔稳定度及流值。

② 确定最佳沥青用量（或油石比）

a. 绘制沥青用量（或油石比）与物理-力学指标关系图。

计算或测试沥青混合料的理论最大相对密度，测试毛体积密度，然后计算试样的空隙率、沥青饱和度、矿料间隙率等体积参数。以沥青用量或油石比为横坐标，以马歇尔试验的各项指标为纵坐标，将试验结果在图中绘出，连成圆滑的曲线，如图 7.10 所示。确定均符合规范规定的沥青混合料技术标准的沥青用量范围 $OAC_{min} \sim OAC_{max}$。

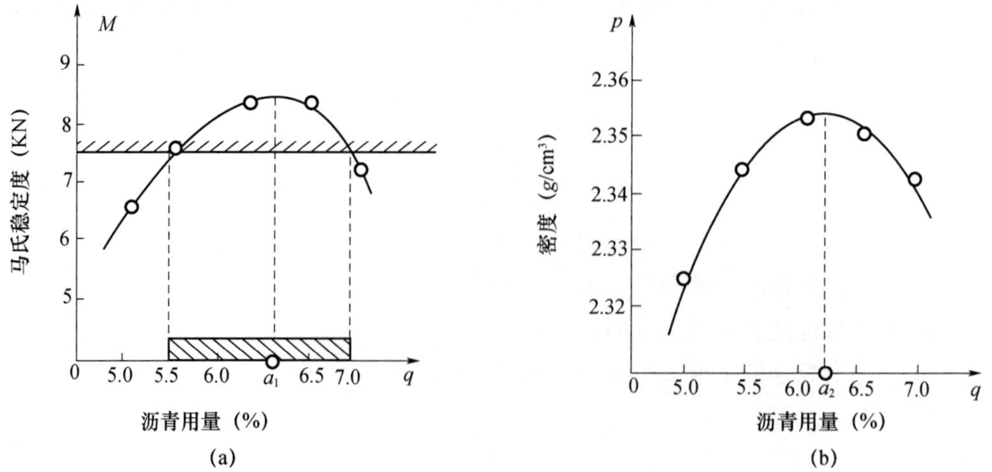

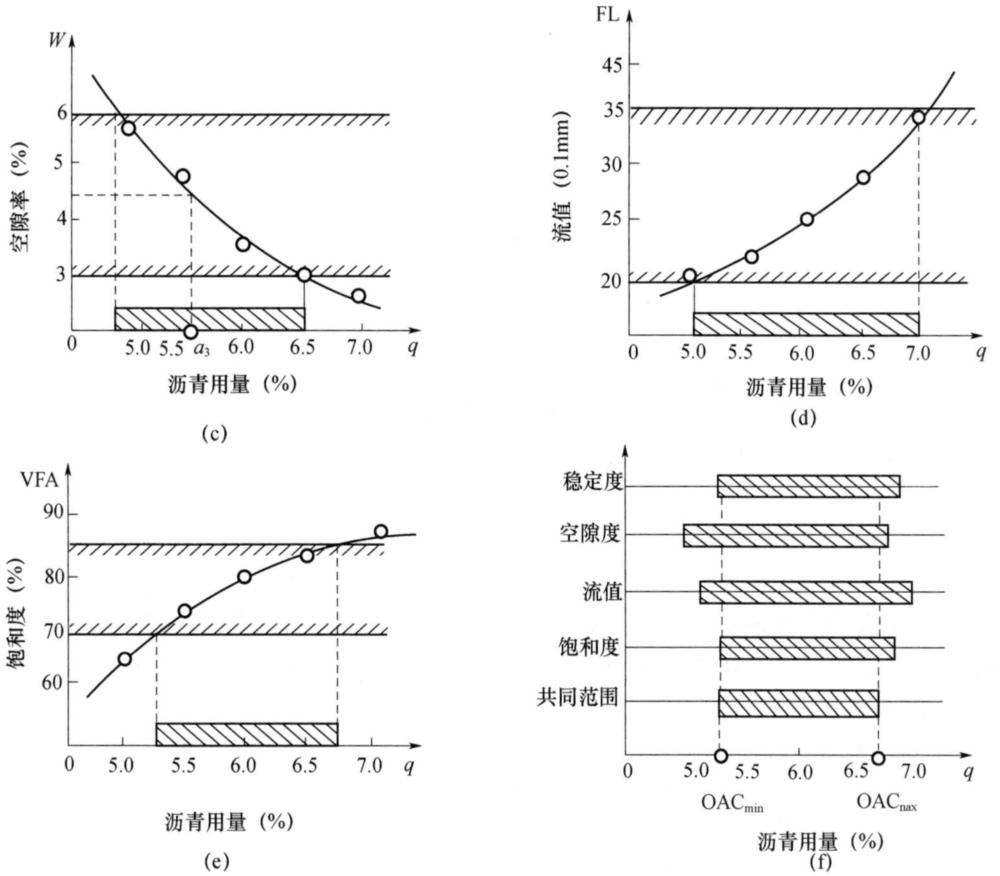

图 7.10 沥青用量与马歇尔指标关系图

b. 根据试验曲线，确定沥青混合料的最佳沥青用量 OAC_1。

根据图 7.10，求取相应于密度最大值、稳定度最大值、目标空隙率（或范围中值）、沥青饱和度范围的中值的沥青用量 a_1、a_2、a_3、a_4，按式（7.22）取平均值作为 OAC_1。

$$OAC_1=\frac{a_1+a_2+a_3+a_4}{4} \tag{7.22}$$

如果所选择的沥青用量范围未能涵盖沥青饱和度的要求范围，按式（7.23）求取三者的平均值作为 OAC_1。

$$OAC_1=\frac{a_1+a_2+a_3}{3} \tag{7.23}$$

在试验的沥青用量范围，如果密度或稳定度没有出现峰值（最大值经常在曲线的两端），可直接以目标空隙率所对应的沥青用量 a_3 作为 OAC_1，但 OAC_1 必须介于 OAC_{min}～OAC_{max} 的范围内（图 7.10），否则应重新进行配合比设计。

c. 确定最佳沥青用量 OAC_2。

以稳定度、流值、空隙率、VFA 指标均符合技术标准（不含 VMA）的沥青用量范围 OAC_{min}～OAC_{max} 的中值作为 OAC_2，见式（7.24）。

$$OAC_2=\frac{OAC_{min}+OAC_{max}}{2} \tag{7.24}$$

d. 综合确定最佳沥青用量OAC。

最佳沥青用量OAC的确定应考虑沥青混合料的实践经验、气候条件等因素。通常情况下取OAC_1及OAC_2的中值作为计算的最佳沥青用量OAC，见式（7.25）。

$$OAC=\frac{OAC_1+OAC_2}{2} \tag{7.25}$$

e. 根据实践经验、公路等级、气候条件、交通情况等调整OAC。

对炎热地区、交通繁重的高速公路和一级公路、长大坡度路段等预计可能产生较大车载时，宜在空隙率符合要求的条件下将计算的最佳沥青用量减小0.1%～0.5%作为设计沥青用量；寒区及交通量较少的路段，最佳沥青用量可在OAC基础上增加0.1%～0.3%。

③ 沥青混合料性能检验

配合比设计检验按照设计的最佳沥青用量在标准条件下进行。设计的沥青混合料动稳定度、残留稳定度或冻融劈裂试验、破坏应变等指标应符合《公路沥青路面施工技术规范》（JTG F40—2004）技术要求，不符合要求的沥青混合料，应更换材料或重新进行配合比设计。

2. 生产配合比设计

目标配合比确定后，应利用实际施工的拌合机进行试拌以确定施工配合比。在操作前，首先根据级配类型选择振动筛的筛号，使几个热料仓的材料相差尽量小。最大筛孔应保证使超粒径料排出，使最大粒径筛孔通过量符合设计范围要求。试验时，按实验室配合比设计的冷料比例上料、烘干、筛分，然后取样筛分，与目标配合比设计一样进行矿料级配计算，得出不同料仓及矿料用量比例。按此比例进行马歇尔试验，取目标配合比得出的最佳油石比，并在此基础上±0.3%，得到三档配合比，进行试验。得出生产配合比的最佳油石比，供试拌试铺使用。生产配合比确定的最佳油石比与目标配合比的差值不宜大于0.2%。

3. 生产配合比验证

生产配合比验证阶段即试拌试铺阶段。按照生产配合比在试验段上进行试铺，观察摊铺、碾压过程和成型混合料的表面状况，判断混合料的级配和油石比。如果不满意应适当调整，重新试铺，直到满意为止。同时，实验室密切配合现场指挥，在拌合厂或摊铺机旁采集沥青混合料试样，进行马歇尔试验、高温稳定性及水稳定性试验和检验。实验室试验后还应到现场进行抽提试验，以确保现场用料的级配和油石比与设计相同。按照规范规定的试验段铺设要求进行各种试验，当全部满足要求时，验证通过，可进入正常生产，大批量拌合摊铺阶段。

7.2.3 水工沥青混凝土

7.2.3.1 水工沥青混凝土组成材料及其技术要求

水工沥青混凝土的组成材料主要包括沥青、骨料、填料、掺料及加筋网格。

1. 沥青

水工沥青混凝土主要采用石油沥青，焦油沥青有毒，对水质有污染，不应在水利工程中应用。

对气温较高的地区，受荷载较大的建筑物，细粒式或砂粒式的混合料，应选用标号较低的沥青；反之则用标号较高的沥青。水工沥青混凝土所用沥青技术要求见表 7.7。为了提高沥青混凝土的变形性能，一般较重要的工程宜采用表 7.7 中 70 号或 90 号沥青。碾压式沥青混凝土防渗面板，在确保斜坡热稳定性的前提下，宜采用较高标号沥青；浇筑式沥青混凝土可采用较低标号（50 号或 70 号）沥青。

2. 矿料

（1）粗骨料

防渗沥青混凝土粗骨料的最大粒径不应超过压实后沥青混凝土铺筑层厚度的 1/3，且不应大于 19mm；对非防渗沥青混凝土，不应超过层厚的 1/2，且不应大于 26.5mm。骨料粒径尺寸应以方孔筛筛孔尺寸测量。粗骨料可根据其最大粒径分为 2～4 级进行配料。在施工过程中应保持粗骨料级配稳定。

水工沥青混合料对粗骨料的质量应符合表 7.22 的技术要求，试验方法按照《水工沥青混凝土试验规程》（DL/T 5362—2018）规定进行。

表 7.22　水工沥青混合料粗、细骨料质量技术要求

指标	粗骨料	细骨料
超径率（%）	≤5	≤5
逊径率（%）	≤10	—
表观密度（g/cm^3）	≥2.6	≥2.55
吸水率（%）	≤2	≤2
含泥率（%）	≤0.5	≤2
有机质含量	—	浅于标准色
针片状颗粒含量（%）	≤25	—
压碎值（%）	≤30	—
坚固性（%）	≤12	≤15
与沥青的黏附性	≥4	—
水稳定性等级	—	≥6

（2）细骨料

细骨料可采用人工砂和天然砂。人工砂可单独或与天然砂混合使用，其质量技术要求见表 7.22。

（3）填料

填料是粒径小于 0.075mm 的矿料，宜采用石灰岩、大理岩、白云岩等碳酸岩石加工，料源中的泥土、杂质应清除干净。通过试验论证，填料也可采用水泥、滑石粉等材料。填料应不含泥土、有机质和其他杂质，无团粒结块。填料质量应符合表 7.23 的技术要求。

表 7.23 沥青混合料用填料质量技术要求

项目	技术要求	项目		技术要求
密度（g/cm^3）	≥2.5	细度（%）	<0.6mm	100
含水率（%）	≤0.5		<0.15mm	>90
亲水系数	≤1.0		<0.075mm	>85

3. 掺料及加筋网格

为了改善沥青混合料的某些技术性质而掺入的材料称为掺料。例如为了提高矿料与沥青的黏附性，增强抗剥离的能力，可掺入消石灰、水泥；为了提高沥青混合料的耐热性和低温抗裂能力，可掺入橡胶或合成高分子材料；为了提高沥青混合料的温度稳定性，可掺入矿物纤维或木质素纤维（技术要求见表 7.24）。添加木质素纤维可以提高沥青混凝土的斜坡稳定值，但木质素纤维生产的沥青混凝土不能再生利用。掺料在沥青混合料中用量虽少，但影响甚大，故应根据试验确定最优用量。

表 7.24 木质素纤维质量技术要求

项目	指标	试验方法
纤维长度（mm）	≤6	水溶液用显微镜观测
灰分含量（%）	18±5	高温（590～600℃）燃烧后测定残留物
pH 值	7.5±1.0	水溶液用 pH 试纸或 pH 计测定
吸油率，不小于	纤维质量的 5 倍	用煤油浸泡后放筛上经敲振后称量
含水率（以质量计）（%）	≤5	105℃烘箱烘 2h 后冷却称量

纤维应在 210℃的干拌温度下不变质、不发酵、不发脆，并符合环保要求，不危害操作人员身体健康。在混合料拌合过程中，纤维应能充分分散均匀。矿物纤维宜采用玄武岩等矿石制造，不应使用石棉纤维。石棉纤维用作掺料虽可提高沥青混凝土的热稳定性、抗流变性和抗弯强度，但石棉粉尘属致癌物质，对人体有害，污染环境。纤维应存放在室内或有棚盖的地方，松散纤维在运输及使用过程中应避免受潮，不结团。

为了改善沥青混凝土结构的抗裂性能，可以根据设计要求选用玻璃网格或聚酯网格等作为加强材料，以提高面板在基础局部不均匀沉陷时的抗裂性能。加筋网格的技术要求见表 7.25。

表 7.25 加筋网络的技术要求

序号	项目	技术指标	试验方法
1	单位面积质量（g/m^2）	>260	—
2	网孔尺寸（mm）	约 30	—
3	拉伸强度（kN/m）	>50	纵、横向
4	断裂伸长率（%）	>5	纵、横向
5	耐热性（℃）	>190	材料性质稳定
6	收缩性（%）	约 1	15min，190℃

注：加筋网格技术指标的试验方法参照《土工合成材料测试规程》（SL 235—2012）执行。

7.2.3.2 水工沥青混合料技术性质

水工沥青混凝土作为水工结构的各种防渗及防护材料，在使用过程中将承受外荷载及环境因素，因此水工沥青混合料应具有足够的抗渗性、抗变形性能、高温稳定性、低温抗裂性、水稳定性、抗老化性及施工和易性等。

1. 抗渗性

抗渗性用渗透系数来评定。渗透系数常用常水头或变水头渗透试验测定。常水头试验适用于渗透系数较大的试件，变水头试验适用于渗透系数较小的试件。水工沥青混凝土不同使用部位，其渗透系数要求不同。例如：用于面板的防渗层和心墙时，可采用密级配沥青混凝土，渗透系数一般为 $10^{-10}\sim10^{-7}$ cm/s，具有良好的防渗性能；用于面板的基层时，可采用开级配沥青混凝土，渗透系数一般为 $10^{-2}\sim10^{-1}$ cm/s，具有良好的排水性能，能迅速排除防渗面层的渗漏水，消除对防渗层的不利影响。

沥青混凝土抗渗性取决于矿料级配、沥青用量及其压实程度，可用沥青混凝土孔隙率来评定。孔隙率越小，渗透系数也越小，抗渗性越好，沥青混凝土孔隙率与渗透系数的关系如图 7.11 所示。当孔隙率小于 4%时，渗透系数小于 10^{-7} cm/s，一般可达到工程设计要求。

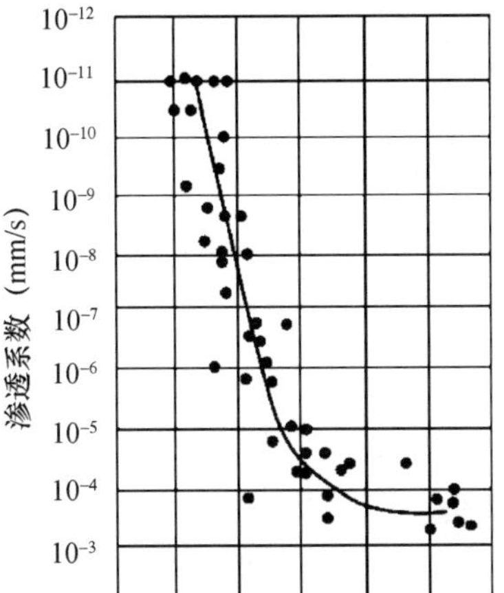

图 7.11 水工沥青混合料孔隙率与渗透系数的关系

2. 柔性（变形性能）

水工沥青混凝土在自重或外力作用下，能适应变形而不产生裂缝的性能称为柔性。柔性好的沥青混凝土能适应变形而不易开裂，即使产生裂缝，在其自重或高水头压力等共同作用下能够自愈闭合。为了提高沥青混凝土的柔性，应选用针入度较大、低温延伸度较大的沥青。但沥青的软化点必须能保证耐热性的要求。为此，可在满足耐热性的前提下多用沥青，以增加沥青混合料的柔性。但是随着沥青用量的增多，沥青混凝土的温度变形又要随之增大，受温度影响而产生裂缝的可能性也会增加。因此，沥青用量必须适当。

沥青混凝土的变形性能主要取决于沥青的性质、沥青用量、骨料级配等。目前，评价沥青混凝土变形性能的方法主要有小梁弯曲试验、蠕变试验、圆盘弯曲试验等。

3. 高温稳定性

沥青混凝土用于心墙防渗体结构主要考虑施工和易性，用于防渗结构面板，还应考虑其高温稳定性，评价方法主要包括热稳定性试验和马歇尔试验。

热稳定性试验是水工领域评价沥青混凝土高温稳定性广泛应用的试验方法，评价指标主要包括斜坡流淌值和热稳定系数。

（1）斜坡流淌值。对沥青混凝土面板高温条件下流变特性进行模拟试验（图 7.12），测定沥青混凝土斜坡流淌值，适用于骨料最大粒径不大于 26.5mm 室内成型的试件和现场钻取的芯样。将标准马歇尔试件安装在规定坡度的斜坡上（斜坡角度一般与坝坡相一致，如无规定，一般取 1∶1.7），在规定的温度（若无规定，一般为 70℃）下，恒温保持 48h，测定距离试件底部即斜坡面垂直距离 50mm 处的位移（精确至 0.01mm），即为斜坡流淌值。

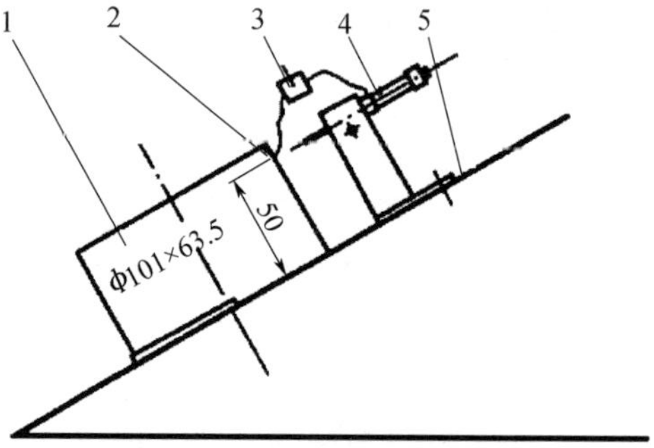

图 7.12　斜坡流淌试验

1—试件；2—铜片；3—万用表；4—螺旋测微器；5—倾角可调斜面

（2）热稳定性系数（K_T）。由式（7.26）计算 K_T 值，K_T 值越小，表明沥青混凝土因温度变化引起的强度变化越小，热稳定性能越好。

$$K_T = R_{20}/R_{50} \tag{7.26}$$

式中　K_T——热稳定性系数；

R_{20}——20℃无侧限抗压强度（MPa）；

R_{50}——50℃无侧限抗压强度（MPa）。

我国水工混凝土《土石坝沥青混凝土面板和心墙设计规范》（DL/T 541—2009、SL 501—2010）规定的主要技术指标见表 7.26。

表 7.26　水工沥青混凝土主要技术要求

项目		碾压式沥青混凝土面板			碾压式沥青混凝土心墙	浇筑式沥青混凝土心墙
		防渗层	整平胶结层	排水层		
孔隙率（%）	芯样	≤3	10～15	—	≤3	≤3
	马歇尔试样	≤2	10～15	—	≤2	≤2
渗透系数（cm/s）		$\leqslant 1\times10^{-8}$	—	$\geqslant 1\times10^{-2}$	$<1\times10^{-8}$	$<1\times10^{-8}$

续表

项目	碾压式沥青混凝土面板			碾压式沥青混凝土心墙	浇筑式沥青混凝土心墙
	防渗层	整平胶结层	排水层		
水稳定性系数（或残留稳定度）	≥0.90	≥0.85	≥0.85	≥0.90	≥0.90
热稳定性系数	—	≤4.5	≤4.5	—	—
斜坡流淌值（0.1mm）	≤8	—	—	—	—
其他性质	满足设计要求的强度、柔性低温抗裂性		—	满足力学性质和柔性	抗流变性好 分离度≤1.05
沥青含量（%）	6.5～8.5	3.5～5.0	3.0～4.0	6.0～7.5	9.0～13.0
粗骨料最大粒径（mm）	≤16	≤19	≤26.5	≤19	≤26.5

4. 耐久性

水工沥青混凝土面板不仅要受到日晒、雨淋、冻融等自然环境的作用，还要承受蓄水、放水的反复循环作用。因此，水工建筑物对沥青混凝土耐久性的要求远高于道路工程。耐久性主要包括水稳定性、抗老化性等综合性质。

关于水工沥青混合料的其他技术性能的含义，如低温抗裂性、施工和易性等详见7.2.2.2节。

7.2.3.3 水工沥青混合料组成设计方法

1. 配合比初选试验

（1）确定矿质混合料组成设计

水工沥青混凝土配合比设计的首要任务是根据水工沥青混凝土的工程使用部位、结构及技术要求，确定沥青混凝土的类型。对防渗用途的沥青混凝土，应选用致密级配的沥青混凝土；对需排水功能层的沥青混凝土，应选用透水型沥青混凝土。

为了更好地确定矿料级配，可对水工沥青混凝土矿料级配范围做出规定。根据矿料的最大粒径和级配类型可从表7.27中选取几条设计级配曲线，通过对沥青混合料技术性质的对比试验，找出适宜的矿料级配，或对实际工程中的材料进行取样，进行粗骨料、细骨料、矿粉的筛分试验，确定其级配组成。

（2）最佳沥青用量的确定

水工沥青混合料配合比设计采用马歇尔试验方法进行，设计步骤与密级配沥青混合料基本相同。

2. 配合比验证试验

对初步选定的配合比，再根据设计规定的技术要求，如水稳定系数、热稳定系数（或斜坡流淌值）、渗透系数、柔性、强度等指标全面进行检验。如果各项技术指标均能满足设计要求，则该配合比即可确定为实验室配合比，否则需另选矿料合成级配及沥青用量进行试验。

3. 配合比现场铺装试验

经现场铺筑试验检验配合比，必要时应做适当的调整，最后选定出技术性质能符合设计要求，同时施工质量有保证的配合比，即施工配合比。

表 7.27　水工沥青混凝土矿料级配范围(总通过率)

%

级配类别	筛孔尺寸(mm)												沥青用量(%)
	35	25	20	15	10	5	2.5	1.2	0.6	0.3	0.15	0.074	
开级配	100	68.4～80.6 100	53.1～69.9 74.9～84.7 100	38.4～58.3 51.5～68.5 66.1～78.8	24.3～45.3 30.4～51.1 36.9～56.7	11.1～29.8 12.4～31.5 13.6～33.0	5.0～20.0 5.0～20.0 5.0～20.0	2.1～13.6 1.9～13.0 1.7～12.6	0.9～9.8 0.7～9.3 0.6～8.8	0.4～7.5 0.3～7.0 0.2～6.8	0.1～6.0 0.1～5.8 0.1～5.6	0～5.0 0～5.0 0～5.0	3.0～4.0 3.5～4.5 4.0～5.0
粗粒式级配		100	84.7～90.0 100	68.5～78.6 78.8～85.9 100	51.1～65.1 56.7～69.5 67.8～77.8	31.5～47.5 33.0～48.9 35.8～51.5	20.0～35.0 20.0～35.0 20.0～35.0	13.3～25.8 12.6～25.2 11.9～24.2	9.3～19.6 8.8～19.0 8.2～18.0	7.0～15.3 6.8～14.8 6.4～14.0	5.8～12.2 5.6～11.9 5.5～11.6	5.0～10.0 5.0～10.0 5.0～10.0	4.0～5.0 4.5～5.5 5.0～6.0
密级配		100	90.0～93.6 100	78.6～86.0 85.9～90.9 100	65.1～76.2 69.5～79.4 77.8～85.3	47.5～61.9 48.9～63.1 51.5～65.1	35.0～50.0 35.0～50.0 35.0～50.0	25.8～39.7 25.2～39.1 24.2～38.1	19.6～31.7 19.0～30.9 18.0～29.7	15.3～25.1 14.8～24.4 14.0～23.4	12.2～19.6 11.9～19.2 11.6～18.6	10.0～15.0 10.0～15.0 10.0～15.0	6.0～8.0 6.5～8.5 7.5～9.0
细粒式级配		100	93.6～96.5 100	86.6～92.1 91.3～94.9 100	77.0～85.9 80.1～87.8 85.8～91.4	62.4～75.4 63.6～76.2 65.7～77.6	50.0～65.0 50.0～65.0 50.0～65.0	38.9～54.3 38.2～53.7 37.1～52.7	29.9～44.3 29.1～43.4 27.7～42.1	22.2～34.4 21.5～33.6 20.3～32.4	15.7～24.7 15.3～24.7 14.6～23.4	10.0～15.0 10.0～15.0 10.0～15.0	6.0～8.0 6.5～8.5 7.5～9.0
碎石薄层沥青		100	96.5～98.5 100	92.3～96.5 95.0～97.8 100	86.2～93.4 88.1～94.4 91.6～90.0	75.6～87.3 76.4～87.7 77.9～88.5	65.0～80.0 65.0～80.0 65.0～80.0	53.7～70.8 53.1～70.4 52.1～69.7	43.0～60.3 42.1～59.7 40.7～58.6	32.1～47.9 31.3～47.2 29.9～46.0	21.2～33.1 20.6～32.5 19.8～31.6	10.0～15.0 10.0～15.0 10.0～15.0	6.0～8.0 6.5～8.5 7.5～9.0

注:沥青用量按矿料总质量的百分率计。

本章小结

石油沥青是复杂的高分子化合物，可分离为饱和分、芳香分、胶质和沥青质等组分。

根据组分含量的不同，可将沥青分为溶胶、凝胶和溶-凝胶三种胶体结构。

沥青技术性能包括黏滞性、低温性能、黏弹性、耐久性等一系列特性。

石油沥青的“三大指标”：针入度、延度和软化点。

沥青混合料的组成结构可分为悬浮密实结构、骨架空隙结构和骨架密实结构三种类型。

沥青混合料的路用性能包括高温稳定性、低温抗裂性、水稳定性、抗滑性、抗疲劳性、抗老化性、施工和易性等技术性能。

沥青混合料配合比设计包括目标配合比设计、生产配合比设计及生产配合比验证三个阶段。

沥青混合料配合比采用马歇尔配合比设计方法，包括矿质混合料配合组成设计和沥青最佳用量。

水工沥青混合料应具备抗渗性、柔性、高温稳定性、低温抗裂性、耐久性、施工和易性等多方面的技术性质。

复习思考题

1. 采用四组分分析法可将沥青分离为哪几部分？与沥青的技术性质有何关系？
2. 石油沥青可划分为哪几种胶体结构？各胶体结构的石油沥青有何特点？
3. 什么是沥青的三大指标？这些指标分别表示沥青的什么性质？
4. 哪些因素影响沥青的耐久性？老化的沥青三大指标有何变化？采用什么方法评价沥青的抗老化能力？
5. 沥青针入度的含义是什么？实际工程中如何选择沥青？
6. 简述沥青混合料按组成结构可分为哪几种类型。
7. 符号 AC-16、AM-20、SMA-16、OGFC-16 分别代表什么含义？
8. 简述密级配热拌沥青混凝土混合料配合比设计的方法和主要步骤。
9. 简述水工沥青混合料应具备哪些技术性能。
10. 简述水工沥青混合料配合比设计方法。

8 建筑钢材

本章概要

本章主要介绍钢材的基本知识、技术性能、技术标准及选用、腐蚀与防腐。

8.1 概　　述

钢是以铁为主、含碳量一般在2%以下，并含有其他元素的材料。相较于无机非金属材料和有机材料而言，钢材具有强度高，弹性、塑性、韧性好等特点，在建筑材料中占有重要地位。

钢由生铁冶炼而成。生铁是由氧化铁矿石经加碳还原冶炼而成的铁碳合金材料，其含碳量大于2%。生铁含有较多的碳和硫、磷、硅等杂质，通常较脆，且强度低、塑性和韧性差，不能采用焊接、锻造等方法进行加工，使用受到很大限制。通过进一步冶炼将生铁中的含碳量降至2%以下，其他杂质含量也降到一定的范围，并加入必要的少量合金元素，可显著改善材料的技术性能，提高质量和增加用途。

钢的冶炼主要包括除碳、造渣和脱氧三个过程，冶炼方法主要有氧气转炉法、电炉法和平炉法三种，不同的冶炼方法对钢材的质量有不同的影响，如表8.1所示。目前现代炼钢主要采用氧气转炉法。

表8.1　不同冶炼方法的特点及应用

冶炼方法	原料	特点	生产钢种
氧气转炉法	铁水、废钢	冶炼速度快，生产效率高，钢质较好	碳素钢、低合金钢
电炉法	废钢	容积小，耗电大，控制严格，钢质好但成本高	合金钢、优质碳素钢
平炉法	生铁、废钢	容量大，冶炼时间长，钢质较好且稳定，成本较高	碳素钢、低合金钢

钢的种类繁多，根据不同的需要，可采用不同的分类方法。同一钢材，采用不同的分类方法，可有不同的名称。常用的分类方法有以下几种：

1. 按化学成分分类

钢按化学成分分为非合金钢、低合金钢和合金钢。

非合金钢通常可称为碳素钢，一般含碳量不大于1.35%，含锰量不大于1.2%，含硅量不大于0.4%，有少量的硫、磷杂质，其性能主要由含碳量决定。根据含碳量的多少，碳素钢可分为低碳钢（C＜0.25%）、中碳钢（0.25%＜C＜0.6%）、高碳钢（C＞0.6%）。

低碳钢质地软韧，易加工，是建筑工程的主要用钢；中碳钢较硬，多用于机械部件；高碳钢很硬，是一般工具用钢。

合金钢是在炼钢过程中，为改善钢材性能或获得某种特殊性能的钢材，加入一种或多种一定含量的合金元素，常用合金元素有锰、硅、铬、镍、钛、铌等。根据钢中所含主要合金元素的不同，钢可分为锰钢、铬钢、铬镍钢、铬镍锰钢等。

根据合金元素的含量，可把钢分为低合金钢（Me＜5％）、中合金钢（5％＜Me＜10％）和高合金钢（Me＞10％）。

2. 按主要质量等级分类

对非合金钢、低合金钢和合金钢按质量等级进行分类，如表 8.2 所示。

表 8.2　不同钢材根据质量等级的分类

钢材的分类							
非合金钢			低合金钢			合金钢	
普通质量非合金钢	优质非合金钢	特殊质量非合金钢	普通质量低合金钢	优质低合金钢	特殊质量低合金钢	优质合金钢	特殊质量合金钢

3. 按冶炼时脱氧程度分类

钢按脱氧程度不同分为沸腾钢、镇静钢和特殊镇静钢。

沸腾钢是脱氧不完全的钢。浇注时，不加脱氧剂（如硅、铝等），钢液中大量 CO 气体外逸，引起钢液剧烈沸腾，故称沸腾钢，代号为 F。这类钢的特点是钢中硅含量很低，致密程度差，杂质偏析严重，冲击韧性和可焊性差，优点是钢的收得率（收得率是指炼钢生产过程中，单位时间内生产的钢坯产量与生产这批钢坯所消耗的钢铁料和其他合金料的总和的比值）高，生产成本低，广泛应用于一般建筑结构中。

镇静钢是脱氧完全的钢，代号为 Z。浇注时钢液平静地冷却凝固，脱氧较完全，所浇钢锭组织致密、密度均匀、气泡少，质量好，但成本高，一般只用于承受冲击荷载或其他重要结构。

特殊镇静钢是比镇静钢脱氧程度更充分的钢，代号为 TZ。由于其质量最好，一般适用于特别重要的结构工程。

4. 按用途分类

按用途可把钢分为结构钢、工具钢和特殊性能钢三大类。

结构钢用于制作工程结构及制造机器零件。工程结构用钢包括普通质量的碳素结构钢及普通低合金钢。制造机器零件的钢还可分为渗碳钢、调质钢、弹簧钢及滚动轴承钢等。

工具钢用于制造各种工具，根据用途不同，又可分为刃具钢、模具钢与量具钢。

特殊性能钢是具有特殊的物理、化学及机械性能的钢，如不锈钢、耐热钢、耐酸钢、磁性钢等。

为了满足专门用途的需要，由上述钢类派生出一类专门用途的钢，简称为专门钢，如桥梁用钢、钢轨钢、船用钢、汽车大梁用钢、锅炉用钢、耐候钢等。

建筑钢材具有优良的机械性能，可焊接、铆接和螺栓连接，可广泛应用于大跨度、多、高层结构，以及现代的大、中型水工建筑物。钢材的生产条件严格，质量均匀，性能可靠，对工程结构的安全起着重要作用。工程中合理利用钢材，严格检验其质量，对保证工程质量具有重要的意义。

8.2 钢材的技术性能

钢材的技术性能主要包括力学性能和工艺性能两个方面。钢材主要的力学性能有抗拉性能、抗冲击韧性、疲劳强度和硬度。工艺性能则包括冷弯性能和焊接性。化学成分对钢材的各项技术性能有很重要的影响。

8.2.1 力学性能

钢材是土木建筑工程中广泛应用的结构材料，使用中要承受拉力、压力、弯曲、扭曲等各种静力荷载作用，这就要求钢材具有一定的强度及其抵抗有限变形而不破坏的能力；对承受动力荷载作用的钢材，还要求具有较高的冲击韧性而不致发生疲劳断裂。

1. 抗拉性能

抗拉性能是建筑钢材最重要的技术性质。建筑钢材的抗拉性能可用低碳钢在拉伸试验中的应力-应变曲线来描述，如图 8.1 所示。根据曲线的特征，低碳钢在受拉过程中经历了弹性阶段（*OA*）、屈服阶段（*AB*）、强化阶段（*BC*）和颈缩阶段（*CD*）四个阶段，其力学性能可由屈服强度、抗拉强度和伸长率等指标来反映。

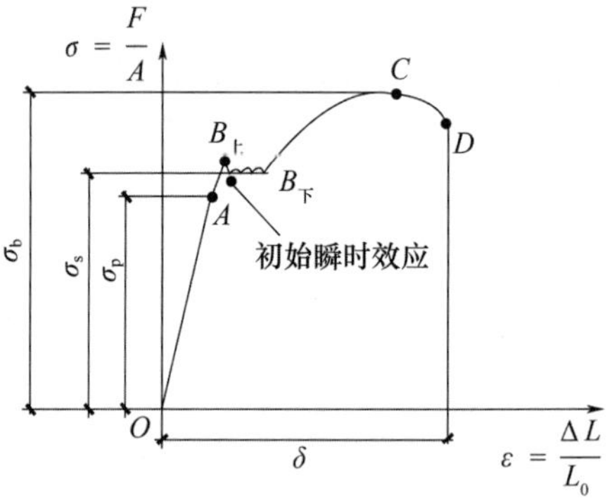

图 8.1 低碳钢受拉时的应力-应变曲线

（1）弹性阶段

在低碳钢开始受拉应力作用的初期（*OA* 阶段），施加在低碳钢上的应力值较小，钢材呈现出弹性变化，即应力与应变呈正比关系，卸去应力时钢材产生的变形消失，形状恢复至加荷前的状态。故这一阶段称为弹性阶段。弹性阶段的最高点（*A* 点）所对应的应力值称为弹性极限，用σ_p表示。在弹性阶段中应力与应变的比值为常数，称为弹性模量，用 *E* 表示，有 $E=\sigma/\varepsilon$。弹性模量反映钢材的刚度，即抵抗弹性变形的能力，是钢材在受力条件下计算结构变形的重要指标。土木工程常用低碳钢的弹性模量为（2.0～2.1）×10^5MPa，弹性极限为 180～200MPa。

（2）屈服阶段

当施加在钢材上的拉应力超过σ_p后，应力与应变不再成正比，应变急剧增加，而应力基本保持不变。在该阶段除产生了弹性变形外，钢材还产生塑性变形，若卸去荷载，发生的形变不能得到完全恢复。当应力增大至 $B_{上}$点后，随着拉伸的继续，应力会出现减小的现象直至到达 $B_{下}$点，这种现象称为屈服，故 *AB* 阶段称为屈服阶段。图 8.1 中 $B_{上}$点是该阶段的应力最高点，称为屈服上限或上屈服点，$B_{下}$点称为屈服下限或下屈服点。由于 $B_{下}$点比较稳定且容易测定，所以一般以 $B_{下}$点对应的应力作为钢材的屈服强度，又叫屈服点或屈服极限，用σ_s表示。

钢材受力达到屈服强度后，尽管尚未断裂，但由于塑性变形的迅速增长，已经不能满足使用要求，故结构设计中一般用屈服强度作为设计应力取值的依据。

(3) 强化阶段

钢材屈服到一定程度后，会产生内部晶格扭曲、晶粒破碎等现象，阻止塑性变形进一步发展，使钢材抵抗外力的能力重新提高。如图 8.1 所示，曲线经过 $B_下$点后开始上升，直至最高点 C，这一阶段称为强化阶段。C 点所对应的应力值即为抗拉强度或极限抗拉强度，用σ_b表示。

工程上无法直接使用抗拉强度来进行结构设计计算，而是使用屈强比（σ_s/σ_b，即屈服强度与抗拉强度之比）来反映钢材的安全可靠程度和利用率。σ_s/σ_b越小，反映钢材受力超过屈服点工作时的可靠性越大，安全性越高；若该比值过小，钢材强度的利用率偏低，则浪费钢材。

常用碳素钢的屈强比为 0.58～0.63，低合金钢的屈强比为 0.65～0.75。

(4) 颈缩阶段

当钢材强化达到最高点 C 后，其抵抗变形的能力开始降低，能抵抗的应力值逐渐减小，变形迅速增大。在该阶段钢材被拉长，在钢材薄弱处的断面会呈现出显著减小的现象即“颈缩”现象，直到被拉断，故 CD 阶段称为颈缩阶段。

塑性是钢材的一个重要指标，表示钢材在外力作用下发生塑性变形而不被破坏的能力，通常用拉伸试验时试件的伸长率或断面收缩率来表示。伸长率是钢材拉断后，试件标距长度的伸长量 ΔL 与原标距长 L_0的比值，按照式（8.1）计算。

$$\delta=\frac{\Delta L}{L_0}=\frac{L_1-L_0}{L_0}\times 100\% \tag{8.1}$$

式中 δ——伸长率；

L_0——试件原始标距长度（mm）；

L_1——断裂试件拼接后的标距长度（mm）。

由于伸长率的大小受试件标距长短的影响，因此，国家标准规定，标准拉伸试验的标距长度$L_0=5\,d_0$或$L_0=10\,d_0$（d_0为试件直径），其伸长率分别以δ_5和δ_{10}表示。

此外，塑性变形还可使用断面收缩率 Ψ 表示，它是试件断裂后，颈缩处断面面积的收缩值与原断面面积的百分比，具体计算如式（8.2）所示。

$$\Psi=(A_0-A_1)/A_0 \tag{8.2}$$

式中 A_0——试件原始截面面积；

A_1——试件拉断后颈缩处的截面面积。

伸长率和断面收缩率都表示钢材断裂前经受塑性变形的能力。伸长率越大或断面收缩率越高，表示钢材塑性越好。钢材塑性大则在塑性破坏前有很明显的塑性变形和较长的变形持续时间，便于人们发现问题和补救，从而保证钢材在建筑上的安全使用，且有利于钢材加工成各种形式。

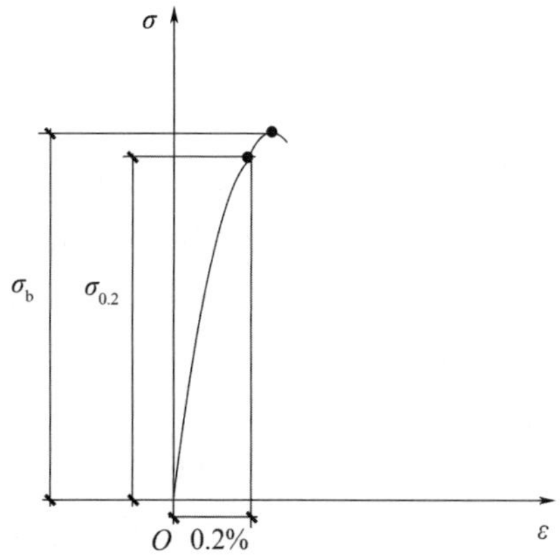

图 8.2 中碳钢、高碳钢在拉伸试验中的应力-应变曲线

中碳钢和高碳钢（硬钢）拉伸的应力-应变曲线与低碳钢不同，无明显屈服现象，伸长率

小，断裂时呈脆性破坏，如图 8.2 所示。这类钢材由于不能测定屈服点，规范规定以产生 0.2%残余变形时的应力值作为名义屈服点，也称为条件屈服点，用$\sigma_{0.2}$表示。

2. 冲击韧性

冲击韧性是钢材抵抗冲击荷载的能力，用处在简支梁状态的金属试样在冲击负荷作用下折断时的冲击吸收功来表示。钢材的冲击韧性试验是将标准弯曲试样置于冲击机的支架上，并使切槽位于受拉的一侧，如图 8.3 所示。当试验机的重摆从一定高度自由落下时，在试样中间撞开 V 形缺口，试样吸收的能量等于重摆做的功 W。若试件在缺口处的最小横截面面积为 A，则冲击韧性（α_k）按式（8.3）计算。

$$\alpha_k=\frac{W}{A} \tag{8.3}$$

式中 W——试样吸收的能量（等于重摆做的功）；

A——试件在缺口处的最小横截面面积。

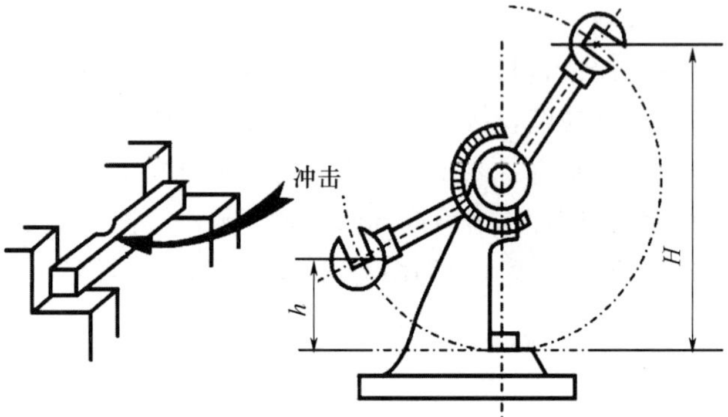

图 8.3 冲击韧性试验

冲击韧性α_k值越大，钢材的冲击韧性越好。钢材的化学成分、冶炼方式、加工工艺和环境温度对其冲击韧性都有明显影响，如钢材中的磷、硫元素含量较高，或存在偏析、非金属夹杂物，以及焊接形成的微裂纹，都会导致冲击韧性显著降低。随温度下降，钢材的冲击韧性显著下降而表现出脆性的现象称为钢材的冷脆性。

钢材的冲击韧性全面反映钢材的品质，对直接承受荷载而且可能在负温下工作的重要结构，必须进行冲击韧性试验。

3. 耐疲劳性

钢材在交变荷载反复作用下，往往在远小于其抗拉强度时发生突然破坏，此现象称为疲劳破坏。钢材抵抗疲劳破坏的能力叫耐疲劳性。钢材疲劳破坏的技术指标为疲劳强度（或疲劳极限），是指钢材试件在交变应力作用下，于规定的周期基数内不发生断裂所能承受的最大应力，通常将承受交变荷载达到规定交变次数时或 10^7 周次时不破坏的最大应力定义为疲劳强度。影响疲劳强度的因素主要包括其内部的晶体结构、成分偏析及最大应力处的表面光洁程度等。

在设计承受交变荷载且需进行疲劳验算的结构时，应当了解所用钢材的疲劳强度。

4. 硬度

硬度表示钢材表面局部体积抵抗硬物压入产生变形或破坏的能力，是衡量钢材软硬程度的一个指标。测定硬度的方法有布氏法和洛氏法，较常用的方法是布氏法，技术指标为布氏硬度。

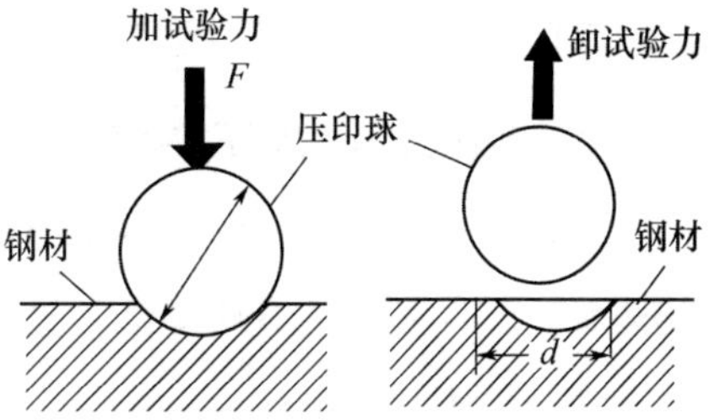

图 8.4　布氏硬度试验

布氏法是利用直径为 D 的钢球或硬质合金球，在规定的荷载 F 作用下压入试件表面，并保持一定时间（钢铁材料保持 10～15s），测量试样表面的压痕直径（d），如图 8.4 所示。试件单位压痕面积所承受的荷载即为布氏硬度值（HB），按式（8.4）进行计算。

$$\mathrm{HB}=0.102\times\frac{2F}{\pi D^2\left[1-\sqrt{1-\frac{d^2}{D^2}}\right]} \tag{8.4}$$

式中　F——钢球上所加荷载（N），对钢铁材料，当布氏硬度值大于 140 时，取 $F=294.2D^2$；

D——钢球直径（mm），有 10mm、5.0mm、2.5mm 等；

d——压痕直径（mm）。

钢球压头适用于 HB 在 450 以下的材料；硬质合金压头适用于 HB 在 650 以下的材料；当 HB 超过 350 时，用钢球和用硬质合金球得到的试验结果明显不同，应予以注明。

钢材的布氏硬度值和抗拉强度之间有较好的相关关系。钢材的强度越高，抵抗塑性变形的能力越强，硬度值也越大。研究表明，当低碳钢的 HB<175 时，$\sigma_b\approx3.6$HB；当 HB>175 时，$\sigma_b\approx3.5$HB。

布氏硬度测试方法简单有效，可用于测定不同软硬程度、厚度的材料的硬度。

8.2.2　工艺性能

建筑钢材在使用前，需要根据实际情况进行多种形式的加工，良好的工艺性能可以满足施工工艺的要求。冷弯性能和焊接性能是建筑钢材重要的工艺性能。

1. 冷弯性能

冷弯性能是指钢材在常温下承受弯曲变形的能力，是钢材的重要工艺性能。钢材的单轴拉伸试验的伸长率反映钢材的均匀变形性能，而冷弯试验检验钢材在非均匀变形下的性能。因此，冷弯性能更好地反映钢材内部组织结构的均匀性，如是否存在不均匀内应力、气泡、偏析和夹杂等缺陷。

冷弯性能是将钢材试件（圆形或板形）置于冷弯机上弯曲至规定角度（90°或 180°），观察其弯曲部位是否有裂纹、起层或断裂现象，如无，则为合格。弯曲角度越大，弯心直径对试件厚度（直径）比值越小，则表示钢材的冷弯性能越好。

2. 焊接性能

焊接是钢结构的主要连接方式，土木工程中的钢结构有 90%以上为焊接结构。焊接质量主要取决于钢材的可焊接性能、焊接材料性能和焊接工艺。

钢材的焊接性能是指在一定的焊接工艺条件下，在焊缝及其附近过热区不产生裂纹及硬脆倾向，焊接后钢材的力学性能尤其是强度不得低于原有钢材的强度。

8.2.3 钢材的冷加工强化及时效处理

钢材使用前，在常温条件下对其进行机械加工，使之产生一定的塑性变形，强度明显提高，塑性和韧性有所降低，这个过程称为钢材的冷加工强化，主要包括冷拉、冷拔和冷轧三种工艺。

冷拉：冷拉是建筑工程中经常采用的一种冷加工方法，将钢筋一端固定，利用冷拉设备对其另一端张拉，使其伸长。通常，钢材冷拉后屈服强度可提高 15%～20%，作为钢筋混凝土中的受力主筋，可适当减小设计截面或减少配筋量，节约钢材。

冷拔：是将低碳热轧钢丝从孔径略小于被拔钢丝直径的硬质拔丝模孔中强力拔出，使钢丝伸长变细。钢筋在冷拔过程中不仅受拉，同时还受到周围模具的挤压，钢筋表面光洁度提高，屈服强度提高 40%～60%，但塑性大幅度下降。

冷轧：将热轧钢筋经酸洗除去氧化层后，在常温状态下通过硬质轧辊进行轧制，使钢材产生连续塑性冷变形的过程。

将冷加工后的钢材在常温下放置 15～20d 或在一定温度（100～200）℃下存放很短时间，可进一步提高其强度，这一过程称为时效。在常温下放置 15～20d 被称为自然时效；在一定温度下存放很短时间被称为人工时效。通常对强度较低的钢筋宜采用自然时效，强度较高的钢筋采用人工时效。

8.2.4 化学成分对钢材技术性能的影响

除铁、碳外，钢材在冶炼过程中还会从原料、燃料和添加料中获取其他化学成分。这些成分可分为两类：一类是优化钢材性能的合金元素，如硅、锰、钛等；另一类是劣化钢材性能的有害杂质元素，如硫、磷、氧、氮、氢等。为了保证钢材质量，国家标准对各种钢材的化学成分都有规定，尤其对有害杂质控制极严。

1. 碳（C）

碳是影响钢材性能的主要元素。随含碳量升高，钢材的强度和硬度相应提高，但塑性和韧性相应降低。当含碳量超过 1.0%时，钢材变脆，强度反而下降。此外，随着含碳量的增加，钢材的焊接性能变差（含碳量大于 0.3%的钢材，可焊性显著下降），冷脆性和时效敏感性增大，耐大气锈蚀性下降。一般工程所用碳素钢均为低碳钢，即含碳量小于 0.25%；工程所用低合金钢，其含碳量小于 0.52%。

2. 硅（Si）

硅是炼钢时为脱氧而加入的元素，它和氧的结合力大于铁与氧的结合力，可使有害的 FeO 中的氧与硅形成 SiO_2 进入钢渣排出。同时，硅也是钢的主要合金元素，少量的硅可以提高钢材的强度和硬度，且对塑性和韧性影响不大。但硅含量增大（>1.0%），将显著降低钢材的塑性和韧性，增大冷脆性，可焊性变差。普通低碳钢中硅含量一般不大于 0.35%，合金钢中硅含量一般不大于 0.55%。

3. 锰（Mn）

锰可以明显提高钢材的强度和硬度，还能与钢中的硫结合成 MnS 入渣排掉，起到去硫作用。但锰含量过高，同样降低钢材的塑性、韧性和可焊性。锰含量为 0.8%～

1.0%时可显著提高钢的强度，而几乎不降低塑性和韧性。在普通低碳钢中，锰含量一般在0.25%～0.80%，在合金钢中锰含量为0.8%～1.7%。

4. 钛（T）

钛是强脱氧剂，能细化晶粒，显著提高钢材的强度和韧性，是钢材中常用的合金元素。

5. 硫（S）

硫是钢中的主要有害元素之一，大多以FeS形式存在于钢材中，在800～1000℃时熔化，这是一种强度低且脆的夹杂物，受力容易引起应力集中，降低钢的强度和疲劳强度。此外，硫还对钢材的热加工和焊接不利。应严格控制其含量，一般不应超过0.065%。

6. 磷（P）

磷是钢中的主要有害元素之一，含量一般不得超过0.045%。磷的存在可增加钢材的强度和耐腐蚀性，尤其与铜等合金元素共存时效果更为明显，但会显著降低钢材的塑性、韧性，增大钢的冷脆性，降低可焊性。

7. 氮（N）

氮是钢中的有害元素，含量一般不得超过0.035%。氮使钢材强度提高，塑性和韧性降低，还会增加钢材焊接时热裂纹的形成，降低可焊性。氮也会使钢材的冷脆性及时效敏感性增加。

8. 氧（O）

钢材中存在的氧是脱氧过程中未能除尽的部分氧，多数以FeO形式存在，少量溶于铁素体中。氧的存在使钢的塑性、韧性和疲劳强度显著降低，并增大时效敏感性，其含量一般不得超过0.05%。

9. 氢（H）

氢以原子状态存在于钢中，会显著降低钢的塑性、韧性，使钢变脆，这种现象称为氢脆。当以分子状态存在，其高压将在钢中造成微裂纹，形成所谓白点，引起钢材脆断。因此，应严格控制其含量。

8.3 建筑钢材的技术要求

8.3.1 钢结构用钢材

1. 碳素结构钢

碳素结构钢是建筑用钢最常用的钢种之一，适用于一般结构工程中，可以加工成各种型钢、钢筋和钢丝。

（1）碳素结构钢的牌号

碳素结构钢的牌号由四部分组成，依次为：代表钢材屈服点的汉语拼音Q，表示钢材屈服点的数字，分别为195MPa、215MPa、235MPa、255MPa和275MPa；表示钢材质量等级的符号A、B、C、D，按钢材中硫、磷含量由大到小划分，随A、B、C、D的顺序质量逐级提高；代表钢材钢脱氧程度的符号，如沸腾钢（F）、镇静钢（Z）、半镇静钢（b）、特殊镇静钢 TZ（Z 和 TZ 在钢的牌号中可予以省略）。

例如：Q235-AF 表示屈服强度为 235MPa、质量等级为 A 级的沸腾钢；Q215-C 表示屈服强度为 215MPa、质量等级为 C 级的镇静钢。

（2）碳素结构钢的性能

根据《碳素结构钢》（GB/T 700—2006）规定，各种牌号的碳素结构钢化学成分要求见表 8.3，力学性能应满足表 8.4 的规定，冷弯性能应符合表 8.5 的规定。

从表 8.3 中可知，随着钢号的增加，钢材的含碳、含锰量增加，强度和硬度逐步提高，但伸长率和冷弯性能则下降。特殊镇静钢优于镇静钢，镇静钢优于沸腾钢。同一钢号的质量等级越高，其硫、磷含量越低，钢材质量越好。

在选用碳素结构钢时，应以冶炼方法和脱氧程度来区分品质，并考虑结构的工作条件、承受的荷载类型、受荷方式、连接方式等综合因素。

表 8.3　碳素结构钢的化学成分（GB/T 700—2006）

牌号	统一数字代号[a]	等级	厚度（或直径）(mm)	脱氧方法	化学成分（质量分数，%）不大于				
					C	Si	Mn	P	S
Q195	U11952	—	—	F、Z	0.12	0.30	0.50	0.035	0.040
Q215	U12152	A	—	F、Z	0.15	0.35	1.20	0.045	0.050
	U12155	B							0.045
Q235	U12352	A	—	F、Z	0.22	0.35	1.40	0.045	0.050
	U12355	B			0.20[b]				0.045
	U12358	C		Z	0.17			0.040	0.040
	U12359	D		TZ				0.035	0.035
Q275	U12752	A	—	F、Z	0.24	0.35	1.50	0.045	0.050
	U12755	B	≤40	Z	0.21			0.045	0.045
			>40		0.22				
	U12758	C	—	Z	0.20			0.040	0.040
	U12759	D		TZ				0.035	0.035

[a] 表中为镇静钢、特殊镇静钢牌号的统一数字，沸腾钢牌号的统一数字代号如下：Q195F——U11950；Q215AF——U12150，Q215BF——U12153；Q235AF——U12350，Q235BF——U12353；Q275AF——U12750。

[b] 经需方同意，Q235B 的碳含量可不大于 0.22%。

表 8.4　碳素结构钢的力学性能（GB/T 700—2006）

牌号	等级	屈服强度[a] R_{eH} (N/mm²)，不小于						抗拉强度[b] R_m (N/mm²)	断后伸长率 δ（%），不小于					冲击试验（V 形缺口）	
		厚度（或直径）(mm)							厚度（或直径）(mm)					温度 (℃)	冲击吸收功（纵向，J）不小于
		≤16	>16~40	>40~60	>60~100	>100~150	>150~200		≤40	>40~60	>60~100	>100~150	>150~200		
Q195	—	195	185	—	—	—	—	315~430	33	—	—	—	—	—	—
Q215	A	215	205	195	185	175	165	335~450	31	30	29	27	26	—	—
	B													+20	27

续表

牌号	等级	屈服强度[a]R_{eH}（N/mm²），不小于						抗拉强度[b]R_m（N/mm²）	断后伸长率 δ（%），不小于					冲击试验（V形缺口）	
		厚度（或直径）（mm）							厚度（或直径）（mm）					温度（℃）	冲击吸收功（纵向，J）不小于
		≤16	>16～40	>40～60	>60～100	>100～150	>150～200		≤40	>40～60	>60～100	>100～150	>150～200		
Q235	A	235	225	215	215	195	185	370～500	26	25	24	22	21	—	—
	B													+20	27[c]
	C													0	
	D													−20	
Q275	A	275	265	255	245	225	215	410～540	22	21	20	18	17	—	—
	B													+20	27
	C													0	
	D													−20	

[a] Q195 的屈服强度值仅供参考，不做交货条件；

[b] 厚度大于 100mm 的钢材，抗拉强度下限允许降低 20N/mm²，宽带钢（包括剪切钢板）抗拉强度上限不做交货条件；

[c] 厚度小于 25mm 的 Q235B 级钢材，如供方能保证冲击吸收功值合格，经需方同意，可不做检验。

表 8.5 碳素结构钢冷弯试验指标（GB/T 700—2006）

牌 号	试样方向	冷弯试验 180° $B=2a$[a]	
		钢材厚度或直径[b]（mm）	
		≤60	>60～100
		弯心直径 d	
Q195	纵	0	—
	横	0.5a	
Q215	纵	0.5a	1.5a
	横	a	2a
Q235	纵	a	2a
	横	1.5a	2.5a
Q275	纵	1.5a	2.5a
	横	2a	3a

[a] B 为试样宽度，a 为试样厚度（或直径）。

[b] 钢材厚度（或直径）大于 100mm 时，弯曲试验由双方协商确定。

（3）碳素结构钢的应用

由于碳素结构钢性能稳定、易加工、成本低，因此，在土木工程中广泛使用。

Q235 具有较高强度，良好的塑性、韧性及可焊性，综合性能好，故能满足一般钢结构和钢筋混凝土结构用钢要求。Q235A 一般仅适用于只承受静荷载作用的钢结构；Q235B 和 Q235C 分别适用于承受动荷载焊接的普通钢结构和重要钢结构；Q235D 则适合用于低温环境下承受动荷载焊接的重要钢结构。

Q195、Q215 强度低，塑性、韧性好，具有良好的可焊性，易冷加工，常作钢钉、铆钉、螺栓及钢丝等。

Q255、Q275 强度高，但塑性、韧性和可焊接性差，可用于轧制钢筋、制作螺栓配件等，多用于机械零件和工具。

2. 低合金高强度结构钢

低合金结构钢是在碳素结构钢的基础上加入少于总量 5%的一种或几种合金元素形成的结构钢。常用的合金元素主要有锰（Mn）、硅（Si）、钒（V）、钛（Ti）等。加入合金元素不仅可以提高钢材的强度和硬度，还能改善其塑性和韧性。低合金高强度结构钢是脱氧完全的镇定钢。

根据国家标准《低合金高强度结构钢》（GB/T 1591—2018），钢的牌号由屈服点字母 Q、屈服点数值、质量等级（A、B、C、D）三个部分按顺序组成。如 Q390A 表示屈服强度 390MPa 的 A 级低合金高强度结构钢。低合金高强度结构钢的力学性能要满足表 8.6 的要求。

表 8.6　低合金高强度结构钢的力学性能（GB/T 1591—2018）

牌号	等级	屈服强度（MPa）								
		公称厚度（直径，边长，mm）								
		≤16	>16～40	>40～63	>63～80	>80～100	>100～150	>150～200	>200～250	>250～400
Q345	A	≥345	≥335	≥325	≥315	≥305	≥285	≥275	≥265	—
	B									
	C									
	D									≥265
	E									
Q390	A	≥390	≥370	≥350	≥330	≥330	≥310	—	—	—
	B									
	C									
	D									
	E									
Q420	A	≥420	≥400	≥380	≥360	≥360	≥340	—	—	—
	B									
	C									
	D									
	E									
Q460	C	≥460	≥440	≥420	≥400	≥400	≥380	—	—	—
	D									
	E									

相比碳素结构钢，低合金高强度结构钢强度高，还有良好的塑性和韧性，综合性能好，在相同使用条件下，可比碳素结构钢节省用钢20%～30%，对减轻结构自重有利，且耐磨性、耐腐蚀性、耐低温性等均较良好。

低合金结构钢主要用于轧制各种型钢、钢板、钢管和钢筋，广泛应用于钢结构和钢筋混凝土中。由于可以降低结构自重，特别适用于高层建筑、大型结构及桥梁工程。

8.3.2 钢筋混凝土结构用钢筋和钢丝

钢筋混凝土结构用钢筋和钢丝是用碳素结构钢或低合金结构钢经加工而成的。目前主要有钢筋混凝土用热轧钢筋、冷拔钢筋及冷轧带肋钢筋，预应力混凝土用热处理钢筋、钢丝和钢绞线。

1. 热轧钢筋

热轧钢筋是一种条形钢材，由碳素结构钢或低合金结构钢加工而成。按其表面形状不同分为光圆钢筋和带肋钢筋两类。钢筋的公称尺寸是与其公称截面面积相等的圆的直径。

根据《钢筋混凝土用钢　第1部分：热轧光圆钢筋》（GB 1499.1—2017），热轧光圆钢筋由碳素结构钢轧制，横截面为圆形，表面光滑，牌号为HPB300。

热轧带肋钢筋是采用低合金钢轧制，其表面带有两条纵肋和沿长度方向均匀分布的横肋；月牙肋钢筋是指横肋的纵截面呈月牙形，且与纵肋不相交的钢筋。它按屈服强度特征值分为400、500和600三级。

HRB400的强度、塑性及焊接的综合性能较好，且其表面月牙肋增强了与混凝土间的结合力，可用于各类土木工程中，例如房屋建筑、桥梁、水坝等钢筋混凝土构件的主筋，经冷拉后也可作为预应力钢筋；HRB500、HRB600钢筋强度高，但塑性和焊接性能较差，多用于预应力钢筋。热轧钢筋的力学性能和工艺性能见表8.7。

表8.7　热轧钢筋的力学性能和工艺性能（GB 1499.2—2018）

表面形状	牌号	公称直径（mm）	屈服强度（MPa）	抗拉强度（MPa）	伸长率（%）	冷弯180°
光圆	HPB300	6～22	300	420	25	$d=a$
带肋	HRB400	6～25	400	540	16	$4d$
	HRBF400	28～40				$5d$
	HRB400E	>40，≤50				$6d$
	HRBF400E	6～25	500	630	15	$6d$
	HRB500	28～40				$7d$
	HRBF500	>40，≤50				$8d$
	HRB500E	6～25	600	730	14	$6d$
	HRBF500E	28～40				$7d$
	HRB600	>40，≤50				$8d$

注：HRB为热轧带肋钢筋的英文（Hot rolled Ribbed Bars）缩写；HRBF为热轧带肋钢筋的英文缩写后加“细”的英文（Fine）首字母；E为“地震”的英文Earthquake首字母；d为弯心直径；a为钢筋公称直径。

2. 冷轧带肋钢筋

冷轧带肋钢筋是热轧圆盘条经冷轧后，在其表面带有沿长度方向均匀分布的横肋的钢筋，分为普通钢筋混凝土用钢筋和预应力混凝土用钢筋。按照《冷轧带肋钢筋》（GB 13788—2017）的规定，牌号分为 CRB550、CRB600H、CRB650、CRB680H、CRB800、CRB800H 六个，其中，CRB550、CRB600H 和 CRB680H 用于普通钢筋混凝土，其他牌号则用于预应力钢筋混凝土，其力学性能和工艺性能应符合表 8.8 规定。

表 8.8 冷轧带肋钢筋的力学性能和工艺性能（GB 13788—2017）

分类	牌号	抗拉强度 σ_b（MPa）不小于	伸长率（%）		弯曲试验 180°	反复弯曲次数（次）	应力松弛初始应力应相当于工程抗拉强度的 70%
			δ_{10}	δ_{100}			1000h，（%），不大于
普通钢筋混凝土用	CRB500	550	11.0	—	$D=3d$	—	—
	CRB600H	600	14.0	—	$D=3d$	—	—
	CRB680H	680	14.0	—	$D=3d$	4	5
预应力混凝土用	CRB650	650	—	4.0	—	3	8
	CRB800	800	—	4.0	—	3	8
	CRB650H	800	—	4.0	—	4	5

注：C、R、B、H 分别为冷轧（Cold rolled）、带肋（Ribbed）、钢筋（Bar）、高延性（High elongation）4 个词的英文首字母。

3. 预应力混凝土用钢丝和钢绞线

预应力混凝土用钢丝为高强度钢丝，使用优质碳素结构钢经过冷拔或再经回火等工艺处理制成，按加工状态分为冷拉钢丝和消除应力钢丝两类。

预应力混凝土用钢绞线由 2 根、3 根或 7 根高强碳素钢丝经绞捻后消除内应力而制成。

预应力混凝土钢丝与钢绞线具有强度高、柔性好、无接头等优点，且质量稳定，安全可靠，施工时不需冷拉及焊接，主要用作大跨度桥梁、屋架、吊车梁、电杆、轨枕等预应力钢筋混凝土结构，其技术性能指标应符合《预应力混凝土用钢丝》（GB/T 5223—2014）和《预应力混凝土用钢绞线》（GB/T 5224—2014）的相关规定。

4. 预应力混凝土用钢棒

预应力混凝土用钢棒是低合金钢热轧盘条经冷加工（或不经冷加工）后淬火和回火所得，按表面形状分为光圆钢棒、螺旋槽钢棒、螺旋肋钢棒、带肋钢棒四种，代号为 PCB，其技术性能应符合《预应力混凝土用钢棒》（GB/T 5223.3—2017）的规定。

5. 预应力混凝土用冷拉钢筋

冷加工钢筋由于其产品的延性受损较大，应谨慎使用，在物质匮乏的时代，冷加工方法是提高钢材强度、节约钢材的权宜之计，随着我国钢铁工业生产技术水平和生产能力的提高，热轧钢筋的产量足以满足市场的需要，因此在《混凝土结构设计规范》［（GB 50010—2010）（2015 版）］中未将冷加工钢筋产品列入正规的设计规范，推荐使用的钢筋种类是 HRB400、HRB335 和预应力钢绞线、钢丝。

6. 水工混凝土用钢筋

水工混凝土结构中采用钢筋的主要力学性能及化学成分要满足《水工混凝土钢筋施

工规范》（DL/T 5169—2013）的要求。具体要求见表 8.9～表 8.10。

表 8.9 水工混凝土用钢筋力学性能（DL/T 5169—2013）

钢筋名称	牌号	钢筋直径（mm）	屈服点σ_s（MPa）	抗拉强度σ_b（MPa）	伸长率（%）		冷弯
					δ_5	δ_{10}	
			不小于				
热轧圆盘条	Q235	5.5～14	235	410	—	23	180°，$D=0.5d$
热轧光圆钢筋	HPB235	6～40	235	370	25	22	180°，$D=d$
热轧带肋钢筋（细晶粒热轧带肋钢筋）	HRB335（HRBF335）	6～25	335	455	17	—	180°，$D=3d$
		28～50					180°，$D=4d$
	HRB400（HRBF400）	6～25	400	540	16	—	90°，$D=4d$
		28～50					90°，$D=5d$
	HRB500（HRBF500）	6～25	500	630	15	—	90°，$D=6d$
		28～50					90°，$D=7d$
余热处理钢筋	RRB400（KL400）	8～25	440	600	14	—	90°，$D=3d$
		28～40					90°，$D=4d$
冷拉钢筋	HPB235	$d\leqslant 12$	280	370	—	11	180°，$D=3d$
冷轧带肋钢筋	CRB550	4～12	500	550	—	8	180°，$D=3d$

注：D 为弯心直径；d 为钢筋直径；直径 $d>25$mm 的钢筋做冷弯试验时，弯心直径增加一个 d；经供需双方协议，可以做低温（0℃、−20℃、−40℃）冲击试验，其数据不作为验收依据；直径为 28～40mm 的各牌号钢筋的断后伸长率可降低 1%，直径大于 40mm 的可降低 2%。

表 8.10 水工混凝土用钢筋化学成分（熔炼分析）（DL/T 5169—2013）

钢筋名称	牌号	化学成分（%）							
		C	Si	Mn	V	Nb	Ti	不大于	
								P	S
热轧圆盘条	Q235A	0.14～0.22	0.30	0.30～0.65	—	—	—	0.045	0.050
	Q235B	0.12～0.20	0.30	0.30～0.70	—	—	—	0.045	0.045
	Q235C	0.12～0.18	0.30	0.30～0.60	—	—	—	0.040	0.040
热轧光圆钢筋	HPB235	0.14～0.22	0.12～0.30	0.30～0.65	—	—	—	0.045	0.050
热轧带肋钢筋（细晶粒热轧带肋钢筋）	HRB335（HRBF335）	0.25	0.80	1.60	—	—	—	0.045	0.045
	HRB400（HRBF400）								
	HRB500（HRBF500）								
余热处理钢筋	RRB400（KL400）	0.17～0.25	0.40～0.80	1.20～1.60	—	—	—	0.045	0.045
冷拉钢筋	HPB235	0.14～0.22	0.12～0.30	0.30～0.65	—	—	—	0.045	0.050
冷轧带肋钢筋	CRB550	0.09～0.15	≤0.30	0.25～0.55	—	—	—	0.045	0.050

8.4 钢材的腐蚀与防护

8.4.1 钢材的腐蚀

钢材在使用中经常与环境中的介质接触，由于环境介质的作用，其中的铁与介质发生化学作用或电化学作用而逐步被破坏，导致钢材锈蚀。钢材锈蚀后，不仅使钢材的有效受力截面面积减小，降低承载力，而且还会形成局部锈坑，加剧腐蚀的速度，引起应力集中，大幅度降低钢材强度和韧性等，甚至出现脆性断裂。

钢材受锈蚀的原因很多，主要影响因素有环境湿度、侵蚀介质性质及数量、钢材材质及表面状况等。根据腐蚀与环境介质的作用原理，腐蚀分为化学锈蚀和电化学锈蚀两类。

化学锈蚀是指钢材直接与周围介质发生化学反应而产生的锈蚀。这种锈蚀多数为氧化作用，使钢材表面形成氧化物。

电化学锈蚀是指钢材与电解质溶液接触产生电流，形成微电池而引起的锈蚀。

8.4.2 建筑钢材的防护

钢材的锈蚀既有内部因素的作用，又有外部介质的影响，防止钢材的锈蚀可从改变钢材的材质、隔离外部介质和改变钢材表面的电化学性能三方面着手。目前所采用的防锈蚀方法主要有以下几种：

采用耐候钢：耐候钢是在碳素钢和低合金钢中添加少量铜、铬、镍等合金元素制成的。这种钢在大气作用下可在表面形成一种致密的保护层，起到防腐作用，同时保持良好的力学性能和工艺性能。

涂层防腐：涂层可分为金属涂层和非金属涂层。

使用金属涂层：是指用耐候性好的金属，以电镀或喷镀的方法覆盖在钢材表面，提高钢材的防腐性能。常用的金属有铜、锌、锡、铬、镍等。

使用非金属涂层：是在钢材表面做非金属涂层，使钢材与外部环境隔离，起到防腐作用。常用的非金属涂层用材料有涂料、搪瓷、塑料。在路桥工程中，常用的是涂料防腐，例如油漆、聚氨酯、聚脲等。

电化学保护法：对不易涂覆保护层的钢结构，如地下管道、港口结构等，可采用电化学保护法。电化学保护按照金属电位变动的趋向，分为阴极保护和阳极保护两类。

本章小结

钢是以铁为主、含碳量一般在2%以下，并含有其他元素的材料。

建筑钢材的技术性质主要包括力学性能和工艺性能两部分，其中力学性能主要有抗拉性能、冲击韧性、耐疲劳性和硬度；工艺性能包含冷弯性能与焊接性能。

钢材的性质受其含有的化学物质的种类和含量影响，不同元素的存在可能导致钢材的基本性能发生改变。

建筑用钢材包括钢结构用钢材和混凝土结构用钢筋及钢丝。钢结构用钢材主要有碳素结构钢、低合金高强度结构钢；钢筋混凝土结构用钢筋和钢丝主要包括热轧钢筋、冷拔钢筋及冷轧带肋钢筋，预应力混凝土用热处理钢筋、钢丝和钢绞线等。

工程实际应用中一般根据建筑钢材的品质、种类，参照不同的技术指标进行使用，满足不同的工程要求。

钢材的腐蚀分为化学腐蚀和电化学腐蚀，可通过采用耐候钢、涂层及电化学保护法等措施防腐。

复习思考题

1. 根据哪些主要指标评价建筑钢材的技术性质？
2. 弹性模量、屈服比的含义分别是什么？它们反映钢材的什么性能？
3. 什么是钢材的冷加工强化及时效处理？冷拉并时效处理后的钢筋性能有何变化？
4. 碳素结构钢的牌号如何表示？为什么 Q235 号钢被广泛用于土木工程中？
5. 钢筋混凝土结构用的热轧钢筋和冷轧钢筋有几种牌号？适宜何种用途？
6. 钢材的腐蚀分为哪几种？如何预防钢筋的腐蚀？
7. 含碳量对钢材的力学性能有什么影响？锰、硅、硫、磷元素对钢材的性能有什么影响？

9 合成高分子材料

本章概要

本章主要介绍了建筑塑料、建筑涂料、胶粘剂三种典型的合成高分子材料，并简单介绍了新型智能与功能高分子材料在土木建筑领域的潜在应用。

9.1 建筑塑料

塑料是一种可以在常温常压下保持形状不易发生变形，以天然或合成高分子有机化合物为主体，辅以一些辅助材料（增强剂、固化剂、阻燃剂、填料等），在一定的合成温度下加工成型而制备出来的有机合成材料。合成塑料因其生产率高、成本低，再加上一系列的物理化学性能和加工性能优势，如保温隔热性好、电绝缘性好、韧性好、耐腐蚀、可成型任意形状、易着色等，在水利、土木、房建领域中，成为继木材、钢材、水泥混凝土等之后的一种新型建筑材料。自 20 世纪 50 年代开始进入建筑领域以来，以塑代钢、以塑代木已成为国际流行趋势。与此同时，塑料是一种符合可持续发展战略要求的节能“绿色”材料，结合我国新世纪建材业的战略发展目标，将建材业的发展目标与社会效益相结合，保护生态环境和净化人们生存环境，势必促进建筑塑料在水利、土木、房建等领域的广泛应用与长远发展。

9.1.1 建筑塑料的构成

建筑塑料主要由合成树脂、填充剂和添加剂组成，其中，合成树脂起到黏结作用，其目的是将塑料各组分紧密连接在一起，填充料和添加剂能更好地强化或突出塑料的各种性能。

1. 合成树脂

合成树脂是塑料中最重要的成分，一般在塑料中占 30%～60%。它是通过将低分子单体原料（如乙烯、丙烯等）经缩聚、加聚等反应合成大分子而形成的一种高分子聚合物。合成树脂在塑料中主要是将不同组分牢固地胶接在一起，使其具有加工成型的能力。也正是如此，合成树脂不同的力学与理化性能决定了塑料的性能和适用范围。

合成树脂可按受热后性能的变化分为热塑性树脂和热固性树脂。热塑性树脂的分子结构一般为线形，其低温受热不发生化学反应并随温度升高逐渐软化或熔化，降温冷却硬化，因此可以多次重复塑化成型。热固性树脂的分子结构属网状体型。在有固化剂存在下，热固性树脂在加热加压下，软化（或熔化）并同时固化（或熟化）成为不溶、不熔的高聚物，再次受热既不软化，也不溶解。它们之间的区别在于树脂受热再冷却后的变化是否可以恢复。显然，热塑性树脂可以恢复，热固性树脂则不能恢复。此外，合成树脂按照化学组成还可分为两种：一种是分子结构主链仅由脂肪族碳原子构成，通用树脂基本属于这一类别；另一种是分子结构主链中除碳原子外还含有氧、氮和硫等，大部分工程塑料是由杂链聚合物构成的。

2. 填充剂

填充料（填料）是向树脂中加入颗粒状或纤维状的无机化合物，一般占比为40%～70%，其可以提高塑料的力学性能和热温度性，同时降低成本。填充剂的重要作用是改善塑料的性能，例如为增强导电性，可以加入炭黑颗粒等导电材料；为提高力学性能，可以加入玻璃纤维等力学性能优异的纤维；为了增强绝缘性，可以加入云母等高电阻无机物。通过在塑料中加入不同的填料，可以改善塑料的物理化学性质。

3. 添加剂

添加剂可以在填充料的基础上，进一步改善塑料的性能，以满足使用要求。这些添加剂包括稳定剂、增塑剂、固化剂、着色剂、阻燃剂、发泡剂、增强剂、抗静电剂、防霉剂等，其中前四种是最常用的改善塑料性能的添加剂。表 9.1 为常见塑料添加剂的类型、作用与品种。

表 9.1　常见塑料添加剂的类型、作用与品种

类型	作用	品种
稳定剂	抑制或减缓塑料老化作用	硫醇丁基锡、碱式碳酸铅、环氧乙烷
增塑剂	增加塑料的可塑性	磷酸酯类、樟脑和二苯甲酮
固化剂	使树脂具有热固性	乙二胺、苯二甲胺、顺丁烯二酸酐
着色剂	除装饰美化的作用外，还能提高力学性能、耐候性，改进光学性能等	钛白粉、锌粉、汉沙黄

以上各种添加剂对塑料的性能改善具有不同的作用：①稳定剂具有减缓塑料老化的作用，从而延长其使用寿命。塑料在加工成型及使用过程中，由于受光、氧、热的影响，会加速塑料降解或交联等老化作用，导致颜色改变、性能下降。在塑料中加入稳定剂可以提高塑料稳定性，抑制或延缓老化，提高其使用寿命。②增塑剂的主要功能则是削弱聚合物分子之间的范德华力，从而增加聚合物分子链的迁移率，降低聚合物分子链的结晶度，即增加聚合物的可塑性。加入增塑剂后，塑料的硬度、模量、软化温度和脆化温度降低，而且伸长率和柔韧性提高。③固化剂又称交联剂或硬化剂，选用不同的固化剂，塑料的固化速度与固化后的性能也将不同。在塑料的实际生产中，可根据不同固化剂的固化效果选择所需的固化剂的种类。④着色剂赋予塑料绚丽的色彩和光泽的物质，不仅可改善外观和提高可装饰性，在一些塑料中，还可提高力学性能等。常用的着色剂可分为有机和无机颜料两种，有时还使用一些金属片状颜料或能产生荧光或磷光的颜料。

9.1.2　建筑塑料的性能特点

建筑塑料与传统的建筑及装饰材料相比，具有以下特性：

1. 物理性能

塑料的密度较小，与木材相近，相比传统的建筑材料（钢、铝、混凝土等），密度更小，质量更轻。同时，塑料的比强度较高，远小于常用的建筑材料——混凝土，是一种优良的轻质高强材料，可极大地降低建筑物自重。因此，塑料及其制品不仅应用于建筑装饰工程中，而且广泛应用于工业、农业、交通、航空航天等其他领域。不仅如此，塑料制品的热导率也十分低，是混凝土的几十分之一，其中泡沫塑料的热导率与空气相当，其作为隔热建筑材料，被认为是符合可持续发展的绿色节能环保材料。此外，塑料尤其是多孔的泡沫塑料，具有良好的减振降噪作用，是良好的吸声材料。但塑料的耐热性差，一般受热后都会产生变形，甚至分解。一般的热塑性塑料的热变形温度仅为80～120℃，尽管热固性塑料的耐热性能较好，但一般也不会超过 150℃。同时塑料的弹性模量也低，且在荷载的长期作用下易产生蠕变，变形程度与环境温度相关。

2. 化学性能

塑料属憎水性材料，耐水性和耐水蒸气性强，吸水率和透气性很低，常用于防水、防潮工程。同时，塑料具有良好的耐化学腐蚀性，与传统金属材料和一些无机非金属材料相比，塑料制品对酸、碱、盐等有较好的耐腐蚀性，适合用作化工厂的门窗、地面、墙壁等。此外，塑料一般是电绝缘体，良好的电绝缘性可与不导电的陶瓷、橡胶媲美。但塑料制品在光、热及周围环境中的酸、碱、盐等作用下，内部的分子结构产生递变、增塑剂等组分挥发，这将导致塑料易老化，从而出生性能劣化甚至脆断等现象。不但如此，塑料由于是碳、氢、氧元素构成的高分子材料，遇火时极易燃烧，燃烧时会产生对人体有害的大量浓烟和有毒气体，在火灾中会危及生命安全。

3. 成型与加工性能

塑料成型工艺丰富且简单，易实现机械化的大规模生产，可采用较简单的工艺方式制成不同形状或特别复杂的制品，常见的产品形态如薄膜、板材、中空管材、异型管材与异型板材等。

4. 装饰性

塑料不仅可以制成透明的制品，还可以着色。着色后的塑料不仅颜色持久美观，而且可以通过印刷、电镀和烫金技术制成丰富的图案和花型，获得表面具有三维立体感和金属质感的装饰塑料制品。

除以上的常见特性外，塑料还具有良好的可设计性，可通过更改生产组成配方与加工工艺，使工程塑料的特定性能得到加强以适应不同的工程环境。同时，塑料的生产能耗低于传统材料，在塑料产品的安装和使用过程中，建筑和维护成本也较低，是一种能耗低且使用价值高的材料，因此，塑料制品具有良好的经济性。

9.1.3 常见建筑塑料及制品

1. 异型材门窗

塑料门窗的主要材质为聚氯乙烯（PVC）树脂。使用该原料具有极好的性价比，制成的 U-PVC 异型材经切割、焊接、拼装修整而成截面较复杂的中空结构，即可用于门窗承载。与传统钢、木门窗相比，塑料门窗具有以下优点：

（1）隔声、隔热性能好。由于塑料门窗具有中空结构，且 PVC 导热系数较低，所以塑料门窗的隔声、隔热性能都较好。

（2）耐水、耐腐蚀性能好。因塑料门窗化学稳定性好，受潮后不易变形霉腐。

（3）装饰性好。塑料门窗一般不需要涂漆，在加工时即可着色，还可以通过照相制版模仿其他材质的纹理，装饰效果好。

（4）可密封性好。塑料门窗的窗框与门扇间采用搭接方式装配，且各缝处均装有耐老化性极佳的弹性密封条，故其具有良好的密封性。

（5）经济性好。与相同性能的铝合金门窗、钢门窗相比，塑料门窗的价格更便宜。

2. 塑料管材

塑料管材是以聚氯乙烯、聚乙烯、聚丙烯等高分子聚合物为原料，经挤出、注塑等加工成型工艺形成的管材。我国生产的塑料管按材质划分，主要有 PVC、PP、PE、PF 等塑料管。表 9.2 为建筑上常用的塑料管材及其用途。塑料管材与金属、水泥等传统材料相比，具有以下优点：

（1）质量轻。塑料本身密度小，质量远小于同体积的传统铁钢管材和铝管材，施工时，极大地减小了劳动强度。

（2）施工与安装简便。塑料管可以通过焊接法、溶剂黏结、承插连接等简单方式连接。

（3）流阻力小。塑料管内壁表面光滑，比铸铁管摩擦系数小得多，而且不易结垢、生苔、堵塞，可降低 5%以上的输水能耗。

（4）耐腐蚀性好。由于塑料本身耐化学腐蚀性能好，相比传统金属管更耐酸碱腐蚀，不生锈，无须涂刷油漆，可以用于输送一些腐蚀性物质，使用寿命长，因而减少维修成本。

塑料管材因具有水流损失小、施工简便、成本低、节能环保等优点，已成为现代城市建设管道网络的主要材料，广泛应用于城镇给排水与燃气管、电力和光缆护套、工业气液输送、农业灌溉等建筑业、市政、工业、农业等领域。

表 9.2　建筑上常用的塑料管材及其用途

名称	性能特点	用途
聚氯乙烯塑料管（PVC）	机械性能、抗老化性能较好	房屋电线管道及排水等管道
聚乙烯塑料管（PE）	质量轻，柔性好，耐腐蚀、耐溶剂性较好	工业与民用建筑的上、下水或者输送液体气体管道
聚丙烯管（PP）	质量轻，耐热性优于 PVC、PE，能在 100～200℃的温度下保持一定的机械强度	民用建筑热水管道
耐酸性酚醛树脂管（PF）	质量轻、耐酸腐蚀、强度高、抗冲击性好	基本化学工业、有机污染等工业输送液、气体等腐蚀介质

3. 塑料地板

塑料地板是发展最早的塑料类建筑材料，按主要材质可分为聚氯乙烯、聚乙烯和聚丙烯等品种。地板在人们的工作和生活环境中起着重要的装饰作用，在满足环境的装饰和美化的同时，还给步行与居住带来舒适感，这对居住者缓解疲劳和调整心态具有重要作用。一般塑料地板具有以下几方面优点：

(1) 密度小。塑料本身的密度小，其质量比同体积常用的木地板轻得多，比瓷砖地板业更轻，其不仅便于运输，还可减轻建筑物的质量。

(2) 施工简单。与传统地板相比，塑料地板安装不需要水泥和沙子等辅助材料，采用专用胶浆铺设即可，快速简便。

(3) 环保性好。塑料地板本身无毒、无害，对人体和环境无副作用，并且不含放射性元素。

(4) 防虫、耐腐蚀。塑料的化学性质稳定，防潮、防虫，且不怕腐蚀。

(5) 易于维护。易擦拭，易洗，易干，耐磨性好，使用寿命长。

(6) 可装饰性好。塑料地板可通过照相制版模仿天然石材和木材的纹理等图案来达到逼真且丰富的装饰美化效果。

4. 塑料壁纸

塑料壁纸包括涂塑壁纸和压塑壁纸。涂塑壁纸以木浆原纸为基层，涂布氯乙烯-醋酸乙烯共聚乳液与钛白、瓷土、颜料、助剂等配成的乳胶涂料烘干后印花而成。压塑壁纸是聚氯乙烯树脂与增塑剂、稳定剂、颜料、填料经混炼、压延成薄膜，然后与纸基热压复合，再印花、压纹而成。塑料壁纸具有以下性能特点：

(1) 装饰美观。通过一定工艺可在塑料壁纸表面仿照天然石料、木纹等，并通过精心设计、组合各种花纹图案，达到装饰美化的作用。

(2) 综合性能好。可根据工程、环境需要，加工成隔热、吸声、防霉壁纸，其不易结露，不惧水洗，不易受机械损伤等各种性能的产品。

(3) 可加工性好。易工业化大规模连续生产，而且粘贴性能好，施工方便。

(4) 使用寿命长，易保养。塑料壁纸表面可清洗，对酸碱有较强的抵抗能力。

9.2 建筑涂料

涂料是指涂覆于基材（被保护或被装饰的对象）表面，干燥后在基材表面形成与基材结合良好、连续完整的坚韧保护膜的物料的总称，具有保护和装饰功能。早期涂料因以油脂和天然树脂为主要原料，故称油漆。随着合成材料工业的发展，各种合成树脂成为涂料的主要原料，油漆产品的面貌也随之发生根本改变，油漆的称谓已不恰当，故改称为涂料。

9.2.1 建筑涂料的基本组成

组成建筑涂料的各原料成分，按其所起作用可分为主要成膜物质（又称胶粘剂或固着剂）、次要成膜物质和辅助成膜物质。

主要成膜物质是涂料的基础，它本身具有独立成膜能力，决定着涂料的最终物理机械性能，其主要功能是将其他成分黏合成一个整体，并且可以附着在被涂物体表面，从而形成坚韧完整的膜，以起到保护作用。涂料中所用的颜料是建筑涂料中的次要成膜物质，其主要作用是使涂膜具有各种颜色并赋予涂膜遮盖力，增强力学性能，增加涂膜质感，改善涂膜性能，降低涂料成本等。辅助成膜物质主要是在涂料的涂抹或成膜过程中起一些辅助作用，主要包括溶剂和辅助材料。其中，溶剂是可溶解成膜物质的挥发性液体，例如，溶剂型涂料使用有机液体作为溶剂，而水性涂料则使用水作为溶剂。辅助材料则能改善涂料的性能，如增塑剂。

9.2.2 建筑涂料的作用

经过涂覆于物体表面，形成不同性质的连续膜状材料，将起到以下作用：

1. 保护作用

涂在建筑物体表面形成涂膜后，建筑涂料将建筑从环境中的阳光、氧气、水分等介质中隔离出来，这可以阻止或减缓环境造成的锈蚀、木材腐朽、水泥风化等侵蚀现象的发生或发展，延长建筑物的构成材料的使用寿命。

2. 装饰作用

建筑涂料的装饰涂料具有不同的颜色和光泽。通过各种填料的填充，并应用不同的工艺来形成各种图案和不同程度的纹理，可以美化人类生活环境。

3. 特殊功能作用

建筑涂料除具有保护和装饰功能外，某些涂料还具有独特功能，例如防霉、防静电、防结霜、防污、防辐射、防火、防水、导电、吸声和隔声等，具有特殊功能的涂料可以进一步满足各个领域的特殊需求并发挥重要作用。

9.2.3 常用建筑涂料

1. 内墙涂料

内墙涂料由水、颜料、乳液、填充剂和各种助剂组成，其主要作用是装饰和保护内墙面，可分为液态涂料和粉末涂料。一般室内装修用的乳胶漆即为液态涂料。乳胶漆是以水为稀释剂，可根据不同的配色方案调配出不同的色泽，其按基材种类可分为聚醋酸乙烯乳液和丙烯酸乳液两大类。所形成的涂层应具有质地平滑、细腻、耐水、耐污、透气性好、安全、施工方便等特点。

2. 外墙涂料

外墙涂料是用于装饰和保护建筑物外墙面的涂料，其目的是使建筑物外观整洁美观、美化城市环境，同时还可以保护建筑物外墙，延长其使用寿命。外墙涂料具有色彩丰富、施工方便、价格便宜、维修简单、装饰性好、耐水、耐污、耐霉变与耐候性好等特点。外墙涂料主要有聚合物水泥系防水涂料、聚氨酯系外墙涂料、有机硅改性丙烯酸外墙涂料、水乳型环氧树脂外墙涂料等。

3. 地面涂料

地面涂料是用于装饰和保护室内地面，使其清洁、美观的涂料。因地面涂料主要涂覆于碱性的水泥砂浆基材上，这要求其应具有良好的耐碱性，而且应与水泥砂浆地面具有良好的黏结力，以防止使用过程中脱离或起皮。除此之外，地面涂料还具有良好的耐水洗刷、耐磨、抗冲击性能、施工方便、价格便宜等特点。地面涂料可分为木地板涂料、塑料地板除料和水泥砂浆地面涂料。

9.3 胶粘剂

胶粘剂又称黏结剂、黏合剂，是能够将两种或两种以上材料牢固地粘接在一起，并形成一定机械强度的非金属媒介物质，其形态一般为液态或膏状。建筑有机胶粘剂广泛用于墙面、地面、玻璃密封、防水、防腐、结构加固修补等方面。有机胶粘剂分类方法很多，按来源分为天然胶粘剂和合成胶粘剂两大类；按物理形态分为水基型、溶液型、膏状、固体型、膜状；按固化方式分为热固性、湿气固化、紫外光照射固化、厌氧固化、催化固化；按受力情况分为结构胶、非结构胶。

胶粘剂具备足够的黏结强度才可使材料间牢固可靠地粘接。除此之外，胶粘剂的性能特点还包括具有良好的稳定性、耐久性与耐候性，不易老化，施工方便，对人体和环境都无毒无害以保证人的健康与安全等。

9.3.1 胶粘剂的组成

胶粘剂是以粘料为主剂，配合各种助剂配制而成。

1. 粘料（主剂）

粘料通常由一种或多种聚合物组成，是胶粘剂的基本成分，起着黏合的作用。它的性质决定了胶粘剂的性质、用途和使用条件，它也是区分胶粘剂类型的重要标志。胶粘剂的有机粘料可分为天然高分子粘料和合成高分子粘料两类。天然高分子粘料主要包括淀粉、纤维素等植物黏性材料和骨胶、鱼胶和血蛋白胶等动物黏性材料。合成高分子粘料主要有合成树脂、合成橡胶和热塑性弹性体等。合成树脂是最主要的合成高分子粘料类型，可分为环氧、酚醛、不饱和聚酯、聚氨酯等热固性树脂和聚乙烯、聚丙烯、聚氯乙烯、聚苯乙烯、丙烯酸树脂、尼龙及其改性树脂或聚合物合金等热塑性树脂。

2. 助剂

助剂种类很多，一般是为了使胶粘剂具有特定的物理化学特性，而加入的各种辅助成分的统称。助剂一般有固化剂、增韧剂、填料、稀释剂、防腐剂、稳定剂和偶联剂等。表 9.3 为常见助剂的作用及成分。

表 9.3 常见助剂的作用与成分

类型	作用	成分
固化剂	提高胶层的内聚强度，影响胶粘剂胶接强度、耐热性等	聚酰胺类、芳香族胺类、甲基四氢苯酐等
增韧剂	改善黏结层的韧性，提高其抗冲击强度	不饱和聚酯树脂、聚硫橡胶、丁腈橡胶、缩醛树脂、聚乙烯醇缩糠醛等
填料	改善胶粘剂的加工性、耐久性、强度等，同时降低成本	石英、瓷粉、铁粉、石棉绒、玻璃纤维等非黏性固体填料
稀释剂	便于涂胶和调节胶粘剂黏度	活性稀释剂：环氧丙烷苯基醚等
		非活性稀释剂：乙醇、丙酮、甲苯等

续表

类型	作用	成分
防腐剂	防止胶粘剂腐烂变质	甲醛、苯酚、季铵盐、汞类化合物、硼酸、五氯苯酚、苯酚等
稳定剂	有助于胶粘剂储存，并在使用期间可保持胶粘剂性能稳定	酚类、芳香胺、仲胺类化合物等
偶联剂	提高被粘接物（如金属、陶瓷、橡胶、玻璃等）与胶粘剂黏接性能	含有活性基团的有机硅化合物

9.3.2　胶粘剂的粘接机理

1. 物理机械作用

胶粘剂与被粘物在粘接后会形成机械结合力。被粘物的粘接表面在宏观或微观上存在形貌结构起伏或孔洞，经涂覆胶粘剂后，胶粘剂慢慢渗入被粘物表面凹陷或孔洞处，再经干燥固化，胶粘剂与被粘物之间形成机械摩擦咬合力，从而增加材料间的结合力。

2. 化学键作用

胶粘剂与被粘物的界面产生化学反应从而形成化学键合力，这种化学交联反应有氢键结合、配位形成的离子或共价键结合等。

3. 分子扩散互溶作用

高分子化合物之间的粘接，是由于大分子本身或其某分子链段因热运动引起相互扩散而形成一定结合力，实质上是界面发生了互溶，从而使胶粘剂与被粘物分子交织在一起而形成了牢固的结合。

4. 范德华力

胶粘剂分子由于微布朗运动向被粘物运动，胶粘剂的极性基团向被粘物的极性部位靠近，分子间由此产生范德华力或氢键结合。

9.3.3　常见有机胶粘剂

建筑上常见有机胶粘剂可分为热塑性树脂胶粘剂、热固性树脂胶粘剂、合成橡胶胶粘剂和复合型胶粘剂。常见有机胶粘剂的性能特点及应用见表 9.4。

表 9.4　常见有机胶粘剂的性能特点及应用

种类			性能特点	主要用途
有机胶粘剂	热塑型	聚醋酸乙烯酯胶粘剂	黏结力强、水溶性好、常温固化时间短、稳定性好、价格便宜，耐水性、耐热性差	黏结各种非金属材料、玻璃、陶瓷、塑料、纤维织物、木材等
		聚乙烯醇胶粘剂	水溶性好，耐热、耐水性差	适合胶结木材、纸张、织物等。与热固性胶粘剂并用
	热固型	环氧树脂胶粘剂	固化时间短，黏结强度高，热稳定性与水稳定性好	黏结混凝土、砖石、玻璃、木材、皮革、橡胶、金属等
		聚氨酯胶粘剂	黏结力强，耐低温性与抗冲击性良好。耐高温性差，自身强度低	适用于胶结软质材料和热膨胀系数相差较大的两种材料

续表

<table>
<tr><th colspan="3">种类</th><th>性能特点</th><th>主要用途</th></tr>
<tr><td rowspan="4">有机胶粘剂</td><td rowspan="2">橡胶型</td><td>丁腈橡胶胶粘剂</td><td>弹性及耐候性良好，耐疲劳、耐油、耐溶剂性、耐热性好，易混溶</td><td>适用于耐油部件中橡胶与橡胶，橡胶与金属、织物等</td></tr>
<tr><td>硅橡胶胶粘剂</td><td>良好的耐紫外线、耐老化、耐热、耐腐蚀性，黏结力强，防水与防振性好</td><td>用于金属陶瓷，混凝土、部分塑料的黏结、门窗玻璃的安装，以及隧道、地铁等地下建筑中的瓷砖</td></tr>
<tr><td rowspan="2">复合型</td><td>4115 建筑胶</td><td>初黏性能好、粘接力强、耐水性好、韧性好</td><td>一般用于地板粘接</td></tr>
<tr><td>酚醛-氯丁胶粘剂</td><td>黏结强度高，耐冲击、耐水、耐酸碱、耐老化性能好</td><td>用于金属、橡胶、塑料、木材、混凝土、陶瓷、织物及皮革等</td></tr>
</table>

9.4 建筑用新型智能与功能高分子材料

高分子智能材料是将无生命的有机材料，通过有机和合成的方法变得似乎有了“感觉”和“知觉”。近年来，科技的进步也推进了人们对建筑物智能化和人性化的需求程度，将智能化与功能化的高分子材料应用于建筑工程是未来建筑行业发展的必经之路。

目前，建筑用智能与功能高分子材料种类较多，包括自修复高分子材料、导电高分子材料、环境敏感型高分子材料等。其中，自修复高分子材料在受到损伤后实现自我修复，提高建筑工程施工的安全性和环保性，延长使用寿命，降低生产成本；导电高分子材料可以实现电能与光能、热能的相互转换，为建筑物提供能源、热量或照明，环保效益高；环境敏感型高分子材料则会根据环境改变自身性能，以满足居民对建筑物的多功能性需求。

9.4.1 自修复型高分子材料

高分子材料的自修复是指具有自主诊断、自我修复功能的智能型复合材料。自修复材料的发展由初始通过外加愈合剂的外植型，逐渐转向利用分子自身结构建成的本征型。外植法通过在基体中埋入修复试剂，当材料出现损伤后，修复试剂渗漏并到达破损部位，通过化学反应实现损伤部位的快速修复；而本征型主要通过分子动态结构达到自修复效果。目前，欧洲的研究结构将二环戊二烯（DCPD）尝试放入涂料中，以期通过外植法来获得自修复涂料；国内的南昌航空大学采用 Diels-Alder 反应制备的自修复涂料，可通过双烯加成反应的热可逆性赋予涂料自修复性能。

高分子自修复材料在建筑工程中的应用，不仅可以提高材料的使用寿命和施工成本，而且大大提高了建筑材料的环境友好性和安全性，但这方面研究仍处于基础探索研究阶段。

9.4.2 导电型高分子材料

导电高分子材料也是目前广泛用于建筑材料中的一种功能高分子材料，在具有导电性的同时，还具备易加工、相对密度小、耐腐蚀、导电性能可调控、可实现光能-电能和热能-电能的相互转换等优点。其中，实现光能-电能的相互转换的导电高分子材料常用于高分子发光二极管（PLED）、高分子太阳能电池等能源材料及发光材料中。这些用于热能、光能和电能相互转换的高分子材料在未来可用作室内或室外墙体的节能和能源转化与循环材料。

9.4.3 环境敏感型高分子材料

环境敏感型高分子材料也是一种智能高分子材料，其可以通过“感知”环境变化来改变自身的性能。例如，聚丙烯酰胺基类材料是热致变色材料，这类材料具有两种不同的相结构，即高密度范德华力和高密度氢键结构。随着温度变化，两个相将彼此相互转换。该材料在较高温度下将显示浅色，在较低温度下将显示深色。将这种材料应用于建筑物的外墙或制作窗户，在夏季或温度较高的白天，可以减少建筑物的热辐射，在冬季或夜间温度较低的情况下，建筑物的吸热程度得到提高，从而达到智能调节建筑物本身温度的目的。

本章小结

建筑塑料、建筑涂料和胶粘剂的主要原料是合成树脂，它们作为典型的合成高分子材料在土木工程领域应用广泛。

建筑塑料主要由合成树脂、填充剂和添加剂组成，具有质量轻、比强度高、隔热性好、吸声隔声性好、加工性能好、可装饰性强等一系列优点。常见的制品有塑料门窗、管材、地板、壁纸等。

建筑涂料的基本组成是主要成膜物质、次要成膜物质和辅助成膜物质，其在被涂覆物体表面起到保护、装饰和其他特殊功能作用。常见的建筑涂料可分为内墙、外墙和地面涂料。

胶粘剂又称黏结剂和黏合剂，由粘料和各种助剂制成。胶粘剂的粘接机理包括物理机械作用、化学键作用、分子扩散互溶作用、范德华力等。常见的胶粘剂可分为热塑性树脂胶粘剂、热固性树脂胶粘剂、合成橡胶胶粘剂和复合型胶粘剂。

除上述传统的合成高分子材料外，新型的建筑用新型智能与功能高分子材料，如自修复高分子材料、导电高分子材料、环境敏感型高分子材料也将在建筑或土木工程领域发挥越来越重要的作用。

复习思考题

1. 简述合成高分子材料的分类及其应用。
2. 建筑塑料有哪些优缺点？常用建筑塑料有哪些？
3. 建筑涂料的基本组成是什么？主要功能有哪些？
4. 简述胶粘剂的组成与粘接机理。
5. 举例说明新型智能与功能高分子材料在未来建筑中的应用。

10 建筑功能材料

本章概要

本章主要介绍建筑功能材料，包括建筑保温隔热材料、建筑防水材料、建筑防火材料及建筑声学材料的概念、种类、技术性能及其应用。

10.1 建筑保温隔热材料

建筑保温隔热材料是指对热流具有显著阻抗性的材料或材料复合体，也是阻碍或延缓建筑物及热工设备热量散失或传递的材料，在建筑中发挥保温、隔热作用，防止室内热量流向室外或防止室外热量进入室内。建筑材料的热导率一般在0.023～3.49W/(m·K)之间，而通常所指的建筑保温隔热材料或绝热材料的热导率不大于0.23W/（m·K）。

一般而言，建筑保温隔热材料按材质可分为无机保温材料（包括石棉、岩棉、矿渣棉、玻璃棉、多孔混凝土等）和有机保温材料（包括软木、纤维板、刨花板、聚苯乙烯泡沫塑料、聚氨酯泡沫塑料等）。保温隔热材料按物理形态可分为纤维状保温材料、散粒状保温材料与多孔保温材料；按机械强度可分为硬质制品、半硬质制品、软质制品；按使用形式可分为填充物、包覆物、衬砌物等；按使用温度可分为使用温度低于250℃的低温保温隔热材料、使用温度为250～700℃的中温保温隔热材料、使用温度在700℃以上的高温保温隔热材料。

就保温隔热机理而言，不同种类的建筑隔热材料阻碍热传递的机制有所不同。多孔型隔热材料是由于气孔中的空气作为热传递介质热导率小，热量通过气孔传递的阻力较大，从而起到保温隔热的作用；纤维型绝热材料内部存在大量的纤维与空气的固气界面，其与多孔型材料隔热机理类似，而且当热传递方向与纤维轴向垂直时，绝热效果更佳；反射性绝热材料则由于自身对热辐射的反射能力强，而吸收能力极小，从而将绝大部分外来热辐射（如太阳光热辐射）反射掉，以此发挥隔热的作用。

10.1.1 无机保温隔热材料

1. 膨胀蛭石

膨胀蛭石是典型的散粒状保温隔热材料。通常是将天然蛭石经晾干、破碎、预热后快速通过煅烧带（850～1000℃）、速冷而得到体积膨胀20～30倍的蛭石。膨胀蛭石的热导率低，为0.046～0.07W/（m·K），最高使用温度可达1000℃。膨胀蛭石制品的种类丰富，常见的有水泥膨胀蛭石制品、水玻璃膨胀蛭石制品、热（冷）压沥青蛭石、蛭石石棉制品等。

（1）水泥膨胀蛭石是以膨胀蛭石为材料，用不同品种和强度等级的水泥为胶结材料，加入适量的水，搅拌均匀压制成型，在一定条件下养护而成。该材料在工业和民用建筑，以及热工设备和各种工业管道上具有广泛应用。

（2）水玻璃膨胀蛭石是以膨胀蛭石为材料，以水玻璃为胶结材料，以氟硅酸钠为促凝剂，按一定配合比拌合均匀，加压成型后干燥、焙烧而成。其通常用作建筑的围护结构材料，以及热工冷藏设备和工业中各种管道高温窑炉的保温材料。

2. 玻璃纤维

玻璃纤维是以玻璃球或废旧玻璃为原料，经高温熔制、拉丝、纺纱、织布等工艺制造而成，是制备纤维状保温隔热材料最常用的纤维原料。玻璃纤维的优点是电和热绝缘性好、耐热性强、抗腐蚀性好、机械强度高，但脆性大且耐磨性较差。玻璃纤维可用作复合材料中的增强材料、电绝缘材料、保温绝热材料和电路基板等。以玻璃纤维为主要原料的保温隔热制品可用于房屋建筑的墙体保温层，常见的有沥青玻璃棉毡和酚醛玻璃棉板。除此之外，还有各种玻璃毡、玻璃毯等。

3. 多孔混凝土

多孔混凝土是典型的多孔状保温隔热材料，是一种内部结构中含有大量均匀分布、直径小于 2mm 封闭气孔的轻质混凝土。多孔混凝土主要有泡沫混凝土和加气混凝土两种。

泡沫混凝土是用水泥或水泥加混合材料与水制成的浆体，再加入发泡剂水溶液制成的泡沫拌合后硬化而成的多孔轻质材料。加气混凝土是以石灰或水泥等钙质材料和砂、粉煤灰等硅质原料为主要原材料，添加铝粉作为发气剂，通过配料、搅拌、浇注、预养、切割、蒸压、养护等工艺过程制成的轻质多孔硅酸盐制品。铝粉与主要原料水化形成的碱发生反应生成大量氢气使料浆膨胀，料浆硬化后形成大量气孔，从而形成轻质多孔结构。泡沫混凝土与加气混凝土因其表观密度较小，保温隔热效果优异。

10.1.2 有机保温隔热材料

1. 泡沫塑料

泡沫塑料是以各种树脂为基料，加入少量的发泡剂、催化剂等辅助材料，经加热发泡制得的轻质多孔材料。泡沫塑料以其构成的母体材料命名，其品种多样，如常见的传统泡沫塑料主要有聚苯乙烯、聚氨酯、聚氯乙烯、聚乙烯、酚醛树脂等。泡沫塑料分类方式也有很多种，按孔结构可分为闭孔、开孔和网状；按表观密度可分为低发泡、中发泡和高发泡；按柔韧性可分为硬质、软质和半硬质；按燃烧性能分为自熄型和非自熄型。目前，发泡法是制造泡沫塑料最主要的方法，按发泡方法又可分为机械发泡、物理发泡和化学发泡。泡沫塑料具有隔热、吸声、减振、耐潮、耐腐蚀等优点，但其防火性能较差，对有防火要求的建筑物，可通过加入其他阻燃助剂使其具备防火功能。

2. 蜂窝板

蜂窝板是通过在一层较厚的蜂窝状芯材两面黏结两块较薄的面板制备而成的。蜂窝芯材常用牛皮纸、玻纤布和铝片加工成六角形空腹构造，再浸渍酚醛或聚酯树脂；面板则常用浸渍过树脂的牛皮纸、玻纤布或未经浸渍的胶合板、纤维板或石膏板等。

蜂窝板的优点是强度高、导热系数小、抗振性能好，可制成轻质高强的结构板，也可制成具有良好隔热性能的非结构板和隔声材料。其常用于建筑幕墙外墙挂板如广告牌，室内装饰工程如室内隔断，商品展示台等。

3. 纤维板

采用天然植物纤维制成，或用水泥、石膏将植物纤维凝固而成的人造板统称为纤维板。纤维板按用途及其性质可分为硬质纤维板和软质纤维板。硬质纤维板坚固、质密且强度较高，一般用作壁板、箱板、混凝土模板等；软质纤维板质地较软且较轻，一般用于吸热、吸声。其制造方法有湿法和干法两种，后者成本较高，制品的质量也较低。纤维板在建筑上应用广泛，常用于墙壁、地板、屋顶等。

10.1.3 保温隔热材料在围护结构中的应用

1. 外墙保温与节能

采用单一材料增加墙体厚度以达到保温效果的传统方法已不能满足目前的建筑物保温隔热需求，因此复合墙体正成为外墙体的主流。复合墙通常使用块状材料或钢筋混凝土作为承重结构，并与隔热材料结合使用，或者在框架结构中使用薄壁材料和隔热材料作为墙体。墙体的复合技术包括内附保温层、外附保温层和夹芯保温层。当前，外保温体系和夹芯保温体系是保温墙体发展的主要趋势。建筑外墙体用保温隔热材料主要有岩棉、矿渣棉、玻璃棉、膨胀珍珠岩、膨胀蛭石等。

2. 屋顶保温与节能

屋顶的保温隔热是围护结构节能的重点之一。根据不同地区天气的差别，对屋顶的保温隔热有不同的要求，如寒冷地区需设置屋顶保温层，防止冬季寒冷空气进入室内。

隔热常用的技术措施是在屋顶防水层下装配热导率小的轻质材料用作保温，如膨胀珍珠岩、玻璃棉等；也可在屋面防水层以上设置聚苯乙烯泡沫。除采用隔热保温材料外，屋顶隔热降温还可综合利用架空通风、屋顶蓄水或定时喷水、屋顶绿化等方法来实现。随着新技术的发展，也可利用智能技术、生态技术来实现建筑屋顶节能，如可控制的通风屋顶和太阳能集热屋顶等。

3. 门窗节能技术

门窗具有照明、通风和封闭的功能，对建筑物起到一定的装饰作用。但是，门窗最易导致能量损失，通过门窗传递的热量约占建筑物总热量损失的 50%。为了增加采光和通风面积或表现现代建筑物的风格特征，建筑物的门窗面积越来越大，并且全玻璃幕墙建筑物越来越多。这对外部门窗结构的节能提出了更高的要求。

对门窗的节能处理主要是改善材料的保温隔热性能和提高门窗的密闭性能。近年来，较广泛使用的技术含量较高的门窗节能材料是 UPVC 塑料型材。此外，铝木复合型材、钢塑整体挤出型材、塑木复合型材等也可用作门窗节能材料。

10.1.4 影响保温隔热性能的因素

1. 材料性质

对孔隙率较低的隔热材料，空气对隔热性能影响较小，隔热性能主要取决于材料实体部分的性质，一般而言，材料实体的结晶程度越大，热导率越大。对完全结晶的实体部分，其热导率最大，而实体材料为非晶无序结构时，热导率最小。但对孔隙率高的隔热材料，由于空气对热导率的影响起主要作用，实体部分的结构对热导率的影响相对较小，气孔率越高，隔热性能越好。

2. 表观密度

表观密度反映材料本身的孔隙率，表观密度小，孔隙率大，热导率低。在孔隙率相同的条件下，孔隙尺寸越大，导热系数越大，隔热性能越差；含有连通孔隙的材料比含有封闭孔隙的材料导热系数大，因而隔热性能更差。

3. 热流方向

对各向异性材料，热导率与热流方向存在一定关系。纤维质绝热材料的隔热性能与纤维轴向-热传递方向的相互关系紧密相关，如纤维轴向与热传递方向垂直时和纤维轴向与热传递方向平行时，两种情况的隔热性能有所不同，传热方向和纤维轴向垂直时的绝热性能比传热方向和纤维轴向平行时更好。一般情况下，纤维保温材料的热导率比其他形态的多孔质保温材料的热导率小得多。

4. 含水率

一般保温绝热材料都具有多孔结构，易吸收空气中的水分而受潮。材料吸湿受潮后，其热导率增大。当含水率为5%～10%时，热导率的增大在多孔材料中表现得最为明显。如果孔隙中的水结成了冰，冰的热导率更大，其结果是使材料的热导率更大，隔热性能变得更差。

5. 使用温度

温度对隔热材料的导热性能有直接影响。一般而言，温度提高，固体材料分子运动加剧，材料孔隙中空气的导热和孔壁间的辐射作用也增加，材料的热导率会上升，隔热性能下降。但在温度为0～50℃范围内其影响并不显著，只有对处于高温或零度以下的材料，才要考虑温度的影响。

10.2 建筑防水材料

防水材料是指用以防止雨水、地下水或其他水及水中盐分侵入或侵蚀建筑物的材料，是建筑工程中重要的建筑功能材料之一，其主要功能是防漏、防渗、防潮等。防水材料是实现建筑物防水的物质基础。在建筑工程中，由于建筑基础的沉降不均匀、建筑材料的热胀冷缩和热膨胀系数不匹配、建筑结构变形和施工质量等原因，建筑物的外围结构容易形成不同大小的大量裂缝，导致外界水的进入。防水材料能否适应建筑结构变形导致的缝隙形成、位移变化是衡量其性能优劣的重要依据。

建筑防水材料品种繁多，按原材料组成可划分为无机类、有机类和复合类防水材料；按防水工程或部位可分为屋面防水材料、地下防水材料、室内防水材料等。按其外观和使用功能特性，防水材料还可分为以下四类：防水卷材、防水涂料、密封材料、堵漏材料。以下主要介绍前三类。

10.2.1 防水卷材

防水卷材是建筑防水材料的重要品种之一，在我国建筑工程防水材料的应用中处于主导地位，在建筑物外壳、地下、水利基础设施等其他构筑物的防水工程中起着重要作用，是一种应用范围广、使用量非常大的防水材料。防水卷材根据构成防水膜的主要原料可分为沥青防水卷材、改性沥青防水卷材和合成高分子防水卷材三大类。

1. 沥青防水卷材

沥青防水卷材是以沥青为主要浸渍材料制成的卷材，可分为有胎卷材和无胎卷材两类。有胎卷材是指由玻璃丝布、石棉布、棉麻织品、厚纸等制成的胎体，浸渍石油沥青，并在其表面撒上一层防粘材料而制得的卷材；无胎卷材是将橡胶粉、石棉粉等与沥青混炼再压延而成的防水材料。沥青类防水卷材结构致密、防水性能好、黏附性好、耐腐蚀、价格低廉，是目前应用最广泛的防水材料。其广泛用于工业、民用建筑、桥梁道路、隧道涵洞及水工建筑等领域。但是，沥青材料的低温柔性差、温度敏感性强、耐候性差，其属于低档防水卷材。

2. 改性沥青防水卷材

传统的沥青防水卷材温度稳定性差、延伸率小等，很难适应建筑结构的基层开裂及伸缩变形的要求。为解决其温度稳定性差和延伸率的问题，采用一些特定的高聚物改性剂对传统的沥青防水卷材进行改性，以制得改性沥青防水卷材。改性后的沥青防水卷材具有高温不流淌、低温不脆裂、拉伸强度高和延伸率较大等优异性能。

（1）SBS 改性沥青防水卷材

SBS 改性沥青防水卷材是在石油沥青中加入 SBS 进行共混，再以其作为聚酯毡或玻璃毡胎基表面的浸涂层的防水卷材。将 SBS 在熔融状态下和沥青进行共混后得到的改性沥青产物，作为防水卷材的防水涂层，能够提高石油沥青的低温挠曲性和高温抗流动性能。

SBS 改性沥青防水卷材是目前用量较大的品种之一，广泛应用于各类建筑防水、防潮工程，尤其适用于寒冷地区和结构变形频繁的建筑物防水。

（2）无规聚丙烯（APP）改性沥青防水卷材

APP 改性沥青防水卷材是在石油沥青中加入 APP 进行共混改性后，以其作为聚酯毡或玻璃毡胎基的浸涂层的防水卷材。APP 与沥青进行共混后，可以明显提高产物的软化点、延伸率和黏结性能，具有耐紫外线照射性能好、耐候性好、寿命长的特点。相比 SBS 改性沥青防水卷材，其更耐高温，更适用于气候炎热地区。

APP 改性沥青防水卷材具有多功能性，适用于新、旧建筑工程，腐殖质土下防水层，碎石下防水层，地下墙防水等，广泛用于工业与民用建筑的屋面和地下防水工程，以及道路、桥梁建筑的防水工程，尤其适用于高温高湿地区的建筑防水工程。

3. 合成高分子防水卷材

合成高分子防水卷材是以合成橡胶、合成树脂或者两者的共混体为主体材料，加入适量的化学助剂和填料等，经混炼、塑炼、压延或挤出成型等工艺制成的防水材料。该材料为柔性片状，可卷曲。根据材料的组成，合成高分子防水卷材一般可分为橡胶型、树脂型和橡塑共混型防水材料三大类。

相比沥青类防水卷材，合成高分子防水卷材具有强度高、伸长率大、抗开裂强度高、热温度性好、低温柔性好、耐腐蚀性好、使用寿命长及可以冷施工等一系列优点，而且彻底克服了沥青类防水卷材施工条件差、污染环境等缺点，目前多用于高级宾馆、游泳池、厂房等要求有良好防水性的屋面、地下等防水工程。

10.2.2 防水涂料

建筑防水涂料是一种常温下为黏稠液体的高分子合成材料，通过溶剂或水分的蒸发，或者溶剂与水的化学反应，在建筑物的涂刷表面形成一层致密的膜，从而起到隔离外界水和防水的作用。

防水涂料的原材料主要是憎水性强、耐水性好的有机高分子材料，常用的主体材料包括聚氨酯、氯丁胶、再生胶、SBS橡胶和沥青及它们的混合物，辅助材料主要包括固化剂、增韧剂、增黏剂、防霉剂、填充料、乳化剂、着色剂等，其生产工艺和成膜机理与普通建筑涂料基本相同。防水涂料具有以下几个特点：在常温下呈液态，特别适宜复杂异型建筑结构表面的防水；涂膜防水层自重轻；可刷涂和喷涂，操作简便，施工速度快，环境污染小；容易修补，发生渗漏可在原防水涂层的基础上修补。根据成膜物质的不同可分为沥青基防水涂料、聚合物改性沥青防水涂料和合成高分子材料防水涂料。

1. 沥青基防水涂料

沥青基防水涂料是指以沥青为基料配制而成的水乳型或溶剂型防水涂料，可以分为溶剂型聚合物改性沥青防水涂料和水性沥青基防水涂料两类，主要有石灰膏乳化沥青、膨润土乳化沥青和水性石棉沥青防水涂料等。沥青基防水涂料主要适用于防水等级较低的工业与民用建筑屋面、地面、混凝土地下室、水池及卫生间防水等。

2. 聚合物改性沥青防水涂料

聚合物改性沥青防水涂料是指以沥青为基料，用合成高分子聚合物进行改性而制成的，有乳液型和溶剂型之分。这类涂料与沥青基涂料相比，柔韧性、抗裂性、拉伸强度、耐老化性和耐高低温性能更好，常用的有水乳型氯丁橡胶改性沥青防水涂料、再生橡胶改性沥青防水涂料、SBS橡胶改性沥青防水涂料、聚氯乙烯改性沥青防水涂料等。这类材料主要适用于较高防水等级的屋面、地面、混凝土地下室和卫生间等的防水工程。

3. 合成高分子防水涂料

合成高分子防水涂料是指以合成橡胶或合成树脂为主要成膜物质制成的单组分或多组分的防水涂料，具有高弹性、高黏结力、高渗透性、大延伸率、高耐久性及优良的耐高低温性能，并且适用的施工气候区范围宽。这类涂料常用的有聚氨酯防水涂料、丙烯酸酯防水涂料、环氧树脂防水涂料和有机硅防水涂料等。其广泛应用于建筑物的屋面、地下工程、厨房卫生间、阳台、游泳池、水塔、隧道、工业管道等的防水。

10.2.3 密封材料

建筑密封材料是嵌入建筑物各种接缝或裂缝、变形缝，具有一定强度、能连接构件并承受位移，起到水密、气密作用的材料。建筑密封材料基材主要有油基、橡胶、树脂、无机物等几大类。常见的有改性沥青嵌缝油膏、聚氯乙烯密封膏、聚氨酯密封膏等。其能够填充构型复杂且不利于施工的间隙，并与接缝、接头等凹凸不平的表面通过受压变形或流动润湿而紧密接触或黏结，从而发挥密封作用。

建筑密封材料可实现密封后的缝隙不发生渗水和透气，不仅具有良好的黏结性、抗下垂性，易于施工等优点，还具有良好的弹塑性，能长期经受被粘构件的伸缩和振动，在接缝发生变化时不易断裂、剥落，并有良好的耐老化性能，不受热和紫外线的影响，长期保持密封所需的黏结性和内聚力。因此，其应用范围广泛，可作为玻璃幕墙的安装缝隙、金属饰面的安装缝隙、门窗的安装缝隙，建筑屋面的接缝处，混凝土和砌体的伸缩缝，桥梁、道路、机场跑道的伸缩缝，积水排水管道的接缝等的密封材料。

10.3 建筑防火材料

燃烧是通过化学反应进行，必须同时存在可燃物质、助燃剂和热源并且互相接触才能发生。缺少燃物质、助燃剂和热源三者中任意一个因素，燃烧均不可发生。建筑防火材料就是根据此原理，将各种材料防火、阻燃作用相互配合，使建筑物具有不燃性或难燃性，以防止火灾的发生和蔓延，实现防火阻燃目的，最终减小火灾发生的概率或最小化火灾造成的生命财产损失。

10.3.1 防火涂料

防火涂料是指涂刷于可燃性基材表面，以提高建筑材料或构件的耐火极限或降低表面易燃烧特性，阻止或减缓火焰蔓延的涂膜材料。防火涂料属结构防护材料，它可以预防结构在火灾中随温度升高蠕变致使过大变形而造成垮塌。防火涂料本身为不燃材料，其能改善被涂饰部位耐燃、阻燃等性能，延长结构构件温度升高至临界屈服或破坏温度的时间，提高结构的耐火极限和建筑物的防火等级或减少热损失等。此外，防火涂料对基材还可以起到防锈、防水、防腐、着色等作用。

建筑防火涂料主要由成膜物质、颜料、溶剂、助剂（催化剂、增塑剂、固化剂、悬浮剂、稳定剂等）和特殊阻燃、隔热材料构成。其分类方法有多种：按基料性质可分为有机型、无机型和有机无机复合型三类；按分散介质可分为溶剂型和水性两类；按燃烧性能可分为难燃型和不燃型；按防火机理可分为非膨胀型和膨胀型两类；按使用目的可分为饰面性防火涂料、钢结构防火涂料、电缆防火涂料、预应力混凝土楼板防火涂料、隧道防火涂料、船用防火涂料等多种类型。常用的建筑防火型涂料有饰面型防火涂料、钢结构防火涂料、混凝土结构防火涂料等。

1. 饰面型防火涂料

饰面型防火涂料是涂刷在建筑物的易燃基材表面，集防火保护和装饰功能于一体的一种专用涂料。饰面型防火涂料能够起到装饰的作用，一旦发生火灾，还能阻碍火势的蔓延。

饰面型防火涂料有溶剂型和水性两类。溶剂型饰面防火涂料是指以有机溶剂作分散介质的一类防火涂料，其成膜物质一般为合成的有机高分子树脂，如酚醛树脂、氯化橡胶、改性氨基树脂等。水性饰面防火涂料是指以水作为分散介质的一类防火涂料，其成膜物质可以是合成的有机高分子树脂，也可以是经高分子树脂改性的无机胶粘剂，如聚丙烯酸酯乳液、氯丁橡胶乳液、水溶性氨基性树脂等。这两种防火涂料在接触火焰时可以形成均匀而致密的蜂窝状或海绵状的碳质泡沫层，从而达到防火的目的。

2. 钢结构防火涂料

钢结构防火涂料由基料、阻燃防火剂、颜料、填料、溶剂及助剂经混合、研磨而成，采用喷涂或刷涂的方式涂在钢构件表面上。由于涂料本身的不燃性、难燃性和形成隔热层等特点，在发生火灾时，能阻燃隔热，避免钢材直接暴露于高温火焰中，减缓钢材在火灾中升温和强度降低速率，防止在短时间内强度过低或变形过大而导致建筑物垮塌。钢结构防火涂料包括厚涂型钢结构防火涂料、薄涂型钢结构防火涂料和超薄型钢结构防火涂料三种。

3. 混凝土结构防火涂料

混凝土结构防火涂料是指用于涂覆在建筑物中混凝土表面以提高混凝土结构耐火能力的防火涂料。该涂料按涂层燃烧后的状态变化和性能特点分为非膨胀型和膨胀型两类。非膨胀型混凝土防火涂料由无机-有机复合胶粘剂、骨料、化学助剂和稀释剂组成。非膨胀型涂料的涂层厚度较厚，密度较小，隔热性好。膨胀型混凝土防火涂料主要成分为高分子基料，通过加入防火助剂和耐火填料，有时还加入高熔点的无机纤维，使涂层在高温火焰下形成低膨胀率而高强度的碳化发泡层。膨胀型混凝土防火涂料形成的涂层在火灾中受火时会发泡膨胀形成耐火隔热层，该隔热层对混凝土结构产生防火隔热保护作用。

10.3.2 防火板材

建筑防火板材通常是以无机材料为主体材料（如石膏板、纤维增强硅酸钙板、石棉水泥平板等）加入耐热性较好的水玻璃、水泥及其他化学助剂（如阻燃剂、胶粘剂等）制成的板状防火材料。建筑防火板材利用本身耐火、不燃、隔热等性能，在火灾发生时可有效阻止或延缓火焰蔓延，达到防火目的。建筑防火板材通常具有质量轻、抗震和易加工等特点。目前常用的建筑防火板材有如下几类：

1. 泰柏墙板

泰柏墙板是以强化钢丝焊接而成的三维笼为构架，阻燃泡沫高分子材料或无机轻质纤维板为芯材制成的一种新型建筑材料，是取代轻质墙体的理想材料，广泛用于建筑业、装饰业内隔墙，围护墙，保温复合外墙和双轻体系（轻板，轻框架）的承重墙等。泰柏墙板不仅具有较高节能性、质量轻、强度高、良好的防火、抗震、隔热、隔声、耐腐蚀等性能，还具有组合性强、适用面广、施工简单等特点。

2. 纤维增强硅酸钙板

纤维增强硅酸钙板（简称硅钙板）是用含有钙、硅质的粉煤灰、电石泥等工业废料为主，采用天然矿物纤维和其他少量纤维材料增强，经加压成型、压蒸养护和表面磨光处理制成的含有大量结晶莫来石的硅酸钙板材料。纤维增强硅酸钙板具有轻质高强、防火隔热、防水防潮、隔热隔声、不易变形和无烟等优点，常用作高档写字楼、商场等公共场所的内外墙、顶棚、复合墙体等的装潢。

3. 纸面石膏板

纸面石膏板（简称石膏板）是以半水石膏为主要原料，掺入适量纤维、促凝剂或发泡剂等，以板纸作为护面制成的薄板。它的品种很多，常见的纸面石膏板有四类，即普通纸面石膏板、耐水纸面石膏板、耐火纸面石膏板、防潮纸面石膏板。纸面石膏板具有生产能耗低、密度小、隔热隔声防火性能好、美观、加工与施工简单、安全环保等优点，其广泛应用于工业和民用建筑的内墙装饰材料。

10.3.3 阻燃墙纸及阻燃织物

纤维织物（地毯、帘布等）、壁纸、木质地板等材料通常易燃，当与明火接触时，可能迅速诱发或加剧火灾。因此，对这些材料进行阻燃处理或使用具有阻燃性能的墙纸和织物显得尤为重要。

1. 阻燃墙纸

普通纸具有非常易燃的性质，制造墙纸时，采用不燃性或难燃性原料，或在造纸浆料中添加阻燃剂，或者对纸及纸制品进行浸渍处理、涂布处理，从而制得阻燃墙纸。常用的阻燃墙纸有以下几类：

（1）PVC 难燃型塑料壁纸

与普通壁纸相比，它具有更好的防火性能，而且抗拉伸强度高、耐磨性好、易施工，适用丁各类住宅和宾馆等具有防火要求的居住场所。

（2）PF-8701 型阻燃低毒塑料壁纸

以原纸作基材，塑料作面层加工而成的一种阻燃墙纸。对原纸基材和塑料面层进行阻燃处理，可使壁纸获得良好的阻燃性能。这类壁纸不仅具有防火、防水、吸声和隔热效果，而且浮雕纹理清晰、立体感强，施工简单等。它被主要用于美化家庭房屋的内壁装饰和吊顶装饰。

（3）80 麻草壁纸

它是以纸为底层，以编织的麻草为面层，经复合加工而成的一种新型装饰材料。它具有防火、透气、吸声、形状稳定等优点，适用于会议室、影剧院、酒吧、宾馆客房和商店橱窗等的装潢。

2. 阻燃织物

织物在经过阻燃处理后，可实现遇火不易燃烧、离火即熄灭。此外，阻燃织物在满足防火要求的同时，还需具有耐洗涤性和可用性。建筑用阻燃织物有以下两种类型：

（1）阻燃化纤地毯

它是以聚合物纤维如尼龙纤维、聚丙烯纤维、聚丙烯腈纤维及聚酯纤维等为原料，经机织等工艺加工为面层后，与背衬进行复合处理，或以上述聚合物纤维为主要原料，使用胶粘剂，采用无纺针刺制毯工艺制成的。阻燃化纤地毯除具有普通织物的质量轻、耐磨性好、色彩鲜艳、脚感舒适、铺设方便等优点，还具有普通织物没有的优良阻燃性能，适用于宾馆、饭店、住宅、交通工具等地面的装饰铺设。

（2）阻燃装饰面料

它是由阻燃纤维纺织而成，可分为一次性、耐久性、永久性三种。对永久性阻燃装饰面料，即使经多次水洗，其仍可保持阻燃效果不改变。如聚丙烯纱制成的织物面料，下水多次后，其阻燃性能仍然不变，而且受火时碳化，不产生熔滴和黑烟，离开火源则熄灭。阻燃装饰面料不仅具有不霉蛀、耐腐蚀、耐磨、吸湿性小、隔声性能好、视觉美观等优点，还具有阻燃效果。它适用于住宅、录音棚、影剧院、计算机房、船舶、飞机等的内部装饰。

10.4 建筑声学材料

建筑声学材料可分为吸声材料、隔声材料和声反射材料，但由于没有严格的界限和精确的定义，因此一般还是从总体上分成吸声材料和隔声材料。吸声材料的作用：一方面是削弱噪声干扰，另一方面消除回声，提高音质。因此，它被主要用于多人聚集的礼堂、剧院、会议厅、体育馆等场所。不仅如此，吸声材料还被用于嘈杂的工厂车间，例如纺织车间和球磨机车间，以吸收噪声并降低噪声强度。隔声材料则非常普遍，如门、窗和隔墙等都使用隔声材料。

10.4.1 吸声材料

声波入射至材料或结构壁面时，仅有部分少量声波被反射，而大量声波能量被吸收转化为其他形式的能量而耗散掉，从而使传入声波被极大地衰减掉。这种具有明显吸声特性的材料称为吸声材料。它的形式多种多样，按吸声机制和内部结构分类，可划分为多孔吸声材料、共振吸声材料和复合吸声材料。其中多孔吸声材料是最传统、应用最广的吸声材料。吸声材料详细分类如图 10.1 所示。

- 吸声材料
  - 多孔吸声材料
    - 纤维吸声材料
    - 泡沫吸声材料
    - 吸声建筑材料
  - 共振吸声材料
    - 单孔共振吸声材料
    - 穿孔板共振吸声材料
    - 微穿孔板共振吸声材料
    - 薄板共振吸声材料
    - 薄膜共振吸声材料
  - 复合吸声材料

图 10.1 吸声材料的分类

1. 多孔吸声材料

多孔吸声材料是最常见的吸声材料，主要是内部含有大量由内至外的贯通开口孔隙结构或纤维质的材料，如麻棉毛毡、玻璃棉、岩棉、矿棉等有机或无机纤维制品，脲醛泡沫塑料、氨基甲酸脂泡沫塑料等开孔型泡沫塑料，以及膨胀珍珠岩制品。多孔性吸声材料从表面至内部存在许多细小且均匀分布的敞开孔道或间隙，当声波入射至材料表面时，声波很快地顺着相互贯通的微孔进入材料内部，引起孔隙内的空气振动，由于摩擦、空气黏滞阻力和材料内部的热传导作用，相当一部分声能转化为热能而被吸收。需要注意的是，多孔吸收材料内部的细小孔隙应由表入里相互贯通，单独的气泡和密闭间隙不起吸声作用，其主要用于吸收高频声波。在建筑装修中，多孔吸声材料的表观密度与构造、厚度、材料背后的空气层及材料的表面状况对其吸声性能有重要影响。

2. 共振吸声材料

共振吸声材料是利用在声波作用下材料发生共振作用使声波能量转变为机械能，从而使声波衰减以达到吸声目的的材料，主要有柔性材料、膜状材料、板状材料和穿孔板等。这些不同类型的共振吸声材料可用于吸收不同频率段的声波。闭孔型泡沫塑料等柔性材料用于吸收中频声音，塑料膜或布、帆布、人造革等膜状材料用于吸收中低频声音，胶合板、硬质纤维板、石膏板、石棉水泥板等板状材料用于吸收低频声音，各种板材经打孔制得的穿孔板则用于吸收中频声音。

以上吸声材料吸收声音的频率不同，为扩大吸声频率范围，提高吸声系数，对以上材料复合使用，合理地将多孔性吸声材料与共振吸声材料和结构相结合，即采用复合吸声材料，可以进一步提高吸声能力。如将多孔吸声材料填入各种板状材料组成的复合结构中，既可提高吸声能力，又可减轻材料质量。

10.4.2 隔声材料

在建筑领域，能隔绝、隔断或分离噪声的材料称为隔声材料。不同于吸声材料的轻质疏松多孔结构，隔声材料通常具有致密度大的特点，如钢板、铅板、砖墙等，它们对声音的反射能力非常强，吸收和透过能力则很弱，以此减弱透射声能，阻挡声音穿过隔声材料而传播。一般而言，根据隔绝声音传播的介质不同，隔声材料可分为空气声隔绝材料和固体声隔绝材料。前者用于隔绝空气传播的声音，后者用于隔绝固体介质传播的声音。

1. 空气声隔绝材料

隔绝空气中传播的声音，主要方式是减少声波的透射，增加声波的反射。隔声材料隔绝空气声主要遵循质量定律，其隔声能力主要取决于其体积密度的大小。材料单位体积质量越大，越不易受声音激发振动，不仅对防止低频共振越有利，而且对空气声的反射能力越强，透过材料的声音越少，隔声性能越好。因此，为了有效地隔绝空气声，应尽可能选用密实且密度大的材料，如混凝土、钢板、砖等。若必须使用轻质材料，则应辅以填充轻质多孔吸声材料或采用夹层结构的复合型材料。

2. 固体声隔绝材料

固体声隔绝材料主要是一些柔性或弹性较大或具有弹塑性的材料，如橡胶、软木、毛毡、地毯等。与隔绝空气声的方法截然不同，对固体声的隔绝，主要利用柔性材料能够产生一定的变形以缓冲不连续结构间的相互作用力，从而减少撞击声。如在楼板和墙壁或承重梁之间加设具有弹性的隔声材料作为弹性垫层，当撞击作用发生时，这些材料发生变形，使机械能转换为热能，而使固体传播的声能大大降低。

本章小结

建筑功能材料按照使用性能，可分为建筑用保温隔热材料、防水材料、防火材料、声学材料等。

建筑保温隔热材料的使用目的是在建筑中发挥保温与隔热作用，可分为无机和有机两大类，无机保温隔热材料包括膨胀蛭石、玻璃纤维、多孔混凝土等；有机保温隔热材料包括泡沫塑料、蜂窝板、纤维板等。建筑保温隔热材料可用于外墙、屋顶和门窗节能等，其保温隔热性能受材料自身性质、表观密度、热流方向、含水率、温度等的影响。

建筑防水材料的主要功能是防漏、防渗、防潮等，可分为防水卷材、防水涂料、密封材料、堵漏材料，其中，防水卷材是建筑防水材料的重要品种之一。

建筑防火材料的主要功能是防火和阻燃，以防止建筑物发生火灾或火灾蔓延。常见的建筑防火材料主要包括防火涂料、防火板材、阻燃墙纸及阻燃织物等。

建筑声学材料的主要功能是降噪与隔声，可分为吸声材料与隔声材料。

复习思考题

1. 什么是保温隔热材料？保温隔热材料有哪些基本要求？
2. 试举例说明建筑防水材料种类及工程。
3. 与传统的沥青基防水材料相比，合成高分子防水材料有何突出的优点？
4. 常用的防火材料有哪些？
5. 什么是建筑声学材料？常用的吸声隔声材料有哪些？

11 建筑材料试验

本章概要

本章介绍了水泥试验、砂石材料试验、普通混凝土试验、建筑砂浆试验、沥青试验、沥青混合料的拌制与试验成型、沥青混合料试样物理力学指标的测定和钢筋试验等试验。

11.1 水泥试验

11.1.1 水泥细度试验

水泥细度试验方法有负压筛析法、水筛法与手工筛法。三种测定的结果发生争议时，应以负压筛析法为准。

1. 仪器设备

(1) 负压筛：方孔，80μm 或 45μm，见图 11.1 (a)。

(2) 负压筛析仪：功率不小于 600W，筛座转速为 (30±2) r/min，负压可调范围为 4000～6000Pa，喷嘴上口与筛网距离 2～8mm。

(3) 负压筛座：见图 11.1 (b)。

(4) 水筛：方孔，孔径为 80μm 或 45μm，见图 11.2。

(5) 手工筛：方孔，孔径为 80μm 或 45μm，见图 11.3。

(6) 天平：感量为 0.01g；

(7) 水筛架、喷头、料勺等。

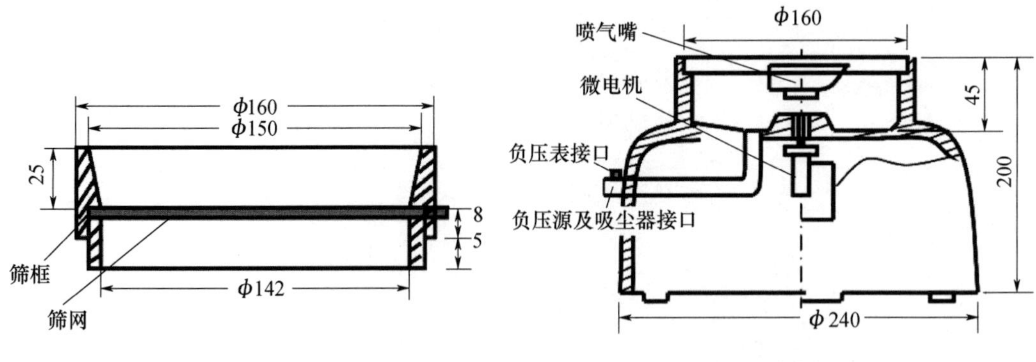

(a) 负压筛（单位：mm）　(b) 负压筛座（单位：mm）

图 11.1　负压筛及负压筛座

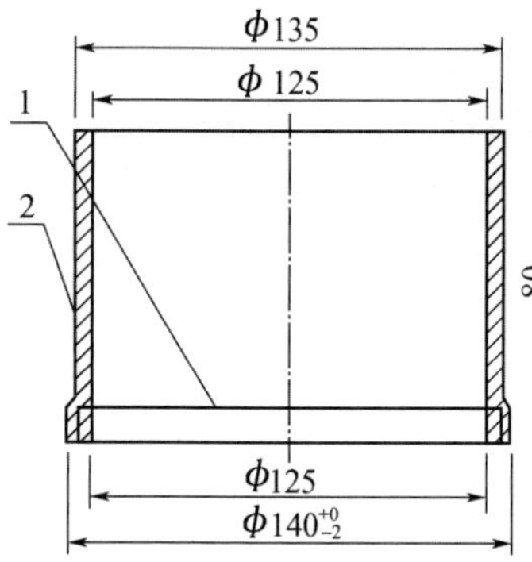

图 11.2 水筛（单位：mm）

1—筛网；2—筛框

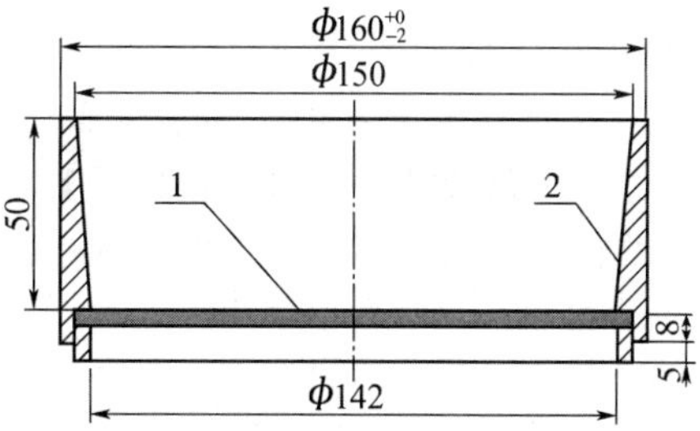

图 11.3 手工筛（单位：mm）

1—筛网；2—筛框

2. 试验准备

取出用标准取样方法得到的水泥试样约 200g 通过 0.9mm 方孔筛，盛在搪瓷盘中待用。80μm 筛析试验应称取试样 25g，45μm 筛析试验应称试样 10g，均精确至 0.01g。

3. 试验步骤

(1) 负压筛法

试验前，将负压筛放在筛座上，盖上筛盖，接通电源，检查控制系统，调节负压至 4000～6000Pa 范围内。将称取的水泥试样置于洁净的负压筛中，放在筛座上，盖上筛盖，开动筛析仪连续筛析 2min，在此期间如有试样附着在筛盖上，可轻轻地敲击，使其落下。筛毕，用天平称量全部筛余物。

(2) 水筛法

试验前，调整好水压 [(0.05±0.02) MPa] 及水筛架的位置，使其能正常运转，并控制喷头底面和筛网之间的距离为 35～75mm。将称取的水泥试样置于洁净的水筛中，立即用淡水冲洗至大部分细粉通过后，放在水筛架上，用水压为 (0.05±0.02) MPa 的喷头连续冲洗 3min。筛毕，用少量水把筛余物冲至蒸发皿中，等水泥颗粒全部沉淀后，小心地倒出清水，烘干后用天平称量全部筛余物。

(3) 手工筛法

将称取的水泥试样置于洁净的手工筛中。用一只手持筛往复摇动，另一只手轻轻拍打，往复摇动和拍打过程应保持近于水平。拍打速度约为 120 次/min，每 40 次向同一方向转动 60°，使试样均匀分布在筛网上，直至每分钟通过的试样数量不超过 0.03g 为止，称量全部筛余物。

4. 结果计算及处理

水泥试样筛余百分数按式 (11.1) 计算，计算结果精确至 0.1%。

$$F=\frac{R_t}{W}\times 100\% \tag{11.1}$$

式中 F——水泥试样的筛余百分数 (%)；

R_t——水泥筛余物的质量 (g)；

W——水泥试样的质量 (g)。

5. 筛余结果修正

由于水泥筛易被水泥颗粒堵塞，或在清洗水泥筛的过程中损伤筛网，因此，水泥筛应经常进行校正，即需要对筛析结果进行修正，修正的方法是将水泥试样的筛余百分数乘以试验筛的标定修正系数［式（11.2)］，得出水泥试样修正后的筛余百分数［式（11.3)］。合格评定时，每个样品应称取两个试样分别筛析，取筛余平均值为筛析结果。若两次筛余结果绝对误差大于0.5%（筛余值大于5.0%时可放至1.0%)，应再做一次试验，取两次相近结果的算术平均值为最终结果。

$$C=\frac{F_s}{F_t} \tag{11.2}$$

式中 C——试验筛的修正系数，精确至0.01，应在0.80～1.20；

F_s——标准样品的筛余标准值，精确至0.1%；

F_t——标准样品的筛余实测值，精确至0.1%。

$$F_c=C\cdot F \tag{11.3}$$

式中 F_c——水泥试样修正后的筛余百分数（%)；

F——水泥试样修正前的筛余百分数（%)。

11.1.2 水泥标准稠度用水量、凝结时间、安定性试验

本方法适用于硅酸盐水泥、普通硅酸盐水泥、矿渣硅酸盐水泥、粉煤灰硅酸盐水泥、火山灰质硅酸盐水泥、复合硅酸盐水泥、道路硅酸盐水泥及指定采用本方法的其他品种水泥。

1. 仪器设备

(1) 水泥净浆搅拌机：由搅拌叶、搅拌锅及控制系统组成，搅拌叶可在搅拌锅内做旋转方向相反的公转和自转，在垂直方向可以调节，搅拌锅口内径为130mm，深95mm。

(2) 维卡仪：如图11.4所示。标准稠度测定用试杆有效长度为（50±1）mm，由直径为（10±0.05）mm的圆柱形耐腐蚀金属制成。测定凝结时间时取下试杆，用试针代替试杆。试针为钢圆柱体，直径为（1.13±0.5）mm，初凝针有效长度为（50±1）mm，终凝针为（30±1）mm。滑动部分的总质量为（300±1）g。

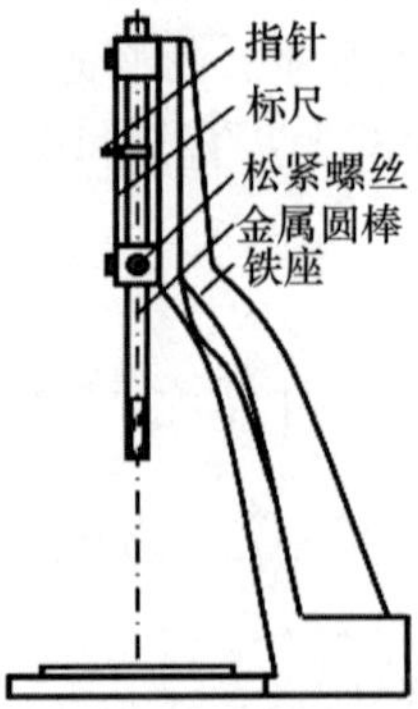

图11.4 维卡仪

(3) 试模：盛装水泥净浆的试模应由耐腐蚀的、有足够硬度的金属制成。试模为深(40±0.2) mm、顶内径 (65±0.5) mm、底内径 (75±0.5) mm 的截顶圆锥体。每只试模应配备一个大于试模、厚度≥2.5mm 的平板玻璃底板。标准稠度试杆和装净浆用试（标准法）见图 11.5，试锥和装净浆用锥模（代用法）见图 11.6。

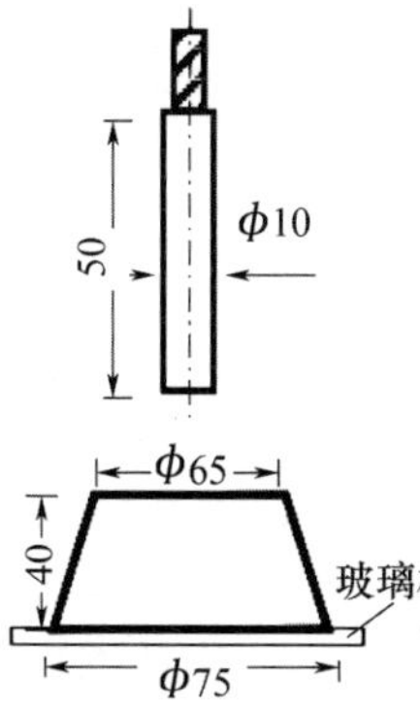

图 11.5 标准稠度试杆和装净浆用试模（标准法）（单位：mm）

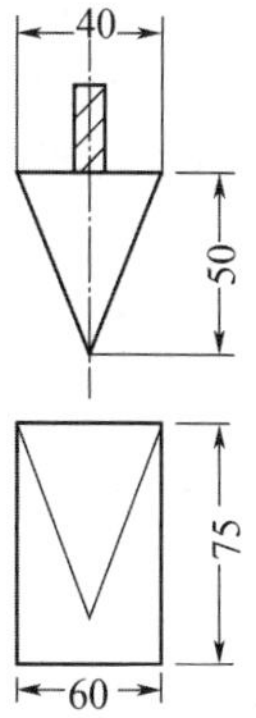

图 11.6 试锥和装净浆用锥模（代用法）（单位：mm）

(4) 雷氏夹：由铜质材料制成，见图 11.7。当一根指针的根部先悬挂在一根金属丝或尼龙丝上，另一根指针的根部再挂上 300g 质量的砝码时，两根指针针尖的距离增加应在 (17.5±2.5) mm 范围内，去掉砝码后，针尖的距离能恢复至挂砝码前的状态。

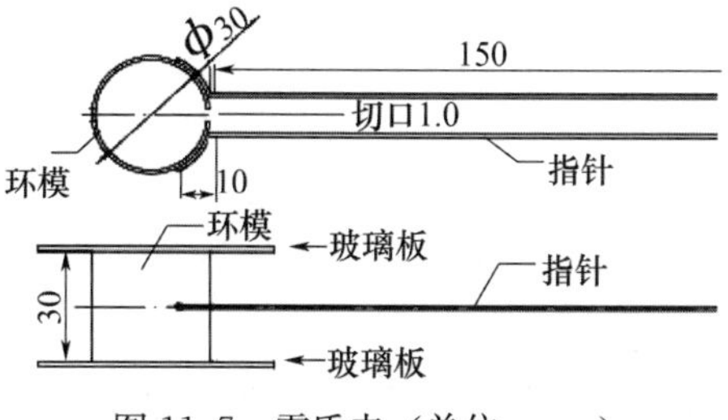

图 11.7 雷氏夹（单位：mm）

(5) 雷氏夹膨胀测定仪：雷氏夹膨胀测定仪标尺最小刻度为 0.5mm。

(6) 沸煮箱：有效容积约为 410mm×240mm×310mm，箅板的结构应不影响试验结果，箅板与加热器之间的距离大于 50mm。能在 (30±5) min 内将箱内的试验用水由室温升至沸腾并保持 3h 以上；整个试验过程中不需补充水量。

(7) 量水器：最小刻度为 0.1mL，精度为 1%。

(8) 天平：最大称量不小于 1000g，能准确称量至 1g。

2. 试验准备

(1) 试件成型实验室：温度为 (20±2)℃，相对湿度不低于 50%；水泥试样、拌合水、仪器和用具的温度应与实验室温度一致。

(2) 养护室或标准养护箱：温度为 (20±1)℃，相对湿度不低于 90%。

3. 水泥标准稠度用水量的测定

标准稠度用水量的测定有标准法和代用法两种。

（1）标准法

① 试验前必须确保维卡仪的金属棒能自由滑动；调整至试杆接触玻璃板时指针对准零点；搅拌机运行正常。

② 水泥净浆的拌制

用湿布擦拭搅拌锅和搅拌叶后，预估拌合水用量，并准确量取后倒入搅拌锅内，然后在（5～10）s内将称好的500g水泥加入水中，防止水和水泥溅出；将搅拌锅放在搅拌机的锅座上，升至搅拌位置，启动搅拌机，低速搅拌120s，停15s，同时将叶片和锅壁上的水泥浆刮入锅中间，接着高速搅拌120s后停机。

③ 标准稠度用水量的测定

拌合结束后，立即将拌制好的水泥净浆一次性装入玻璃板上的试模中，高度超出试模上端，用宽约25mm的直边刀轻轻拍打浆体5次，在试模表面1/3处，略倾斜于试模，分别向外轻轻锯掉多余净浆，再从模边缘轻抹顶部一次，使净浆表面光滑。在锯掉多余净浆和抹平操作过程中，注意不要压实净浆。抹平后迅速将玻璃底板和试模移到维卡仪上，并将其中心定在试杆下，降低试杆直至与水泥净浆表面接触，拧紧螺钉1～2s后，突然放松，使试杆垂直自由地沉入水泥净浆中；在试杆停止沉入或释放试杆30s时记录试杆距底板之间的距离，升起试杆后，立即擦净，整个操作应在搅拌后1.5min内完成。试杆沉入净浆并距底板（6±1）mm的水泥净浆即为标准稠度净浆。其拌合水量即为该水泥的标准稠度用水量，按水泥质量的百分比计。若试杆沉入净浆后距底板的距离不在（6±1）mm的范围内，应根据试验情况，重新称样，调整用水量，重新拌制净浆并进行测定，直至满足为止。

（2）代用法

① 水泥净浆的拌制

水泥净浆拌制和标准法相同。代用法测定有调整水量法和不变水量法两种。调整水量法按经验确定用水量，不变水量法固定拌合用水量为142.5mL。

② 标准稠度用水量的测定

检查维卡仪的金属棒能否自由滑动，调整试锥接触净浆锥模顶面时指针对准零点。

立即将拌制好的水泥净浆装入锥模中，用宽约25mm的直边刀在浆体表面轻轻插捣5次，再轻振动5次，刮去多余的净浆；抹平后迅速放到试锥下面的固定位置上，将试锥降至净浆表面，拧紧螺钉1～2s后，突然放松，使试锥垂直自由地沉入水泥净浆中。在试锥停止下沉或释放试锥30s时记录试锥下沉深度，升起试锥后，立即擦净，整个操作应在搅拌后1.5min内完成。

用调整水量法时，以试锥下沉深度（30±1）mm的净浆为标准稠度净浆。其拌合水量为该水泥的标准稠度用水量，按水泥质量的百分比计。如下沉深度超出范围需另称试样，调整水量，重新试验，直至达到（30±1）mm为止。

采用不变水量方法时拌合水量为142.5mL，根据测得的试锥下沉深度S（mm）按式（11.4）计算得到标准稠度用水量P（%）。

$$P=33.4-0.185S \tag{11.4}$$

当试锥下沉深度小于13mm时，应改用调整水量法测定。

4. 凝结时间测定

（1）试件的制备

将标准稠度水泥净浆按标准稠度用水量标准法装模和刮平，放入标准养护箱内，记录水泥全部加入水中的时间，作为凝结时间的起始时间。

（2）初、终凝时间的测定

① 调整凝结时间测定仪的试针接触玻璃板时，指针对准零点。

② 试件在养护箱中养护至加水后 30min 时进行第一次测定。测定时，将维卡仪装上凝结时间测定用初凝针，从养护箱中取出试模放到试针下，降低试针直至与水泥净浆表面接触，拧紧螺钉 1～2s 后，突然放松，使试针垂直自由地沉入水泥净浆中。观察试针停止下沉或释放试针 30s 时指针的读数。当试针沉至距底板（4±1）mm 时，为水泥达到初凝状态。水泥全部加入水中至初凝状态的时间为水泥的初凝时间，用“min”表示。在最初测定的操作时应轻轻扶持金属柱，使其徐徐下降，以防试针撞弯，但结果以自由下落为准；临近初凝时，每隔 5min 或更短测定一次。

在完成初凝时间的测定后，立即将试模连同浆体以平移的方式从玻璃板上取下，翻转 180°，直径大端向上，小端向下放在玻璃板上，再放入养护箱继续养护，并将维卡仪换上终凝时间测试针。测试时，当试针沉入试体 0.5mm 即在浆体上不留环形附件的痕迹时，水泥达到终凝状态。水泥全部加入水中至终凝状态的时间为水泥的终凝时间，用“min”表示。临近终凝时，每隔 15min 或更短测定一次。

初、终凝测定时均应注意：到达初凝或终凝时应立即重复测一次，当两次结论相同时才能定为达到初凝或终凝状态。在整个测试过程中试针沉入的位置至少要距试模内壁 10mm，且不能让试针落入原针孔。每次测试完毕须将试针擦净，并将试模放回养护箱内，整个测试过程要防止试模受振。

5. 安定性测定

安定性试验方法有标准法（雷氏夹法）和代用法（试饼法），均属于沸煮法范畴。

（1）标准法

① 试件的制备

每个试样准备两个雷氏夹，每个雷氏夹配备两块质量为 75～85g 的玻璃板，凡与水泥净浆接触的玻璃板和雷氏夹内表面稍稍涂上一层油。

将雷氏夹放在已稍擦油的玻璃板上，将已制好的标准稠度净浆一次装满雷氏夹。装浆时一只手轻轻扶持雷氏夹，另一只手用宽约 25mm 的直边刀在浆体表面轻轻插捣 3 次，然后抹平，盖上另一稍涂油的玻璃板，立即将试件移至标准养护箱中养护（24±2）h。

② 沸煮

调整好沸煮箱内的水位，使之能在（30±5）min 内沸腾，同时又能保证在整个沸煮过程中都超过试件，不需中途加水。

脱去玻璃板取下试件，将雷氏夹放在雷氏夹膨胀测定仪上，测量指针尖端间的距离（A）精确到 0.5mm。将试件放入沸煮箱水中的试件架上，指针朝上，然后在（30±5）min 内加热至沸，并恒沸（180±5）min。

③ 判别

沸煮结束后，立即放掉沸煮箱中的热水，打开箱盖，待箱体冷却到室温，取出试件进行判别。测量雷氏夹指针尖端的距离（C），准确至 0.5mm。当两个试件煮后增加距离（$C—A$）的平均值不大于 5.0mm 时，即认为该水泥安定性合格；当两个试件煮后增加距离（$C—A$）的平均值大于 5.0mm 时，应用同一样品立即重做一次试验。如果还是这样，则认为该水泥为安定性不合格。

（2）代用法

① 试件的制备

每个试件准备两块约 100mm×100mm 的玻璃板，凡与水泥净浆接触的玻璃板面稍稍涂上一层油。

将已制好的标准稠度净浆取出一部分，分成两等份，使之成球形，并放在玻璃板上；轻轻振动玻璃板并用湿布擦过的小刀由边缘向中央抹，做成直径 70～80mm、中心厚约 10mm、边缘渐薄、表面光滑的试饼，然后将试饼移至标准养护箱中养护（24±2）h。

② 沸煮

脱去玻璃板，取下试件，在试饼无缺陷的情况下将试件放在沸煮箱水中的箅板上，然后在（30±5）min 内加热至沸并恒沸（180±5）min。

③ 判别

沸煮结束后，立即放掉沸煮箱中的热水，打开箱盖，待箱体冷却到室温，取出试件进行判别。目测试饼未发现裂缝，用钢直尺检查也没有弯曲（使钢直尺和试饼底部紧靠，以两者间不透光、不弯曲），则认为该水泥安定性合格，反之为不合格。当两个试饼判别结果有矛盾时，为安定性不合格。

11.1.3 水泥胶砂强度试验

水泥胶砂强度用于确定水泥的强度等级，适用于硅酸盐水泥、普通硅酸盐水泥、矿渣硅酸盐水泥、粉煤灰硅酸盐水泥、复合硅酸盐水泥的抗折、抗压强度的检验。

1. 仪器设备

（1）水泥行星式胶砂搅拌机：由搅拌叶及搅拌锅组成，电动机带动搅拌叶及搅拌锅做相反方向转动，如图 11.8 所示。

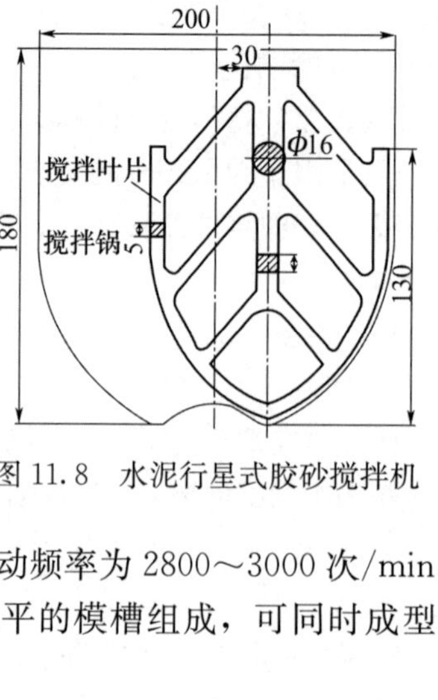

图 11.8　水泥行星式胶砂搅拌机

（2）水泥胶砂振实台：振动频率为 2800～3000 次/min，装有制动器。

（3）胶砂试模：由三个水平的模槽组成，可同时成型三条截面为 40mm×40mm、长为 160mm 的棱形试体，如图 11.9 所示。试模的内表面应涂上一薄层模型油或机油，成型操作时，应在试模上面有一个壁高 20mm 的金属模套，当从上往下看时，模套壁与模型内壁应该重叠，超出内壁不应大于 1mm。

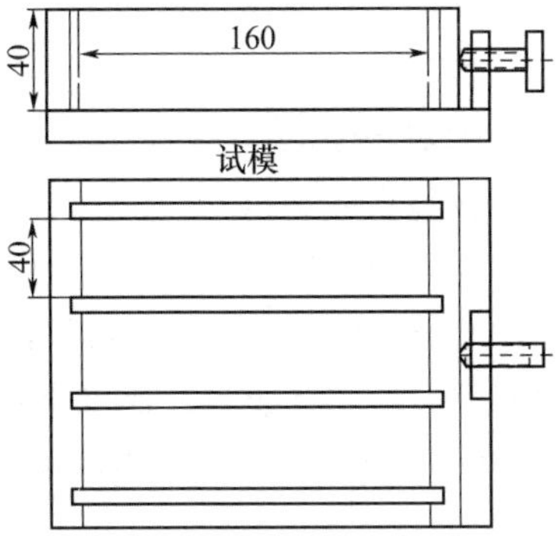

图 11.9 试模

(4) 抗折强度试验机、抗压强度试验机、抗折和抗压夹具等。

2. 试验条件

试件成型实验室的温度应保持在 (20±2)℃，相对湿度不低于 50%。试件带模养护的湿气养护箱的温度为 (20±1)℃，相对湿度不低于 90%。试样养护池水温应在 (20±1)℃范围内。

3. 试件成型

(1) 水泥胶砂组成及配合比

水泥胶砂材料的质量配合比为 1 份水泥、3 份标准砂、水灰比 0.5。每成型一个三联模所需材料用量：水泥 (450±2) g，标准砂 (1350±5) g，水 (225±1) g。

(2) 拌制水泥砂浆

把水加入锅里，再加入水泥，把锅放在固定架上，上升至固定位置。立即开动机器，低速搅拌 30s 后，在第二个 30s 开始的同时均匀地将砂加入（当各级砂为分装时，从最粗粒级开始，依次加完），机器转至高速再拌 30s。停拌 90s，在停拌的第一个 15s 内用一胶皮刮具将叶片和锅壁上的胶砂刮入锅中，再高速搅拌 60s。各个搅拌阶段，时间误差应在±1s 以内。

(3) 胶砂试件成型

胶砂制备完毕后，立即进行试件的成型。将空试模和模套固定在振实台上，用一个适当的勺子直接将胶砂分两层装入试模，装第一层时，每个槽里约放 300g 胶砂，用大播料器垂直架在模套顶部沿每个模槽来回一次将料层播平，接着振实 60 次。再装入第二层胶砂，用小播料器播平，再振实 60 次，移走模套，从振实台上取下试模，用金属直尺以近似 90°的角度架在试模模顶的一端，然后沿试模长度方向以横向锯割动作慢慢向另一端移动，一次将超过试模部分的胶砂刮去，并用同一直尺以近乎水平的情况下将试体表面抹平。

在试模上做标记或加字条标明试件编号和试件相对于振实台的位置。

4. 试件养护

去掉留在模四周的胶砂。立即将做好标记的试模放入湿气养护箱的水平架子上养护，湿空气应能与试模的各边接触。一直养护到规定的脱模时间时取出脱模。脱模前，用防水墨汁对试体进行编号和做其他标记。两个龄期以上的试体，在编号时应将同一试模中的 3 个试件分在两个以上龄期内。

脱模应非常小心。对 24h 龄期的，应在成型试验前 20min 内脱模。对 24h 以上龄期的，应在成型后 20～24h 脱模。如经 24h 养护，会因脱模对强度造成损害时，可以延迟至 24h 以后脱模，但在试验报告中应予说明。

将做好标记的试件立即水平或竖直放在（20±1)℃水中的箅子上养护，水平放置时刮平面应朝上。彼此之间保持一定间距，以让水与试件的六个面接触。养护期间试件之间间隔或试件上表面的水深不得小于 5mm。养护期间只许加水保持适当水位，不允许全部换水。每个养护池只养护同类型的水泥试件。除 24h 龄期或延迟至 48h 脱模的试件外，任何到龄期的试体应在破型前 15min 从水中取出，揩去试体表面沉积物，并用湿布覆盖至试验为止。

5. 强度试验

强度试验试件的龄期是从水泥加水搅拌开始试验时计算，不同龄期的试件须在 24h±15min、48h±30min、72h±45min、7d±2h、28d±8h 内进行强度测定。

(1) 抗折强度测定

将试体一个侧面放在试验机支撑圆柱上，试体长轴垂直于支撑圆柱，通过加荷圆柱以（50±10）N/s 的速率均匀地将荷载垂直地加在棱柱体相对侧面上，直至折断。保持两个半截棱柱体处于潮湿状态直至抗压试验结束。

抗折强度 R_f 按式（11.5）计算，计算精确至 0.1MPa。

$$R_f=\frac{1.5F_fL}{bh^2} \tag{11.5}$$

式中 F_f——折断时施加于棱柱体中部的荷载（N）；

L——支撑圆柱之间的距离（L=100mm）；

b——棱柱体正方形截面的宽度（b=40mm）；

h——棱柱体正方形截面的高度（h=40mm）。

(2) 抗压强度测定

将抗折试验折断的半截棱柱体放入抗压夹具，并保证半截棱柱体中心与试验机压板的中心差在±0.5mm 内，棱柱体露出抗压夹具压板的部分约有 10mm，试件受压面积为 40mm×40mm。在整个加荷过程中，以（2400±200）N/s 的速率均匀地加荷直至破坏。

抗压强度 R_c 按式（11.6）进行计算，计算精确至 0.1MPa。

$$R_c=\frac{F_c}{A} \tag{11.6}$$

式中 F_c——破坏时的最大荷载（N）；

A——受压部分面积，A=1600mm^2。

(3) 试验结果判定

抗折强度以一组 3 个试件的平均值作为试验结果，当 3 个强度测试值中有 1 个超出平均值±10%时，应剔除后取平均值作为测定结果。

抗压强度以一组 3 个棱柱体上得到的 6 个抗压强度测定值的算术平均值作为试验结果。当 6 个测定值中有一个超出 6 个平均值±10%时，就应剔除这个结果，然后取其他平均值作为抗压强度结果；如果 5 个测定值中再有超出它们平均数±10%的，则此组结果作废。

11.2 砂、石材料试验

11.2.1 砂的筛分析试验

1. 仪器设备

（1）标准筛：规格为 0.15mm、0.30mm、0.60mm、1.18mm、2.36mm、4.75mm 及 9.5mm 的方孔筛各一只，并附有筛底和筛盖。

（2）鼓风烘箱：能使温度控制在（105±5)℃。

（3）天平：称量 1000g，感量为 1g。

（4）摇筛机、浅盘，以及硬、软毛刷等。

2. 试验准备

将取来的样品筛除大于 9.5mm 的颗粒，在潮湿状态下充分拌匀，用四分法缩分至每份不少于 550g 的试样两份，在（105±5)℃的烘箱中烘干至恒重，冷却至室温后备用。

3. 试验步骤

（1）准确称取烘干试样约 500g（m_1），准确至 1g，置于套筛的最上面一只，即 4.75mm 筛上，将套筛装入摇筛机，摇筛约 10min，然后取出套筛，再按筛孔大小顺序，从最大的筛号开始，在清洁的浅盘上逐个进行手筛，直到每分钟的筛出量不超过筛上剩余量 0.1%时为止，将筛出通过的颗粒并入下一号筛，和下一号筛中的试样一起过筛，以此顺序进行至各号筛全部筛完为止。

（2）称量各筛筛余试样的质量，精确至 1g。所有各筛的分计筛余量和底盘中剩余量的总量与筛分前的试样总量，相差不得超过后者的 1%，否则重做。

4. 计算

（1）计算分计筛余百分率

各号筛的分计筛余百分率为各号筛上的筛余量除以试样总量（m_1）的百分率，精确至 0.1%。

（2）计算累计筛余百分率

各号筛的累计筛余百分率为该号筛及大于该号筛的各号筛的分计筛余百分率之和，准确至 0.1%。

（3）粗细程度确定

① 按式（11.7）计算砂的细度模数，精确至 0.01。

$$M_x=\frac{(A_{0.15}+A_{0.3}+A_{0.6}+A_{1.18}+A_{2.36})-5A_{4.75}}{100-A_{4.75}} \tag{11.7}$$

式中　M_x——砂的细度模数；

$A_{0.15}$，$A_{0.3}$，…，$A_{4.75}$——0.15mm，0.3mm，…，4.75mm各筛上的累计筛余百分率（%）。

② 以两次试验结果的算术平均值作为测定值，精确至0.1。如两次试验所得的细度模数之差大于0.2，应重新进行试验。

（4）级配的评定

根据各筛两次试验累计筛余的平均值，绘制筛孔尺寸-累计筛余率曲线，或对照规定的级配区范围，评定该试样的颗粒级配分布情况。

11.2.2　砂的表观密度试验

1. 仪器设备

（1）天平：称量1000g，感量1g。

（2）容量瓶：500mL。

（3）烘箱、干燥器、浅盘、铝制料勺、温度计等。

2. 试验准备

将缩分至650g左右的试样装入浅盘，在温度为（105±5）℃的烘箱中烘干至恒重，并在干燥器内冷却至室温，分成两份备用。

3. 试验步骤

（1）称取烘干的试样约300g（m_0），装入盛有半瓶冷开水的容量瓶中；

（2）摇转容量瓶，使试样在水中充分搅动以排除气泡，塞紧瓶塞，静置24h，然后用滴管加水，使水面与瓶颈刻度线平齐，再塞紧瓶塞，擦干瓶外水分，称其总质量（m_1）；

（3）倒出容量瓶中的水和试样，将瓶的内外表面洗净，再向瓶内注入与上一项规定的水温相差不超过2℃（并在15～25℃范围内）的冷开水至瓶颈刻度线，塞紧瓶塞，擦干瓶外水分，称其总质量（m_2）。

4. 计算

按式（11.8）计算表观密度，精确至10kg/m³。以两次试验结果的算术平均值作为测定值。当两次结果之差大于20kg/m³，应重新取样进行试验。

$$\rho_0=\left(\frac{m_0}{m_0+m_2-m_1}-\alpha_t\right)\times\rho_w \tag{11.8}$$

式中　ρ_0——表观密度（kg/m³）；

m_0——试样的烘干质量（g）；

m_1——试样、水及容量瓶总质量（g）；

m_2——水及容量瓶总质量（g）；

ρ_w——水的密度（1000kg/m³）；

α_t——水温对砂的表观密度影响的修正系数，见表11.1。

表11.1　不同水温对砂的表观密度影响的修正系数

水温（℃）	15	16	17	18	19	20
α_t	0.002	0.003	0.003	0.004	0.004	0.005
水温（℃）	21	22	23	24	25	—
α_t	0.005	0.006	0.006	0.007	0.008	—

11.2.3 砂的堆积密度试验

1. 仪器设备

(1) 标准漏斗：由漏斗和容量筒（金属制圆柱体，内径为108mm，净高为109mm，筒壁厚为2mm，容积为1L，筒底厚为5mm）组成，如图11.10所示。

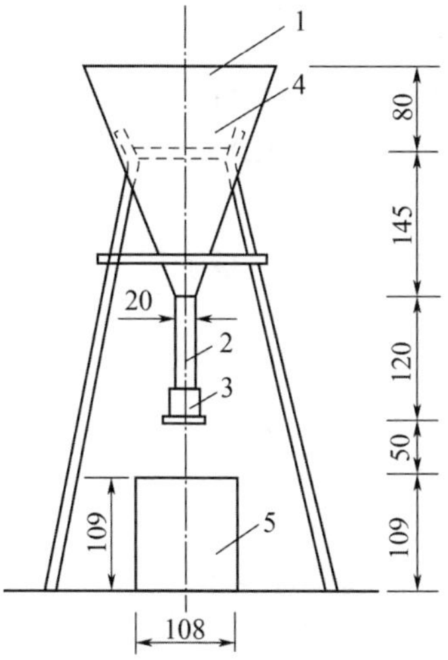

图11.10 标准漏斗（单位：mm）

1—漏斗；2—ϕ20管子；3—活动门；4—筛；5—金属量筒

(2) 台秤：称量5kg，感量5g。

(3) 鼓风烘箱：能使温度控制在(105±5)℃。

(4) 直尺、小勺、浅盘等。

2. 试验准备

先用公称直径5.00mm筛子过筛，然后取经缩分后的试样不少于3L，装入浅盘，在温度为(105±5)℃的烘箱中烘干至恒重，取出并冷却至室温，分成大致相等的两份备用。

3. 试验步骤

(1) 堆积密度：将试样装入漏斗中，打开底部的活动门，将砂流入容量筒中，也可直接用小勺向容量筒中装试样，但漏斗出料口或料勺距容量筒筒口均不应超过50mm，直至试样装满并超出容量筒筒口后，用直尺将多余的试样沿筒口中心线向两个相反方向刮平，称取质量(m_1)。

(2) 紧装密度：取试样一份，分两层装入容量筒。装完一层后，在筒底垫放一根直径为10mm的钢筋，将筒按住，左右交替颠击地面各25下，然后装入第二层。第二层装满后用同样方法颠实（但筒底所垫钢筋的方向应与第一层放置方向垂直）。两层装完并颠实后，添加试样超出容量筒筒口，然后用直尺将多余的试样沿筒口中心线向两个相反方向刮平，称其质量(m_2)。

4. 计算

(1) 堆积密度及紧装密度分别按式(11.9)、式(11.10)计算，精确至10kg/m^3。

$$\rho=\frac{m_1-m_0}{V} \tag{11.9}$$

$$\rho'=\frac{m_2-m_0}{V} \tag{11.10}$$

式中 ρ——砂的堆积密度（kg/m^3）；

ρ'——砂的紧装密度（kg/m^3）；

m_0——容量筒的质量（kg）；

m_1——容量筒和堆积砂的总质量（kg）；

m_2——容量筒和紧装砂的总质量（kg）；

V——容量筒容积（L）。

（2）砂的空隙率按式（11.11）计算，精确至0.1%。

$$n=\left(1-\frac{\rho}{\rho_a}\right) \tag{11.11}$$

式中 n——砂的空隙率（%）；

ρ——砂的堆积或紧装密度（kg/m^3）；

ρ_a——砂的表观密度（kg/m^3）。

以两次试验结果的算术平均值作为测定值。

11.2.4 碎石或卵石的筛分析试验

1. 仪器设备

（1）试验筛：筛孔直径为100.0mm、80.0mm、63.0mm、50.0mm、40.0mm、31.5mm、25.0mm、20.0mm、16.0mm、10.0mm、5.00mm和2.50mm的方孔筛，以及筛的底盘和盖各一只，筛框直径为300mm。

（2）天平：称量5kg，感量5g。

（3）秤：称量20kg，感量20g。

（4）烘箱、浅盘、摇筛机等。

2. 试验准备

按规定取样，并将试样缩分至略大于表11.2规定的最小质量，烘干或风干后备用。根据需要可按要求的骨料最大粒径的筛孔尺寸过筛，除去超粒径部分颗粒后进行筛分。

表11.2 石子筛分析所需试样的最小质量

最大粒径（mm）	9.5	16.0	19.0	26.5	31.5	37.5	63.0	75.0
试样质量不少于（kg）	1.9	3.2	3.8	5.0	6.3	7.5	12.6	16.0

3. 试验步骤

（1）取试样一份置于（105±5）℃烘箱中烘干至恒重，称取干燥骨料试样的总质量（m_0），准确至1g。

（2）将试样倒入按孔径大小从上到下组合的套筛（附筛底）上，摇筛10mm。将筛取下后按孔径由大到小进行手筛，直至每分钟通过量小于试样总量的0.1%，通过的颗粒并入下一号筛中一起过筛。当筛余颗粒的粒径大于19.0mm时，筛分过程中允许用手指轻轻拨动颗粒，但不得逐颗塞过筛孔。

（3）如果某个筛上的骨料过多，影响筛分作业，可以分两次筛分。

（4）称取每个筛上的筛余量，精确至总质量的0.1%。各筛分计筛余量及筛底存量的总和与筛分前试样的总质量相比，相差不得超过的1%，否则重做。

4. 计算

（1）分计筛余百分率：各筛筛余量与试样总质量之比，精确至0.1%。

（2）累计筛余百分率：该筛及以上各筛分计筛余百分率之和，精确至1%。

（3）根据各筛的累计筛余，评定该试样的颗粒级配。

11.2.5　碎石或卵石的表观密度试验

1. 仪器设备

（1）鼓风烘箱：能使温度控制在（105±5）℃。

（2）广口瓶：1000mL，磨口，带玻璃片。

（3）方孔筛：孔径为4.75mm的筛一只。

（4）天平、温度计、搪瓷盘、毛巾等。

2. 试验准备

试验前，将试样筛除公称粒径4.75mm以下的颗粒，并缩分至大于2倍于表11.3所规定的最小质量，冲洗干净后分成两份备用。

表11.3　表观密度试验所需的试样最小质量

最大公称粒径（mm）	10.0	16.0	20.0	25.0	31.5	40.0	63.0	80.0
试样最小质量（kg）	2.0	2.0	2.0	2.0	3.0	4.0	6.0	6.0

3. 试验步骤

（1）将试样浸水饱和，然后装入广口瓶中。装试样时，广口瓶应倾斜放置，注入饮用水，用玻璃片覆盖瓶口。以上下左右摇晃的方法排除气泡。

（2）气泡排尽后，向瓶中添加饮用水，直至水面凸出瓶口边缘。然后用玻璃片沿瓶口迅速滑行，使其紧贴瓶口水面。擦干瓶外水分后，称出试样、水、瓶和玻璃片总质量，精确至1g。

（3）将瓶中试样倒入浅盘，放在烘箱中于（105±5）℃下烘干至恒量，待冷却至室温后，称出其质量，精确至1g。

（4）将瓶洗净并重新注入饮用水，用玻璃片紧贴瓶口水面，擦干瓶外水分后，称出水、瓶和玻璃片总质量，精确至1g。

注：试验时各项称量可以在（15～25）℃范围内进行，但从试样加水静止的2h起至试验结束，其温度变化不应超过2℃。

4. 计算

表观密度按式（11.12）计算，精确至10kg/m³。

$$\rho_0=\left(\frac{G_0}{G_0+G_2-G_1}-\alpha_t\right)\times\rho_w \tag{11.12}$$

式中　ρ_0——表观密度（kg/m³）；

G_0——烘干后试样的质量（g）；

G_1——试样、水、瓶和玻璃片的总质量（g）；

G_2——水、瓶和玻璃片的总质量（g）；

ρ_w——水的密度（1000kg/m³）；

α_t——试验时水温对水密度影响的修正系数，见表 9.1。

表观密度取两次试验结果的算术平均值，两次试验结果之差大于 20kg/m³ 时须重新试验。对颗粒材质不均匀的试样，如两次试验结果之差超过 20kg/m³，可取 4 次试验结果的算术平均值。

11.2.6 粗骨料堆积密度及空隙率试验

1. 仪器设备

（1）天平或台秤：感量不大于称量的 0.1%。

（2）容量筒：适用于粗骨料堆积密度测定的容量筒应符合表 11.4 的要求。

表 11.4 容量筒的规格要求

粗骨料公称最大粒径（mm）	容量筒容积（L）	容量筒规格（mm）			筒壁厚度（mm）
		内径	净高	底厚	
≤4.75	3	155±2	160±2	5.0	2.5
9.5～26.5	10	205±2	305±2	5.0	2.5
31.5～37.5	15	255±5	295±5	5.0	3.0
≥53	20	355±5	305±2	5.0	3.0

（3）振动台：频率为（3000±200）次/min，负荷下的振幅为 0.35mm，空载时的振幅为 0.5mm。

（4）烘箱、直径为 16mm，长为 600mm 一端为圆头的捣棒、平头铁锹。

2. 试验准备

按粗骨料取样的方法取样、缩分，质量应满足试验要求，在（105±5）℃的烘箱中烘干，也可以摊在清洁的地面上风干，拌匀后分成两份备用。

3. 试验步骤

（1）松散堆积密度

取试样 1 份，置于平整干净的水泥地（或铁板）上，用平头铁锹铲起试样，使石子自由落入容量筒内。此时，从铁锹的齐口至容量筒上口的距离应保持为 50mm 左右，装满容量筒并除去凸出筒口表面的颗粒，并以合适的颗粒填入凹陷空隙，使表面稍凸起部分和凹陷部分的体积大致相等，称取试样和容量筒总质量（m_2）。

（2）紧密堆积密度

按堆积密度试验步骤，将装满试样的容量筒放在振动台上，振动 3min，或者将试样分三层装入容量筒：装完一层后，在筒底垫放一根直径为 25mm 的圆钢筋，将筒按住，左右交替颠击地面各 25 下；然后装入第二层，用同样的方法颠实（但筒底所垫钢筋的方向应与第一层放置方向垂直）；然后装入第三层，如法颠实。待三层试样装填完毕后，加料填到试样超出容量筒口，用钢筋沿筒口边缘滚转，刮下高出筒口的颗粒，用合适的颗粒填平凹处，使表面稍凸起部分和凹陷部分的体积大致相等，称取试样和容量筒总质量（m_2）。

4. 计算

(1) 松散堆积密度或紧密堆积密度按式(11.13)计算，精确至$10kg/m^3$。

$$\rho=\frac{m_2-m_1}{V} \tag{11.13}$$

式中 ρ——与各种状态相对应的堆积密度(kg/m^3)；

m_1——容量筒的质量(g)；

m_2——容量筒与试样的总质量(g)；

V——容量筒的容积(L)。

(2) 空隙率按式(11.14)计算，精确至1%。

$$V_c=\left(1-\frac{\rho}{\rho_a}\right)\times100\% \tag{11.14}$$

式中 V_c——粗骨料的空隙率(%)；

ρ_a——骨料的表观密度(kg/m^3)；

ρ——按式(11.13)计算的松散或紧密堆积密度(kg/m^3)。

11.3 普通混凝土试验

11.3.1 混凝土拌合物的拌制

拌制混凝土拌合物所用材料取样应具有代表性。拌制混凝土的材料以质量计，称量的精度如下：骨料为±1.0%，水、水泥掺合料及外加剂为±0.5%。

1. 仪器设备

(1) 混凝土搅拌机：自由式或强制式。

(2) 台秤：称量50kg，分度值0.5kg。

(3) 天平：感量满足称量0.5%的天平。

(4) 振动台：标准振动台，符合《混凝土试验用振动台》(JG/T 245—2009)的要求。

(5) 拌合铁板(1m×2m的金属板)；量斗或其他容器(装水泥及各种骨料用)；量水容器、铁铲、抹布等。

2. 拌制步骤

(1) 机械拌合

使用拌合机前，需用按配合比的水泥、砂和水组成的砂浆及少量石子在搅拌机中进行涮膛，然后倒出并刮去多余的砂浆，其目的是使水泥砂浆黏附满搅拌机的筒壁，以免正式拌合影响拌合物的配合比。将称好的石子、水泥、砂依次装入料斗，开动拌合机，将材料拌合均匀，在拌合过程中将水徐徐加入，全部加料时间不宜超过2min。水全部加入后，继续拌合2min，而后将混凝土拌合物倾出倒在铁板上，再经人工翻拌1～2min，务必使拌合物均匀一致。

(2) 人工拌合

先用湿布将铁板和铁铲上的杂物清除并润湿，然后按计算结果称取各种材料，分别装在各容器中；将称好的砂置于拌合板上，然后倒上所需数量的水泥，用铲子拌合至呈均一颜色为止；再加入所需数量的粗骨料，并将全部拌合物加以拌合，使粗骨料在整个干拌合物中分配均匀为止。最后将该拌合物堆成圆锥形，在中间做一凹坑，将所需水的一半注入凹穴中，仔细拌合材料与水，不使水流散，重新将材料堆成圆锥形做一凹坑，并将剩下的水渐渐加入，继续用铲将混凝土混合料进行拌合（至少来回翻拌 6 遍，拌合时机与拌合体积相关），直至彻底拌匀为止。

11.3.2 混凝土拌合物和易性试验

新拌混凝土拌合物必须具备一定的流动性、均匀不离析、不泌水、容易抹平等性质，以适合运输、灌溉、捣实等施工要求，这些性质总称为施工和易性，通常用稠度表示。测定稠度的方式有坍落度法和维勃稠度法。

1. 坍落度试验

坍落度试验方法适用于骨料最大粒径不大于 40mm、坍落度值不小于 10mm 的混凝土拌合物稠度的测定。通过测定混凝土拌合物的圆锥体坍落值，用以评价其流动性，同时根据试验过程中的观察定性判断黏聚性和保水性。

（1）仪器设备

① 坍落度筒：坍落度筒为铁板制成的截头圆锥筒，厚度应不小于 1.5mm，内侧平滑，构造和尺寸如图 11.11 所示。

② 捣棒：直径 16mm、长约 650mm，并具有球形端头的钢质圆棒。

③ 小铲、钢尺、镘刀和钢平板等。

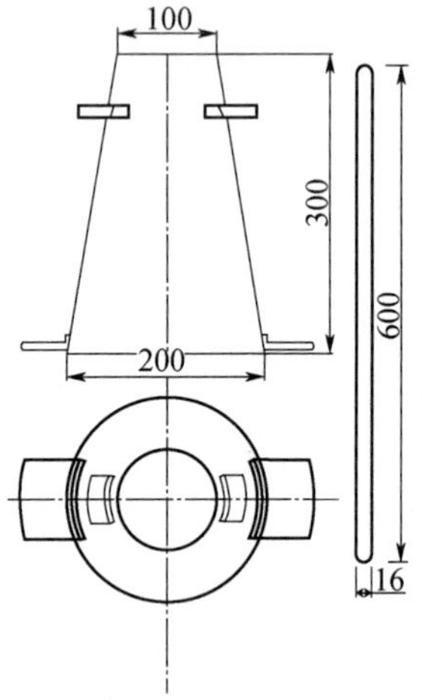

图 11.11 坍落度筒、捣棒（单位：mm）

（2）试验步骤

① 试验前将坍落度筒内外洗净，放在水润湿过的平板（平板吸水时应垫以塑料布）上踏紧踏脚板。

② 将混凝土分三层（捣实后每层高度约为筒高 1/3）装入筒内。每层沿螺旋方向由边缘向中心插捣 25 次，插捣底层时，捣棒应贯穿整个深度，且均匀分布，插捣筒边时捣棒可稍倾斜。插捣第二层和顶层时，捣棒插透本层至下一层的表面。顶层混凝土应装料到高出筒口，插捣过程中，如混凝土低于筒口，则随时添加。顶层插捣完后刮去多余的混凝土，并用抹刀抹平。

③ 清除筒边底板上的混凝土后，立即垂直平稳地提起坍落度筒，坍落度筒的提离过程应在 5～10s 内完成，并使拌合物不受横向力和扭力作用。从开始装料到提坍落度筒的整个进程应不间断地进行，并应在 150s 内完成。

④ 提起坍落度筒后，将筒轻放于坍落后的混凝土边，当试样不再继续坍落或坍落时间达 30s 时，用钢尺测量筒高与坍落后混凝土试体最高点之间的高度差，该差值即为该混凝土拌合物的坍落度值，如图 11.12 所示。如混凝土发生一边崩坍或剪坏，应重新取样测定；如第二次试验仍出现上述现象，则表示混凝土和易性不好，予以记录。

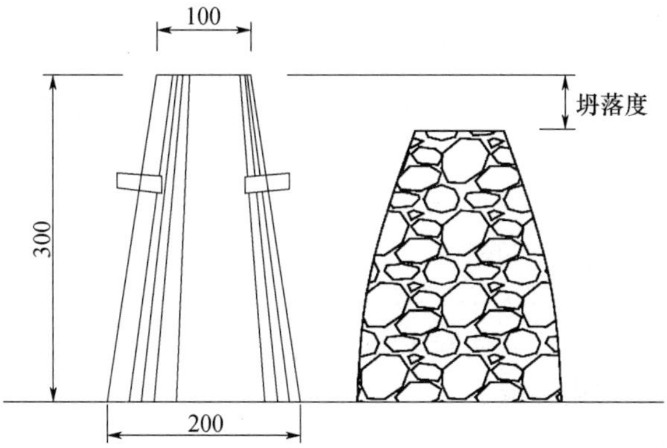

图 11.12 坍落度试验（单位：mm）

⑤ 在测定坍落度过程中，应观察黏聚性和保水性。

黏聚性：用捣棒在已坍落的拌合物锥体侧面轻轻敲击，若锥体逐渐下降，表示黏聚性良好；若锥体突然倒塌，部分崩解、离析，即表示黏聚性差。

保水性：拌合物装填完毕，若坍落度筒底部有较多稀浆泌出，锥体部分也因失浆而骨料外露，则保水性差；若泌浆水量少，则保水性中等；无泌水泌浆现象，则保水性好。

2. 维勃（VB）稠度试验

维勃稠度试验方法适用于最大粒径不大于 40mm、维勃稠度在 5～30s 的混凝土拌合物稠度测定。

（1）仪器设备

① 维勃稠度仪：其构造如图 11.13 所示。

② 秒表、捣棒、镘刀等。

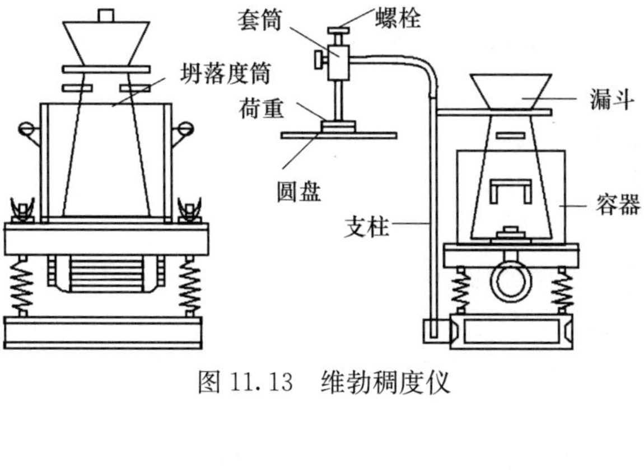

图 11.13 维勃稠度仪

（2）试验步骤

① 用湿布湿润容器、坍落度筒、喂料斗等。将喂料斗提到坍落度筒上方扣紧，校正容器位置，使其中心与喂料斗中心重合，然后拧紧螺钉；

② 把按要求取样或制作的混凝土拌合物试样用小铲分 3 层经喂料斗均匀装入筒内；

③ 把喂料斗转离，垂直地提起坍落度筒，注意不使混凝土试体产生横向的扭转；

④ 把透明圆盘转到混凝土圆台体顶面，放松测杆螺钉，降下圆盘，使其轻轻接触

到混凝土圆台体顶面；

⑤ 拧紧定位螺钉，并检查测杆螺钉是否已经完全放松；

⑥ 在开启振动台的同时用秒表计时，当振动到透明圆盘的底面被水泥浆布满的瞬间停止计时，并关闭振动台；

⑦ 由秒表读出时间，该时间即为该混凝土拌合物的维勃稠度值，精确至 1s。

11.3.3 混凝土力学试验

混凝土的力学指按照标准方法制作试件，在标准温度、湿度条件下养护至规定龄期后，用标准方法测得的极限强度。

1. 试件成型与养护方法

（1）一般规定

经稠度试验合格的拌合物，为测定其力学特征，必须制备成各种不同尺寸的试件，试件的制作应符合下列一般规定：

① 成型前，应检查试模尺寸是否符合标准规定；试模内表面涂一薄层矿物油或者其他不与混凝土发生反应的脱模剂。

② 在实验室拌制混凝土时，其材料用量应以质量计，称量的精度：水泥、掺合料、水和外加剂为±1%。

③ 取样或实验室拌制的混凝土应在拌制后很短的时间成型，一般不宜超过 15min。

④ 根据混凝土拌合物的稠度确定混凝土成型方法，坍落度不大于 70mm 的混凝土宜用振动振实；大于 70mm 的宜用捣棒人工捣实；检验现烧混凝土或预制构件的混凝土，试件成型方法宜与实际采用的方法相同。

⑤ 圆柱体试件的直径为 100mm、150mm、200mm 三种，其高度是直径的 2 倍。粗骨料的最大粒径应小于试件直径的 1/4 倍。

（2）仪器设备

① 试模：由刚性、金属制成的侧模（圆柱体试件为圆筒形）和底板构成，用适当的方法组装而成。

② 振动台：标准振动台。

③ 捣棒、压板等。

（3）试件成型

① 振动法：将混凝土拌合物一次装入试模，装料时应用抹刀沿试模壁插捣，并使混凝土拌合物高出试模口。试模应附着或固定在振动台上，振动时试模不得有任何跳动，应持续到表面出浆为止，不得过振。刮除试模上口多余的混凝土，待混凝土临近初凝时，用抹刀抹平。

② 人工插捣法：混凝土拌合物分 2 层装入试模，每层的装料厚度大致相等，插捣应按螺旋方向从边缘向中心均匀进行。插捣底层混凝土时，捣棒应达到试模底部；插捣上层时，捣棒应贯穿上层后插入下层 20～30mm。插捣时捣棒应保持垂直，不得倾斜。然后用抹刀沿试模内壁插拔数次。每层插捣次数按每 10000mm^2 截面面积内不得少于 12 次，插捣后用橡皮槌轻轻敲击试模四周，直至插捣棒留下的空洞消失为止。刮除试模上口多余的混凝土，待混凝土临近初凝时，用抹刀抹平。

(4) 试件养护

试件成型后应立即用不透水的薄膜覆盖表面，以防止水分蒸发。采用标准养护的试件，应在温度为 (20±5)℃的环境中静置 1～2 昼夜，然后编号、拆模。拆模后应立即放入温度为 (20±2)℃、相对湿度为 95％以上的标准养护室中养护，或在温度为 (20±2)℃的不流动的 $Ca(OH)_2$ 饱和溶液中养护。标准养护室内的试件应放在支架上，彼此间隔 10～20mm，试件表面应保持潮湿，并不得被水直接冲淋。同条件养护试件的拆模时间可与实际构件的拆模时间相同，拆模后，试件仍需保持同条件养护。标准养护龄期为 28d（从搅拌加水开始计时）。

2. 混凝土立方体抗压强度试验

混凝土立方体抗压强度试验应按标准方法制作 150mm×150mm×150mm 立方体试件，并在标准条件下养护至 28d，用标准试验方法测试，按规定计算方法得到强度值。

(1) 仪器设备

压力试验机或万能试验机，测量精度为±1％，试件破坏荷载值应在压力机全量程的 20％～80％。

(2) 试验步骤

① 取出试件，先检查其尺寸及形状，相对两面应平行，表面倾斜偏差不得超过 0.5mm。量出棱边长度，精确至 1mm。试件受力截面面积按其与压力机上下接触面的平均值计算。试件如有蜂窝，应在试验前 3d 用水泥浆填补平整，并在报告中说明。在破型前，保持试件原有湿度，在试验时擦干试件。

② 将试验机上下承压板面擦干净，把试件安放在下承压板上，试件的承压面应与成型时的顶面垂直。试件的中心应与试验机下压板中心对准，开动试验机，当上压板与试件接近时，调整球座，使接触均衡。

③ 在试验过程中应连续均匀加荷，当混凝土强度等级＜C30 时加荷速度为 0.3～0.5MPa/s，混凝土强度等级≥C30 且＜C60 时加荷速度为 0.5～0.8MPa/s，混凝土强度等级≥C60 时加荷速度为 0.8～1.0MPa/s。

④ 当试件接近破坏而开始急剧变形时，应停止调整试验机油门，直至破坏，记录破坏极限荷载。

(3) 试验结果计算

① 混凝土立方体试件抗压强度 f_{cu}（以 MPa 表示）按式 (11.15) 计算。

$$f_{cu}=\frac{F}{A} \tag{11.15}$$

式中 F——极限荷载 (N)；

A——受压面积 (mm^2)。

② 以 3 个试件测值的算术平均值作为测定值。如任一个测值与中值的差超过中值的 15％，则取中值为测定值；如有 2 个测试值的差值均超过上述规定，则该组试验结果无效。试验结果计算至 0.1MPa。

③ 混凝土抗压强度以 150mm×150mm×150mm 的方块为标准试件，其他尺寸试件抗压强度换算系数见表 11.5，并应在报告中注明。

表 11.5 立方体抗压强度尺寸换算系数

试件尺寸（mm）	尺寸换算系数	试件尺寸（mm）	尺寸换算系数
100×100×100	0.95	200×200×200	1.0

3. 混凝土抗折强度试验

抗折强度是混凝土路面设计的重要参数。在混凝土路面施工时，为了保证施工质量，必须按规定测定抗折强度。

混凝土抗折强度是以 150mm×150mm×550mm 的梁形试件，在标准养护条件下达到规定龄期后，在净跨 450mm、双支点荷载作用下的弯拉破坏，并按规定的计算方法得到的强度值。

（1）仪器设备

试验机为 50～300kN 抗折试验机或万能试验机。抗折强度试验装置见图 11.14。

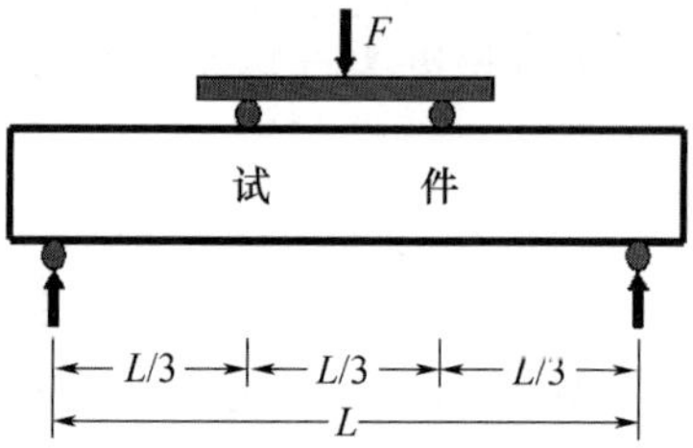

图 11.14　抗折强度试验装置

（2）试验步骤

① 试件从养护室取出后应及时进行试验，将试件表面擦干净，并检查试件；

② 按图安装试件，安装尺寸偏差不得大于 1mm。试件的承压面应为试件成型时的侧面。支座及承压面与圆柱的接触面应平稳、均匀，否则应垫平。

③ 施加荷载时应保持均匀、连续。当混凝土强度等级＜C30 时加荷速度为 0.02～0.05MPa/s，混凝土强度等级≥C30 且＜C60 时加荷速度为 0.05～0.08MPa/s，混凝土强度等级≥C60 时加荷速度为 0.08～0.10MPa/s。至试件接近破坏时，应停止调整试验机油门。

④ 记录试件破坏荷载的试验机示值及试件下边缘断裂位置。

（3）试验结果计算

① 若试件下边缘断裂位置处于两个集中的荷载作用之间，则试件的抗折强度 f_{cf}（以 MPa 表示）按式（11.16）计算。

$$f_{cf}=\frac{FL}{bh^2} \tag{11.16}$$

式中 f_{cf}——混凝土抗折强度（MPa）；

F——试件破坏荷载（N）；

L——支座间跨度（mm）；

H——试件截面高度（mm）；

B——试件截面宽度（mm）。

② 抗拉强度值的确定应符合下列规定：

3个试件为一组，当折断面发生在两个加荷点之间时，取3个试件测试值的算术平均值为代表值，代表该组试件的强度值（精确至0.1MPa）；如任一个测值与中值的差超过中值的±15%，则取中值为测定值：如有2个测试值的差值均超过上述规定，则该组试验结果无效。

3个试件中若有一个折断面位于两个集中荷载之外，则混凝土抗折强度值按另外2个试件的试验结果计算。若这2个测试值的差值不大于这两个测试值的较小值的±15%，则该组试件的抗折强度值按这两个测值的平均值计算，否则该组试件的试验无效。若有2个试件的折断面位置位于两个集中荷载作用线之外，则该组试件试验无效。

③ 当试件尺寸为100mm×100mm×400mm非标准试件时，应乘以尺寸换算系数0.85；当混凝土强度等级≥C60时，宜采用标准试件；使用非标准试件时，尺寸换算系数应由试验确定。

4. 混凝土轴心抗压强度试验

（1）仪器设备

试模尺寸为150mm×150mm×300mm卧式棱柱体试模，其他所需设备与抗压强度试验相同。

（2）试验步骤

① 按规定方法制作150mm×150mm×300mm棱柱体试件3根，在标准养护条件下，养护至规定龄期。

② 取出试件，清除表面污垢，擦干表面水分，仔细检查后，在其中部量出试件宽度（精确至1mm），计算试件受压面积。在准备过程中，要求保持试件湿度无变化。

③ 在压力机下压板放好棱柱体试件，几何对中；球座最好放在试件顶面并凸面朝上。

④ 以与立方体抗压强度试验相同的加荷速度，均匀而连续地加荷，当试件接近破坏而开始迅速变形时，应停止调整试验机油门，直至试件破坏，记录最大荷载。

（3）试验结果计算

① 混凝土轴心抗压强度 f_{cp}（以MPa表示）按式（11.17）计算。

$$f_{cp}=\frac{F}{A} \tag{11.17}$$

式中 F——破坏荷载（N）；

A——试件承压面积（mm^2）。

② 取3根试件试验结果的算术平均值作为该组混凝土轴心抗压强度。如任一个测定值与中值的差值超过中值的±15%，则取中值为测值；如有2个测定值与中值的差值均超过上述规定，则该组试验结果无效。结果精确至0.1MPa。

③ 采用非标准尺寸试件测得的轴心抗压强度，应乘以尺寸系数，对200mm×200mm截面试件为1.05，对100mm×100mm截面试件为0.95。

5. 混凝土立方体劈裂抗拉强度试验

(1) 仪器设备

试验机（要求同立方体抗压强度试验），劈裂钢垫条和三合板垫层（或纤维板垫层），如图 11.15 所示。

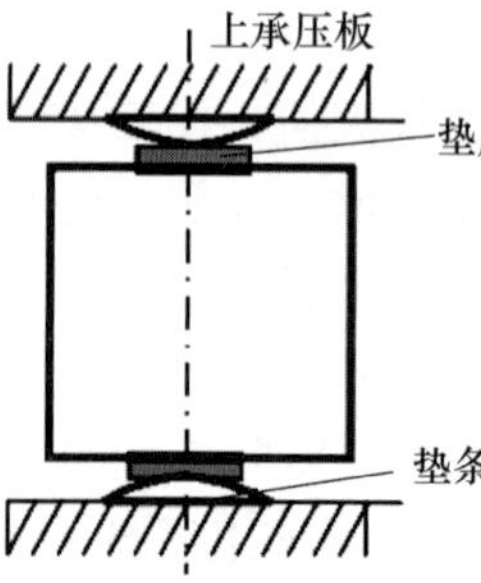

图 11.15 劈裂抗拉强度试验

(2) 试验步骤

① 试件从养护地点取出后擦拭干净，测量尺寸，检查外观，在试件中部画出劈裂面位置线。劈裂面与试件成型时的顶面垂直，尺寸测量精确至 1mm。

② 将试件放在压力机下压板的中心位置。在上下压板与试件之间加垫条和垫层各一条，垫条应与成型时的顶面垂直，使垫条的接触母线与试件上的荷载作用线对准。

③ 加荷时必须连续而均匀地进行，使荷载通过垫条均匀地传至试件上，加荷速度如下：当混凝土强度等级＜C30 时，加荷速度为 0.02～0.05MPa/s；混凝土强度等级≥C30且＜C60 时，加荷速度为 0.05～0.08MPa/s；混凝土强度等级≥C60 时，加荷速度为 0.08～0.10MPa/s。至试件接近破坏时，应停止调整试验机油门，直至试件破坏，然后记录破坏荷载。

(3) 试验结果计算

① 混凝土立方体劈裂抗拉强度应按式（11.18）计算，精确至 0.01MPa。

$$F_{ts}=\frac{2F}{\pi A}=0.637\frac{F}{A} \tag{11.18}$$

式中 F_{ts}——混凝土劈裂抗拉强度（MPa）；

F——试件破坏荷载（N）；

A——试件劈裂面面积（mm^2）。

② 强度值的确定应符合下列规定：

3 个试件测试值的算术平均值作为该组试件强度值；3 个测试值中的最大值或最小值中如有一个与中间值的差值超过中间值的±15%，则取中间值作为该组试件的劈裂抗拉强度值；如最大值和最小值与中间值的差均超过中间值的±15%，则该组试件的试验结果无效。

③ 采用 100mm×100mm×100mm 非标准试件测得的劈裂抗拉强度值，应乘以尺寸换算系数 0.85；当混凝土强度等级≥C60 时，宜采用标准试件，使用非标准试件时，尺寸换算系数应由试验确定。

11.4 建筑砂浆试验

11.4.1 稠度试验

1. 仪器设备

(1) 砂浆稠度仪：如图 11.16 所示，由试锥、盛浆容器和底座等部分组成。试锥由钢材或铜材制成，高度为 145mm，锥底直径为 75mm，试锥连同滑杆的质量应为

(300±2) g；盛浆容器由钢板制成，筒高为180mm，锥底内径为150mm。

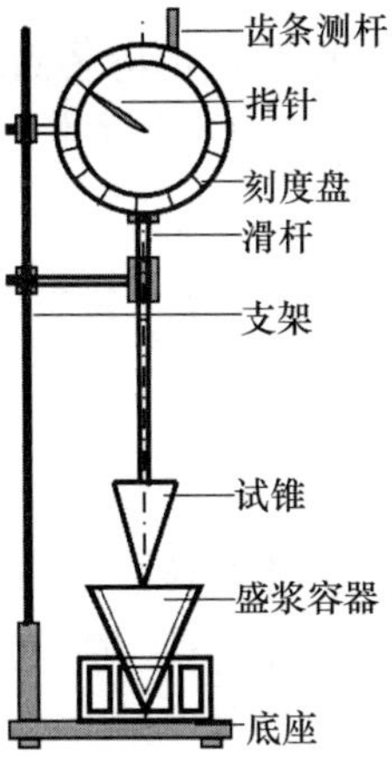

图 11.16　砂浆稠度测定仪

(2) 钢制捣棒：直径10mm、长350mm，端部磨圆。

(3) 秒表等。

2. 试验步骤

(1) 用少量润滑油轻擦滑杆，再将滑杆上多余的油用吸油纸擦净，使滑杆能自由滑动。

(2) 用湿布擦净盛浆容器和试锥表面，将砂浆拌合物一次装入容器，使砂浆表面低于容器口约10mm。用捣棒自容器中心向边缘均匀地插捣25次，然后轻轻地将容器摇动或敲击5～6下，使砂浆表面平整，然后将容器置于稠度测定仪的台座上。

(3) 调整试锥的位置，使其尖端和砂浆表面接触，并对准中心，拧紧固定螺钉，将指针调至刻度盘零点，然后突然放开固定螺钉，使圆锥体自由沉入砂浆中10s后，读出下沉的距离，该距离即为砂浆的稠度值 K_1，精确至1mm。

(4) 圆锥体内砂浆只允许测定一次稠度，重复测定时应重新取样。

3. 试验结果

(1) 取两次试验结果的算术平均值，精确至1mm；

(2) 如两次试验值之差大于10mm，应重新取样测定。

11.4.2　分层度试验

1. 仪器设备

(1) 砂浆分层度筒：如图11.17所示，内径为150mm，上节高度为200mm，下节带底净高为100mm，用金属板制成，上、下层连接处需加宽到3～5mm，并设有橡胶圈。

(2) 振动台：振幅为 (0.5±0.05) mm，频率为 (50±3) Hz。

(3) 稠度仪、木槌等。

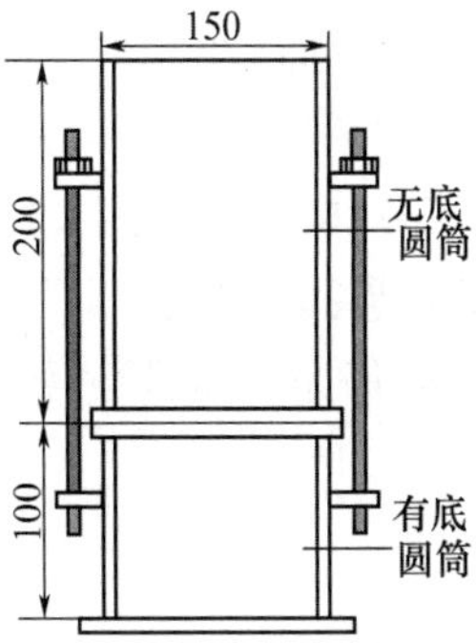

图 11.17　砂浆分层度测定仪

2. 试验步骤

(1) 测定砂浆拌合物稠度 K_1，精确至 1mm；

(2) 将砂浆拌合物一次装入分层度筒内，待装满后，用木槌在四周 4 个不同位置敲击 1～2 下，如砂浆沉落到低于筒口，则应随时添加，然后刮去多余的砂浆并用抹刀抹平；

(3) 静置 30min 后，去掉上节 200mm 砂浆，剩余的 100mm 砂浆倒出放在拌合锅内拌 2min，再测其稠度 K_2，精确至 1mm。前后测得的稠度之差即为该砂浆的分层度值(mm)。

3. 试验结果确定

(1) 取两次试验结果的算术平均值作为该砂浆的分层度值；

(2) 两次分层度试验值之差如大于 10mm，应重新取样测定。

11.4.3 保水性试验

1. 仪器设备

(1) 金属或硬塑料圆环试模内径 100mm、内部高度 25mm。

(2) 可密封的取样容器，应清洁、干燥。

(3) 医用棉纱：尺寸为 110mm×110mm，宜选用纱线稀疏、厚度较薄的棉纱。

(4) 超白滤纸：符合《化学分析滤纸》(GB/T 1914—2017) 中速定性滤纸。

(5) 2 片金属或玻璃的方形或圆形不透水片，边长或直径大于 110mm。

(6) 天平：量程 200g，感量 0.1g；量程 2000g，感量 1g。

(7) 烘箱、2kg 的重物。

2. 试验步骤

(1) 称量下不透水片与干燥试模质量 (m_1) 和 15 片中速定性滤纸质量 (m_2)；

(2) 将砂浆拌合物一次性填入试模，并用抹刀插捣数次，当填充砂浆略高于试模边缘时，用抹刀以 45°角一次性将试模表面多余的砂浆刮去，然后用抹刀以较平的角度在试模表面反方向将砂浆刮平；

(3) 抹掉试模边的砂浆，称量试模、底部不透水片与砂浆总质量 (m_3)；

(4) 用金属滤网覆盖在砂浆表面，再在棉纱表面放上 15 片滤纸，将不透水片盖在滤纸表面，以 2kg 的重物把不透水片压好；

(5) 静止 2min 后移走重物及不透水片，取出滤纸 (不包括棉砂)，迅速称量滤纸质量 (m_4)；

(6) 按砂浆的配合比及加水量计算砂浆的含水率，若无法计算，可按式 (11.20) 测定砂浆的含水率。

3. 砂浆保水性应按式 (11.19) 计算。

$$W=\left[1-\frac{m_4-m_2}{\alpha\times(m_3-m_1)}\right]\times 100\% \tag{11.19}$$

式中 W——砂浆保水率 (%)；

m_1——底部不透水片与干燥试模质量，精确至 1g；

m_2——15 片滤纸吸水前的质量，精确至 0.1g；

m_3——试模、下不透水片与砂浆总质量，精确至 1g；

m_4——15 片滤纸吸水后的质量，精确至 0.1g；

α——砂浆含水率（%）。

取两次试验结果的平均值作为结果，精确至 0.1%，且第二次试验应重新取样测定。当两个测定值之差超过 2%时，此组试验结果无效。

11.4.4 砂浆含水率测试方法

称取（100±10）g 砂浆拌合物试样，置于一干燥并已称重的盘中，在（105±5）℃的烘箱中烘干至恒重，砂浆含水率应按式（11.20）计算。

$$\alpha=\frac{m_6-m_5}{m_6}\times100\% \tag{11.20}$$

式中 α——砂浆含水率（%）；

m_5——烘干后砂浆样品损失的质量（g）；

m_6——砂浆样品的总质量（g）。

取两次试验结果的算数平均值作为砂浆的含水率，精确至 0.1%。当两个测定值之差超过 2%时，此组试验结果无效。

11.4.5 立方体抗压强度试验

1. 仪器设备

（1）试模：尺寸为 70.7mm×70.7mm×70.7mm 的带底试模。

（2）钢制捣棒：直径为 10mm，长为 350mm，端部应磨圆。

（3）压力试验机：精度为 1%，试件破坏荷载应不小于压力机量程的 20%，且不大于全量程的 80%。

（4）垫板：试验机上、下压板及试件之间可垫以钢垫板，垫板的尺寸应大于试件的承压面，其不平度应为每 100mm 不超过 0.02mm。

（5）振动台：空载中台面的垂直振幅应为（0.5±0.05）mm，空载频率应为（50±3）Hz，空载台面振幅均匀度不大于 10%，一次试验至少能固定（或用磁力吸盘）三个试模。

2. 试件的制作及养护步骤

（1）采用立方体试件，每组试件 3 个。

（2）应用黄油等密封材料涂抹试模的外接缝，试模内涂刷薄层机油或脱模剂，将拌制好的砂浆一次性装满砂浆试模，成型方法根据稠度确定。当稠度≥50mm 时采用人工振捣成型，当稠度<50mm 时采用振动台振实成型。

① 人工振捣：用捣棒均匀地由边缘向中心按螺旋方式插捣 25 次，插捣过程中如砂浆沉落低于试模口，应随时添加砂浆，可用油灰刀插捣数次，并用手将试模一边抬高 5～10mm 各振动 5 次，使砂浆高出试模顶面 6～8mm。

② 机械振动：将砂浆一次装满试模，放置到振动台上，振动时试模不得跳动，振动 5～10s 或持续到表面出浆为止，不得过振。

(3) 待表面水分稍干后，将高出试模部分的砂浆沿试模顶面刮去并抹平。

(4) 试件制作后应在室温为(20±5)℃的环境下静置(24±2) h，当气温较低时，可适当延长时间，但不应超过两昼夜。然后对试件进行编号、拆模。试件拆模后应立即放入温度为(20±2)℃、相对湿度为90%以上的标准养护室中养护。养护期间，试件彼此间隔不小于10mm，混合砂浆试件上面应覆盖，以防有水滴在试件上。

3. 试件抗压强度试验步骤

(1) 试件从养护地点取出后应及时进行试验。试验前将试件表面擦拭干净，测量尺寸，并检查其外观。据此计算试件的承压面积，如实测尺寸与公称尺寸之差不超过1mm，可按公称尺寸进行计算。

(2) 将试件安放在试验机的下压板(或下垫板)上，试件的承压面应与成型时的顶面垂直，试件中心应与试验机下压板(或下垫板)中心对准。开动试验机，当上压板与试件(或上垫板)接近时，调整球座，使接触面均衡受压。承压试验应连续而均匀地加荷，加荷速度应为每秒钟0.25～1.5kN(砂浆强度不大于5MPa时，宜取下限；砂浆强度大于5MPa时，宜取上限)，当试件接近破坏而开始迅速变形时，停止调整试验机油门，直至试件破坏，然后记录破坏荷载。

4. 砂浆立方体抗压强度应按式(11.21)计算，精确至0.1MPa。

$$f_{m,cu}=\frac{N_u}{A} \tag{11.21}$$

式中 $f_{m,cu}$——砂浆立方体试件抗压强度(MPa)；

N_u——试件破坏荷载(N)；

A——试件承压面积(mm^2)。

以三个试件测值的算术平均值的1.3倍(f_2)作为该组试件的砂浆立方体试件抗压强度平均值(精确至0.1MPa)。

当三个测值的最大值或最小值中有一个与中间值的差值超过中间值的15%时，则把最大值及最小值一并舍除，取中间值作为该组试件的抗压强度值；如有两个测值与中间值的差值均超过中间值的15%，则该组试件的试验结果无效。

11.5 沥青试验

针入度、延度和软化点是黏稠沥青最主要的技术指标，通常称为三大技术指标。

11.5.1 针入度试验

沥青针入度试验适用于测定道路石油沥青、聚合物改性沥青针入度及液体石油沥青蒸馏或乳化沥青蒸发后残留物的针入度，以0.1mm为单位。沥青针入度试验用以评价沥青的黏稠度，并确定沥青的标号。

1. 主要试验仪器

(1) 针入度仪

标准针和针连杆组合件总质量为(50±0.05) g，另附(50±0.05) g砝码一只。

针连杆易于装拆，以便检查其质量，针连杆应与平台相垂直，并可自由下落。仪器设有放置平底玻璃保温皿的平台及调节水平的装置。当为自动针入度仪时，各项要求与此项相同。

标准针由硬化回火的不锈钢制成，洛氏硬度 HRC 为 54～60，表面粗糙度 R_a 为 0.2～0.3μm，针及针杆总质量为（2.5±0.05）g，针杆上应打印有号码标志，并定期进行检验。

（2）盛样皿

沥青盛样皿用金属制成，圆柱形平底，其规格根据针入度选择。试样针入度＜200（0.1mm）的，采用小盛样皿，内径为 55mm，深为 35mm；试样针入度为 200～350（0.1mm）的，采用大盛样皿，内径为 70mm，深为 45mm；试样针入度＞350（0.1mm）的，需采用特殊盛样皿，其深度不小于 60mm，试样体积不少于 125mL。

（3）恒温水槽

恒温水槽的容量不小于 10L，控温的准确度为 0.1℃。水槽中应设有一带孔的搁架，位于水面下不得小于 100mm，距水槽底不得小于 50mm 处。

（4）平底玻璃皿

平底玻璃皿容量不少于 1L，深度不少于 80mm。内设有一不锈钢三脚支架，能使盛样皿稳定。

（5）其他

温度计或温度传感器：0～50℃，精度为 0.1℃。秒表：精度为 0.1s。位移计或位移传感器：精度为 0.1mm。盛样皿盖：平板玻璃，直径不小于盛样皿开口尺寸。溶剂：三氯乙烯等。电炉或砂浴、石棉网、金属锅或瓷把坩埚等。

2. 试验方法

（1）准备工作

① 将恒温水槽调节到要求的试验温度 25℃，或 15℃、30℃（或 5℃），保持稳定。

② 根据预估沥青的针入度选择盛样皿，将试样注入盛样皿中，试样高度应超过预计针入度值 10mm，并盖上盛样皿，以防落入灰尘。将盛有试样的盛样皿在 15～30℃室温中冷却不少于 1.5h（小盛样皿）、2h（大盛样皿）或 3h（特殊盛样皿），然后将其移入维持规定试验温度±0.1℃的恒温水槽中，保温时间不少于 1.5h（小盛样皿）、2h（大盛样皿）或 2.5h（特殊盛样皿）。

③ 调整针入度仪使之水平。检查针连杆和导轨，以确认无水和其他外来物，无明显摩擦。用三氯乙烯或其他溶剂清洗标准针，并拭干。将标准针插入针连杆，用螺钉固紧。按试验条件放好砝码。

（2）试验步骤

① 取出达到恒温的盛样皿，并移入水温控制在试验温度±0.1℃（可用恒温水槽中的水）的平底玻璃皿中的三脚支架上，试样表面以上的水层深度不少于 10mm。

② 将盛有试样的平底玻璃皿置于针入度仪的平台上，慢慢放下针连杆，使针尖恰好与试样表面接触（用适当位置的反光镜或灯光反射观察）。拉下刻度盘的拉杆，使其与针连杆顶端轻轻接触，调节刻度盘指针指示为零。

③ 开动秒表，在指针正指 5s 的瞬间，用手紧压按钮，使标准针自动下落贯入试

样，经规定时间，停压按钮使针停止移动。当采用自动针入度仪时，计时与标准针落下贯入试样同时开始，至 5s 时自动停止。

④ 拉下刻度盘拉杆与针连杆顶端接触，此时刻度盘指针所指的读数即为针入度，精确至 0.1mm。

(3) 试验要求

① 同一试样平行试验至少 3 次，各测试点之间及与盛样皿边缘的距离不应少于 10mm。每次试验后应将盛有盛样皿的平底玻璃皿放入恒温水槽，使平底玻璃皿中水温保持试验温度。每次试验应换一根干净标准针或将标准针取下用蘸有三氯乙烯溶剂的棉花或布揩净，再用干棉花或布擦干。

② 测定针入度大于 200 (0.1mm) 的沥青试样时，至少用 3 支标准针，每次试验后将针留在试样中，直至 3 次平行试验完成后，才能将标准针取出。

③ 测定针入度指数 PI 时，按同样的方法在 15℃、25℃、30℃ (或 5℃) 3 个温度条件下分别测定沥青的针入度，但用于仲裁试验的温度条件应为 5 个。

3. 试验结果

(1) 针入度

同一试样 3 次平行试验结果的最大值和最小值之差在表 11.6 的允许偏差范围内时，计算 3 次试验结果的平均值，取至整数作为针入度试验结果，以 0.1mm 为单位。若差值超出表 11.6 的数值，重做试验。

表 11.6 针入度试验允许差值要求

针入度值 (0.1mm)	0～49	50～149	150～249	250～500
允许差值 (0.1mm)	2	4	12	20

(2) 重复性与再现性

当试验结果小于 50 (0.1mm) 时，重复性试验的允许差为 2 (0.1mm)，再现性试验的允许差值为 4 (0.1mm)；当试验结果大于等于 50 (0.1mm) 时，重复性试验的允许差为 4%，再现性试验的允许差值为 8%。

11.5.2 延度试验

沥青延度试验适用于测定道路石油沥青、聚合物改性沥青、液体沥青蒸馏残留物和乳化沥青蒸发残留物等材料的延度。

沥青延度是在规定温度条件下、规定形状的沥青试样以一定的速度拉伸至断裂时的长度，以 cm 表示。通常采用的试验温度为 25℃、15℃、10℃或 5℃，拉伸速度为 (5±0.25) cm/min。当低温时，可采用 (1±0.5)cm/min 的拉伸速度，应在报告中注明。

1. 主要试验仪器

(1) 延度仪

延度仪的测量长度不宜大于 150cm，仪器具有自动控温、控速系统。可以将试件浸没于水中，能保持规定的试验温度及规定的拉伸速度拉伸试件，且在试验时无明显振动。延度仪的形状及组成如图 11.18 所示。

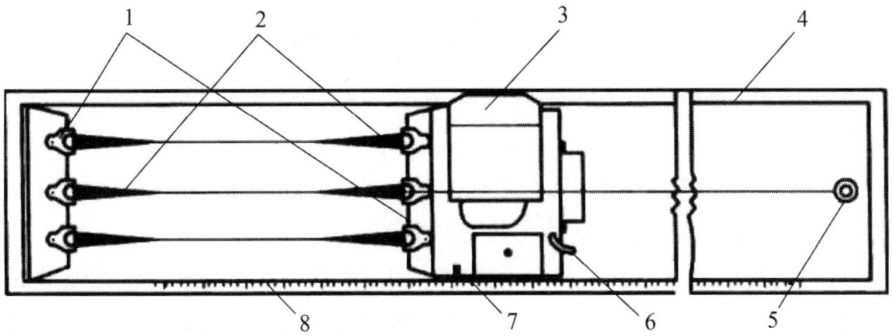

图 11.18　延度仪

1—试模；2—试样；3—电动机；4—水槽；5—泄水孔；6—开关柄；7—指针；8—标尺

（2）制模仪具

制模仪具由延度试模和试模底板组成。延度试模由黄铜制成，由两个端模和两个侧模组成，其形状及尺寸见图 11.19。试模底板为玻璃板或磨光的铜板、不锈钢板（表面粗糙度 R_a 为 0.2μm）。

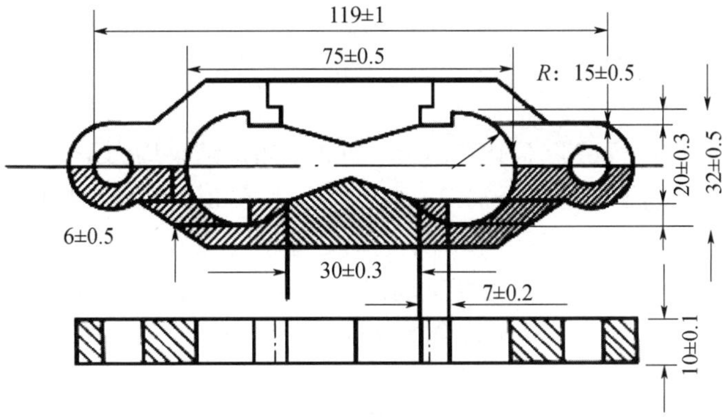

图 11.19　延度模具

（3）恒温水槽

恒温水槽的容量不少于 10L，控制温度的准确度为 0.1℃，水槽中应设有带孔搁架，搁架距水槽底不得少于 50mm。试件浸入水中深度不小于 100mm。

（4）甘油滑石粉隔离剂

隔离剂由甘油与滑石粉配制，其质量比为 2∶1。

（5）其他

温度计：0～50℃，精度为 0.1℃。砂浴或其他加热炉具。平刮刀、石棉网、酒精、食盐等。

2. 试验方法

（1）准备工作

① 将隔离剂拌合均匀，涂于清洁干燥的试模底板和两个侧模的内侧表面，并将试模在试模底板上组装好。

② 按针入度试验规定方法准备试样，然后将沥青自试模的一端至另一端往返数次

缓缓注入模中，最后略高出试模。灌模时应注意勿使气泡混入。

③ 试件在室温中冷却不少于 1.5h，然后用热刮刀刮除高出试模的沥青，使沥青面与试模面齐平。将试模连同试样模底板浸入规定试验温度的水槽中保温 1.5h。

（2）试验步骤

① 检查延度仪延伸速度是否符合规定要求，然后移动滑板使其指针正对标尺的零点。将延度仪注水，并保温达到试验温度±0.1℃。

② 将保温后的试件连同底板移入延度仪的水槽中，然后将盛有试样的试模自玻璃板或不锈钢板上取下，将试模两端的孔分别套在滑板及槽端固定板的金属柱上，并取下侧模。水面距试件表面应不小于 25mm。

③ 开动延度仪，在试验过程中，水温应始终保持在试验温度规定范围内，且仪器不得有振动，水面不得有晃动。当水槽采用循环水时，应暂时中断循环，停止水流；在试验中，如发现沥青细丝浮于水面或沉入槽底，则应在水中加入酒精或食盐，调整水的密度至与试样相近后，重新试验。

④ 试件拉断时，读取指针所指标尺上的读数，以 cm 计，即为延度。在正常情况下，试件延伸时应成锥尖状，拉断时实际断面接近于零。如不能得到这种结果，则应在报告中注明。

3. 试验结果

（1）报告

同一试样，每次平行试验不少于 3 个，如 3 个测定结果均大于 100cm，试验结果记作＞100cm，有特殊需要时也可分别记录实测值。若在 3 个测定结果中有一个以上的测定值小于 100cm，若最大值或最小值与平均值之差满足重复性试验精密度要求，则取 3 个测定结果的平均值的整数作为延度试验结果，若平均值大于 100cm，记作＞100cm；若最大值或最小值与平均值之差不符合重复性试验精密度要求，试验应重新进行。

（2）精密度或允许差

当试验结果小于 100cm 时，重复性试验的允许误差为平均值的 20%，再现性试验的允许差为平均值的 30%。

11.5.3 软化点试验（环球法）

环球法试验适用于测定道路石油沥青、聚合物改性沥青的软化点，也适用于测定液体石油沥青、煤沥青蒸馏残留物或乳化沥青蒸发残留物的软化点。

“环球法”软化点是将沥青试样浇注在规定尺寸的金属环内，上置规定尺寸和质量的钢球，溶液中以（5±0.5)℃/min 的速度加热，直至沥青试样逐渐软化至钢球使试样下垂达 25.4mm 时的温度即为软化点，以℃表示。

1. 主要试验仪器

（1）软化点试验仪

软化点仪由钢球、钢球定位环等组成，如图 11.20 所示。

钢球直径为 9.53mm，质量为（3.5±0.05）g。试验环由黄铜或不锈钢等制成，形状与尺寸如图 11.21 所示。钢球定位环由黄铜或不锈钢制成，形状尺寸如图 11.22 所示。

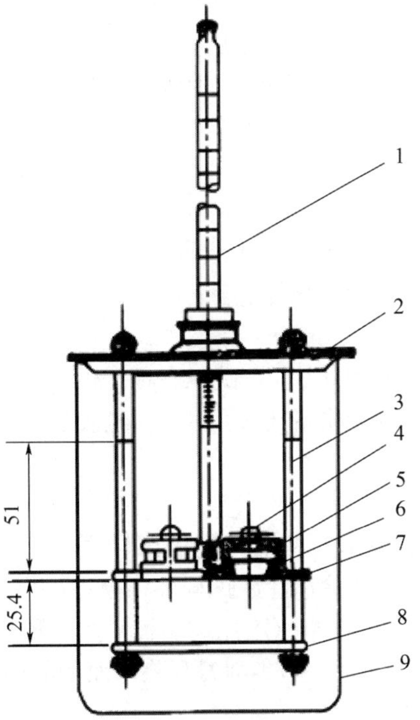

图 11.20 软化点试验仪（单位：mm）

1—温度计；2—上盖板；3—立杆；4—钢球；5—钢球定位环；
6—金属环；7—中层板；8—下底板；9—烧杯

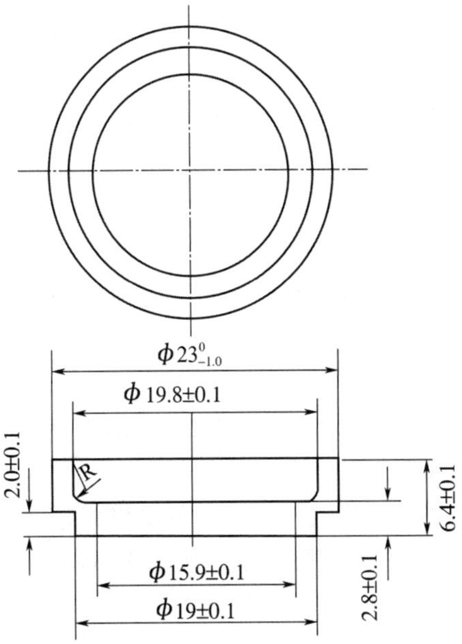

图 11.21 试验环（尺寸单位：mm）

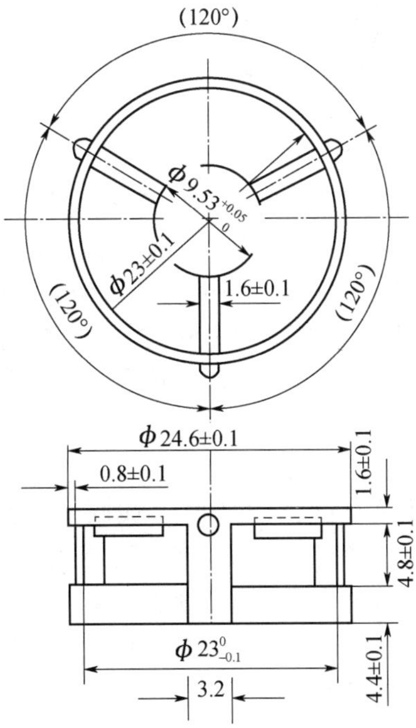

图 11.22 钢球定位环（尺寸单位：mm）

金属支架由两个主杆和三层平行的金属板组成。上层为一圆盘，直径略大于烧杯直径，中间有一圆孔，用以插放温度计。中层板板上有两个孔，用以安装试样环，中间有一小孔可支持温度计的测温端部。一侧立杆距环上 51mm 处刻有水高标记。环下面距下底板为 25.4mm，而下底板距烧杯底不小于 12.7mm，也不得大于 19mm。

耐热玻璃烧杯的容量为 800～1000mL，直径不小于 86mm，高不小于 120mm。

（2）加热炉具

装有温度调节器的电炉或其他加热炉具（液化石油气、天然气等），应采用带有振荡搅拌器的加热电炉，振荡子置于烧杯底部。

（3）其他

温度计：0～100℃，精度为 0.5℃。试样底板、恒温水槽、平直刮刀、甘油滑石粉隔离剂（甘油与滑石粉的比例为质量比 2∶1）、新煮沸过的蒸馏水、石棉网。

2. 试验方法

（1）准备工作

① 将试样环置于涂有甘油滑石粉隔离剂的试样底板上，采用与针入度试验相同方法制备好沥青试样，将沥青试样徐徐注入试样环内至略高出环面为止。如估计试样软化点高于 120℃，则试样环和试样底板（不用玻璃板）均应预热至 80～100℃。

② 试样在室温冷却 30min 后，用热刮刀刮除环面上的试样，使其与环面齐平。

（2）试验步骤

① 预估软化点低于 80℃的试样

a. 将装有试样的试样环连同试样底板置于（5±0.5）℃水的恒温水槽中至少 15min，同时将金属支架、钢球、钢球定位环等亦置于相同水槽中。

b. 烧杯内注入新煮沸并冷却至 5℃的蒸馏水，水面略低于立杆上的深度标记。

c. 从恒温水槽中取出盛有试样的试样环放置在支架中层板的圆孔中，套上定位环；然后将整个环架放入烧杯中，调整水面至深度标记，并保持水温为（5±0.5）℃，环架上任何部分不得附有气泡。将 0～100℃的温度计由上层板中心孔垂直插入，使端部测温头底部与试样环下面齐平。

d. 将盛有水和环架的烧杯移至放有石棉网的加热炉具上，然后将钢球放在定位环中间的试样中央，立即开动振荡搅拌器，使水微微振荡，并开始加热，使杯中水温在 3min 内调节至维持每分钟上升（5±0.5）℃。在加热过程中，应记录每分钟上升的温度值，如温度上升速度超出此范围，则应重做试验。

e. 试样受热软化逐渐下坠，至与下层底板表面接触时，立即读取温度（精确至 0.5℃）。

② 预估软化点高于 80℃的试样

a. 将装有试样的试样环连同试样底板置于装有（32±1）℃甘油的恒温槽中至 15min；同时将金属支架、钢球、钢球定位环等亦置于甘油中。

b. 在烧杯内注入预先加热至 32℃的甘油，其液面略低于立杆上的深度标记。

c. 从恒温槽中取出装有试样的试样环，按上述方法进行测定，精确至 1℃。

3. 试验结果

（1）报告

同一试样平行试验 2 次，当 2 次测定值的差值符合重复性试验精密度要求时，取其平均值作为软化点试验结果，精确至 0.5℃。

（2）允许误差

当试样软化点＜80℃时，重复性试验的允许差为 1℃，再现性试验的允许差为 4℃；当试样软化点≥80℃时，重复性试验的允许差为 2℃，再现性试验的允许差为 8℃。

11.6　沥青混合料的拌制与试件成型

沥青混合料拌制与成型是进行各项性能试验的基础。在室内，沥青混合料试件的成型有击实法和轮碾法，并可在轮碾成型的试件上采用切割或钻芯的方式得到所需要的试件。

11.6.1　击实法成型沥青混合料试件

采用击实法成型得到的沥青混合料主要用于马歇尔稳定度试验和劈裂强度试验。

1. 主要试验仪器

（1）击实仪

击实仪由击实锤、压实头及带手柄的导向棒组成，分为标准击实仪和大型击实仪。

① 标准击实仪由击实锤、直径 98.5mm 平圆形压实头及带手柄的导向棒组成，用人工或机械将压实锤举起从（457.2±1.5）mm 高度沿导向棒自由落下击实。标准击实锤质量为（4536±9）g。

② 大型击实仪由击实锤、直径 149.5mm 平圆形压实头及带手柄的直径 15.9mm 的导向棒组成，用机械将击实锤举起，从（457.2±2.5）mm 高度沿导向棒自由落下击实。大型击实锤质量为（10210±10）g。

（2）实验室用沥青混合料拌合机

它能保证拌合温度并充分拌合均匀，可控制拌合时机，容量不少于 10L，如图 11.23所示。搅拌叶自转速度为 70～80r/min，公转速度为 40～50r/min。

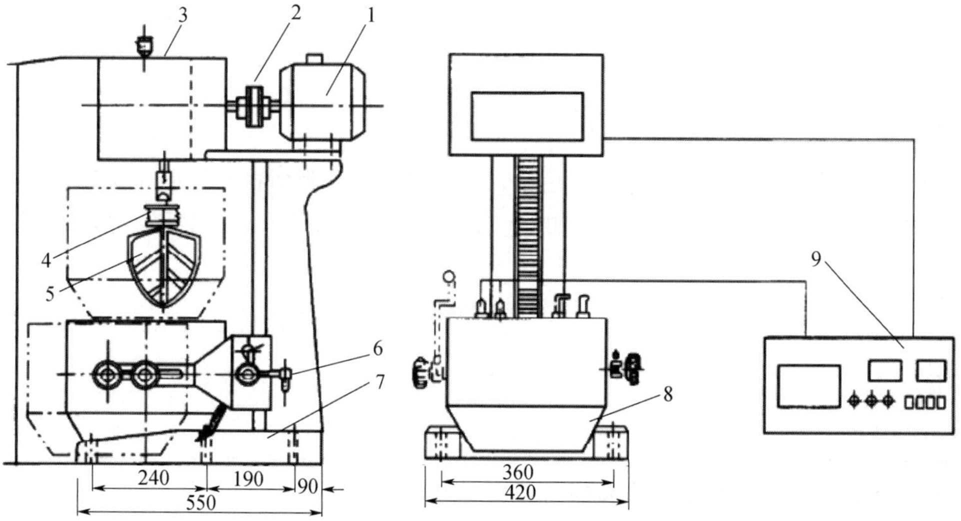

图 11.23　实验室用沥青混合料拌合机

1—电机；2—联轴器；3—变速箱；4—弹簧；5—拌合叶片；
6—升降手柄；7—底座；8—加热拌合锅；9—温度-时间控制仪

（3）试模

试模由高碳钢或工具钢制成。标准试模尺寸如下：内径为（101.6±0.2）mm、高为 87mm 的圆柱形金属筒，底座直径约为 120.6mm，套筒内径为 104.8mm，高为 70mm。大型圆柱体试件模具由试模和套筒组成，试模内径为（152.4±0.2）mm，总高 115mm，底座板厚 12.7mm，直径为 172mm；套筒外径为 165.1mm，内径为（155.6±0.3）mm，总高 83mm。

（4）脱模器

脱模器为电动或手动，应能无破损地推出圆柱体试件。备有标准圆柱体试件及大型圆柱体试件尺寸的推出环。

（5）烘箱

大、中型各一台，装有温度调节器。

（6）天平或电子秤

用于称取沥青的分度值不大于 0.1g；用于称取矿料的分度值不大于 0.5g。

（7）其他

沥青运动黏度测定设备，温度计（分度为 1℃），插刀或大螺丝刀，电炉或煤气炉，沥青熔化锅、拌合铲、标准筛、滤纸（或普通纸）、胶布、卡尺、秒表、粉笔、棉纱等。

2. 确定沥青混合料的拌合温度与压实温度

（1）根据测定沥青的黏度，绘制黏温曲线。按表 11.7 的要求确定适宜于沥青混合料拌合及压实的等黏温度。

表 11.7　适宜于沥青混合料拌合及压实的沥青等黏温度

沥青混合料	黏度与测定方法	适宜于拌合的沥青混合料黏度	适宜于压实的沥青混合料黏度
石油沥青（含改性沥青）	表观黏度，T0625 运动黏度，T0619 赛波特黏度，T0623	（0.17±0.02）Pa·s （170±20）mm^2/s （85±10）s	（0.28±0.03）Pa·s （280±30）mm^2/s （140±15）s

（2）当缺乏沥青黏度测定条件时，试件的拌合与压实温度可按表 11.8 选用，并根据沥青品种和标号进行适当调整。针入度小、稠度大的沥青取高限，针入度大、稠度小的沥青取低限，一般取中值。

改性沥青应根据改性剂的品种和用量，适当提高混合料的拌合及压实温度，对大部分聚合物改性沥青，需要在基质沥青的基础上提高 10～20℃，掺加纤维时，尚需再提高 10℃左右。

表 11.8　沥青混合料拌合及压实温度

沥青混合料种类	拌合温度（℃）	压实温度（℃）
石油沥青	140～160	120～150
改性沥青	160～175	140～170

（3）常温沥青混合料的拌合及压实在常温下进行。

3. 沥青混合料的拌合

（1）试验准备工作

① 将各种规格的矿料置于（105±5)℃的烘箱中烘干至恒重（一般不少于 4～6h)。

根据需要，可将粗细骨料过筛后用水冲洗再烘干备用。

② 分别测定不同粒径规格粗、细骨料及填料（矿粉）的各种密度，并测定沥青的密度。

③ 将烘干分级的粗细骨料，按每个试件设计级配要求称其质量，在一金属盘中混合均匀。矿粉单独加热，置烘箱中预热至沥青拌合温度以上约 15℃（采用石油沥青时通常为 163℃；采用改性沥青时通常需 180℃）备用。一般按一组试件（每组 4～6 个）备料，但进行配合比设计时宜对每个试件分别备料。

④ 采集的沥青试样，用恒温烘箱或油浴、电热套熔化加热至规定的沥青混合料拌合温度备用，但不得超过 175℃。

⑤ 用蘸有少许黄油的棉纱擦拭试模、套筒及击实座，然后置于 100℃左右烘箱中加热 1h 备用。常温沥青混合料用试模不加热。

(2) 沥青混合料的拌制

① 黏稠石油沥青

将沥青混合料拌合机预热至拌合温度以上 10℃左右备用。将每个试件预热的粗细骨料置于拌合机中，用小铲子适当混合，然后加入需要数量的已加热至拌合温度的沥青，开动拌合机一边搅拌，一边将拌合叶片插入混合料中拌合 1～1.5min，然后暂停拌合，加入单独加热的矿粉，继续拌合至均匀为止，并使沥青混合料保持在要求的拌合温度范围内，标准的总拌合时机为 3min。

② 液体石油沥青混合料

将每组（或每个）试件的矿料置于加热至 55～100℃的沥青混合料拌合机中，注入要求数量的液体沥青，并将混合料边加热边拌合，使液体沥青中的溶剂挥发至 50%以下，拌合时机应事先试拌决定。

③ 乳化沥青混合料

将每个试件的粗细骨料置于沥青混合料拌合机（不加热，也可用人工炒拌）中，注入计算的用水量（阴离子乳化沥青不加水）后，拌合均匀并使矿料表面完全湿润，再注入设计的沥青乳液用量，在 1min 内使混合料拌匀，然后加入矿粉后迅速拌合，使混合料拌成褐色为止。

4. 试件制作过程

(1) 试样装模

① 将拌好的沥青混合料，均匀称取一个试件所需的用量（标准马歇尔试件约 1200g，大型马歇尔试件约 4050g）。当一次拌合几个试件时，宜将其倒入经预热的金属盘中，用小铲适当拌合均匀分成几份，分别取用。在试件制作过程中，为防止混合料温度下降，应连盘放在烘箱中保温。

② 从烘箱中取出预热的试模及套筒，用蘸有少许黄油的棉纱擦拭套筒、底座及击实锤底面，将试模装在底座上，垫一张圆形的吸油性小的纸，按四分法从四个方向用小铲将混合料铲入试模中，用插刀或大螺丝刀沿周边插捣 15 次，中间 10 次。插捣后将沥青混合料表面整平成凸圆弧面。对大型马歇尔试件，混合料分两次加入，每次插捣次数同上。

③ 插入温度计，至混合料中心附近，检查混合料温度。

（2）试件击实

① 黏稠沥青混合料

待混合料温度符合要求的压实温度后，将试模连同底座一起放在击实台上固定，在装好的混合料上面垫一张吸油性小的圆纸，再将装有击实锤及导向捧的压实头插入试模中，然后开启电动机或人工将击实锤从 457mm 的高度自由落下击实规定的次数（75 或 50 次）。对大型马歇尔试件，击实次数为 75 次（相应于标准击实 50 次的情况）或 112 次（相应于标准击实 75 次的情况）。

试件击实一面后，取下套筒，将试模掉头，装上套筒，然后以同样的方法和次数击实另一面。

② 乳化沥青混合料试件

在两面击实后，将一组试件在室温下横向放置 24h；另一组试件置于温度为（105±5)℃的烘箱中养护 24h。将养护试件取出后立即两面各击 25 次。

试件击实结束后，立即用镊子取掉上下面的纸，用卡尺量取试件离试模上口的高度并由此计算试件高度。如高度不符合要求，试件应作废，并按式（11.22）调整试件的混合料质量，以保证高度符合（63.5±1.3)mm（标准试件）或（95.3±2.5)mm（大型试件)的要求。

$$\text{调整后混合料的高度}=\frac{\text{要求试件高度}\times\text{原用混合料质量}}{\text{所得试件的高度}} \tag{11.22}$$

（3）试件脱模

卸去套筒和底座，将装有试件的试模横向放置冷却至室温后不少于 12h，置脱模机上脱出试件。将试件仔细置于干燥洁净的平面上，供试验用。

11.6.2　轮碾法成型沥青混合料试件

轮碾法适用于长 300mm×宽 300mm×厚 50～100mm 板块状试件的成型，此试件可用切割机切制成棱柱体试件，或在实验室用芯样钻机钻取试样。

1. 主要试验仪器

（1）轮碾成型机

轮碾成型机具有圆弧形碾压轮，轮宽 300mm，压实线荷载为 300N/cm，碾压行程等于试件长度，碾压后试件可达到马歇尔试验标准击实密度的（100±1)％。

当无轮碾成型机时，可用手动碾代替，手动碾轮与试件同宽，备有 10kg 砝码 5 个，以调整载重，手动碾成型的试件厚度不大于 50mm。

（2）实验室用沥青混合料拌合机

能保证拌合温度并充分拌合均匀，可控制拌合时间，宜采用容量大于 30L 的大型沥青混合料拌合机，也可采用容量大于 10L 的小型拌合机。

（3）试模

由高碳钢或工具钢制成内部平面尺寸为 300mm×300mm、高 50～100mm。根据需要，试模深度及平面尺寸可以调节，以制备不同尺寸的板块状试件。

手动碾压成型车辙试件的试模框架由硬木或钢板制成，内部尺寸为 300mm×300mm×50mm，平面能与试模边缘齐平。

（4）切割机

实验室用金刚石锯片的单锯片或双锯片切割机，或现场用路面切割机，有淋水冷却装置，其切割厚度不小于试样厚度。

（5）钻孔取芯机

用电力或汽油机、柴油机驱动，有淋水冷却装置。金刚石钻头的直径根据试样直径选择。钻孔深度不小于试样厚度，钻头转速不小于1000r/min。

（6）台秤、天平或电子秤

称量5kg以上的分度值为1g；称量5kg以下时，用于称量矿料的分度值不大于0.5g；用于称量沥青的分度值不大于0.1g。

（7）小型击实锤

钢制，端部断面为80mm×80mm，厚10mm，带手柄，总质量为0.5kg左右。

（8）其他

沥青毛细管黏度计或赛波特黏度计；分度值不大于1℃的温度计；电炉或煤气炉、沥青熔化锅、拌合铲、标准筛、滤纸、胶布、卡尺、秒表、粉笔、垫木、棉纱等。

2. 试样的制作

（1）准备工作

① 按马歇尔稳定度试件成型方法，确定沥青混合料的拌合温度和压实温度。

② 将金属试模及小型击实锤等置于约100℃的烘箱中加热1h备用。

③ 称出制作一块试件所需要的各种材料的用量。沥青混合料的总质量按试样体积乘以马歇尔标准试样的击实密度，再乘以系数1.03，即得材料总用量，再按配合比计算出各种材料用量。

④ 按照击实成型方法拌制沥青混合料。

（2）试件成型

① 将预热的试模从烘箱中取出，装上试模框架。在试模中铺一张裁好的普通纸（可用报纸），使底面及侧面均被纸隔离。将拌合好的全部沥青混合料，用小铲稍加拌合后均匀地沿试模由边至中按顺序装入试模，中部要略高于四周。

② 取下试模框架，用预热的小型击实锤由边至中压实一遍，整平成凸圆弧形。

③ 插入温度计，待混合料冷却至规定的压实温度（为使冷却均匀，试模底下可用垫木支起）时，在表面铺一张裁好尺寸的普通纸。

④ 当用轮碾机碾压时，宜先将碾压轮预热至100℃左右（如不加热，应铺牛皮纸）。然后将盛有沥青混合料的试模置于轮碾机的平台上，轻轻放下碾压轮，调整总荷载为9kN（线荷载为300N/cm）。

⑤ 启动轮碾机，先在一个方向碾压2个往返（4次），卸荷，再抬起碾压轮，将试件掉转方向，再加相同荷载碾压至马歇尔标准密实度（100±1）%为止。试件正式压实前，应经试压，决定碾压次数，一般12个往返（24次）左右可达要求。如试件厚度大于100mm，必须分层碾压。

⑥ 当用手动碾碾压时，先用空碾碾压，然后逐渐增加砝码荷载，直至将5个砝码全部加上，压实至马歇尔标准密实度（100±1）%为止。碾压方法及次数亦应由试压决定，并压至无轮迹为止。

⑦ 压实成型后，揭去表面的纸，用粉笔在试件表面上标明碾压方向。

⑧ 盛有压实试件的试模，置于室温下冷却，至少 12h 后方可脱模。

3. 用切割机切割棱柱体试件

① 按试验要求的试样尺寸，用轮碾成型的板块状试件表面规划切割试样的数目，但边缘 20mm 部分不得使用。

② 切割顺序如图 11.24 所示。首先在与轮碾成型垂直的方向，沿 *A*—*A* 切割第一刀作为基准面，再在垂直的 *B*—*B* 方向切割第二刀，精确量取试件长度后切割 *C*—*C*，使 *A*—*A* 及 *C*—*C* 切下的部分大致相等。

③ 仔细量取试件切割位置，按图 11.24 顺碾压方法（*B*—*B* 方向）切割试件，使试件的宽度符合要求。切割下的试件应按顺序放在平玻璃板上排列整齐，然后切割试件的底面与表面。

④ 立即将完全切割好的试样编号，并进行风干，风干时间不能少于 24h。在风干过程中，试件的上下方向及排序不能搞错。

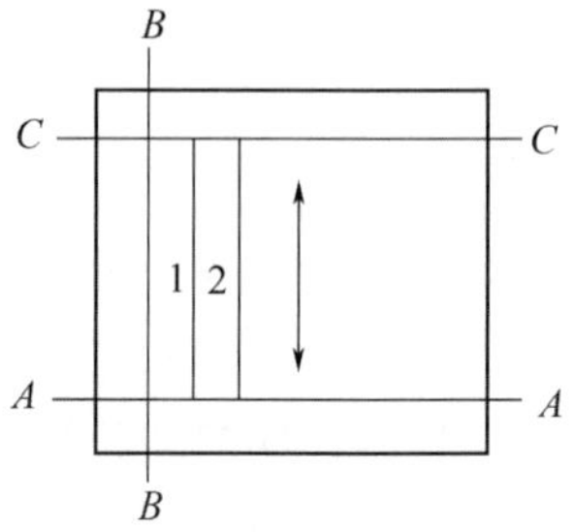

图 11.24 切割棱柱体试件的顺序

4. 用钻芯法钻取圆柱体试样

(1) 在轮碾成型的板块试件表面作出取样位置标记，板块边缘部分的 20mm 不得使用。根据需要，可选用直径 100mm 或 150mm 的金刚石钻头。

(2) 将板块状试件置于钻机平台上固定，钻头对准取样位置。开冷却水，开动钻机，均匀地钻透试样。提起钻头，取出试件，再吹干试件。

(3) 根据需要，可再用切割机切去钻芯试件的一端或两端，达到要求的高度，但必须保证端面与试件轴线垂直且保持上下平行。

11.7 沥青混合料试样物理力学指标的测定

11.7.1 沥青混合料试件体积参数的测定

沥青混合料试件成型后，需测定其各种密度，并根据组成材料配合比及性能指标计算沥青混合料试件的空隙率、沥青体积百分率、矿料间隙率、沥青饱和度等体积参数指标。

1. 主要试验仪器

(1) 浸水天平或电子秤

当最大称量在 3kg 以下时，分度值不大于 0.1g；最大称量 3kg 以上时，分度值不大于 0.5g；最大称量 10kg 以上时，分度值不大于 5g。应有测量水中重物的挂钩。

(2) 溢流水箱

溢流水箱包括网篮、溢流水箱、试件悬吊装置，如图 11.25 所示。能调节水温至 (25±0.5)℃。

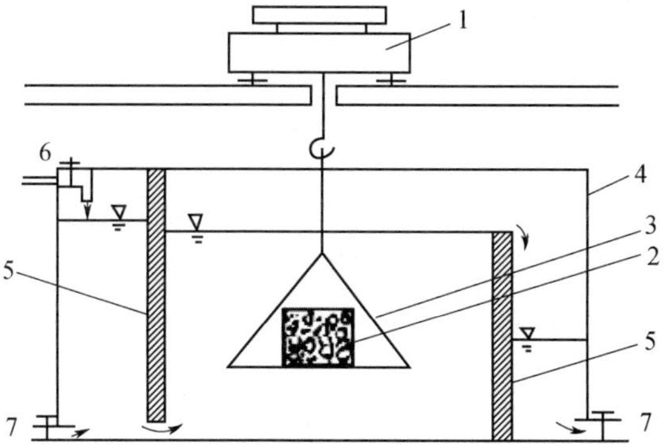

图 11.25 溢流水箱及水中称量方法

1—浸水天平或电子秤；2—试件；3—网篮；4—溢流水箱；5—水位搁板；6—注水口；7—放水阀门

（3）其他

秒表、电扇或烘箱等。

2. 试验方法与步骤

（1）选择适宜的浸水天平或电子秤，最大称量应满足试件质量的要求。

（2）除去试件表面的浮粒，称取干燥试件的空中质量（m_a），根据选择的天平的感量读数，精确至 0.1g。

（3）将溢流水箱水温保持在（25±0.5）℃，挂上网篮，浸入溢流水箱，调节水位，将天平调平或复零，把试件置于网篮中（注意不要晃动水）浸水中 3～5min，称取水中质量（m_w）。若天平读数持续变化，不能很快达到稳定，说明试件吸水较严重，不适用于此法测定，应改用蜡封法测定。

（4）从水中取出试件，用洁净柔软的拧干湿毛巾轻轻擦去试件的表面水（不得吸走空隙内的水），称取试件的表干质量（m_f）。从试件拿出水面到擦拭结束不宜超过 5s，称量过程中流出的水不得再擦拭。

（5）对从工程现场钻取的非干燥试件可先称取水中质量（m_w），然后用电风扇将试件吹干至恒重［一般不少于 12h，当不需进行其他试验时，也可用（60±5）℃烘箱烘干至恒重］，再称取空中质量（m_a）。

3. 物理常数指标计算

（1）计算试件的吸水率，取 1 位小数。试件的吸水率即试件吸水体积占沥青混合料毛体积的百分率，按式（11.23）计算。

$$S_a=\frac{m_f-m_a}{m_f-m_w}\times 100 \tag{11.23}$$

式中 S_a——试件的吸水率（%）；

m_a——干燥试件的空气中质量（g）；

m_w——试件的水中质量（g）；

m_f——试件的表干质量（g）。

（2）计算试件的毛体积相对密度和毛体积密度，取 3 位小数。当试件的吸水率符合 $S_a<2\%$ 要求时，试件的毛体积相对密度和毛体积密度按式（11.24）、式（11.25）计

算，当吸水率 $S_a>2\%$要求时，应改用蜡封法测定。

$$\gamma_f=\frac{m_a}{m_f-m_w} \tag{11.24}$$

$$\rho_f=\gamma_f\times\rho_w \tag{11.25}$$

式中 γ_f——用表干法测定的试件毛体积相对密度，无量纲；

ρ_f——用表干法测定的试件毛体积密度（g/cm^3）；

ρ_w——25℃时水的密度（g/cm^3），取 0.9971g/cm^3。

（3）试件的空隙率按式（11.26）计算，取 1 位小数。

$$VV=\left(1-\frac{\gamma_f}{\gamma_t}\right)\times100 \tag{11.26}$$

式中 VV——试件的空隙率（%）；

γ_f——试件的毛体积相对密度（用表干法测定，当试件吸水率 $S_a>2\%$时，由蜡封法或体积法测定；当按规定容许采用水中重法测定时，也可用表观相对密度 γ_a代替）；

γ_t——实测沥青混合料理论最大相对密度，或计算沥青混合料理论最大相对密度。

（4）其他体积参数指标的计算

根据上述结果和沥青混合料配合比，计算沥青体积百分率、矿料间隙率、沥青饱和度、粗骨料骨架间隙率等指标，取 1 位小数。

11.7.2 沥青混合料马歇尔稳定度试验

沥青混合料马歇尔稳定度试验及浸水马歇尔稳定度试验用于沥青混合料的配合比设计或沥青路面施工质量检验。

沥青混合料稳定度试验是将沥青混合料制成圆柱形试件，在稳定仪上测定其稳定度和流值，以这两项指标来表征其高温时的稳定性和抗变形能力。

1. 主要试验仪器

（1）沥青混合料马歇尔试验仪

马歇尔试验仪应符合国家标准《马歇尔稳定度试验仪》（JT/T 119—2006）技术要求，如图 11.26 所示。

对用于高速公路和一级公路的沥青混合料宜采用自动马歇尔试验仪，用计算机或 *X-Y* 记录仪记录荷载-位移曲线，并具有自动测定荷载与试件垂直变形的传感器、位移计，能自动显示或打印试验结果。对标准马歇尔试件，试验仪最大荷载不小于 25kN，读数准确度为 100N，加载速率应能保持（50±5）mm/min，钢球直径为 16mm，上下压头曲率半径为 50.8mm。当采用大型马歇尔试件时，试验仪最大荷载不得小于 50kN，读数为准确度为 100N，上下压头的曲率内径为（152.4±0.2)mm，上下压头间距为（19.05±0.1）mm。

（2）恒温水槽

控温准确度为 1℃，深度不小于 150mm。

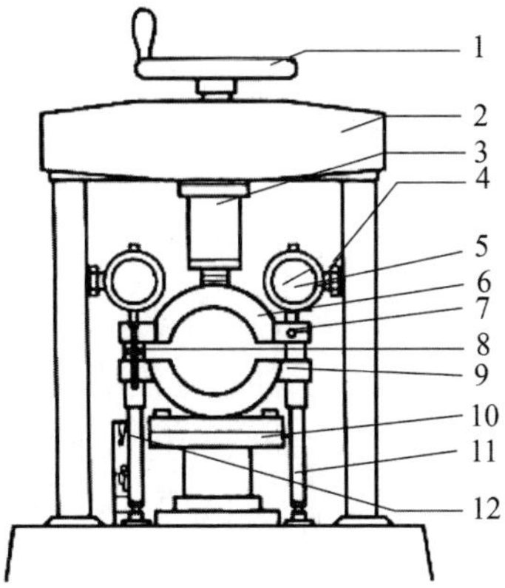

图 11.26　马歇尔稳定度仪示意图

1—手摇装置；2—上载荷架；3—荷载控制传感器；
4—千分表固定螺钉；5—千分表；6—上压头；7—固定螺钉；
8—夹架；9—下压头；10—承压板；11—支柱；12—上微动螺钉

（3）真空饱水容器

真空饱水容器包括真空泵及真空干燥器。

（4）其他

感量不大于 0.1g 天平；分度为 1℃温度计；烘箱；卡尺或试件高度测定器；棉纱、黄油等。

2. 标准马歇尔试验方法

（1）准备工作

① 按标准击实法成型马歇尔试件，标准马歇尔试件尺寸应符合直径（101.6±0.2)mm、高（63.5±1.3)mm 的要求。对大型马歇尔试件，尺寸应符合直径（152.4±0.2)mm、高(95.3±2.5)mm 的要求。一组试件的数量不得少于 4 个。

② 量测试件的直径及高度，用马歇尔试件高度测定器或用卡尺在十字对称的 4 个方向量测离试件边缘 10mm 处的高度，精确至 0.1mm，并以其平均值作为试件的高度。如试件高度不符合（63.5±1.3）mm 的要求或两侧高度差大于 2mm，此试件应作废。

③ 按《公路工程沥青及沥青混合料试验规程》（JTG E20—2011）的方法测定试件的密度、空隙率、沥青体积百分率、沥青饱和度、矿料间隙率等物理指标。

④ 将恒温水槽调节至要求的试验温度，对黏稠石油沥青或烘箱养护过的乳化沥青混合料为（60±1)℃，对空气养护的乳化沥青或液体沥青混合料为（25±1)℃。

（2）试验步骤

① 将试件置于已达规定温度的恒温水槽中保温，保温时间：对标准马歇尔试件，需 30～40min，对大型马歇尔试件，需 45～60min。试件之间应有间隔，底下应垫起，离容器底部不小于 5cm。

② 将马歇尔试验仪的上下压头放入水槽或烘箱中达到同样温度。将上下压头从水槽或烘箱中取出擦拭干净内面。为使上下压头滑动自如，可在下压头的导棒上涂少量黄油。再将试件取出置于下压头上，盖上上压头，然后装在加载设备上。

③ 在上压头的球座上放妥钢球，并对准荷载测定装置的压头。

④ 当采用自动马歇尔试验仪时，将自动马歇尔试验仪的压力传感器、位移传感器与计算机或 X-Y 记录仪正确连接，调整好适宜的放大比例。调整好计算机程序或将 X-Y 记录仪的记录笔对准原点。

⑤ 当采用压力环和流值计时，将流值计安装在导棒上使导向套管轻轻地压住上压头，同时将流值计读数调零。调整压力环中百分表，对零。

⑥ 启动加载设备，使试件承受荷载，加载速度为（50±5）mm/min。计算机或 X-Y 记录仪自动记录传感器压力和试件变形曲线并将数据自动存入计算机。

⑦ 当试验荷载达到最大值的瞬间，取下流值计，同时读取压力环中百分表读数及流值计的流值读数。

⑧ 从恒温水槽中取出试件至测出最大荷载值的时间，不得超过 30s。

3. 浸水马歇尔试验方法

浸水马歇尔试验方法与标准马歇尔试验方法的不同之处在于，试件在已达规定温度恒温水槽中的保温时间为 48h，其余均与标准马歇尔试验方法相同。

4. 真空饱水马歇尔试验方法

真空饱水马歇尔试验方法是将试件先放入真空干燥器中，关闭进水胶管，开动真空泵，使干燥器的真空度达到 97.3kPa（730mmHg）以上，维持 15min，然后打开进水胶管，靠负压进入冷水流使试件全部浸入水中，浸水 15min 后恢复常压，取出试件再放入已达规定温度的恒温水槽中保温 48h，其余均与标准马歇尔试验方法相同。

5. 结果整理

（1）试件的稳定度及流值

① 当采用自动马歇尔试验仪时，将计算机采集的数据绘制成压力和试件变形曲线，或由 X-Y 记录仪自动记录的荷载-变形曲线，按图 11.27 所示的方法在切线方向延长曲线与横坐标相交于 O_1，将 O_1 作为修正原点，从 O_1 起量取相应于荷载最大值时的变形作为流值（FL），以 mm 计，精确至 0.1mm。最大荷载即为稳定度（MS），以 kN 计，精确至 0.01kN。

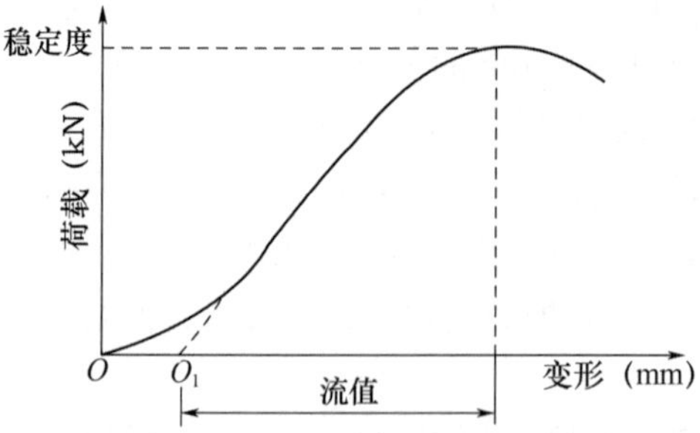

图 11.27　马歇尔试验结果的修正方法

② 采用压力环和流值计测定时，根据压力环标定曲线，将压力环中百分表的读数换算为荷载值，或者由荷载测定装置读取的最大值即为试样的稳定度（MS），以“kN”计，精确至 0.01kN。由流值计及位移传感器测定装置读取的试件垂直变形，即为试件的流值（FL），以 mm 计，精确至 0.1mm。

（2）试件的马歇尔模数按式（11.27）计算。

$$T=\frac{MS}{FL} \tag{11.27}$$

式中 T——试件的马歇尔模数（kN/mm）；

MS——试件的稳定度（kN）；

FL——试件的流值（mm）。

（3）试件的浸水残留稳定度按式（11.28）计算。

$$MS_0=\frac{MS_1}{MS}\times 100 \tag{11.28}$$

式中 MS_0——试件的浸水残留稳定度（%）；

MS_1——试件浸水 48h 后的稳定度（kN）。

（4）试件的真空饱水残留稳定度按式（11.29）计算。

$$MS'_0=\frac{MS_2}{MS} \tag{11.29}$$

式中 MS'_0——试件的真空饱水残留稳定度（%）；

MS_2——试件真空饱水后浸水 48h 后的稳定度（kN）。

6. 试验报告

（1）当一组测定值中某个测定值与平均值之差大于标准差的 k 倍时，该测定值应予以舍弃，并以其余测定值的平均值作为试验结果。当试件数目 n 为 3、4、5、6 个时，k 值分别为 1.15、1.46、1.67、1.82。

（2）当采用自动马歇尔试验仪时，试验结果应附有荷载-变形曲线原件或自动打印结果，并报告马歇尔稳定度、流值，以及试件尺寸、试件的密度、空隙率、沥青用量、沥青体积百分率、沥青饱和度、矿料间隙率等各项物理指标。

11.7.3 沥青混合料车辙试验

沥青混合料车辙试验适用于测定沥青混合料的高温抗车辙能力，供沥青混合料配合比设计时的高温稳定性检验使用，也可用于现场沥青混合料的高温稳定性检验。

沥青混合料车辙试验是用一块碾压成型的板块试件（通常尺寸为 300mm×300mm×50mm）在规定温度条件（通常为 60℃）下，以一个轮压为 0.7MPa 的实心橡胶轮胎在其上行走，测量试件在变形稳定期时，每增加 1mm 变形需要行走的次数，即称为“动稳定度”，以“次/mm”表示。

1. 主要试验仪器

（1）车辙试验机

车辙试验机主要由试件台、试验轮、试模、变形测量装置和温度检测装置组成。

① 试件台可牢固地安装两种宽度（300mm 和 150mm）的规定尺寸试件的试模。

② 试验轮为橡胶制的实心轮胎，外径 200mm，轮宽 50mm，橡胶层厚 15mm。橡胶硬度（国际标准硬度）20℃时为 84±4；60℃时为 78±2。试验轮行走距离为（230±10）mm，往返碾压速度为（42±1）次/min（21 次往返/min）的。允许采用曲柄连杆驱动试验台运动（试验台不动）或链驱动试验轮运动（试验台不动）的任一种方式。

③ 加载位置可以使试验轮与试件的接触压强在 60℃时为（0.7±0.05）MPa，施加

的总荷载为700N左右，根据需要可以调整。

④ 试模由钢板制成，由底板及侧板组成，试模内侧尺寸长为300mm，宽为300mm，厚为50mm。

⑤ 变形测量装置可自动检测车辙变形并记录曲线的装置，通常用LVDT、电测百筛或非接触位移计。

⑥ 温度检测装置可自动检测并记录试件表面及恒温室内温度的温度传感器、温度计（精度为0.5℃）。

（2）恒温室

车辙试验机必须整机安放在恒温室内，装有加热器、气流循环装置及自动温度控制设备，保持恒温室温度（60±1)℃，试件内部温度（60±0.5)℃，根据需要亦可为其他需要的温度。

（3）台秤

称量15kg，分度值不大于5g。

2. 试验方法

（1）准备工作

① 在60℃下，试验轮压强应符合（0.7±0.05）MPa，将试件装于原试模中。

② 试件成型后，连同试模一起在高温条件下放置时间不得少于12h。对聚合物改性沥青混合料试件，放置时间以24h为宜，使聚合物改性沥青充分固化后进行车辙试验，但在室温中放置时间不得长于1周。

（2）试验步骤

① 将试件连同试模一起，置于达到试验温度（60±1)℃的恒温室中，保温不少于5h，也不得多于24h。在试件的试验轮不行走的部位上，粘贴热电偶温度计控制试件温度稳定在（60±0.5)℃。

② 将试件连同试模置于车辙试验机的试件台上；试验轮在试件的中央部位，其行走方向须与试件碾压方向一致。开动车辙变形自动记录仪，然后启动试验机，使试验轮往返行走，时间约1h最大变形达到25mm为止。试验时，记录仪自动记录变形曲线及试件温度，如图11.28所示。

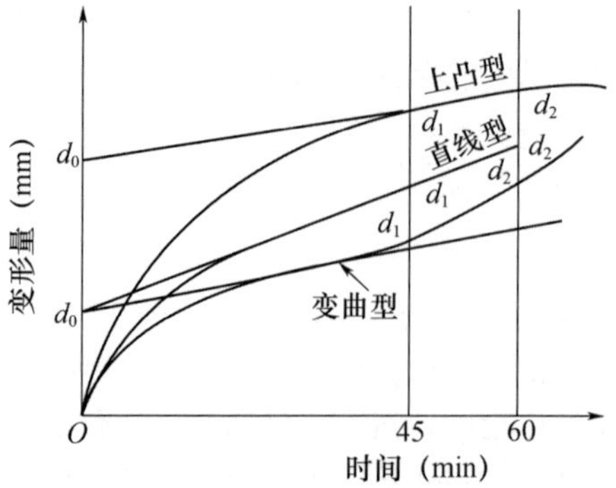

图11.28　车辙深度与时间的关系曲线

3. 结果计算

(1) 从图 11.28 上读取 45min（t_1）及 60min（t_2）时的车辙变形 d_1 及 d_2，精确至 0.01mm。如变形过大，在未到 60min 变形已达 25mm 时，则以达到 25mm（d_2）时的时间为 t_2，将其前 15min 视为 t_1，此时的变形量为 d_1。

(2) 按式（11.30）计算沥青混合料试件的动稳定度。

$$DS=\frac{(t_2-t_1)\times N}{d_2-d_1}\times C_1\times C_2 \tag{11.30}$$

式中 DS——沥青混合料的动稳定度（次/mm）；

d_1——对应于时间 t_1 的变形量（mm）；

d_2——对应于时间 t_2 的变形量（mm）；

C_1——试验机类型修正系数，曲柄连杆驱动试件的变速行走方式为 1.0，链驱动试验轮的等速方式为 1.5；

C_2——试件系数，实验室制备的宽 300mm 的试件为 1.0，从路面切割的宽 150mm 的试件为 0.8；

N——试验轮往返碾压速度，通常为 42 次/min。

4. 试验结果

(1) 报告

同一沥青混合料或同一路段的路面，至少平行试验 3 个试件，当 3 个试件动稳定度变异系数小于 20%时，取其平均值作为试验结果。变异系数大于 20%时应分析原因，并追加试验。如计算动稳定度值大于 6000 次/mm 时，记作“>6000 次/mm”。

试验报告中应注明试验温度、试验轮接地压强、试件密度、空隙率及试件制作方法等。

(2) 允许误差

重复性试验动稳定变异系数不大于 20%。

11.8 钢筋试验

11.8.1 一般规定

(1) 钢筋应有出厂证明或试验报告单。验收时应抽样做机械性能试验——拉伸试验和冷弯试验。如两个项目有一个不合格，该批钢筋即为不合格。

(2) 钢筋混凝土用热轧钢筋，同牌号、规格和炉罐号组成的钢筋应分批检查和验收，每批质量不大于 60t；如炉罐号不同组成混合批验收，应参考《钢筋混凝土结构用钢 第 1 部分：热轧光圆钢筋》（GB/T 1499.1—2017）与《钢筋混凝土用钢 第 2 部分：热轧带肋钢筋》（GB/T 1499.2—2018）的规定将含碳量、含锰量的差值控制在一定范围。

(3) 钢筋拉伸及冷弯使用的试样不允许进行车削加工。试验应在（20±10)℃的温度下进行，否则应在报告中注明。

(4) 钢筋在使用中若有脆断、焊接性能不良或机械性能显著不正常，还应进行化学成分分析。验收时包括尺寸、表面及质量偏差等检验项目。

(5) 验收取样时，自每批钢筋中任取两根截取拉伸试样，任取两根截取冷弯试样。在拉伸试验的试件中，若有一根试件的屈服点、抗拉强度和伸长率三个指标中有一个达不到标准中的规定值，或冷弯试验中有一根试件不符合标准要求，则在同一批钢筋中再抽取双倍数量的试件进行该不合格项目的复验，复验结果中只要有一个指标不合格，则该试验项目判定为不合格，整批不得交货。

(6) 拉伸和冷弯试件的长度 L，分别按下式计算后截取。

拉伸试件：

$$L = L_0 + 2h + 2h_1$$

冷弯试件

$$L_w = 5a + 150$$

式中　L、L_w——拉伸试件和冷弯试件的长度 (mm)；

L_0——拉伸试件的标距 (mm) $L_0 = 5a$ 或 $L_0 = 10a$；

h、h_1——夹具长度和预留长度 (mm)，$h_1 =$ (0.5～1) a，见图 11.29；

a——钢筋的公称直径 (mm)。

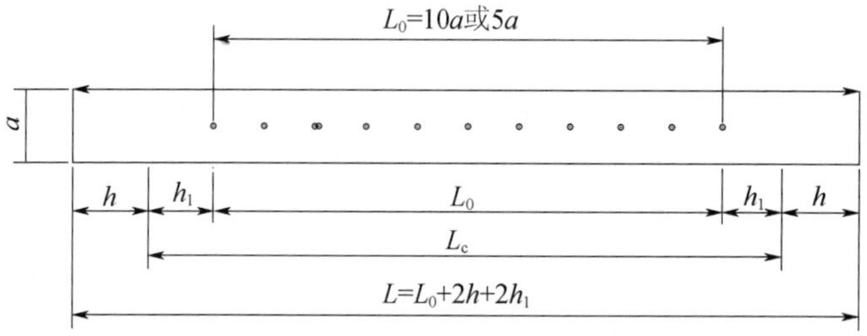

图 11.29　钢筋拉伸试验试件

a—试样原始直径；L_0—标距长度；h_1—取 (0.5～1) a；h—夹具长度

11.8.2　拉伸试验

1. 主要仪器设备

(1) 万能材料试验机：精度为 1%。

(2) 钢筋打点机或画线机、游标卡尺 (精度为 0.1mm)、钢板尺等。

2. 试样准备

(1) 拉伸试验用钢筋试件不得进行车削加工；

(2) 在试件中部 L_0 范围内用一系列等分小冲点或细画线按 10 等份标出试件原始标距；

(3) 测量标距长度 L_0，精确至 0.1mm，见图 11.29；

(4) 量测试样直径。在试样标距长度的两端和中间三处用千分尺量测直径，应在每处以相互垂直方向量测，取算术平均值。在强度计算时，考虑到试样从最薄弱处开始破坏，应取三处平均直径中的最小直径。测量精度至少达 0.02mm。

3. 验方法与步骤

(1) 将试件上端固定在试验机上夹具内，调整试验机零点，装好描绘器、纸、笔等，再用下夹具固定试件下端。

（2）开动试验机进行拉伸，拉伸速度：屈服前应力增加速度为10MPa/s；屈服后试件在荷载下应变速度不大于0.0025/s，直至试件拉断。

（3）拉伸过程中，测力度盘指针停止转动时的恒定荷载，或第一次回转时的最小荷载，即为屈服荷载 F_s（N）。向试件继续加荷直至试件拉断，读出最大荷载 F_b（N）；

（4）测量试件拉断后的标距长度 L_1。将已拉断的试件两端在断裂处对齐，尽量使其轴线位于同一条直线上。

如拉断处到邻近标距端点的距离大于 $L_0/3$ 时，可用游标卡尺直接量出 L_1。

如拉断处到邻近标距端点的距离小于或等于 $L_0/3$ 时，可按下述移位法确定 L_1：在长段上自断点起，取等于短段格数得 B 点，再取等于长段所余格数［偶数如图11.30（a)］之半得 C 点；或者取所余格数［奇数如图11.30（b)］减1与加1之半得 C 与 C_1 点。则移位后的 L_1 分别为 $AB+2BC$ 或 $AB+BC+BC_1$。

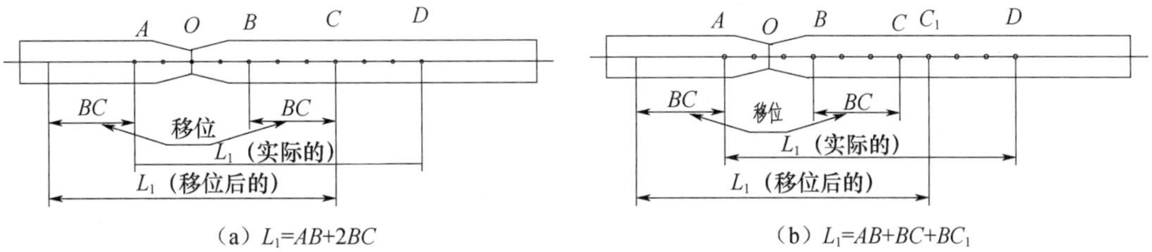

图11.30 用移位法计算标距

如果直接测量所求得的伸长率能达到技术条件要求的规定值，则可不采用移位法。

（5）结果评定

① 钢筋的屈服点（σ_s）和抗拉强度（σ_b）分别按式（11.31）、式（11.32）计算。

$$\sigma_s=\frac{F_s}{A} \tag{11.31}$$

$$\sigma_b=\frac{F_b}{A} \tag{11.32}$$

式中 σ_s、σ_b——钢筋的屈服点和抗拉强度（MPa）；

F_s、F_b——钢筋的屈服荷载和最大荷载（N）；

A——试件的公称横截面面积（mm^2）。

② 钢筋的伸长率 δ_5 或 δ_{10} 按式（11.33）计算。

$$\delta_5（或\ \delta_{10}）=\frac{L_1-L_0}{L_0}\times 100\% \tag{11.33}$$

式中 δ_5、δ_{10}——$L_0=5a$ 或 $L_0=10a$ 时的伸长率，精确至1%；

L_0——原标距长度 $5a$ 或 $10a$（mm）；

L_1——试件拉断后直接量出或按移位法的标距长度(mm)，精确至0.1mm。

如试件在标距端点上或标距处断裂，则试验结果无效，应重做试验。

③ 测试结果的修约应按表 11.9 进行。

表 11.9　性能结果的修约间隔

性能	范围	修约间隔
屈服强度、拉伸强度	<200MPa 200～1000MPa >1000MPa	1MPa 5MPa 10MPa
伸长率	—	0.5%

11.8.3　冷弯试验

1. 试验目的

通过冷弯试验，对钢筋塑性进行严格检验，也间接测定钢筋内部的缺陷及可焊性。

2. 仪器设备

万能材料试验机、具有一定弯心直径的冷弯冲头等。

3. 试验步骤

(1) 按图 11.31 (a) 调整试验机各种平台上的支辊距离 L_1。d 为冷弯冲头直径，$d=na$，n 为自然数，其值根据钢筋级别确定。

(2) 将试件按图 11.31 (a) 安放好后，平稳地加荷，钢筋弯曲至规定角度（90°或 180°）后，停止冷弯，见图 11.31 (b) 和图 11.31 (c)。

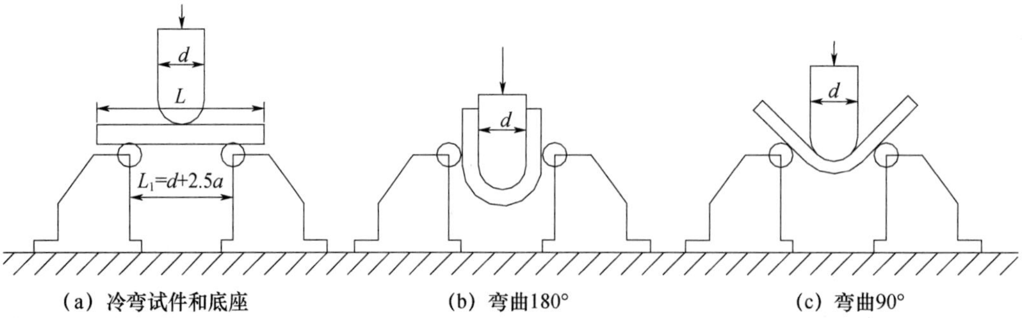

图 11.31　钢筋冷弯试验装置

4. 结果评定

在常温下，在规定的弯心直径和弯曲角度下对钢筋进行弯曲，检测两根弯曲钢筋的外表面，若无裂纹、断裂或起层，即判定钢筋的冷弯合格，否则冷弯不合格。

参考文献

[1] 李崇智，周文娟，王林．建筑材料［M］．北京：清华大学出版社，2014.
[2] 高峰，朱洪波．建筑材料科学基础［M］．上海：同济大学出版社，2016.
[3] 贾致荣．土木工程材料［M］．北京：中国电力出版社，2016.
[4] 方坤河，何真．建筑材料［M］．7 版．北京：中国电力出版社，2015.
[5] 中华人民共和国质量监督检验检疫总局，中国国家标准化管理委员会．天然石材术语：GB/T13890—2008［S］．北京：中国标准出版社，2008.
[6] 中华人民共和国工业和信息化部．建筑生石灰：JC/T479—2013［S］．北京：中国建材工业出版社，2013.
[7] 中华人民共和国工业和信息化部．建筑消石灰：JC/T 481—2013［S］．北京：中国建材工业出版社，2013.
[8] 中华人民共和国质量监督检验检疫总局，中国国家标准化管理委员会．建筑石膏：GB/T 9776—2008［S］．北京：中国质检出版社，2008.
[9] 符芳．建筑材料［M］．2 版．南京：东南大学出版社，2001.
[10] 钱觉时．建筑材料学［M］．2 版．武汉：武汉理工大学出版社，2010.
[11] 水中和，魏小胜，王栋民．现代混凝土科学技术［M］．北京：科学出版社，2014.
[12] 中华人民共和国质量监督检验检疫总局，中国国家标准化管理委员会．通用硅酸盐水泥：GB 175—2007［S］．北京：中国标准出版社，2008.
[13] 中华人民共和国质量监督检验检疫总局，中国国家标准化管理委员会．天然石膏 ：GB/T 5483—2008［S］．北京：中国标准出版社，2008.
[14] 中华人民共和国质量监督检验检疫总局，中国国家标准化管理委员会．用于水泥中的粒化高炉矿渣：GB/T 203—2008［S］．北京：中国标准出版社，2008.
[15] 中华人民共和国质量监督检验检疫总局，中国国家标准化管理委员会．用于水泥、砂浆和混凝土中的粒化高炉矿渣粉：GB/T 18046—2017［S］．北京：中国标准出版社，2018.
[16] 国家质量技术监督局．水泥胶砂强度检验方法（ISO 法）：GB/T 17671—1999［S］．北京：中国标准出版社，1999.
[17] 中华人民共和国质量监督检验检疫总局，中国国家标准化管理委员会．中热硅酸盐水泥、低热硅酸盐水泥：GB/T 200—2017［S］．北京：中国标准出版社，2017.
[18] 中华人民共和国质量监督检验检疫总局，中国国家标准化管理委员会．道路硅酸盐水泥：GB/T 13693—2017［S］．北京：中国标准出版社，2017.
[19] 中华人民共和国国家发展和改革委员会．快硬硫铝酸盐水泥、快硬铁铝酸盐水泥：JC 933—2003［S］．北京：中国建材工业出版社，2003.
[20] 中华人民共和国质量监督检验检疫总局，中国国家标准化管理委员会．白色硅酸盐水泥：GB/T 2015—2017［S］．北京：中国标准出版社，2017.
[21] 中华人民共和国工业和信息化部．彩色硅酸盐水泥：JC/T 870—2012［S］．北京：中国建材工业出版社，2013.
[22] 中华人民共和国质量监督检验检疫总局，中国国家标准化管理委员会．铝酸盐水泥：GB/T

201—2015［S］．北京：中国标准出版社，2015.
［23］施惠生，郭晓潞．土木工程材料［M］．3 版．重庆：重庆大学出版社，2017.
［24］宋少民，孙凌．土木工程材料［M］．2 版．武汉：武汉理工大学出版社，2011.
［25］钱晓倩，金南国，孟涛．建筑材料［M］．2 版．北京：中国建筑工业出版社，2019.
［26］杭美艳，张黎明，董素芬．土木工程材料［M］．北京：化学工业出版社，2014.
［27］赵筠，师海霞，路新瀛．超高性能混凝土基本性能与试验方法［M］．北京：中国建材工业出版社，2019.
［28］李书进，刘龙海，高迎伏．土木工程材料［M］．2 版．重庆：重庆大学出版社，2014.
［29］中华人民共和国质量监督检验检疫总局，中国国家标准化管理委员会．建设用砂：GB/T 14684—2011［S］．北京：中国标准出版社，2011.
［30］中华人民共和国质量监督检验检疫总局，中国国家标准化管理委员会．建设用卵石、碎石：GB/T 14685—2011［S］．北京：中国标准出版社，2011.
［31］中华人民共和国建设部．混凝土用水标准：JGJ 63—2006［S］．北京：中国建筑工业出版社，2006.
［32］中华人民共和国住房和城乡建设部．普通混凝土配合比设计规程：JGJ 55—2011［S］．北京：中国建筑工业出版社，2011.
［33］中华人民共和国质量监督检验检疫总局，中国国家标准化管理委员会．普通混凝土物理力学性能试验方法标准：GB/T 50081—2019［S］．北京：中国建筑工业出版社，2019.
［34］中华人民共和国质量监督检验检疫总局，中国国家标准化管理委员会．混凝土质量控制标准：GB 50164—2011［S］．北京：中国建筑工业出版社，2011.
［35］中华人民共和国住房和城乡建设部，中华人民共和国国家质量监督检验检疫总局．民用建筑热工设计规范：GB 50176—2016. 北京：中国建筑工业出版社，2017.
［36］中华人民共和国质量监督检验检疫总局，中国国家标准化管理委员会．水泥密度测定方法：GB/T 208—2014［S］．北京：中国标准出版社，2014.
［37］国家能源局．水工混凝土施工规范：DL/T 5144—2015［S］．北京：中国电力出版社，2015.
［38］中华人民共和国国家发展和改革委员会．水工混凝土掺用粉煤灰技术规范：DL/T 5055—2007［S］．北京：中国电力出版社，2007.
［39］国家能源局．水工混凝土耐久性技术规范：DL/T 5241—2010［S］．北京：中国电力出版社，2010.
［40］中华人民共和国交通部．公路工程水泥及水泥混凝土试验规程：JTG E30—2005［S］．北京：人民交通出版社，2005.
［41］张雄，张永娟．建筑功能砂浆［M］．北京：化学工业出版社，2006.
［42］刘新佳．建筑钢材速查手册［M］．北京：化学工业出版社，2015.
［43］高恒聚．建筑材料［M］．西安：西安科技大学出版社，2012.
［44］何廷树，李国新，史琛．建筑材料［M］．北京：中国建材工业出版社，2018.
［45］张浩博．建筑材料［M］．武汉：武汉理工大学出版社，2017.
［46］胡新萍，刘吉新，王芳．建筑材料［M］．北京：北京大学出版社，2018.
［47］中华人民共和国住房和城乡建设部．建筑砂浆基本性能试验方法标准：JGJ/T 70—2009［S］．北京：中国建筑工业出版社，2009.
［48］中华人民共和国住房和城乡建设部．砌筑砂浆配合比设计规程：JG/T 98—2010［S］．北京：中国建筑工业出版社，2010.
［49］中华人民共和国交通部．公路工程岩石试验规程：JTG E41—2005［S］．北京：人民交通出版社，2005.

[50] 中华人民共和国交通部．公路工程集料试验规程：JTG E42—2005［S］．北京：人民交通出版社，2005.
[51] 中华人民共和国质量监督检验检疫总局，中国国家标准化管理委员会．重交通道路石油沥青：GB/T 15180—2010［S］．北京：人民交通出版社，2010.
[52] 中华人民共和国交通运输部．公路沥青路面设计规范：JTG D50—2017［S］．北京：人民交通出版社，2017.
[53] 中华人民共和国交通部．公路沥青路面施工技术规范：JTG F40—2004［S］．北京：人民交通出版社，2005.
[54] 中华人民共和国交通运输部．公路工程沥青及沥青混合料试验规程：JTG E20—2011［S］．北京：人民交通出版社，2011.
[55] 中华人民共和国水利部．水工沥青混凝土施工规范：SL514—2013［S］．北京：中国水利水电出版社，2013.
[56] 国家能源局．水工碾压式沥青混凝土施工规范：DL/T 5363—2016［S］．北京：中国电力出版社，2016.
[57] 李立寒，孙大权，朱一兴，等．道路工程材料［M］.6 版．北京：人民交通出版社，2018.
[58] 杨金泉．碾压混凝土路面施工技术［M］．北京：人民交通出版社，1998.
[59] 沈金安．沥青及沥青混合料路用性能［M］．北京：人民交通出版社，2001.
[60] 张德勤，范耀华，师洪俊．石油沥青的生产与应用［M］．北京：中国石化出版社，2001.
[61] 黄维蓉，道路建筑材料［M］.2 版．北京：人民交通出版社，2017.
[62] 中华人民共和国国家质量监督检验检疫总局，中国国家标准化管理委员会．碳素结构钢：GB/T 700—2006［S］．北京：中国标准出版社，2006.
[63] 国家市场监督管理总局，中国国家标准化管理委员会．低合金高强度结构钢：GB/T 1591—2018［S］．北京：中国标准出版社，2018.
[64] 中华人民共和国国家质量监督检验检疫总局，中国国家标准化管理委员会．钢筋混凝土用钢 第 1 部分：热轧光圆钢筋：GB 1499.1—2017［S］．北京：中国标准出版社，2017.
[65] 中华人民共和国国家质量监督检验检疫总局，中国国家标准化管理委员会．冷轧带肋钢筋：GB 13788—2017［S］．北京：中国建筑工业出版社，2017.
[66] 中华人民共和国国家质量监督检验检疫总局，中国国家标准化管理委员会．预应力混凝土用钢丝：GB/T5223—2014［S］．北京：中国质检出版社，2014.
[67] 中华人民共和国国家质量监督检验检疫总局，中国国家标准化管理委员会．预应力混凝土用钢绞线：GB/T5224—2014［S］．北京：中国质检出版社，2014.
[68] 中华人民共和国国家质量监督检验检疫总局，中国国家标准化管理委员会．预应力混凝土用钢棒：GB/T 5223.3—2017［S］．北京：中国标准出版社，2017.
[69] 中华人民共和国住房和城乡建设部，中华人民共和国国家质量监督检验检疫总局．混凝土结构设计规范：GB 50010—2010［S］．北京：中国建筑工业出版社，2010.
[70] 国家能源局．水工混凝土钢筋施工规范：DL/T 5169—2013［S］．北京：中国电力出版社，2013.
[71] 张俊鹏．高分子合成材料在当今建筑领域中的应用［J］．山东工业技术，2016，(16)：93-94.
[72] 白宪臣．土木工程材料［M］．北京：中国建筑工业出版社，2019.
[73] 王艳．建筑材料［M］．北京：清华大学出版社，2019.
[74] 魏鸿汉．建筑材料［M］．北京：中国建筑工业出版社，2017.
[75] 西安建筑科技大学，重庆大学，华南理工大学，等．建筑材料［M］.4 版．北京：中国建筑工业出版社，2013.

[76] 湖南大学，天津大学，同济大学，等．土木工程材料 [M]．2 版．北京：中国建筑工业出版社，2011.
[77] 王宁，周志丹．浅谈建筑给水常用塑料管材的比较 [J]．科海故事博览·科技探索，2014，(003)：433.
[78] 于海生，肖建庄．建筑结构粘结剂的研究进展 [J]．玻璃钢/复合材料，2004，(4)：46-49.
[79] 焦爱新．智能高分子材料在建筑工程中的应用 [J]．工程塑料应用，2017，45 (3)：126-129.
[80] 李春华．智能高分子材料在建筑工程中的应用 [J]．百科论坛电子杂志，2019，(1)：5.
[81] 万小梅，全洪珠．建筑功能材料 [M]．北京：化学工业出版社，2017.
[82] 马保国，刘军．建筑功能材料 [M]．武汉：武汉理工大学出版社，2004.
[83] 马一平．建筑功能材料 [M]．上海：同济大学出版社，2014.
[84] 张雄，张永娟．现代建筑功能材料 [M]．北京：化学工业出版社，2009.
[85] 张松榆，金晓鸥．建筑功能材料 [M]．北京：中国建材工业出版社，2012.
[86] 姜臣光．土木工程材料学 [M]．北京：中国建材工业出版社，2017.